W0464988

Lohn und Gehalt mit Lexware

Mit Übungen und Musterklausuren

Steffen Ismer

EduMedia

Lohn und Gehalt mit Lexware - Mit Übungen und Musterklausuren

Hinweis: In dieser Druckversion wird mit der Softwareversion Lexware financial office 2024 basis Version 28.02 gearbeitet.

Autor:

Steffen Ismer
Dozent für Lohn und Gehalt sowie Rechnungswesen mit Lexware und DATEV-Programmen an verschiedenen Hochschulen und anderen Bildungsträgern, Autor und Lektor weiterer Lehrbücher und Nachschlagewerke

Herausgeber:
Volkshochschulverband Baden-Württemberg e.V.

Hier prüfen Sie, ob es aktuelle Änderungen zu diesem Buch gibt:
www.edumedia.de/verlag/hinweise

Haben Sie Fragen oder Anregungen zum Buch?
www.edumedia.de/verlag/rueckmeldungen

1. Auflage, Druckversion vom 29.02.2024, POD-24.0

Verlag: EduMedia GmbH, Ziegelhüttenweg 4, 98693 Ilmenau
Redaktion: Julia Koschig
Layout, Satz und Druck: Schlötel GmbH, Arnoldstraße 13, 04299 Leipzig
Printed in Germany

Umschlaggestaltung: Schlötel GmbH, Leipzig
Bildquellen: Alle Bildschirmfotos stammen aus dem Programm „Lexware lohn + gehalt".
Alle Abbildungen in Kapitel 2 „Übungsfälle": Copyright 2011 Benutzung unter Lizenz von shutterstock.com.

Internetadresse: https://www.edumedia.de

ISBN 978-3-86718-505-9

Lernen leicht gemacht!

Für Ihren optimalen Lernerfolg enthält dieses Buch ...

Basiswissen zur Programmbedienung:
Erklärt alle wichtigen Programmfunktionen des Lexware-Programms.

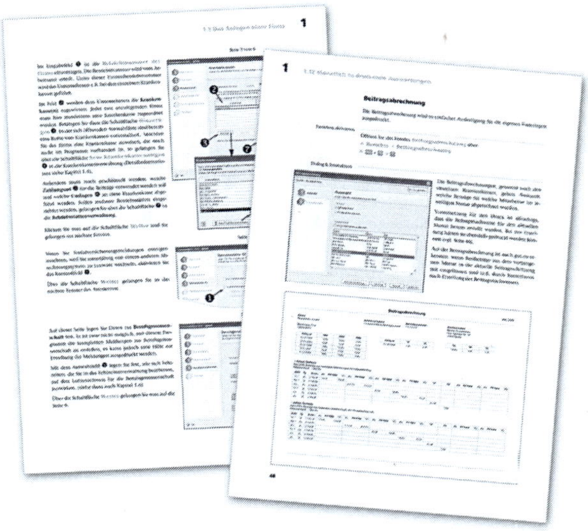

authentische Übungsszenarien:
Wenden Sie das erworbene Wissen in ausführlichen Übungsszenarien aus der beruflichen Praxis an.

Musterklausuren:
Bereiten Sie sich anhand authentischer Musterklausuren auf Prüfungssituationen vor.

Lösungen:
Überprüfen Sie Ihre Ergebnisse der Übungen und Musterklausuren anhand der Lösungsdarstellungen.

Was Sie wissen sollten ...

Im Buch werden die Programmfunktionen von Lexware lohn + gehalt und von Lexware financial office erklärt. Bei anderen Lohnprogrammen von Lexware (z. B. lohn + gehalt plus/Premium, Business Office) können einzelne Bedienungsschritte abweichen. Aufgrund der weitgehend gleichen oder sehr ähnlichen Gestaltung der Programmfunktionen kann das vorliegende Buch jedoch auch als Lernhilfe für diese abweichenden Programmversionen von Lexware verwendet werden.

Achten Sie bitte darauf, dass Sie aus den Firmen, die Sie nur zu Übungszwecken anlegen, niemals Daten an Institutionen (Finanzamt, Krankenkassen u. a.) übersenden! Um ein versehentliches Senden der Daten auszuschließen, kennzeichnen Sie diese Firmen als Testfirmen.

Aus Gründen der besseren Lesbarkeit wird bei Personenbezeichnungen und personenbezogenen Hauptwörtern auf die gleichzeitige Verwendung der Sprachformen männlich, weiblich und divers (m/w/d) verzichtet. Entsprechende Begriffe gelten im Sinne der Gleichbehandlung grundsätzlich für alle Geschlechter. Die verkürzte Sprachform hat nur redaktionelle Gründe und beinhaltet keine Wertung.

So kommen Sie weiter:

Dieses Buch führt Sie zum Xpert Business Zertifikat

Lohn und Gehalt 3 (EDV)

Dies ist u.a. Bestandteil folgender Abschlüsse:

Geprüfte Fachkraft Lohn und Gehalt

- Lohn und Gehalt 1 ☐
- Lohn und Gehalt 2 ☐
- Lohn und Gehalt 3 (EDV) DATEV oder Lexware ☑

Buchhalter/in (XB) Finanz- und Lohnbuchhalter/in

- Finanzbuchführung 2 ☐
- Finanzbuchführung 3 (EDV) DATEV oder Lexware ☐
- Finanzwirtschaft ☐
- Kosten- und Leistungsrechnung ☐
- Lohn und Gehalt 2 ☐
- Lohn und Gehalt 3 (EDV) DATEV oder Lexware ☑

Xpert Business Abschlüsse | Betriebswirtschaft

	Geprüfte Fachkraft (XB)				Buchhalter*in (XB)			Manager*in (XB) Betriebswirtschaft	
	Finanzbuchführung	Internes Rechnungswesen	Externes Rechnungswesen	Lohn und Gehalt	Finanzbuchhalter*in	Personal- und Lohnbuchhalter*in	Finanz- und Lohnbuchhalter*in	Rechnungswesen und Controlling	Rechnungswesen | Lohn | Controlling
Finanzbuchführung (1)	✓*	✓*							✓
Finanzbuchführung (2)	✓		✓*		✓		✓	✓	✓
Finanzbuchführung (3) EDV	✓				✓		✓		✓
Bilanzierung			✓		✓ alternativ		✓ alternativ	✓	✓
Finanzwirtschaft		✓*			✓ alternativ		✓ alternativ	✓	✓
Kosten- und Leistungsrechnung		✓			✓		✓	✓	✓
Controlling		✓						✓	✓
Betriebliche Steuerpraxis			✓					✓	✓
Lohn und Gehalt (1)				✓*				✓	✓
Lohn und Gehalt (2)				✓		✓	✓		✓
Lohn und Gehalt (3) EDV				✓		✓	✓		✓
Personalwirtschaft						✓			✓
Personale Kompetenzen									✓

* optionales, aber empfohlenes Modul

Kooperierende Hochschulen und Handwerkskammern rechnen Xpert Business Abschlüsse als Studienleistung an. Nähere Informationen dazu finden Sie unter https://www.xpert-business.eu.

Bitte informieren Sie sich bei Ihrer Volkshochschule oder der Xpert Business Prüfungszentrale Deutschland.

Xpert Business Prüfungszentrale Deutschland

Tel. 0711 - 7590036
E-Mail: xpert-business@vhs-bw.de
Web: https://www.xpert-business.eu

Xpert Business
Kurs- und Zertifikatssystem

Das bundeseinheitliche Kurs- und Zertifikatssystem Xpert Business (XB) für kaufmännische und betriebswirtschaftliche Weiterbildung an Volkshochschulen und vielen weiteren Bildungsinstituten vermittelt seit über 20 Jahren fundierte Kompetenzen vom Einstieg bis zum Hochschulniveau.

Praxisnah. Aktuell. Bundesweit anerkannt.

Die besondere Praxisnähe und Aktualität zeichnet die Kurse aus. Sie lernen anhand aktueller Beispiele und erhalten Fähigkeiten, die direkt im beruflichen Alltag einsetzbar sind. Die passgenau auf die Xpert Business-Lernzielkataloge abgestimmten Lehr- und Übungsmaterialien bereiten Sie optimal auf die Prüfungen vor. Ihre XB-Zertifikate und Abschlüsse sind von kooperierenden Kammern und Hochschulen auch als Studienleistungen anerkannt.

www.xpert-business.eu/lernzielkataloge

Modular. Flexibel. Zukunftssicher.

Je nach Interesse und vorhandenen Kenntnissen können Sie die Kursmodule auswählen und miteinander kombinieren. Im Anschluss an den Kurs gibt es die Möglichkeit eine Prüfung abzulegen und Sie erhalten bei Erfolg ein bundesweit anerkanntes Zertifikat. Die Kombination von Zertifikaten befähigt Sie dazu, übergeordnete Abschlüsse zu erreichen.

Der nahtlose Anschluss von Aufbaukursen ist durch das modulare System und die bundesweit hohe Flächendeckung mit XB-Bildungsinstituten möglich. So können Sie z.B. einen in Baden-Württemberg bestandenen Grundkurs durch einen Aufbaukurs in einem anderen Bundesland kombinieren und dadurch einen Abschluss als Fachkraft erhalten.

Erfahrungen. Berichte. Erfolge.

Erfahrungsberichte von XB-Absolvent*innen können Sie auf unserer Homepage nachlesen. Hier finden Sie Informationen dazu, wie diese Personen beim Lernen Unterstützung erfahren haben, wie die berufsbegleitende Qualifizierung zu schaffen war und wie Xpert Business bei der weiteren Karriere fördern konnte.

www.xpert-business.eu/erfahrungsberichte

Mit Ihrem Xpert Business-Kurs wünschen wir Ihnen viel Spaß und viel Erfolg bei den Prüfungen.

Ihre Prüfungszentrale Xpert Business Deutschland

Inhaltsverzeichnis

1

Einführung in die Lohnabrechnung mit Lexware

Im ersten Abschnitt werden Sie mit den Programmfunktionen des Lohn- und Gehaltsabrechnungsprogrammes von „Lexware financial office“ vertraut gemacht, um die im zweiten Abschnitt zusammengestellten Übungsfälle bearbeiten zu können.

Inhalt

1.1 Systemvoraussetzungen

Um das Programm installieren und nutzen zu können, muss Ihr PC folgende Voraussetzungen erfüllen:

- Betriebssystem:
  - Windows (R) 10 oder 11 (ab Pro)
  - Windows (R) Server ab 2019
- Prozessor:
  - 2,0 GHz oder schneller
- Arbeitsspeicher:
  - mind. 8 GB für Server
  - mind. 4 GB für Einzelplatz/Client (empfohlen: 8 GB)
- Grafik:
  - Auflösung mind. 1280 x 1024
- Festplatte:
  - mind. 20 GB freier Festplattenspeicher
- Sonstiges:
  - Internetzugang und Google Chrome, Microsoft Edge oder Mozilla Firefox
  - Produktaktivierung erforderlich
  - folgende Umgebungen sind für Lexware Programme nicht vorgesehen: Linux, Unix, Apple macOS und Smartphone-Betriebssysteme wie Android, Apple iOS

1.2 Die Lexware-Zentrale

Nach dem Programmstart öffnet sich die Startseite Lexware financial office - die Lexware-Zentrale. Hier stehen Ihnen Funktionen und Informationen zur Verfügung, die die Firma als Ganzes betreffen und nicht ausschließlich die Buchhaltung.

Aufbau der Programmzentrale

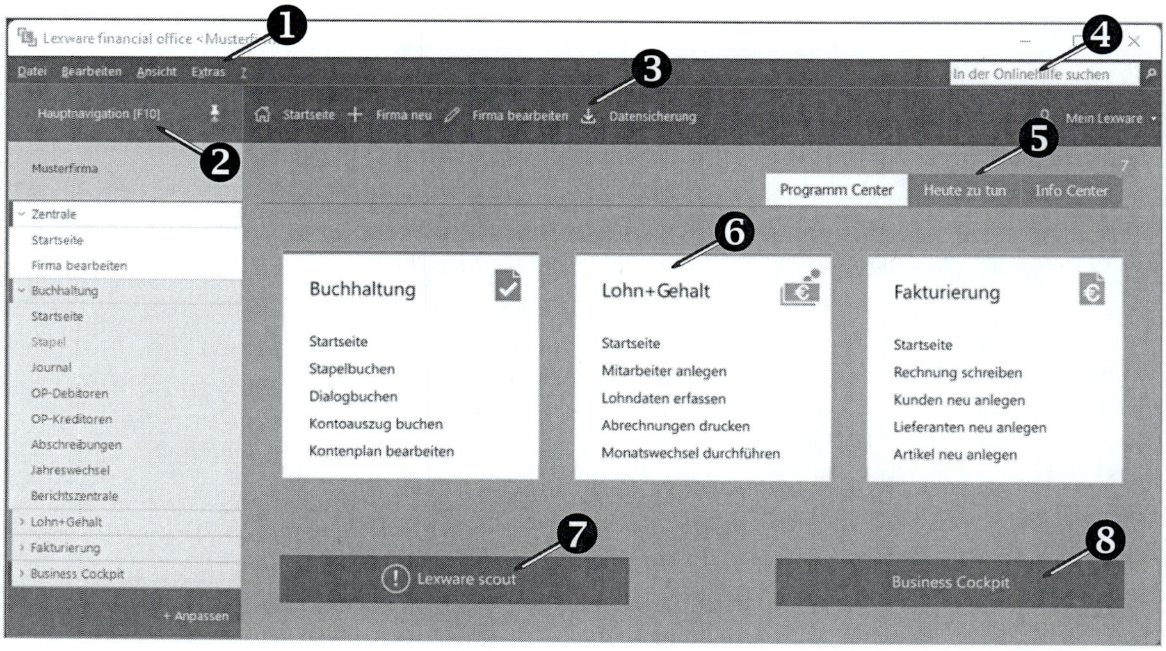

Menüleiste ❶

- beinhaltet Funktionen wie Datensicherung und Rücksicherung, Anlegen, Wechseln und Löschen von Firmen, Benutzerverwaltung, Nachrichtenverwaltung

Hauptnavigation ❷

- zum direkten Firmenwechsel
- zum Aufruf der Programmmodule bzw. ausgewählter Programmfunktionen
- kann über das Pin-Symbol dauerhaft ein- bzw. ausgeblendet werden

Symbolleiste ❸

- Symbolfunktion wird mit angezeigt

Suchfeld ❹

- zum Aufruf der Online-Hilfe
- mit Auto-Vervollständigung und Anzeige der Trefferzahl

Register ❺

- Programm-Center:
  beinhaltet die zur Verfügung stehenden Programmmodule ❻; nicht aktivierte Programme/Funktionen werden hellgrau oder mit Schloss dargestellt
- Heute zu tun:
  zur Anzeige von Terminen und Aufgaben aus der Nachrichtenverwaltung (Menüpunkt: Extras)
- Info Center:
  für Nachrichten und Meldungen von Lexware

Lexware scout ❼

- zur Überprüfung von Vollständigkeit und Konsistenz der eingegebenen Daten
- meldet Fehler als Problem oder Hinweis

Business Cockpit ❽

- Informationstool, z. B. für offene Forderungen bzw. Verbindlichkeiten, Umsätze u. ä.

Arbeitstechniken

Sie können das Programm komplett mit der Maus bedienen. In vielen Bereichen steht Ihnen mithilfe der rechten Maustaste ein Kontextmenü zur Verfügung.
Lexware unterstützt Sie an vielen Stellen durch Assistenten, die Sie durch die einzelnen Arbeitsschritte führen. Innerhalb der Assistenten können Sie über Schaltflächen Weiter und Zurück blättern oder Seiten direkt auswählen (linker Fensterbereich). Das Speichern ist meist erst auf der letzten Seite des Assistenten möglich.
Für ein schnelles und effektiveres Arbeiten ist die Verwendung der Tastatur sinnvoll. Hierfür nutzen Sie die ENTER-Taste oder die TAB-Taste, um zum nächsten Eingabefeld zu gelangen. Mit der Kombination SHIFT + TAB gelangen Sie in das vorherige Feld. Weitere Tastenkombinationen sind vom Programmbereich oder der aufgerufenen Funktion abhängig z. B.

Allgemein

F10	Hauptnavigation ein-/ausblenden (wenn nicht bereits fixiert)
Alt + F4	Lexware beenden

Lohn + Gehalt

Alt + F4	Modul Lexware Lohn + Gehalt beenden
Strg + W	Firma wechseln
Strg + N	Mitarbeiterassistent öffnen (neuen Mitarbeiter anlegen)
Strg + O	Jahresübersicht öffnen

Lexware Scout

Der Assistent **Lexware Scout** überprüft Ihre Abrechnungsdaten auf Vollständigkeit und Korrektheit. Findet er fehlende oder unplausible Eingaben, werden diese als **Problem** oder **Hinweis** ❶ in einer Übersicht oder Bearbeitungsliste ❷ angezeigt.

Probleme blockieren die Abrechnung und **müssen korrigiert** werden. **Hinweise sollten korrigiert** werden, führen aber zu keiner Funktionseinschränkung.

Der Link **Korrigieren** ❸ führt Sie direkt zu dem fehlenden oder falschen Eingabewert. Um die Liste der Hinweise überschaubar zu halten, können Sie nicht bearbeitete Hinweise auf **Inaktiv setzen** ❹ und über die **Filterfunktion ausblenden** ❺.

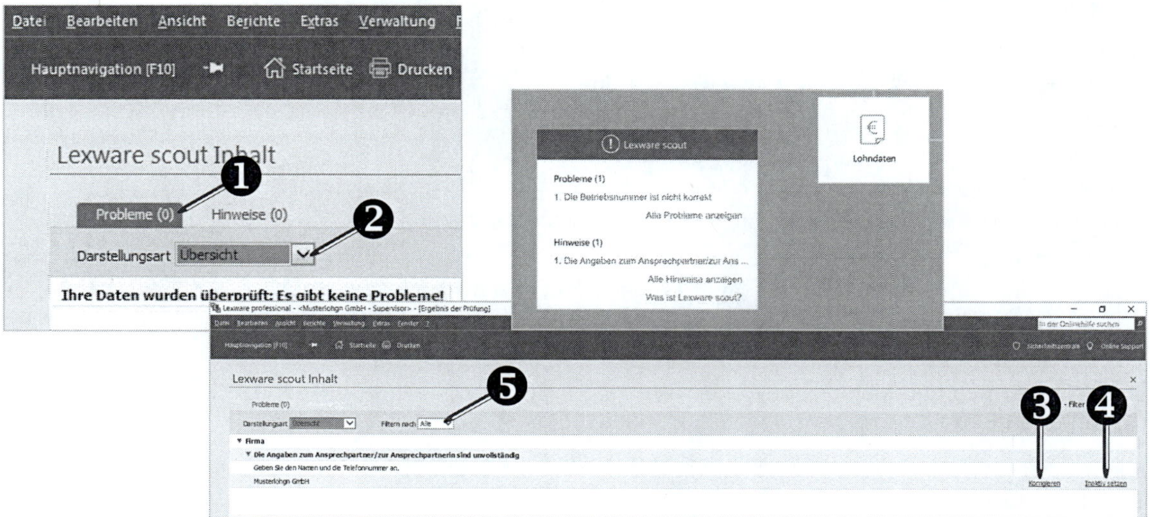

Der Lexware Scout kann gestartet werden über:

- den Menüpunkt Extras → Lexware scout
- Alt + X + L
- oder über den Link in der Lexware-Zentrale.

1.3 Das Anlegen einer Firma

Eine Firma kann prinzipiell nur in der Programmzentrale angelegt werden und nicht in den einzelnen Modulen. Dazu unterstützt Sie der **Firmenassistent**.
Der Firmenassistent wird manuell gestartet über

- Datei → Firma → neu
- oder alternativ über das Icon Firma neu ❶.

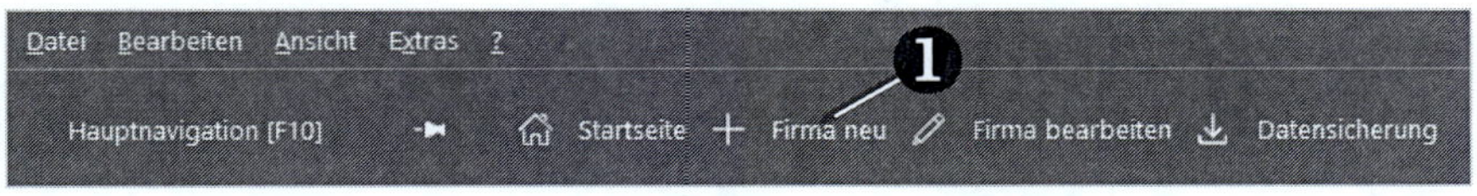

Der **Assistent Firma anlegen** heißt Sie auf der ersten Seite willkommen. Klicken Sie auf Weiter.

Die Stammdaten der hier verwendeten „**Musterlohn GmbH**" finden Sie im Anhang ab Seite 289.

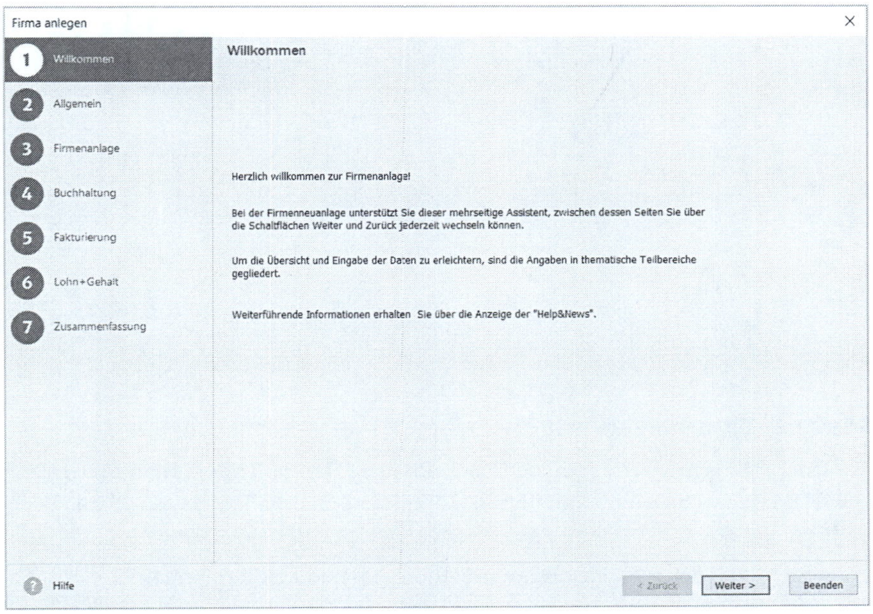

Schritt 2 - Allgemein

Erfassen Sie nun den Firmennamen der anzulegenden Firma und wählen Sie aus, welche Module Sie nutzen möchten. Im Beispiel soll nur **Lohn + Gehalt** eingerichtet werden. Deaktivieren Sie bitte zuerst die Fakturierung und danach die Buchhaltung (die ausgeschalteten Module können bei Bedarf jederzeit wieder aktiviert werden).

Klicken Sie anschließend auf die Schaltfläche Weiter.

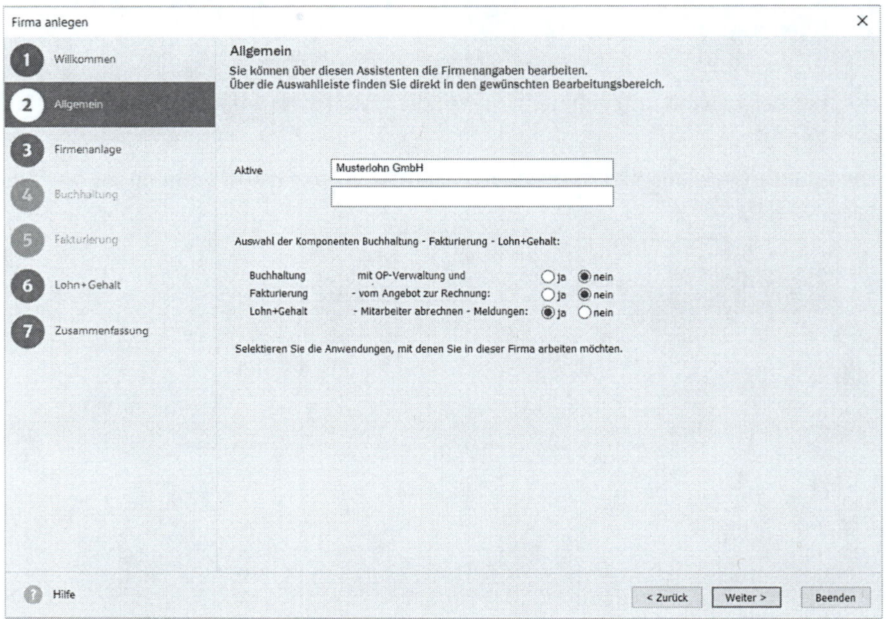

Schritt 3 - Firmenanlage

Es öffnet sich ein weiteres Fenster zur **Erfassung der zentralen Firmenangaben**. Diese Daten sind modulübergreifend, d. h. sie sind unabhängig davon, ob die Buchhaltung, die Fakturierung und/oder Lohn + Gehalt genutzt werden.

Erfassen Sie auf **Seite 1 - Firmenangaben** die Adressdaten der Firma.

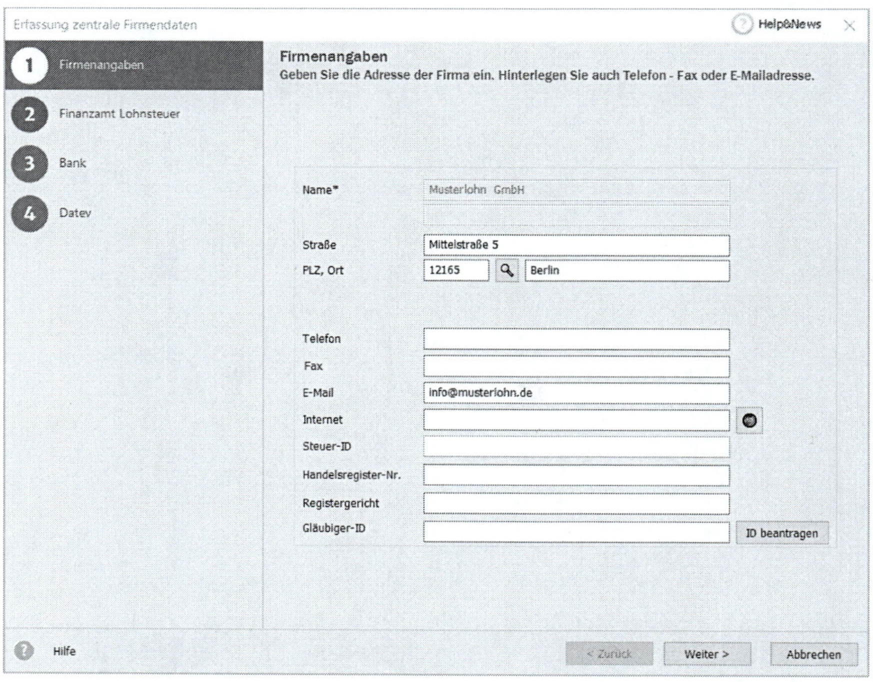

Ferner können die Kommunikationsdaten, die Steuer-ID, die Handelsregisternummer sowie die Gläubiger-ID, die für Lastschriftverfahren erforderlich ist, eingetragen werden. Die Steuer-ID (steuerliche Identifikationsnummer) bekommt jede in Deutschland gemeldete Person vom Bundeszentralamt für Steuern zugewiesen. Sie ist eine elfstellige Nummer, die lebenslang unverändert gültig ist. Klicken Sie auf die Schaltfläche Weiter.

Auf **Seite 2 - Finanzamt Lohnsteuer** wählen Sie das Bundesland aus und geben Sie danach die Steuernummer für das Lohnsteuer-Finanzamt ein. Das Programm füllt automatisch die weiteren Felder. Auf die Eingabe der Bankverbindung wird in den Übungsfällen verzichtet.

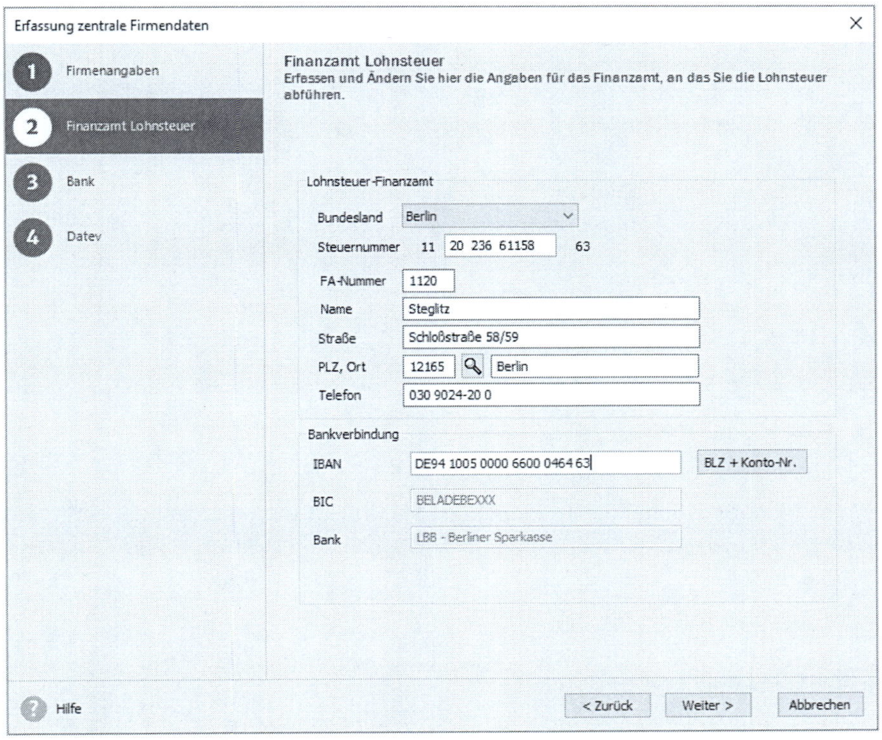

Sie befinden sich auf **Seite 3 - Bank** und können 2 verschiedene Bankverbindungen hinterlegen. Klicken Sie anschließend auf Weiter.

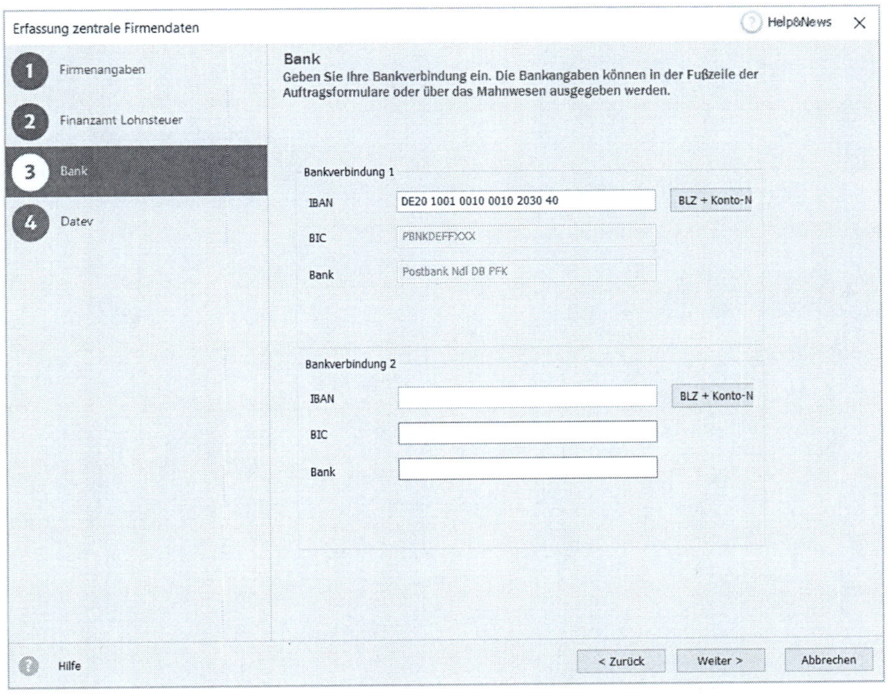

Seite 4 - Datev bietet Ihnen eine Schnittstellenfunktion zu DATEV. Diese ist nur für die Buchhaltung relevant und ermöglicht Ihnen einen Export der Buchhaltungsdaten im DATEV-Format für den Steuerberater. Hier ist auch eine nachträgliche Aktivierung möglich.

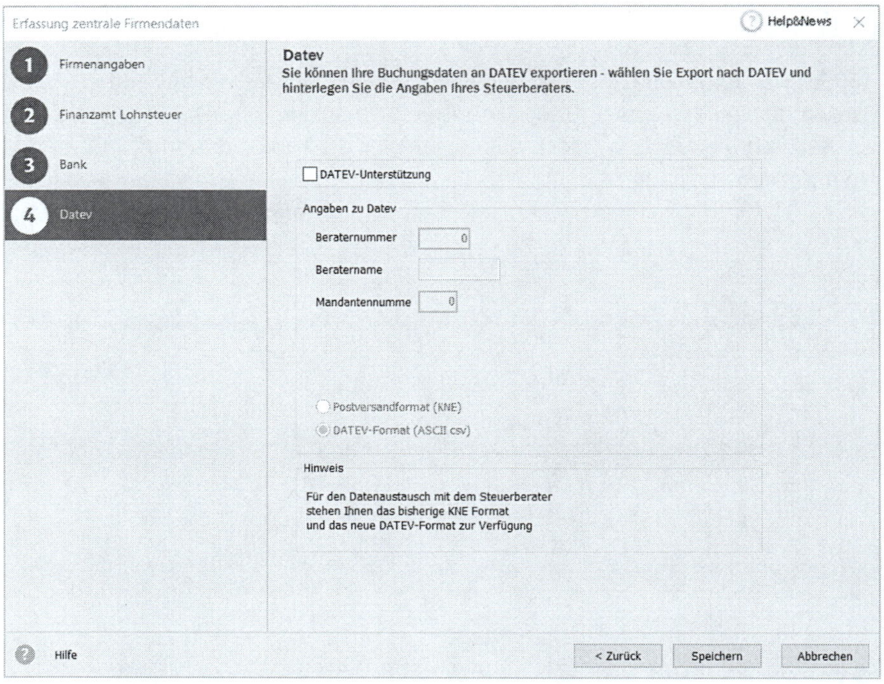

Wenn Sie auf die Schaltfläche Speichern klicken, ist die Erfassung der **zentralen Firmendaten** abgeschlossen und Sie befinden sich wieder im Fenster **Firma anlegen**.

Schritt 6 - Lohn + Gehalt

Da Sie anfangs die Buchhaltung und die Fakturierung deaktiviert haben, sind Schritt 4 und 5 inaktiv und es geht mit den lohn-/gehaltsspezifischen Stammdaten Weiter.

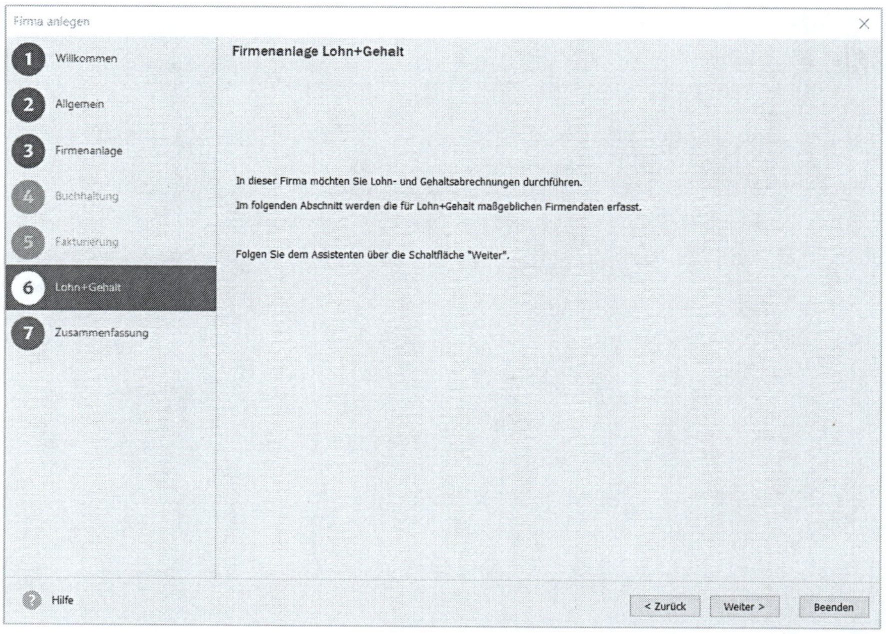

Auch hier öffnet sich ein neues Fenster, der **Firmenassistent lohn + gehalt**.

Auf **Seite 1 - Allgemeines** wurden die Werte aus den **zentralen Firmendaten** übernommen. Hier klicken Sie nur auf Weiter.

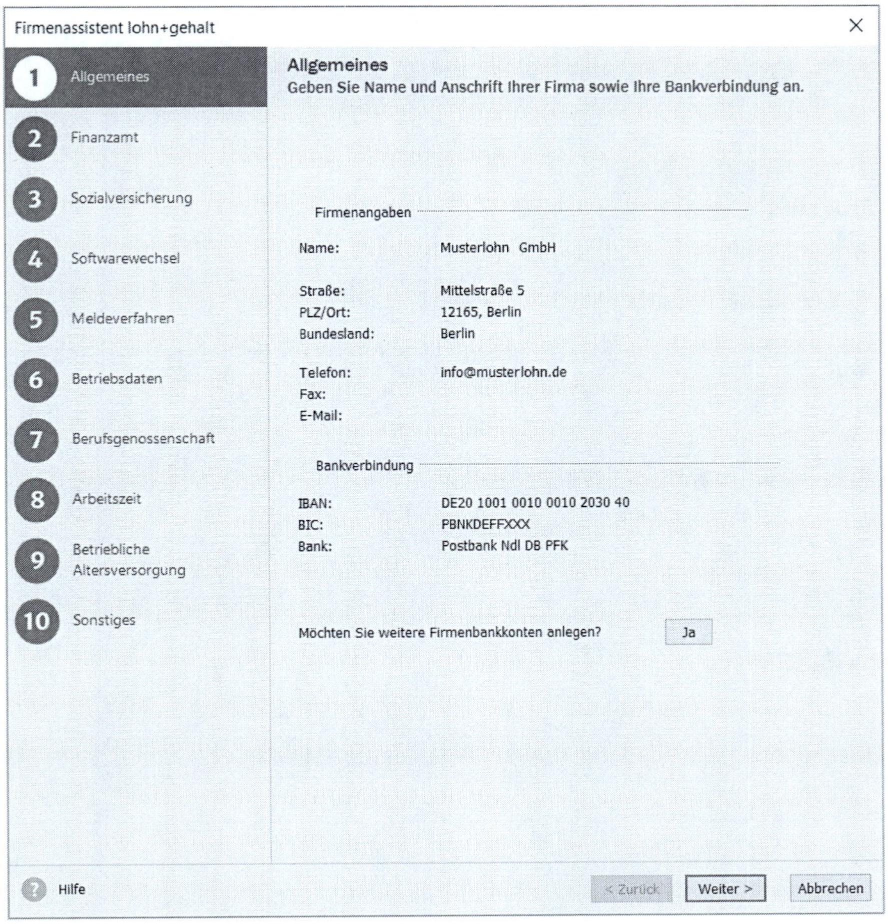

Seite 2 - Finanzamt zeigt Ihnen das in den zentralen Stammdaten erfasste Finanzamt an. Sie wählen den Abgaberhythmus (monatlich, vierteljährlich oder jährlich) für die Lohnsteueranmeldung und die Zahlungsart für die Lohnsteuer aus. Für Rückfragen seitens der Finanzverwaltung müssen Sie eine E-Mail-Adresse angeben.

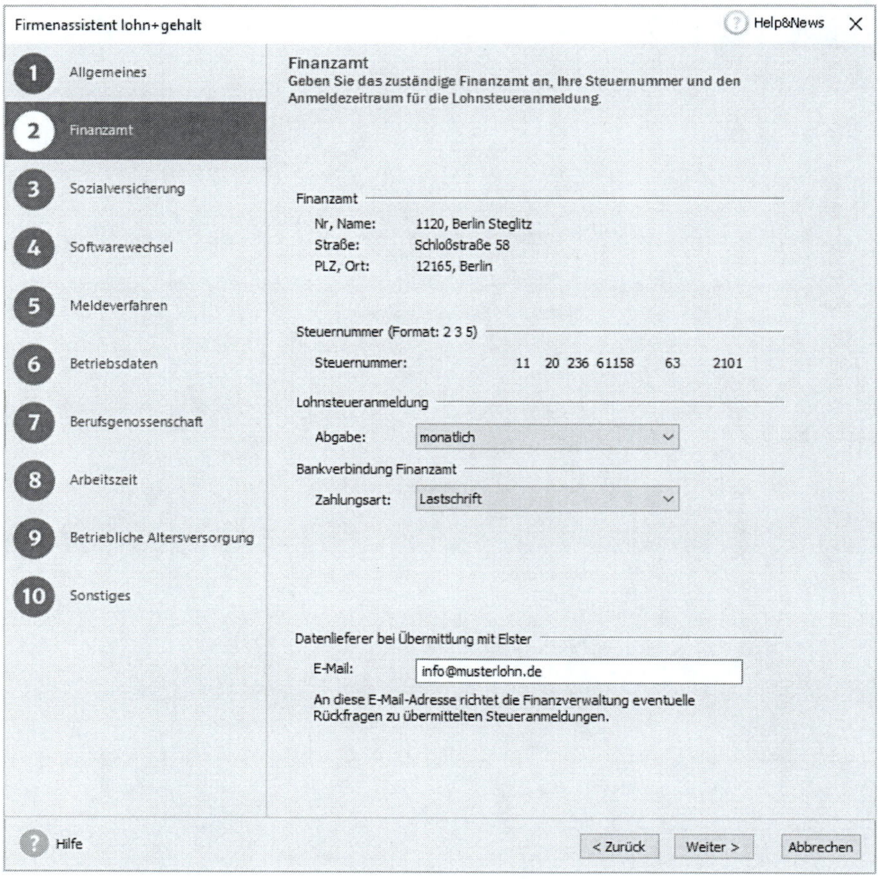

Auf **Seite 3 - Sozialversicherung** geben Sie die Betriebsnummer Ihrer Firma ein. Sie muss bei der Agentur für Arbeit beantragt werden und dient der eindeutigen Identifikation gegenüber den Sozialversicherungsträgern (z. B. Krankenkassen, Rentenversicherung, Berufsgenossenschaften).

Im Insolvenzfall muss dies hier aktiviert ❶ und zusätzliche Angaben erfasst werden.

Das Häkchen Firma/Betriebsstätte in Berlin (Ost) ❷ ist zu setzen, wenn Sie dort Ihren Firmen- oder Betriebsstättensitz haben, da anhand des Bundeslandes Berlin nicht erkennbar ist, welcher Rechtskreis in der Sozialversicherung angewendet werden soll. Das hat Auswirkung auf die unterschiedlichen Beitragsbemessungsgrenzen in der Renten- und Arbeitslosenversicherung für Ost und West. Das Feld ist nur vorhanden, wenn in den zentralen Firmenangaben (**Seite 2 - Finanzamt Lohnsteuer**) das Bundesland Berlin ausgewählt wurde.

In den Übungsfällen erfassen Sie nur die Betriebsnummer und klicken anschließend auf Weiter.

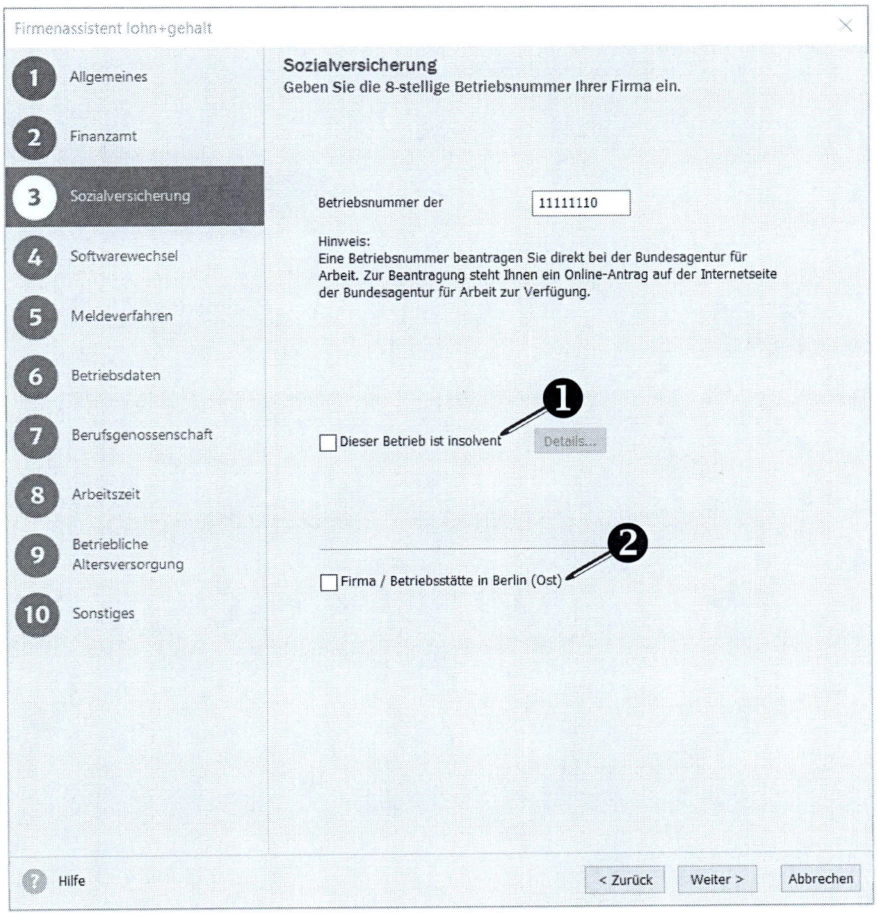

Seite 4 - Softwarewechsel ist nur relevant, wenn das Abrechnungsprogramm unterjährig (also nicht zum 01.01.) gewechselt wurde. In diesem Fall sind SV-Meldungen notwendig, die hier aktiviert werden können. In den Übungsfällen ist dies nicht erforderlich. Klicken Sie auf **Weiter**.

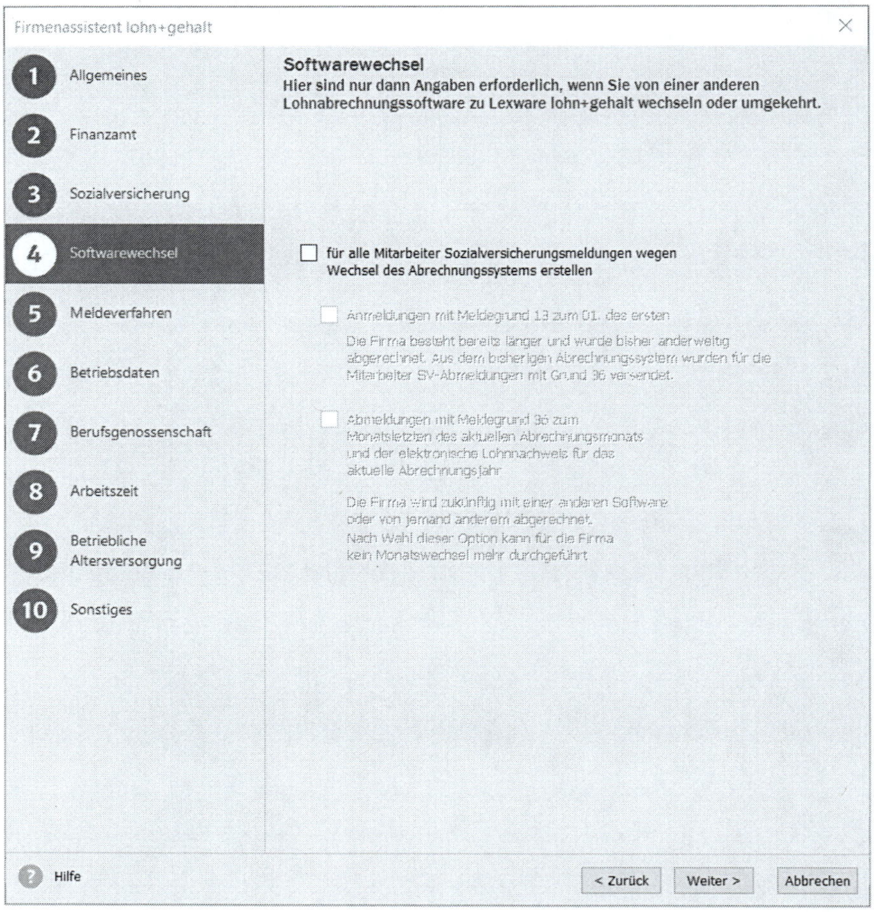

Auf **Seite 5 - Meldeverfahren** geben Sie an, wie die Erstattung im Rahmen der Umlageverfahren U1 bzw. U2 erfolgen soll. Es wird eine Überweisung empfohlen, da diese Vorgehensweise bei der Überprüfung von Beitragsnachweisschulden und Forderungen aus Erstattungsanträgen übersichtlicher ist, als eine mögliche Verrechnung. Sollten Sie mehrere Firmenbankkonten angelegt haben, können Sie im Falle einer Überweisung das Konto auswählen.

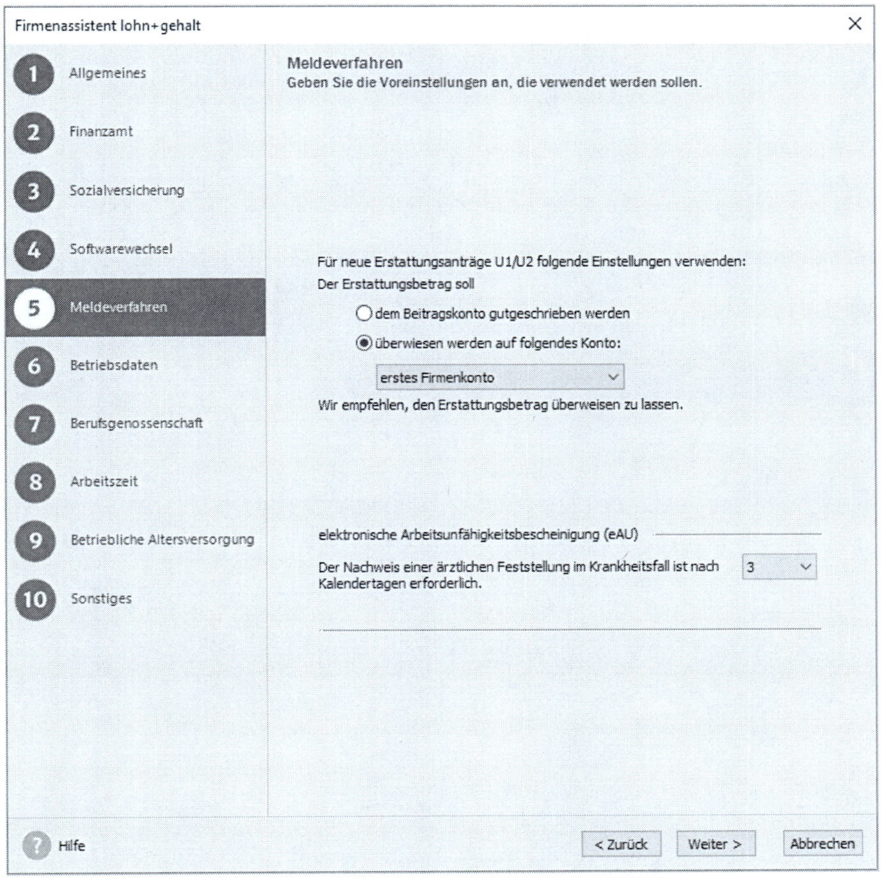

Für die ab 01. Januar 2023 verpflichtende Teilnahme am Verfahren zur elektronischen Arbeitsunfähigkeitsbescheinigung (eAU) ist die Erfassung der Tage notwendig, ab dem ein Nachweis über die Erkrankung verlangt wird.

Seite 6 - Betriebsdaten dient der Erfassung von Ansprechpartnern. Sie können einen Ansprechpartner in der Firma angeben. Dieser ist für die Zusammenarbeit mit der Agentur für Arbeit verantwortlich. Für die Erstattungsanträge U1/U2 müssen Sie einen Ansprechpartner Entgeltabrechnung erfassen. Dieser ist zwingend notwendig. Sollte es sich um den gleichen Ansprechpartner handeln, können Sie die Daten übernehmen ❶ und speichern.

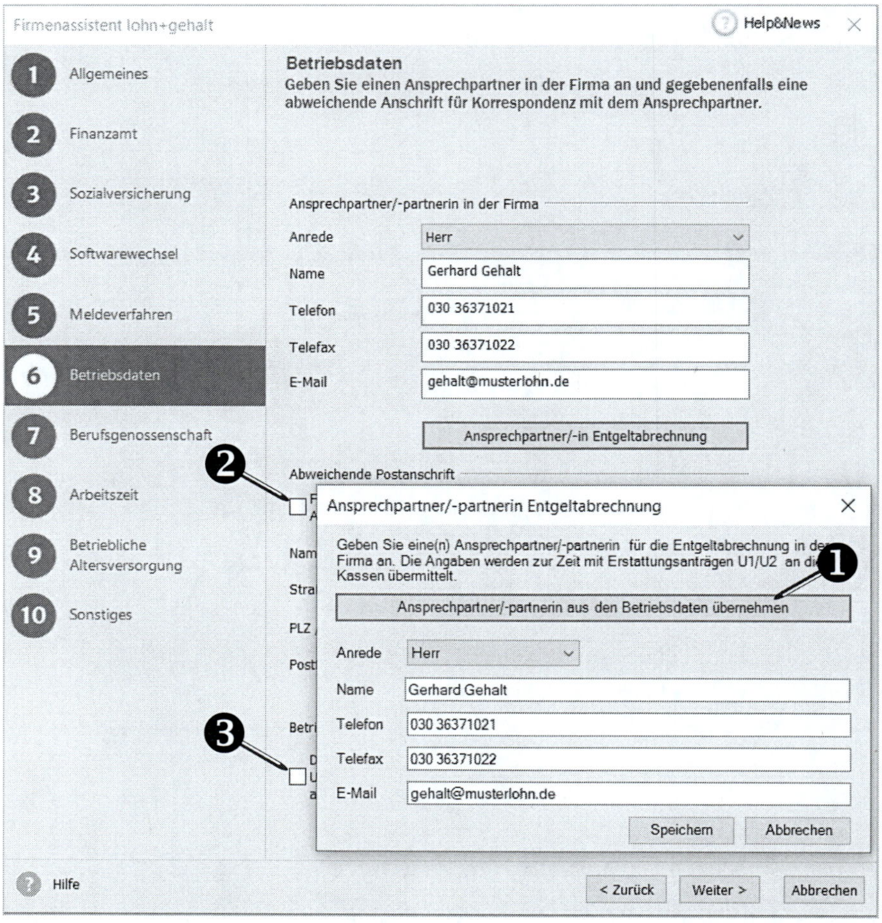

Bei Bedarf kann eine abweichende Korrespondenzadresse angegeben werden ❷. Sollte die Firma Ihre Tätigkeit einstellen, wird das Häkchen gesetzt ❸.

Erfassen Sie den Ansprechpartner für Firma und Entgeltabrechnung und klicken Sie auf Weiter.

Auf **Seite 7 - Berufsgenossenschaft** wählen Sie Ihre BG aus der Auswahlliste aus und erfassen die Mitgliedsnummer Ihrer Firma. Dann klicken Sie auf Weiter.

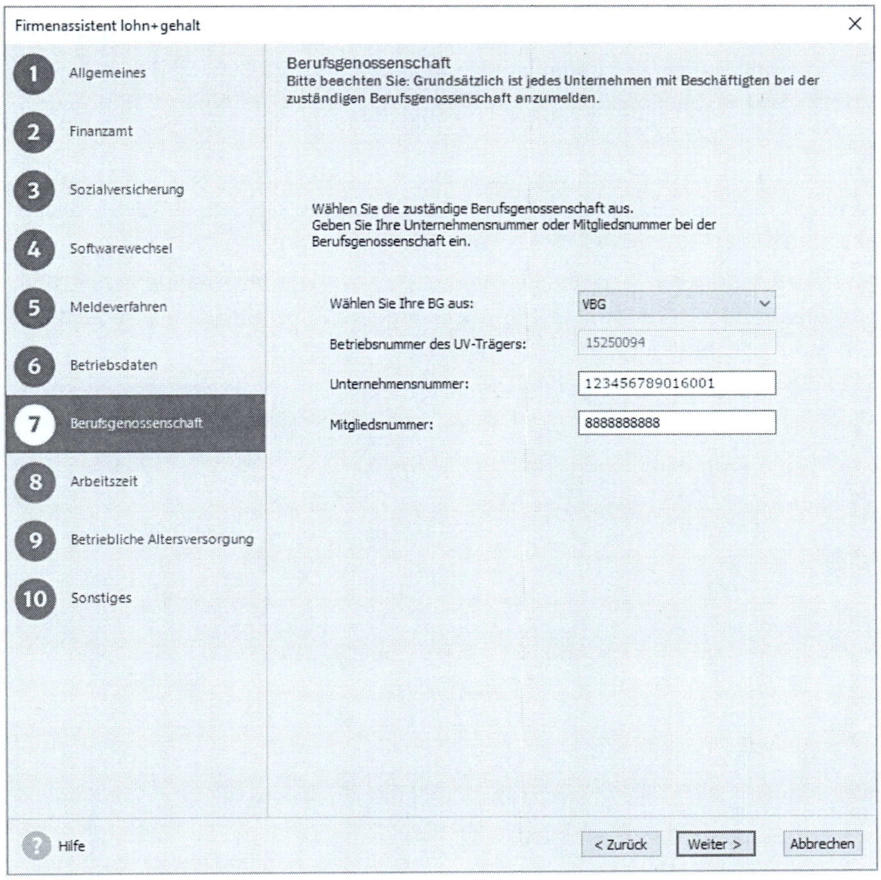

Zu Übungszwecken verwenden wir hier ungültige Unternehmensnummern. Eine entsprechende Problemmeldung ist zu ignorieren.

Die Erfassung der Mitgliedsnummer ist seit 2024 nicht mehr erforderlich. Die Unternehmensnummer löst die Mitgliedsnummer im UV-Meldeverfahren ab.

Seite 8 - Arbeitszeit bietet Ihnen zwei unterschiedliche Erfassungsmöglichkeiten. Zuerst klicken Sie auf Bearbeiten... ❶. Es öffnet sich eine Erfassungsmaske in einem neuen Fenster. Sie können, wie hier dargestellt, die täglichen Arbeitszeiten in max. 4 Zeitabschnitten (von/bis) erfassen. Wenn Sie die Zeiten für Montag erfassen, füllt Lexware die anderen Wochentage mit den gleichen Zeitangaben aus. Diese können Sie beliebig abändern. Lexware berechnet daraus automatisch die tägliche und wöchentliche Arbeitszeit.

Alternativ können auch nur die Angaben zur regelmäßigen täglichen Arbeitszeit und die Anzahl Arbeitstage pro Woche erfasst werden. Bei Fehleingaben lässt sich die Tabelle zurücksetzen und alle Felder sind gelöscht.

Die hier hinterlegten Arbeitszeiten können in die Mitarbeiterstammdaten übernommen werden und sind auch für die automatische Ermittlung der Arbeitsstunden für die Berufsgenossenschaft notwendig.

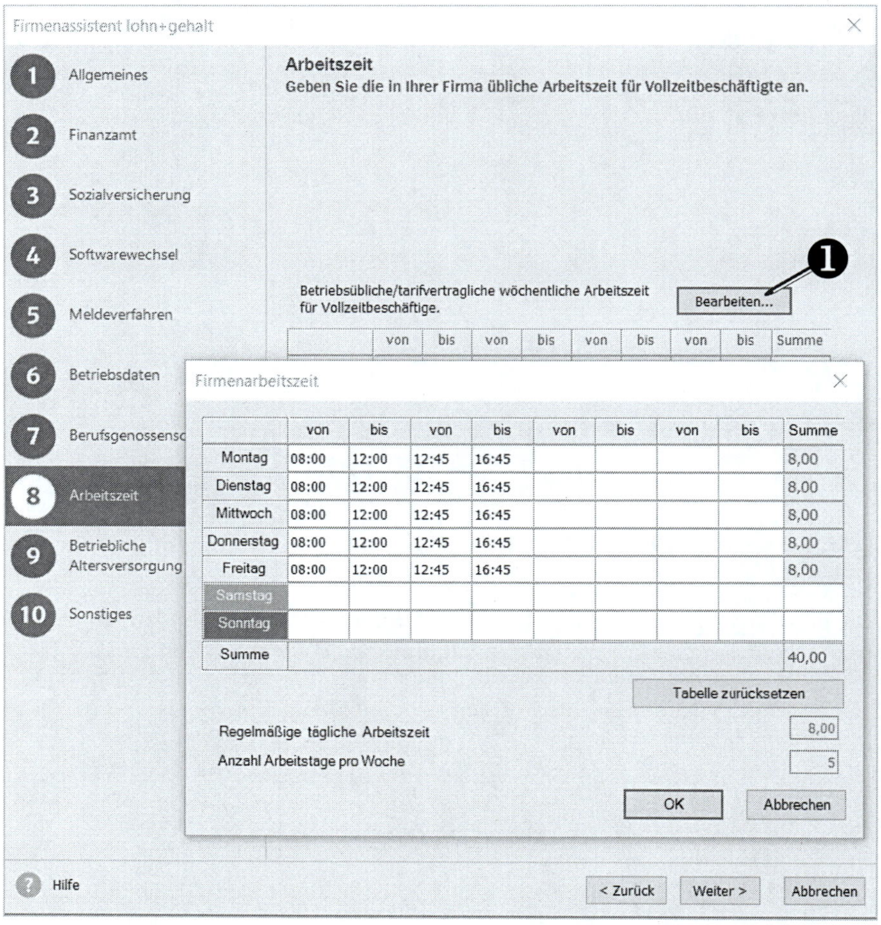

Nachdem Sie die betriebsübliche Firmenarbeitszeit erfasst und mit OK gespeichert haben, klicken Sie auf Weiter.

Auf **Seite 9 - Betriebliche Altersversorgung** ist keine Eingabe notwendig. Lexware zeigt Ihnen nur den 15 %igen Pflichtzuschuss des Arbeitgebers an. Dieser ist laut Betriebsrentenstärkungsgesetz unter bestimmten Voraussetzungen bei einer Entgeltumwandlung im Rahmen einer betrieblichen Altersvorsorge vom Arbeitgeber zu zahlen. Eine evtl. Änderung ist erst im Lohn + Gehalt-Modul möglich. Klicken Sie auf Weiter.

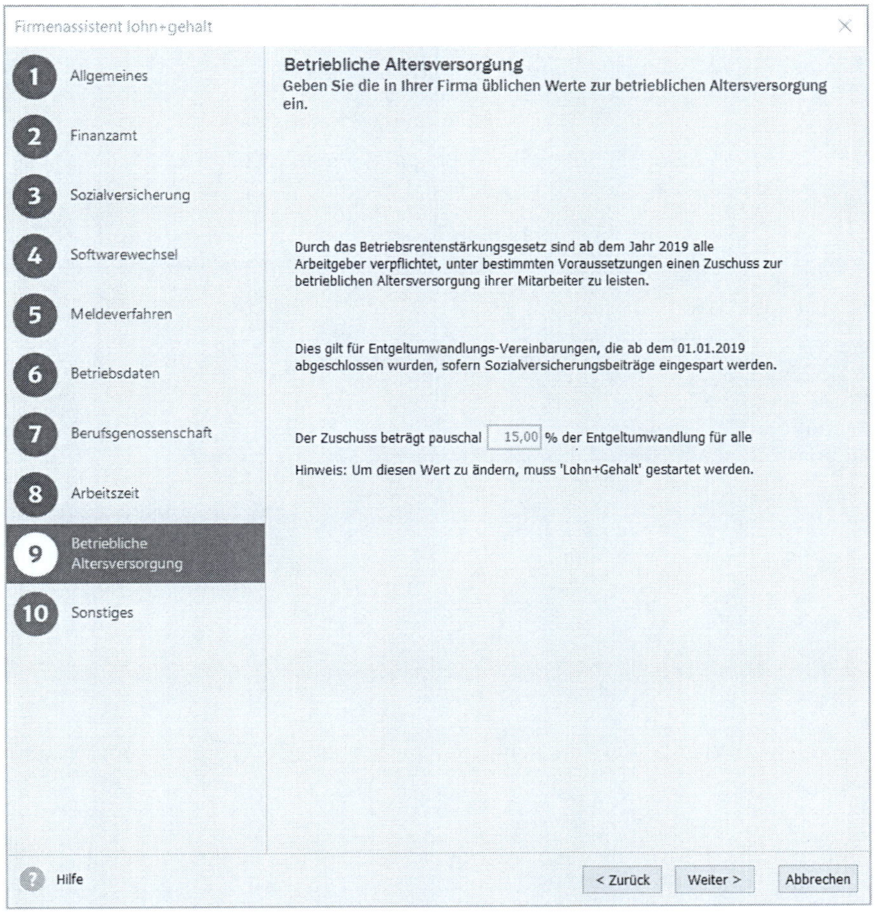

Seite 10 - Sonstiges ist die letzte Seite im **Firmenassistent lohn + gehalt**. Wählen Sie aus, ab welchem Monat und Jahr Sie mit der Entgeltabrechnung beginnen möchten.

Hinweis: Diese Einstellung lässt sich nachträglich nicht mehr ändern.

Außerdem legen Sie fest, ob für Ihre Firma Insolvenzgeldumlage zu berechnen und abzuführen ist ❶. Arbeitgeber der öffentlichen Hand und private Arbeitgeber im Haushaltsscheckverfahren sind von dieser Umlage befreit.

Ist Ihre Firma bei der Einstellung von Mitarbeitern zu Sofortmeldungen verpflichtet, geben Sie dies hier an ❷.

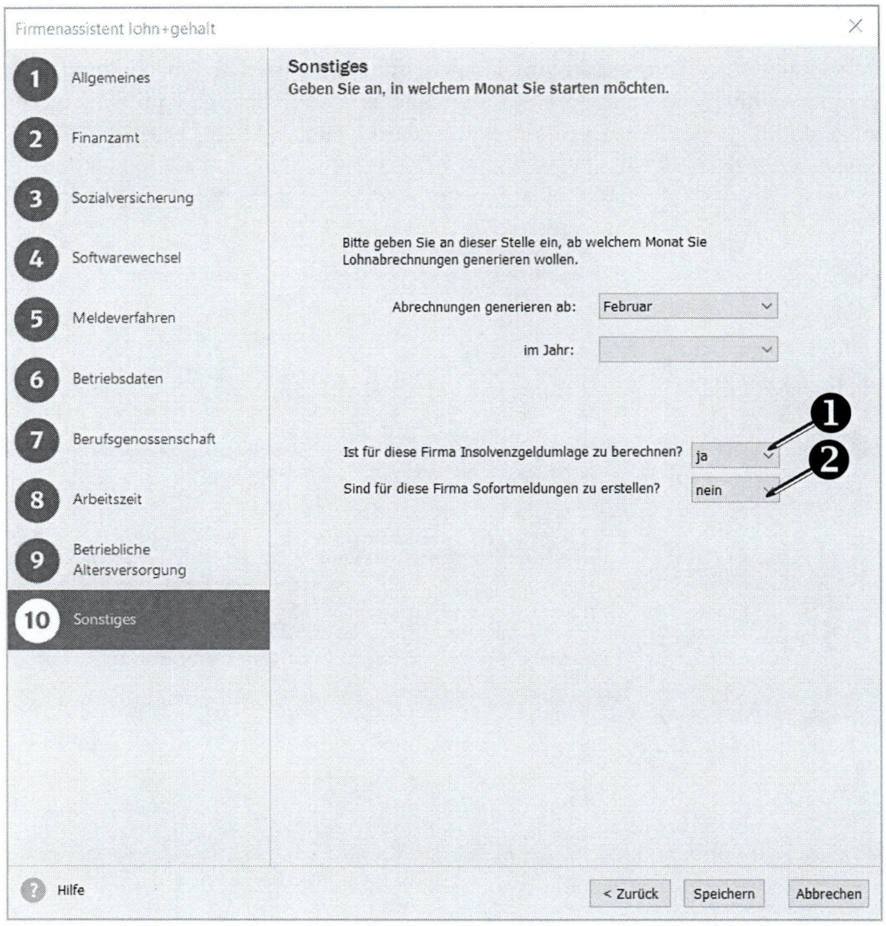

Mit einem Klick auf die Schaltfläche Speichern gelangen Sie zurück zum Assistent Firma anlegen.

Schritt 7 - Zusammenfassung

Die Zusammenfassung zeigt Ihnen die wichtigsten Daten, die Sie in den einzelnen Assistenten erfasst haben. Da hier nur Werte für Lohn + Gehalt eingetragen wurden, finden Sie bei einigen Feldern Striche.

Die **Umlagepflicht** steht standardmäßig auf **nein** und wird erst im Modul Lohn + Gehalt aktiviert.

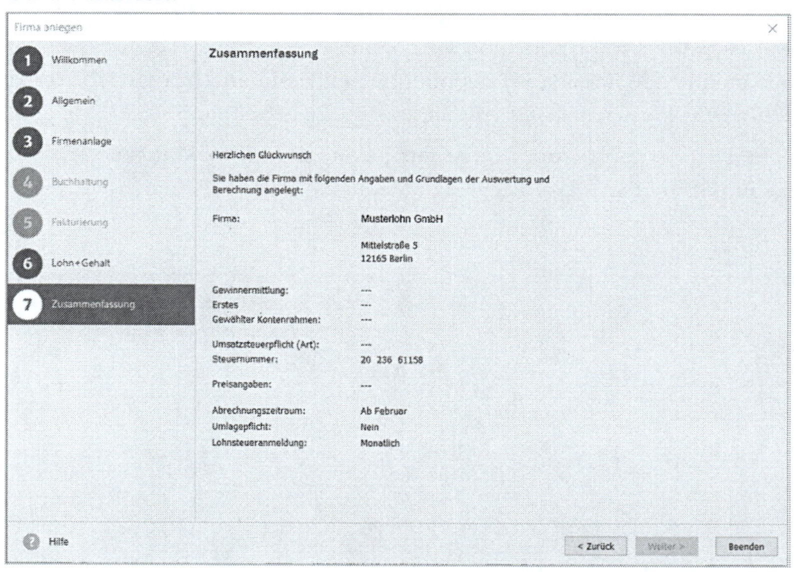

Klicken Sie abschließend auf Beenden. Ihre Firma ist nun in Lexware angelegt und bereit für den Start des Moduls Lohn + Gehalt.

Sollten Sie den Assistent **Firma anlegen** nicht bis zum Schritt 7 bearbeiten und die Erfassung vorzeitig abbrechen, gehen alle bis dahin erfassten Daten verloren.

Falsche oder fehlende Werte können nachträglich geändert oder ergänzt werden:

in der Lexware-Zentrale über

- die Menüleiste Bearbeiten → Firma
- die Schaltfläche Firma bearbeiten

oder im Modul Lohn+Gehalt über

- die Menüleiste Bearbeiten → Firma

Ein **Druck der Firmenstammdaten** ist nach dem Start von Lohn + Gehalt möglich über die Menüleiste Datei → Drucken → Firmenstammblatt... .

1.4 Lexware Lohn + Gehalt

Für den Start von Lohn + Gehalt stehen Ihnen die Hauptnavigation ❶ oder das Programmsymbol ❷ zur Verfügung. In beiden Fällen können Sie die Startseite von **Lohn + Gehalt** öffnen oder gleich eine spezielle Funktion (z. B. Lohndaten erfassen) aufrufen.

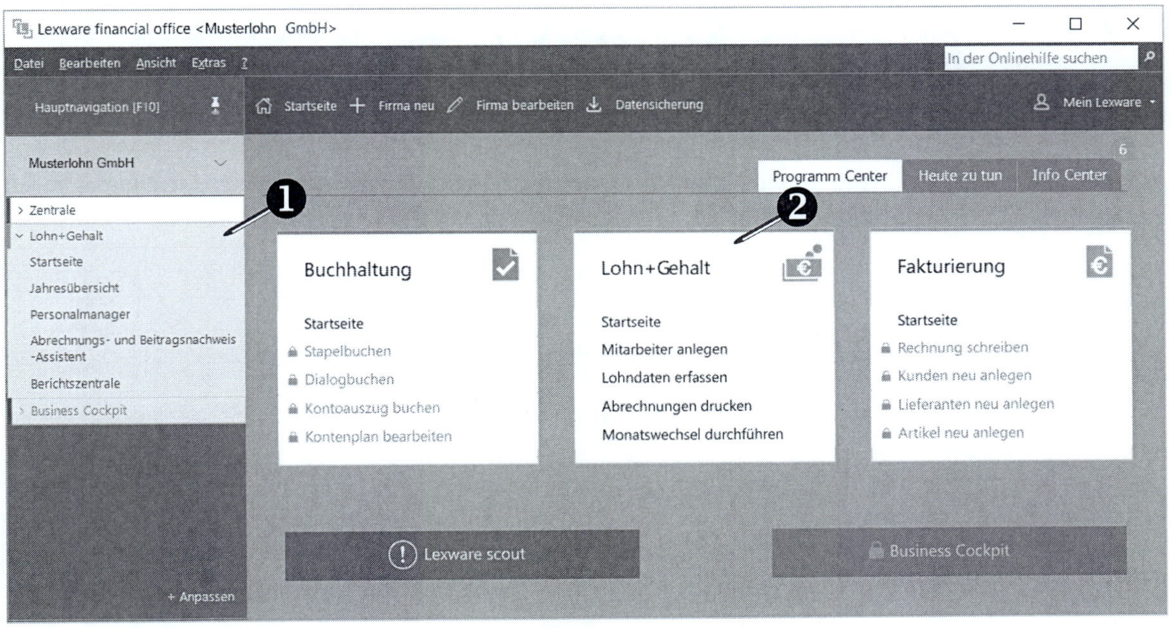

Sie befinden sich jetzt auf der Startseite des Moduls Lohn + Gehalt. Die Bedienelemente sind analog zur Lexwarezentrale, beinhalten aber nun die Funktionalitäten für die Entgeltabrechnung: Hauptnavigation ❸, Menüleiste ❹, Symbolleiste ❺, Suchfeld ❻, Register (Lohn + Gehalt, Info Center) ❼, Funktionsaufruf/Workflow ❽ und Lexware scout ❾.

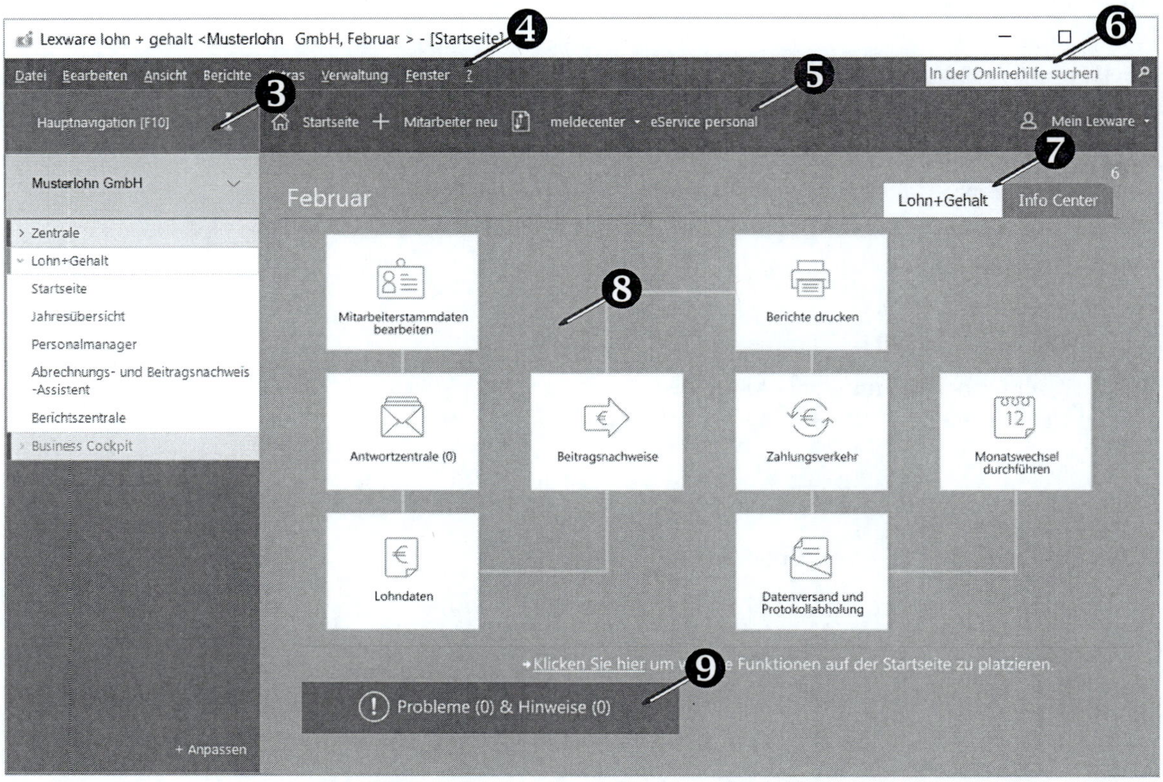

Bei der Neuanlage einer Firma benötigt Lexware die Eingabe einer **PIN** für den **elektronischen Stammdatenabruf** bei der **Berufsgenossenschaft**. Sie könnten die PIN auch später im Menü Verwaltung → Berufsgenossenschaft aktuelle Firma erfassen. Solange keine PIN eingetragen wurde, bekommen Sie die Meldung beim Öffnen der jeweiligen Firma weiterhin angezeigt.

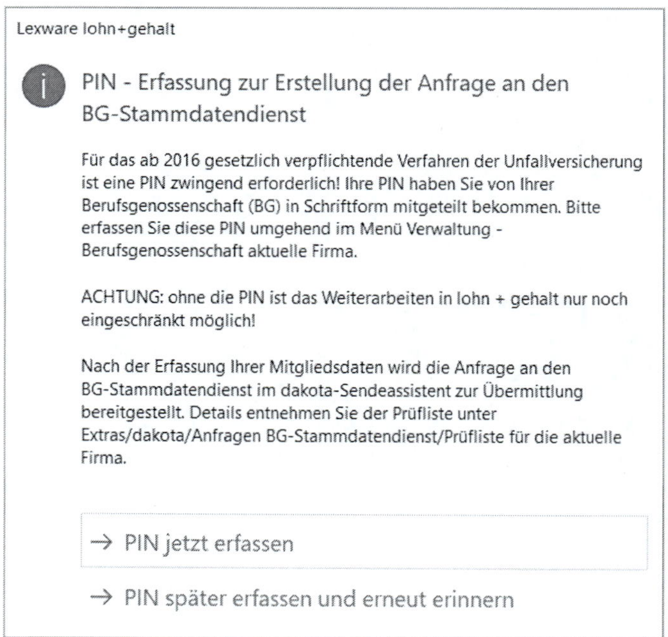

Auch, wenn in den Übungsfällen kein Stammdatenabruf erfolgt, erfassen Sie die PIN bitte jetzt und klicken bei der Meldung **PIN ändern?** auf PIN ändern und anschließend auf OK.

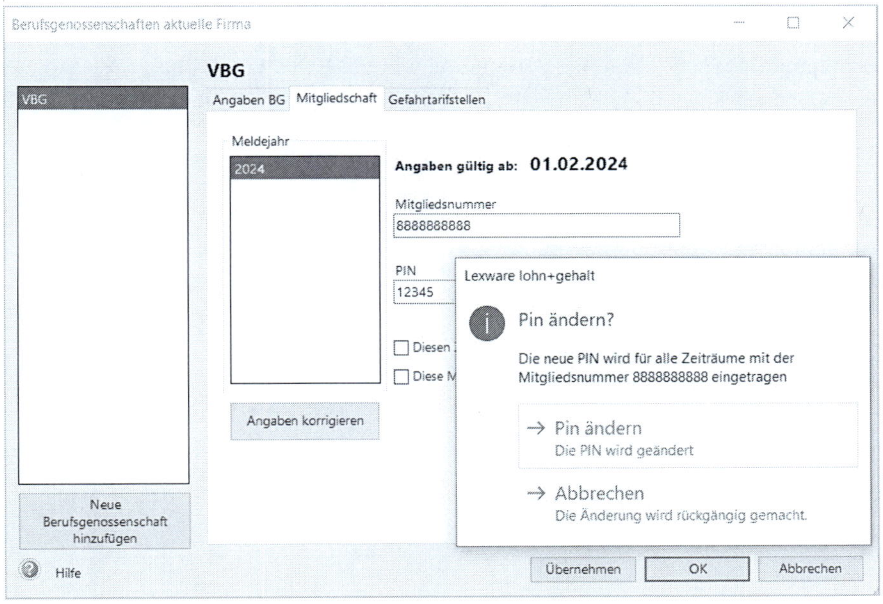

Bevor Sie Mitarbeiter anlegen können, müssen noch weitere Stammdaten für die Firma gepflegt werden

1.5 Die Berufsgenossenschaft bearbeiten

Die gesetzliche Unfallversicherung der Arbeitnehmer erfolgt über die Berufsgenossenschaft. Welche Berufsgenossenschaft für Sie zuständig ist, ist von der Unternehmensbranche abhängig. Die Berufsgenossenschaften werden von Lexware aktualisiert und stehen Ihnen firmenübergreifend zur Auswahl zur Verfügung.
Zur Bearbeitung öffnen Sie den

- Menüpunkt Verwaltung.

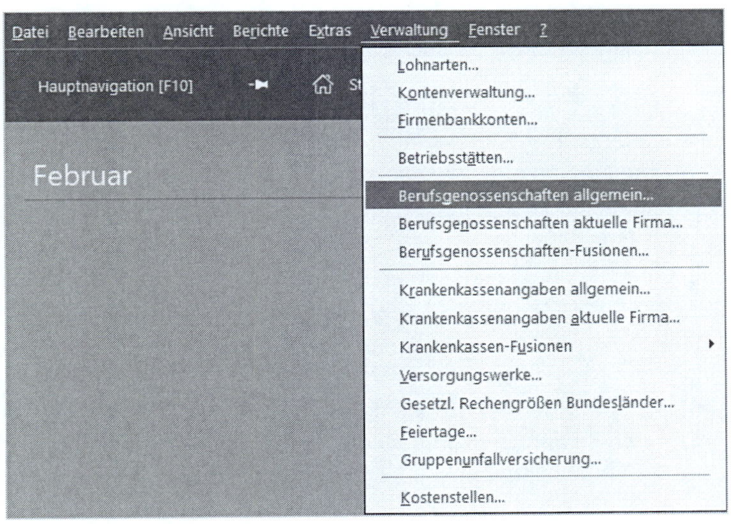

Sie finden folgende Einträge für Berufsgenossenschaften

- Berufsgenossenschaften allgemein...
- Berufsgenossenschaften aktuelle Firma...
- Berufsgenossenschaften-Fusionen...

Berufsgenossenschaften allgemein

Hier erhalten Sie eine Liste der vorhandenen Berufsgenossenschaften. Änderungen sind an dieser Stelle nicht möglich. Die Liste bietet nur einen Überblick.

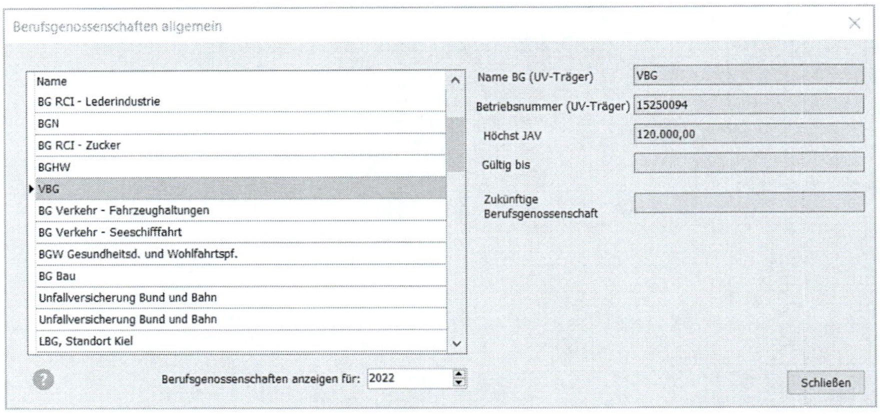

Berufsgenossenschaften aktuelle Firma

Lexware zeigt Ihnen im Register **Angaben BG** die Berufsgenossenschaft inkl. Betriebsnummer an, die Sie bereits im **Firmenassistent Lohn + Gehalt** auf **Seite 7 - Berufsgenossenschaft** erfasst haben. Sollte sich z. B. die zuständige Berufsgenossenschaft geändert haben, können Sie die Neue Berufsgenossenschaft hinzufügen ❶.

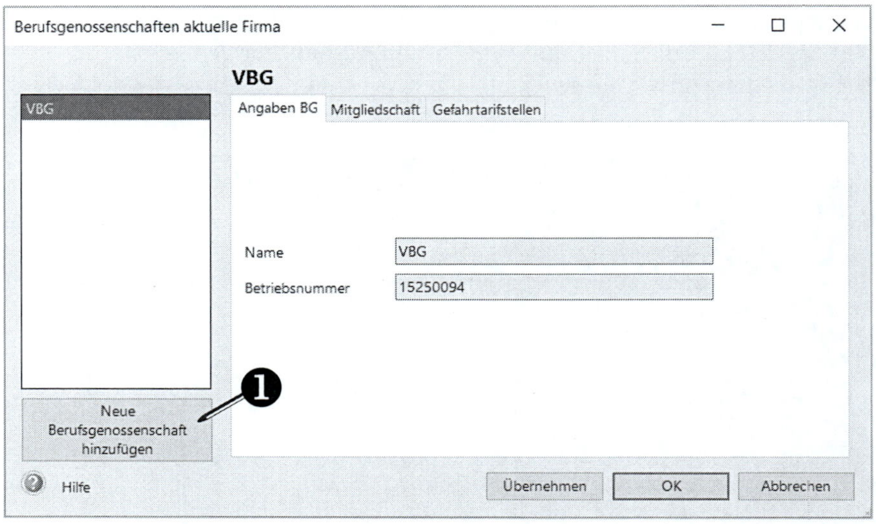

Im Register **Mitgliedschaft** sehen Sie die ebenfalls schon erfasste Mitgliedsnummer und die PIN für den Stammdatenabruf. Diese Werte lassen sich mit Klick auf Angaben korrigieren ❷ noch ändern.

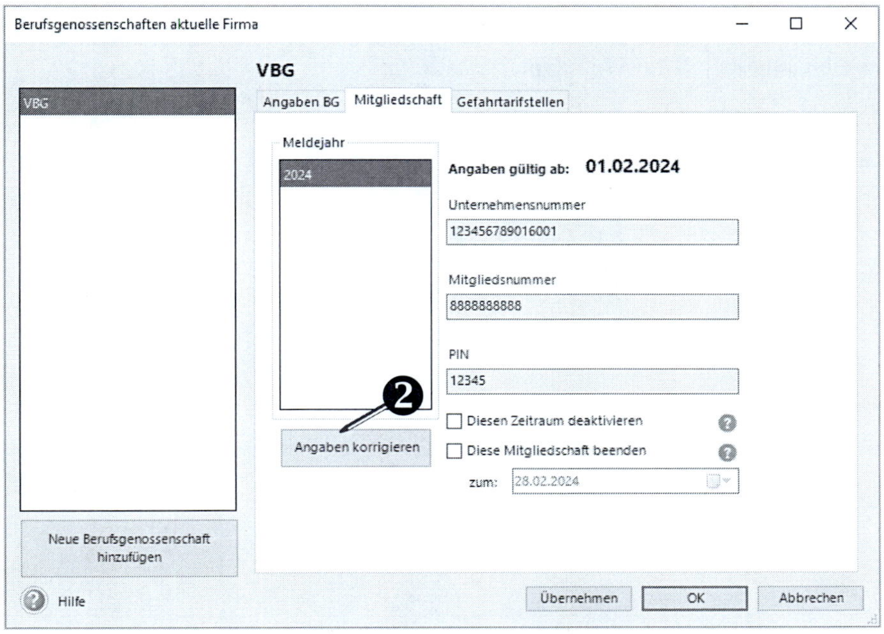

Praxistipp: Mit diesen Angaben werden in der Praxis über den **BG-Stammdatendienst** die **Gefahrtarifstellen (GTS)** abgeglichen. Dazu muss das **meldecenter** von Lexware als Schnittstelle zu den Krankenkassen und Berufsgenossenschaften eingerichtet sein.

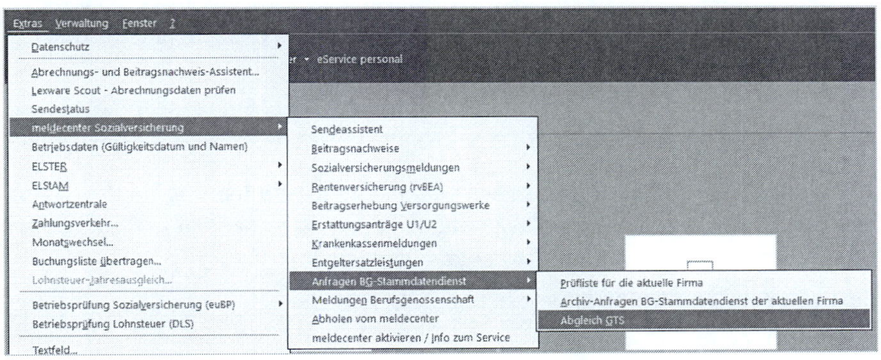

Dies ist zu Übungs- und Schulungszwecken nicht möglich. Deshalb werden im Register Gefahrtarifstellen auch keine Daten angezeigt.

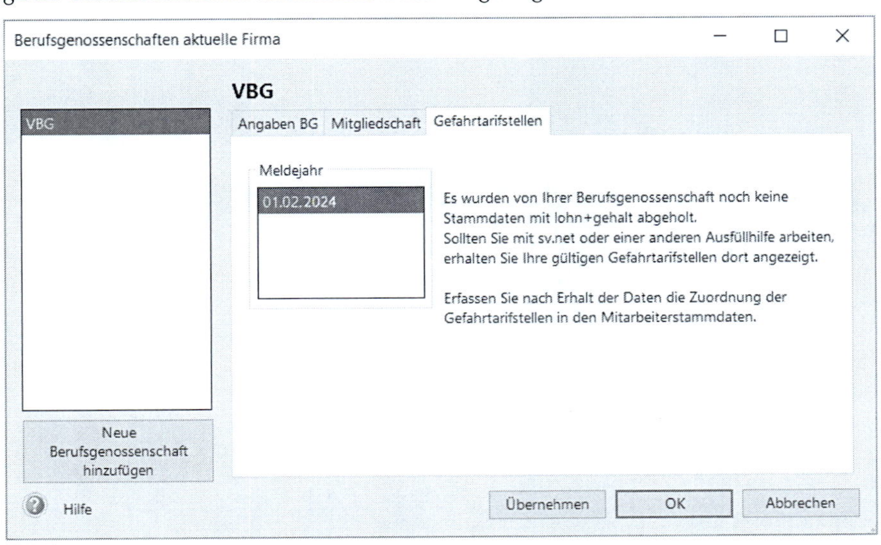

Praxistipp: Der **Stammdatenabruf** ist in der Praxis jedes Jahr erforderlich. Nach erfolgtem **GTS-Abgleich** werden die GTS-Nummern dann im Register **Gefahrtarifstellen** angezeigt (Hinweis: Beispielabbildung).

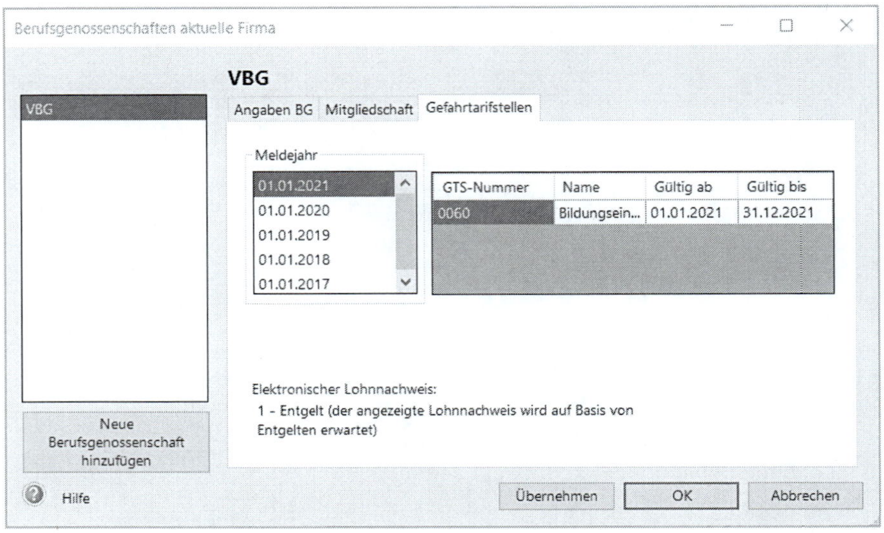

Berufsgenossenschaften-Fusionen

Dies ist ein Assistent, der Sie bei der Stammdatenpflege unterstützt, wenn sich zwei Berufsgenossenschaften zu einer zusammenschließen. Lexware prüft beim Aufruf dieser Funktion automatisch, ob BG-Fusionen für die aktuelle Firma vorliegen.

1.6 Die Krankenkassen bearbeiten

Bei der Verwaltung der Krankenkassen verhält es sich ähnlich, wie bei den Berufsgenossenschaften. Die Krankenkassen werden von Lexware aktualisiert und stehen Ihnen firmenübergreifend zur Auswahl zur Verfügung.

Öffnen Sie die Krankenkassenverwaltung z. B. über

- die Menüleiste Verwaltung

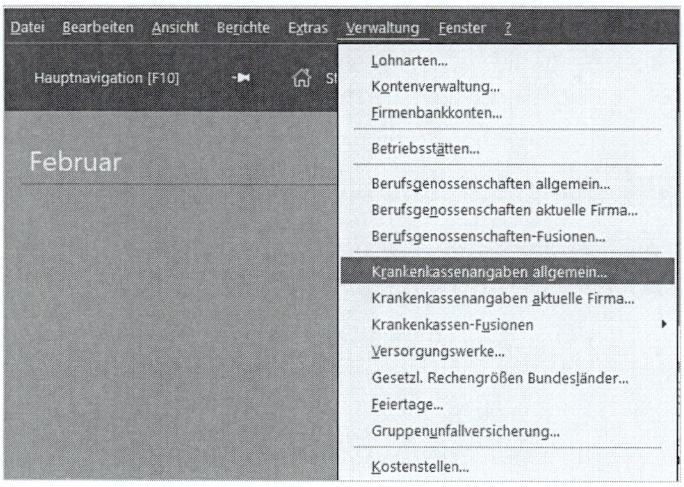

Sie finden folgende Einträge für die Krankenkassenverwaltung:

- Krankenkassenangaben allgemein...
- Krankenkassenangaben aktuelle Firma...
- Krankenkassenangaben-Fusion

Krankenkassenangaben allgemein

Die allgemeinen Krankenkassenangaben sind firmenübergreifend. Hier erfassen Sie alle Krankenkassen, in denen Ihre Mitarbeiter versichert sind. Benötigen Sie eine in der Liste ❶ noch nicht vorhandene Krankenkasse, klicken Sie auf Neue Krankenkasse anlegen ❷. Diese wird dann nicht nur in der Firma angezeigt, in der sie anlegt wurde. Die Liste wird für alle Firmen aktualisiert.

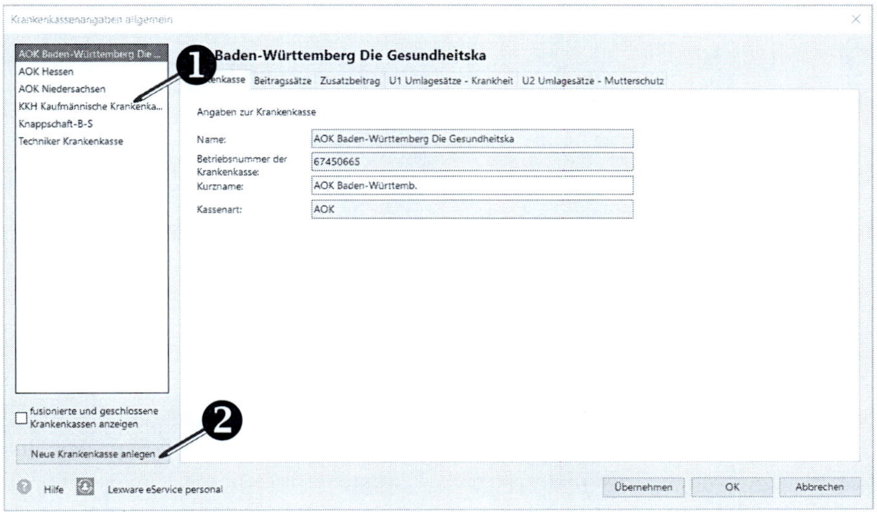

Im **Assistent** für eine **Neue Krankenkasse** stehen Ihnen auf **Seite 1 - Auswahl** alle aktuell gültigen Krankenkassen zur Verfügung. Lexware bietet Ihnen verschiedene Suchfelder ❸. Sie können die Krankenkasse durch scrollen auch direkt in der Liste suchen. Klicken Sie anschließend auf Weiter.

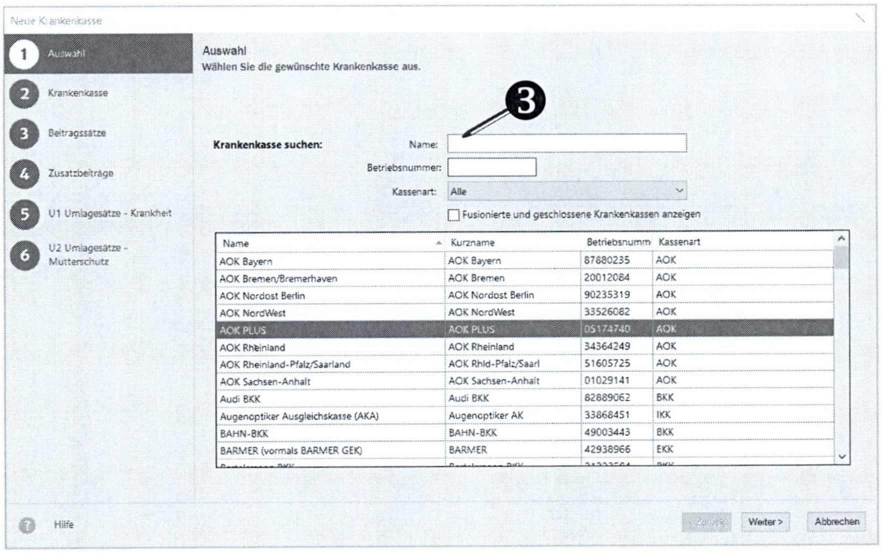

Seite 2 - Krankenkasse zeigt Ihnen zur Kontrolle nochmal Bezeichnung und Betriebsnummer der gewählten Krankenkasse an. Klicken Sie auf Weiter.

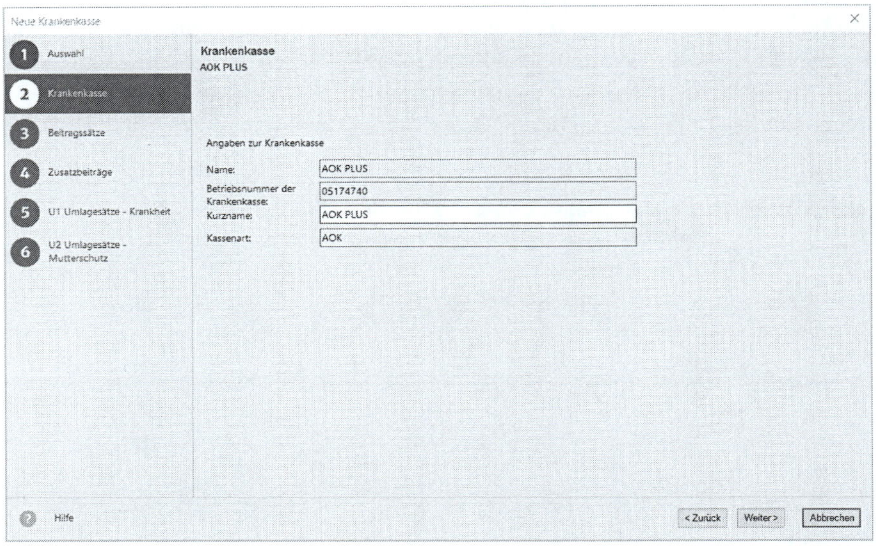

Seite 3 - Beitragssätze ist eine Liste mit den aktuellen und vergangenen Beitragssätzen. Diese werden durch Updates von Lexware stets aktualisiert. Eingaben sind hier nicht notwendig bzw. nicht möglich. Klicken Sie auf Weiter.

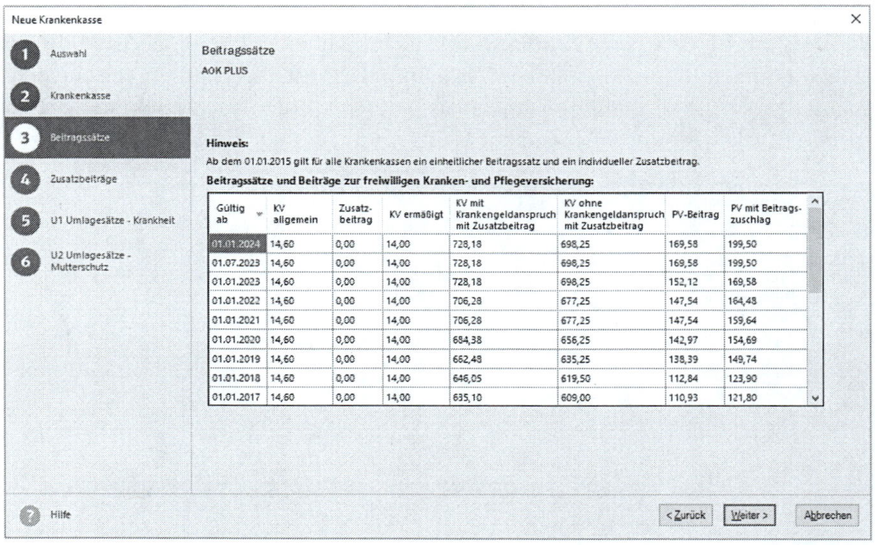

Gültig ab	KV allgemein	Zusatzbeitrag	KV ermäßigt	KV mit Krankengeldanspruch mit Zusatzbeitrag	KV ohne Krankengeldanspruch mit Zusatzbeitrag	PV-Beitrag	PV mit Beitragszuschlag
01.01.2024	14,60	0,00	14,00	728,18	698,25	169,58	199,50
01.07.2023	14,60	0,00	14,00	728,18	698,25	169,58	199,50
01.01.2023	14,60	0,00	14,00	728,18	698,25	152,12	169,58
01.01.2022	14,60	0,00	14,00	706,28	677,25	147,54	164,48
01.01.2021	14,60	0,00	14,00	706,28	677,25	147,54	159,64
01.01.2020	14,60	0,00	14,00	684,38	656,25	142,97	154,69
01.01.2019	14,60	0,00	14,00	662,48	635,25	138,39	149,74
01.01.2018	14,60	0,00	14,00	646,05	619,50	112,84	123,90
01.01.2017	14,60	0,00	14,00	635,10	609,00	110,93	121,80

Hinweis: Die konkreten Krankenkassenstammdaten für die Übungsfälle und Musterprüfungen entnehmen Sie bitte der Übersicht auf Seite 119.

Auf **Seite 4 - Zusatzbeiträge** erfassen Sie den aktuellen kassenindividuellen **Beitragssatz**. Sollte sich dieser ändern, können Sie über die Schaltfläche Neuer Zeitraum ein neues Gültigkeitsdatum ❶ anlegen und den neuen Zusatzbeitrag erfassen. Bei Falscheingaben lassen sich Zeiträume löschen oder Angaben korrigieren ❷.

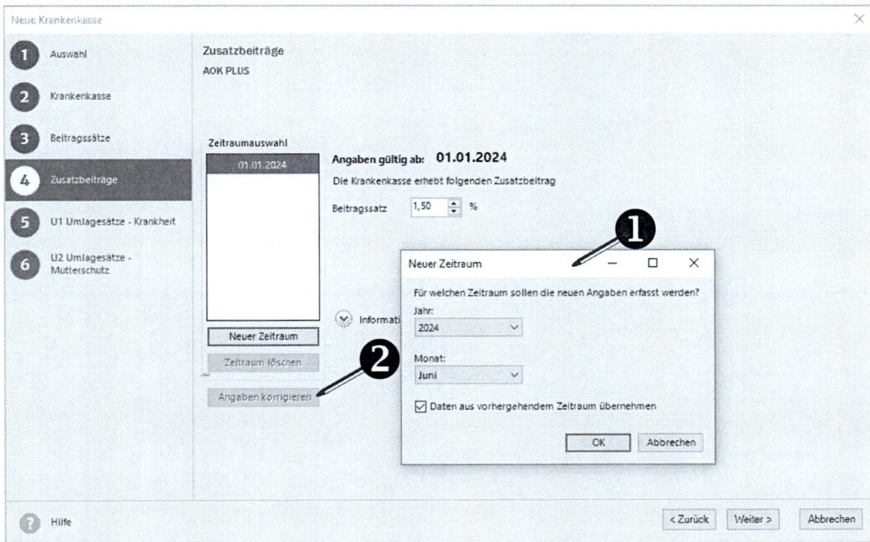

Seite 5 - U1 Umlagesätze-Krankheit dient der Erfassung aller benötigten Erstattungs- und Beitragssätze im Rahmen der Umlage 1. Möchten Sie hier je Krankenkasse allgemeine, erhöhte und ermäßigte Sätze erfassen, klicken Sie auf + Weiterer Satz. Diese stehen Ihnen dann in der Funktion **Krankenkassen aktuelle Firma** zur Auswahl zur Verfügung.

Da die Krankenkassen Ihre Umlagesätze regelmäßig anpassen, müssen Sie ebenfalls Neue Zeiträume anlegen, können aber bei Falscheingaben wieder Zeiträume löschen oder Angaben korrigieren.

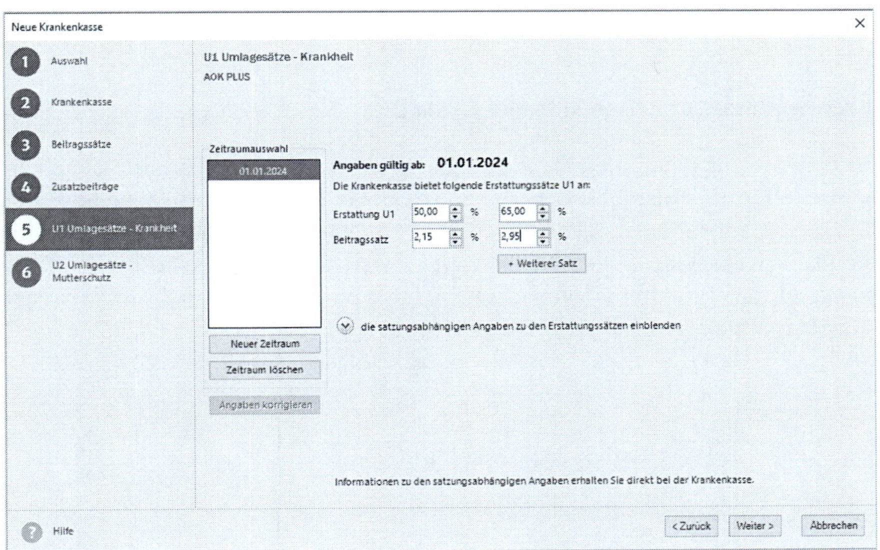

Hinweis: Achten Sie darauf, dass Sie bei der Erfassung nicht Erstattungs- und Umlagesatz vertauschen und überschreiben Sie niemals erfasste Werte für bereits abgerechnete Zeiträume.

Seite 6 - U2 Umlagesätze-Mutterschutz ist analog zu **Seite 5 - U1 Umlagesätze-Krankheit** zu pflegen. Den Gültigkeitszeitraum hat Lexware bereits von **Seite 5 - U1 Umlagesätze-Krankheit** übernommen. Sie brauchen also nur noch den Beitragssatz eingeben, da die Erstattung stets zu 100 % erfolgt.

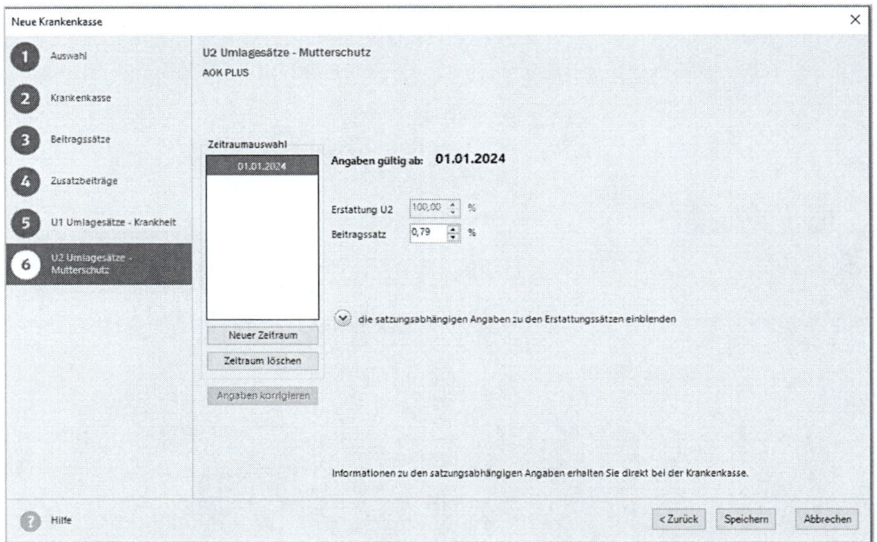

Wenn Sie auf Speichern klicken, ist die Erfassung abgeschlossen und Lexware fragt Sie nach der weiteren Vorgehensweise. Sie können nun

- Firmendaten jetzt vervollständigen, d. h. sie wechseln zur Funktion **Krankenkassenangaben aktuelle Firma...** und ergänzen diese für die eine konkrete Firma

oder Sie können

- Allgemeine Krankenkassen weiter bearbeiten, d. h. sie bleiben in der Funktion **Krankenkassenangaben allgemein...** und erfassen wie eben beschrieben noch weitere Krankenkassen.

Wählen Sie bitte Firmendaten jetzt vervollständigen.

Krankenkassenangaben aktuelle Firma

In diesem Fenster erhalten Sie eine Liste ❶ der Krankenkassen, die Sie für Ihre **aktuelle Firma** ausgewählt haben. Bei Neuanlage einer Firma ist diese Liste leer. Klicken Sie auf die Schaltfläche Neue Krankenkasse hinzufügen ❷, um (weitere) Krankenkassen auszuwählen. Dabei greift Lexware nicht auf alle verfügbaren Krankenkassen zu, sondern nur auf die, welche zuvor mit der Funktion **Krankenkassenangaben allgemein...** ❸ angelegt wurden.

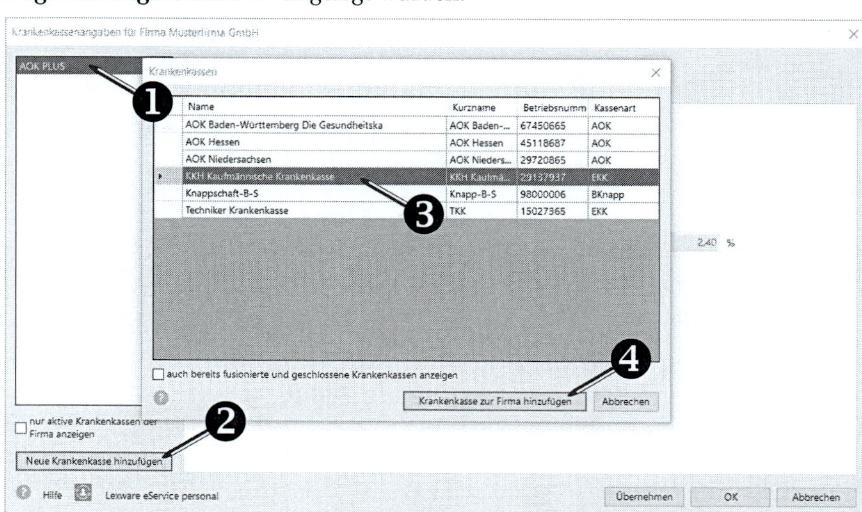

Nachdem Sie eine Krankenkasse ausgewählt haben, klicken Sie auf Krankenkasse zur Firma hinzufügen ❹. Die Krankenkasse erscheint in der Liste. Nun sind noch weitere firmenindividuelle Angaben notwendig.

Im Register **U1 Umlagesätze-Krankheit** geben Sie an, ob die Firma U1-pflichtig ist. Sollten die Felder inaktiv sein, klicken Sie zuerst auf Angaben korrigieren.

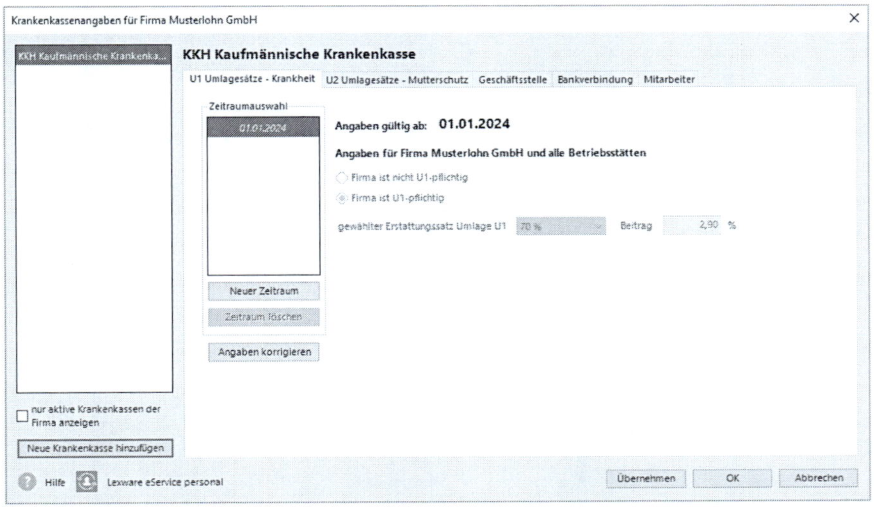

Wählen Sie einen Erstattungssatz für die Umlage U1 aus. Die zur Auswahl stehenden U1-Sätze haben Sie zuvor mit der Funktion **Krankenkassenangaben allgemein...** erfasst.

Wechseln Sie in das Register **U2 Umlagesätze-Mutterschutz**. Da hier keine Auswahlmöglichkeit besteht, wird Ihnen der erfasste U2-Satz nur angezeigt.

Im Register **Geschäftsstelle** können Sie Adresse und Ansprechpartner Ihrer zuständigen Geschäftsstelle erfassen. Außerdem besteht hier die Möglichkeit, die Restschuld für die Beitragsnachweise zu erfassen. Das kann z. B. bei einem Softwarewechsel notwendig sein. In den Übungsfällen werden hier keine Angaben gemacht.

Im Register **Bankverbindung** wählen Sie die Zahlungsart für Ihre Beitragsschuld aus. In Abhängigkeit der angeklickten Zahlungsweise muss noch eine Bankverbindung erfasst werden.

Das letzte Register **Mitarbeiter** ist erst gefüllt, wenn Sie Mitarbeiter im Programm erfasst haben, die bei dieser Krankenkasse versichert sind.

Haben Sie alle notwendigen Daten erfasst, klicken Sie auf die Schaltfläche Übernehmen, um die Daten zu speichern. Sie befinden sich weiterhin im Dialog **Krankenkassenangaben aktuelle Firma...** und können weitere Krankenkassen auswählen und vervollständigen. Sind alle für diese Firma relevanten Krankenkassen erfasst, klicken Sie auf OK.

Praxistipp: In den Übungsfällen sind Ihnen die Krankenkassen, die verwendet werden sollen, vorgegeben. Sie können also zuerst alle **Krankenkassenangaben allgemein...** erfassen und anschließend für alle Krankenkassen die firmenindividuellen Daten in den **Krankenkassenangaben aktuelle Firma...** ergänzen.

In der Praxis werden die Krankenkassen durch die Arbeitnehmer bestimmt. Sie müssen also bei jeder Neueinstellung prüfen, ob die Krankenkasse des Arbeitnehmers schon vorhanden ist und bei Bedarf obige Schritte abarbeiten. Das kann also auch jeden Monat und nicht nur einmal im Jahr notwendig sein. Die **Krankenkassenangaben allgemein...** lassen sich auch direkt aus dem **Mitarbeiterassistent** aufrufen.

1.7 Die Feiertage verwalten

Lexware hat für jedes **Bundesland** und **Abrechnungsjahr** die bundeseinheitlichen Feiertage im System hinterlegt. Sie finden die Feiertage im

- Menüpunkt Verwaltung → Feiertage

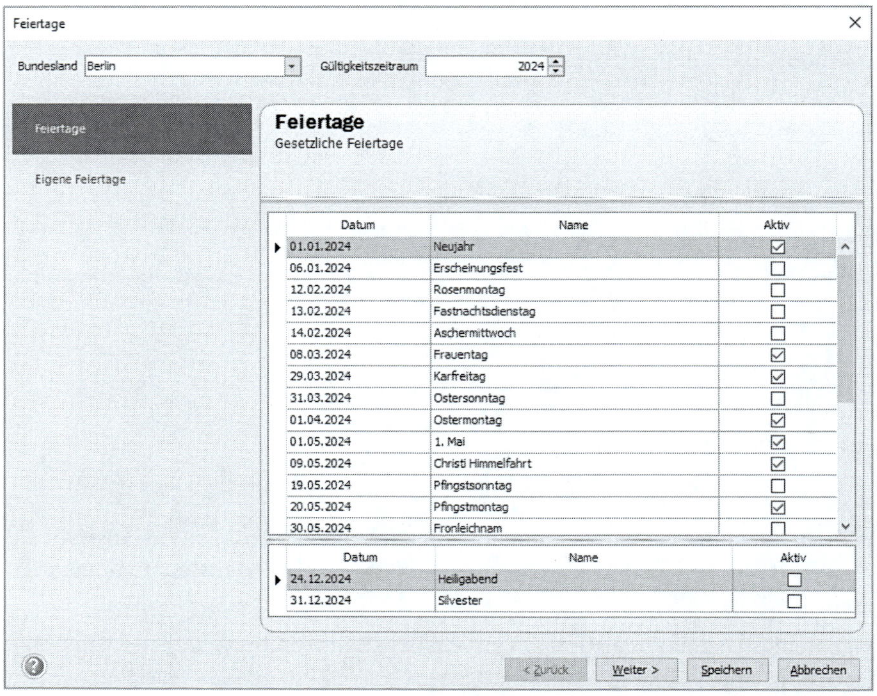

Prüfen Sie, ob Sie evtl. noch regionalpezifische Feiertage erfassen müssen. Diese legen Sie auf der Seite **Eigene Feiertage** an. Vergessen Sie nicht, auf Speichern zu klicken.

1.8 Mitarbeiter anlegen und bearbeiten

Mitarbeiter neu anlegen

Nachdem die für die Entgeltabrechnung zwingend notwendigen Firmenstammdaten erfasst sind, kann nun mit der Anlage der Mitarbeiter begonnen werden. Die Mitarbeiterstammdaten entnehmen Sie bitte wieder der **Musterlohn GmbH** im Anhang auf Seite 289.

Für die Neuanlage eines Mitarbeiters öffnen Sie den Mitarbeiterassistenten. Nutzen Sie eine der folgenden Möglichkeiten:

- Menüpunkt Datei → Neu → Mitarbeiter ❶
- Symbol + Mitarbeiter neu ❷
- Funktion Mitarbeitestammdaten bearbeiten ❸
- Tastenkombination Strg + N

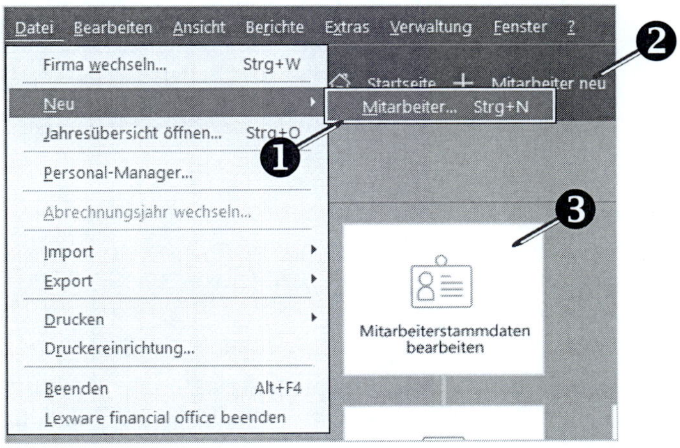

Im **Mitarbeiterassistenten** erfassen Sie zuerst die allgemeinen Daten zum Mitarbeiter und anschließend die für die Entgeltabrechnung spezifischen Werte. Sofern Sie auf der jeweiligen Seite die Pflichtfelder (*) gefüllt haben, können Sie beliebig Weiter und Zurück blättern. Sie können auch Speichern, ohne dass alle Seiten und Felder bearbeitet wurden und somit nachträglich Daten erfassen oder ändern.

Auf der **Seite - Persönliche Daten** müssen Sie die Personalnummer und den Name eintragen. Für ein korrektes Entgeltformular sollten Sie auch den Vorname und die Adresse ausfüllen. Die Adresse wird u.a. auch auf SV-Meldung, LSt-Bescheinigung und anderen Formularen gedruckt.

Die Personalnummer wird von Lexware vorgeschlagen, kann aber beliebig verändert werden. Sie kann sowohl Ziffern als auch Buchstaben enthalten und muss eindeutig sein, darf also nur einmalig vergeben werden.

Sollte der Mitarbeiter nicht in Deutschland leben, wählen Sie sein Wohnland aus der Auswahlliste aus. Ein Bundesland muss bei einem ausländischen Wohnsitz nicht mehr angegeben werden.

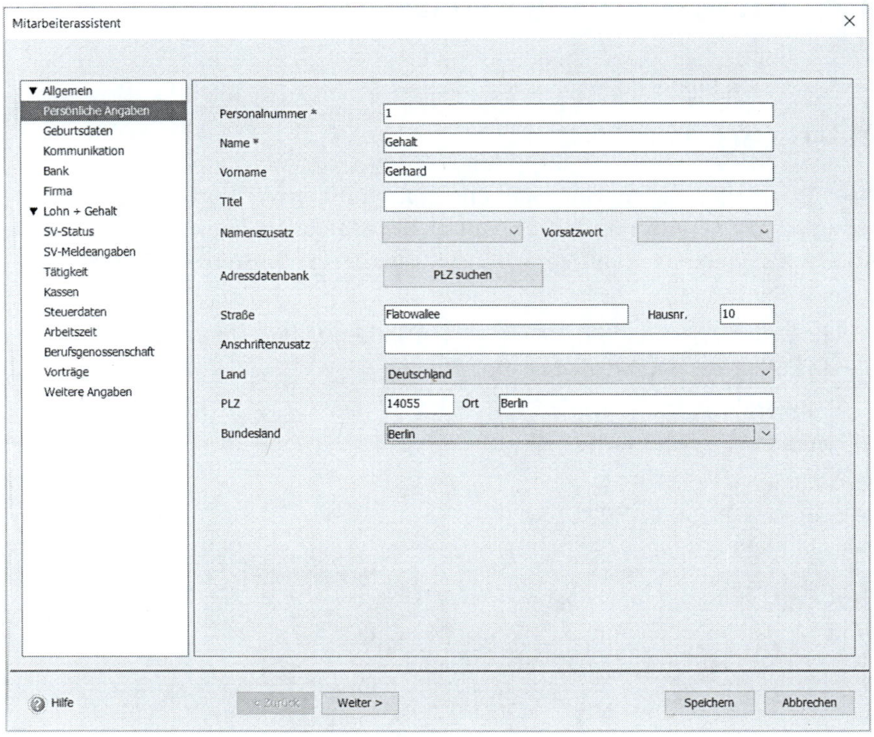

Klicken Sie auf Weiter.

Auf der Seite Geburtsdaten geben Sie das Geburtsdatum ein. Lexware errechnet daraus das Alter. Das Geburtsdatum wird als ein Kriterium wird für die ELStAM-Anmeldung benötigt. Außerdem wird es zusammen mit dem Geburtsname bei der SV-Meldung verwendet, wenn die SV-Nummer nicht bekannt sein sollte.

Wenn auch das Geburtsdatum nicht oder nicht genau angegeben werden kann, aktivieren Sie Das genaue Geburtsdatum ist nicht bekannt und erfassen die unbekannten Werte mit 0 (z. B. 00.00.1969, wenn nur das Geburtsjahr vorhanden ist).

Wählen Sie das Geschlecht des Arbeitnehmers aus. Es wird für die Anrede und verschiedene Plausibilitätsprüfungen (z. B. bei der SV-Nummer) eingesetzt.

Klicken Sie auf Weiter.

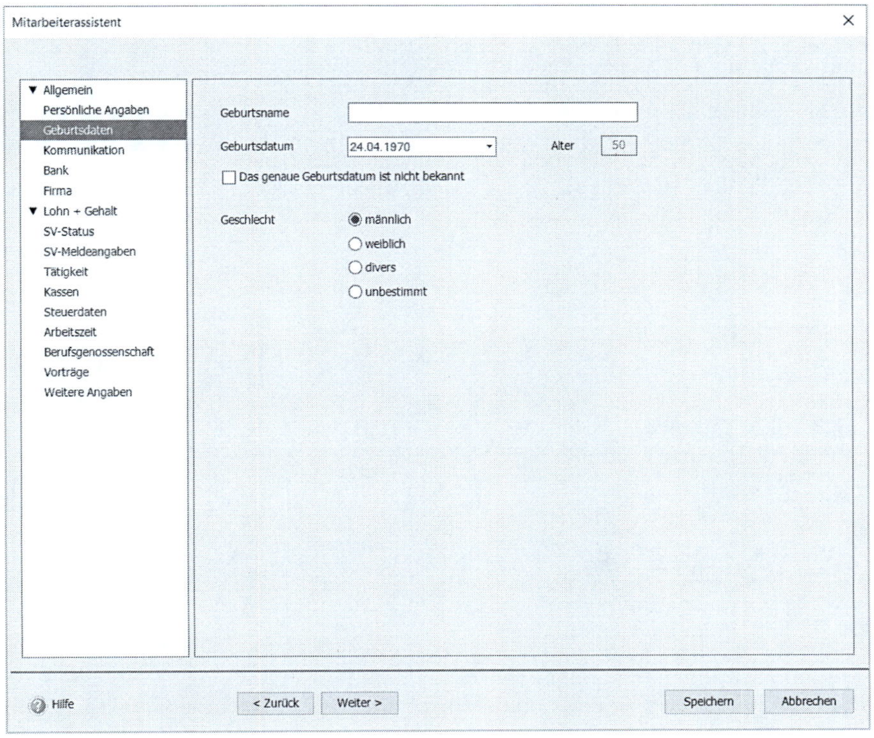

Die **Seite Kommunikation** ist für die Erfassung von Telefonnummern und E-Mail-Adresse des Arbeitnehmers zu nutzen. Die Eingabe hat keine Auswirkung auf die Entgeltabrechnung. In der Musterfirma GmbH werden keine Kommunikationsdaten erfasst

Auf der **Seite Bank** wählen Sie die Zahlungsart aus, wie der Arbeitnehmer sein Geld erhalten soll. Für **Überweisung, Datenträger** und **Online** muss zusätzlich die Bankverbindung eingetragen werden. Wurde die IBAN korrekt erfasst, zeigt Ihnen Lexware die zugehörige BIC und die Bank an.

Wenn der Arbeitnehmer nicht der Kontoinhaber ist, geben Sie für die Bankverbindung den Namen des Abweichenden Kontoinhabers an.

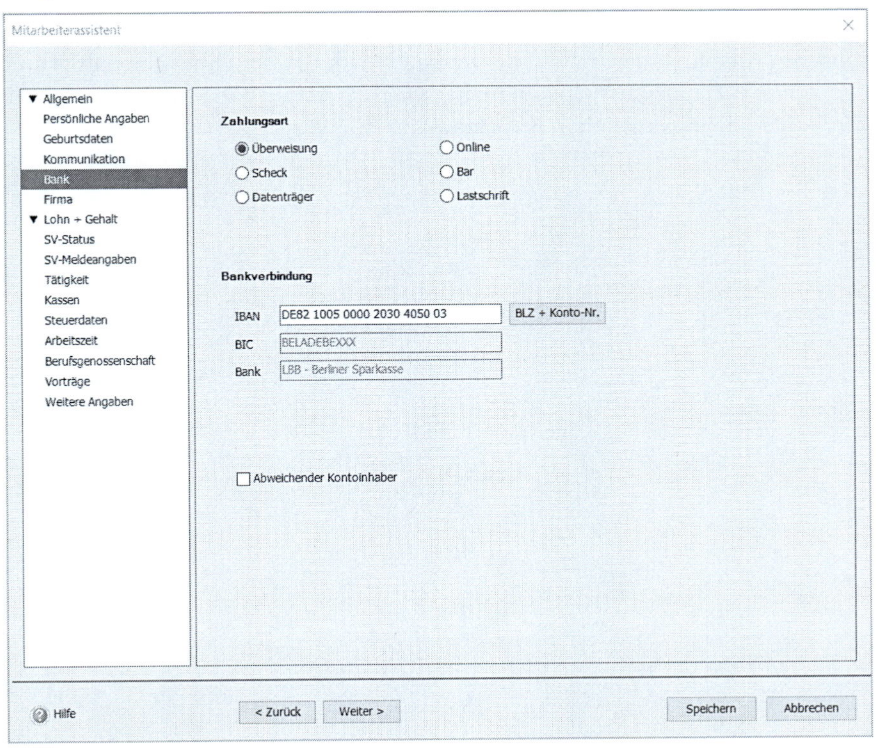

Klicken Sie auf Weiter.

Auf der **Seite Firma** klicken Sie zuerst auf Eintritt erfassen, um anschließend das Eintrittsdatum anzugeben. Es öffnet sich der Dialog **Ein- und Austritt bearbeiten**. Sie können das Datum direkt eingeben oder über die Auswahlschaltfläche einen Kalender öffnen, um das Datum dort anzuklicken. Anschließend klicken Sie auf Speichern.

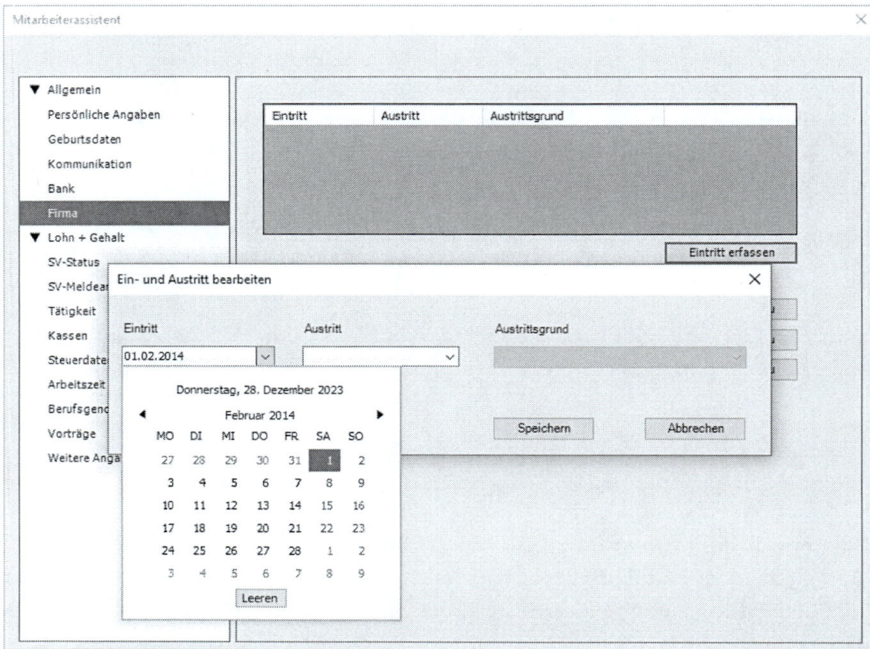

Das Datum wird übernommen und lässt sich nachträglich über die Schaltfläche Bearbeiten korrigieren. Dies ist nur möglich, solange keine Abrechnung erfolgt ist.

Verlässt ein Arbeitnehmer die Firma, wird der Austritt analog zum Eintritt über Bearbeiten erfasst. Bei befristeten Arbeitsverhältnissen kann das Austrittsdatum sofort bei Beschäftigungsbeginn eingegeben werden. Der Austrittsgrund ist mit **Sonstiges** vorbelegt. Für korrekte Entgeltbescheinigungen und SV-Meldungen sollte er passend ausgewählt werden.

Sollte ein Arbeitnehmer nach einem Austritt wieder in der Firma beschäftigt werden, erfassen Sie dies als Wiedereintritt über die entsprechende Schaltfläche. Sie wird erst nach Erfassung eines Austritts aktiv.

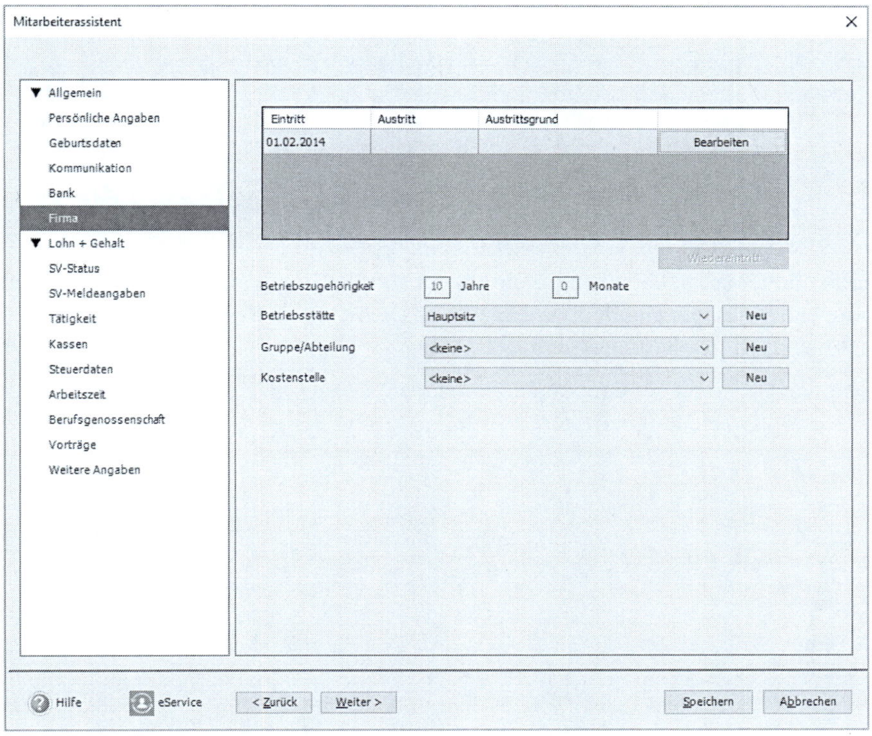

Lexware ermittelt automatisch die Betriebszugehörigkeit. Wenn eine Firma sv-rechtlich mehrere Betriebsstätten hat, können diese hier angelegt und/oder ausgewählt werden. Ohne Betriebsstätten ist jeder Arbeitnehmer dem **Hauptsitz** zugeordnet.

Eine Zuordnung zu einer Gruppe/Abteilung wird im Personalmanager ersichtlich und ist auch dort möglich.

Auch die Anlage und Zuordnung zu einer Kostenstelle kann hier vorgenommen werden. Kostenstellen werden über die **Buchungsliste** an die Finanzbuchführung weitergegeben.

In den Übungsfällen sind keine Betriebsstätten, Gruppen/Abteilungen und Kostenstellen vorgegeben. Klicken Sie auf Weiter.

Damit sind die **Personendaten Allgemein** erfasst und es geht weiter mit den Angaben zu **Lohn + Gehalt**.

Auf der **Seite SV-Status** sind verschiedene Angaben notwendig, die die sv-rechtliche Behandlung des Arbeitnehmers steuern.

Sollte eine Mehrfachbeschäftigung vorliegen, aktivieren Sie das Kästchen und geben die Entgelte aus anderen Beschäftigungen an. Diese werden für die Überprüfung der Beitragsbemessungsgrenze und für die Berechnungen innerhalb des Übergangsbereiches benötigt.

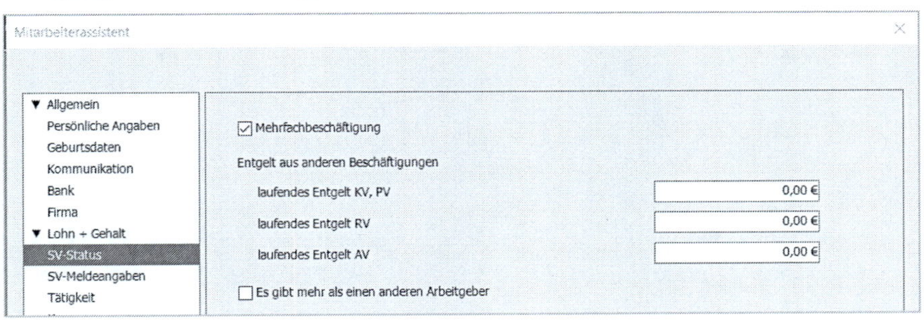

Liegt das regelmäßige sv-pflichtige Arbeitsentgelt eines Arbeitnehmers zwischen 538,01 € und 2.000,00 € aktivieren Sie den Übergangsbereich. Die SV-Beiträge des Arbeitnehmers werden dann von einer reduzierten Bemessungsgrundlage berechnet.

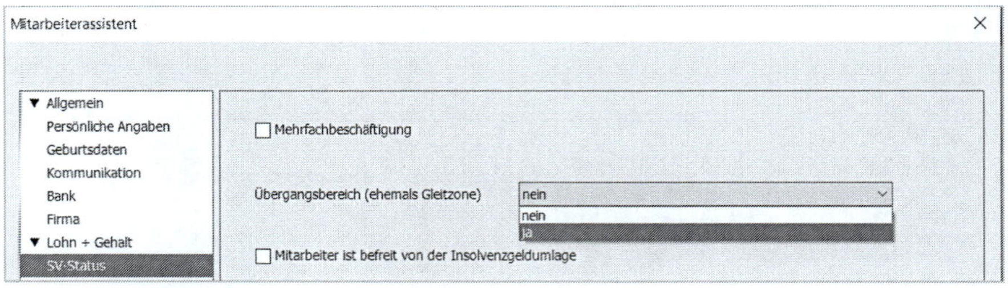

Sollte in Ausnahmefällen ein Arbeitnehmer von der Insolvenzgeldumlage befreit sein, kann dies hier aktiviert werden. Grundsätzlich sind alle RV-pflichtigen Arbeitnehmer auch Insolvenzgeld-umlagepflichtig.

Rechnen Sie einen Arbeitnehmer ab, der eine Rente (nicht nur Altersrente) empfängt, wählen Sie die Rentenart aus.

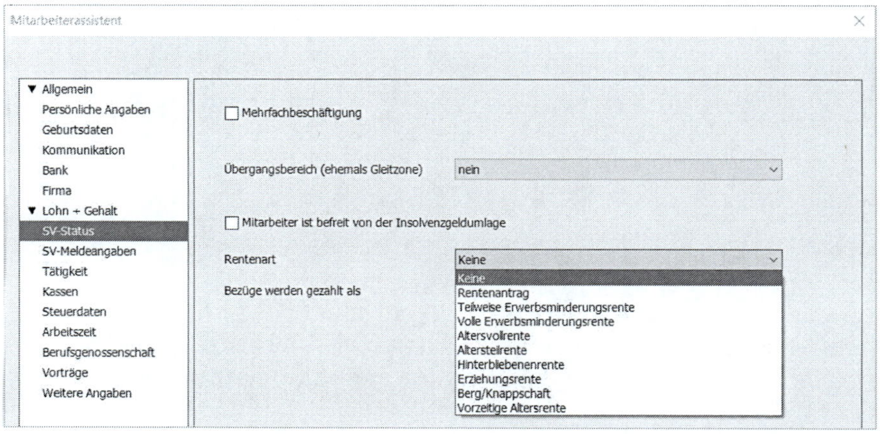

Beim aktuellen Arbeitnehmer wählen Sie auf dieser Seite nur Bezüge werden gezahlt als **Gehalt** aus. Die Angabe ist für die korrekte Berechnung des Arbeitgeber-Zuschusses zum Mutterschaftsgeld, für Erstattungsanträge U1/U2 und für Entgeltbescheinigungen erforderlich.

Klicken Sie wieder auf Weiter.

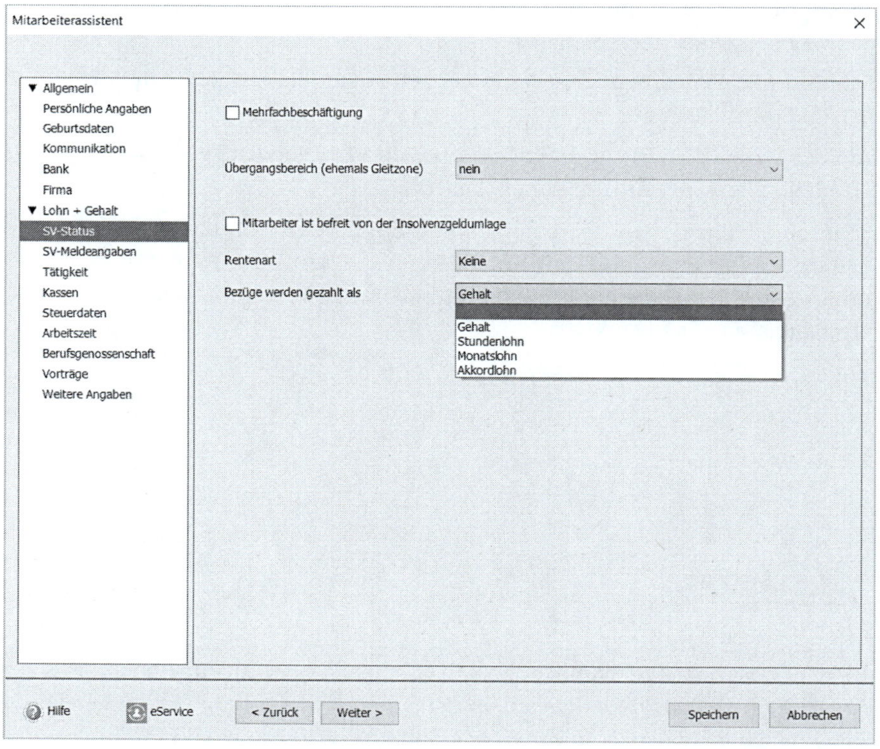

Auf der **Seite SV-Meldeangaben** geben Sie die Sozialversicherungs-Nr. ein. Hat der Arbeitnehmer keine deutsche Staatsbürgerschaft, wählen Sie im Feld Staatsangehörigkeit das entsprechende Land aus.

Sollte die SV-Nummer nicht bekannt sein oder noch nicht vorliegen, wird der Arbeitnehmer mit seinem Geburtsname, dem Geburtsort und evtl. dem Geburtsland bei der zuständigen Krankenkasse gemeldet.

Für bestimmte Arbeitnehmer ist der Besondere Status anzugeben. Wenn Sie das Feld aktivieren, erscheinen weitere Auswahlmöglichkeiten. Die Angaben sind für die sv-rechtliche Überprüfung z. B. von mitarbeitenden Ehegatten oder Kindern des Arbeitgebers oder für geschäftsführende Gesellschafter einer GmbH erforderlich.

Sollten Sie Saisonarbeiter (z. B. Erntehelfer) beschäftigen, die Ihren ständigen Wohnsitz im Ausland haben, muss dies hier angegeben werden.

Ist die Firma zur Sofortmeldung verpflichtet (Angabe erfolgt auf **Seite 10 - Sonstiges** im Firmenassistent lohn + gehalt.), erscheint ein weiteres Kästchen, welches für Arbeitnehmer die nicht sofort bei der Krankenkasse gemeldet werden müssen, deaktiviert werden kann.

Das letzte Auswahlkästchen betrifft die Gesonderte Meldung 57. Für eine evtl. notwendige Abgabe werden Sie von der Krankenkasse aufgefordert.

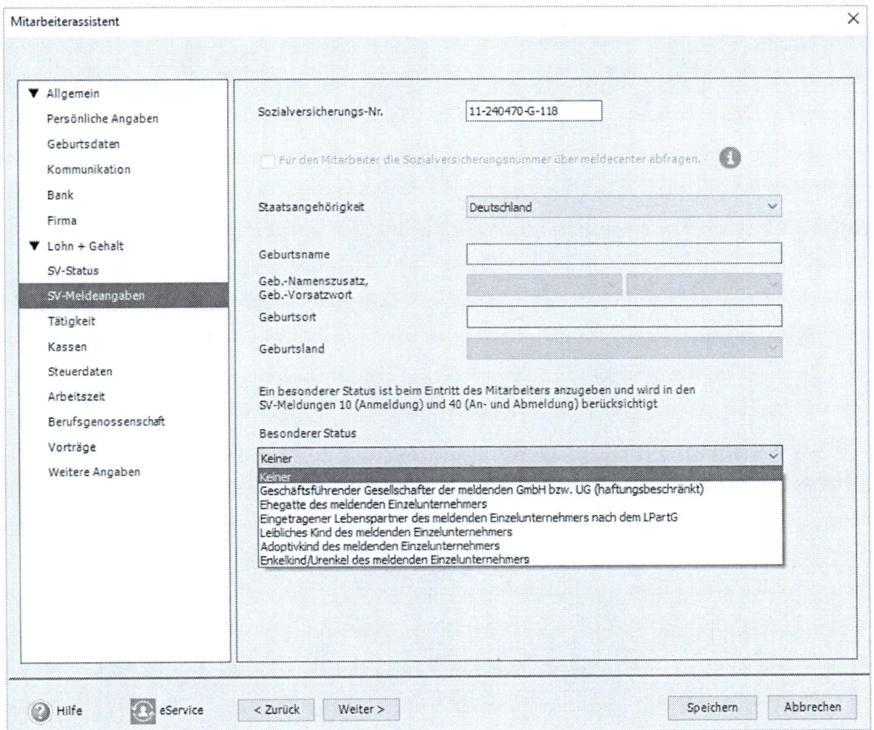

Auf der **Seite Tätigkeit** wählen Sie den Personengruppenschlüssel und den Tätigkeitsschlüssel aus. Die Schlüsselziffer der Personengruppe kann auch direkt eingegeben werden. Die Angabe ist für eine korrekte Abrechnung und für SV-Meldungen erforderlich.

Der Tätigkeitsschlüssel setzt sich aus 5 Einzelangaben zusammen. Sie können nach der 5-stelligen Schlüsselziffer oder nach der Berufsbezeichnung suchen. Bei der Eingabe der Schlüsselziffer beachten Sie, dass mehrere Berufsbezeichnungen die gleiche Schlüsselziffer haben können (z. B. 71402 für Sekretär/in oder für Bürogehilf(e/in) oder für Empfangsdame). Lexware bietet Ihnen das vollständige Berufsverzeichnis ("Klassifikation der Berufe 2010") an.

In den folgenden Feldern wählen Sie den höchsten Abschluss der allgemeinen Schulbildung und den höchsten Abschluss der beruflichen Ausbildung. Sollten Ihnen diese Informationen nicht vorliegen, geben Sie die Schlüsselziffer 9 (Abschluss unbekannt) ein.

Das Feld Arbeitnehmerüberlassung muss nur für Leiharbeitnehmer in Zeitarbeitsfirmen auf ja gesetzt werden.

Die letzte Angabe betrifft die Vertragsform (unbefristet oder befristet in Voll- oder Teilzeit). Dies ergibt sich aus den Arbeitsbedingungen des Arbeitnehmers.

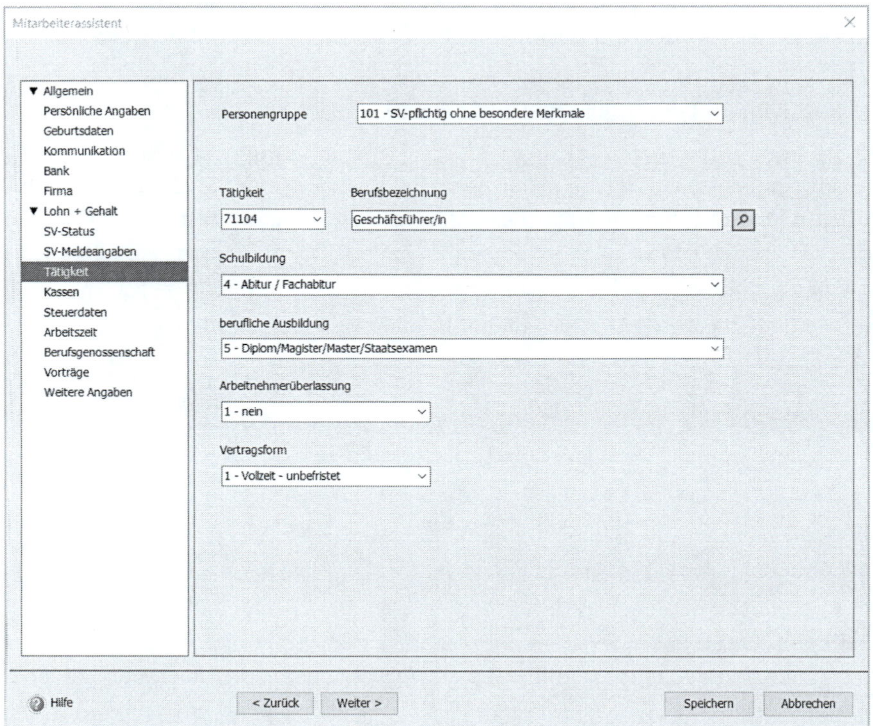

Achten Sie darauf, dass Sie stets alle Felder ausfüllen. Klicken Sie danach auf Weiter.

Die **Seite Kassen** ist für die Erfassung des Beitragsgruppenschlüssels, der Krankenkasse und der Umlagepflicht notwendig.

Wählen Sie zuerst die sv-rechtliche Behandlung des Arbeitnehmers aus.

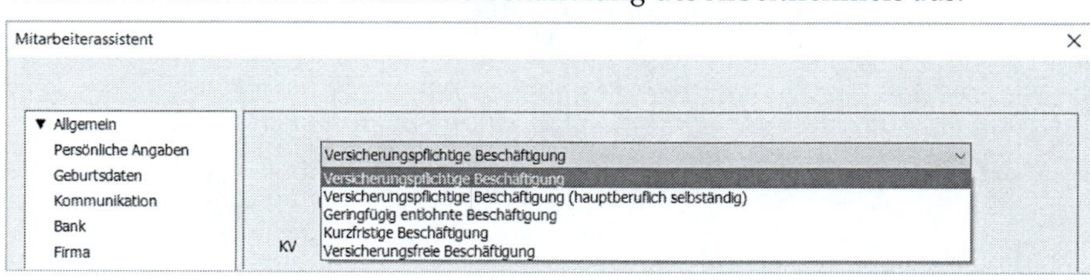

Diese bewirkt eine Vorbelegung des Beitragsgruppenschlüssels. Sie können den Schlüssel anschließend durch Direkteingabe im Feld Beitragsgruppenschlüssel oder durch Auswahl in den Feldern KV, RV, AV und PV ändern.

Anschließend suchen Sie sich in den rechten Auswahlfeldern die **Krankenkasse** des Arbeitnehmers aus. Wenn Sie die Auswahl in der Zeile KV vornehmen, werden automatisch auch die folgenden Krankenkassenfelder gefüllt.

Sollte die benötigte Krankenkasse nicht vorhanden sein, klicken Sie in der Krankenkassenauswahlliste auf **neue Krankenkasse...**. Lexware öffnet die **Krankenkassenangaben allgemein...** und Sie können die Kasse auswählen und alle erforderlichen Werte erfassen.

Die **Umlagepflicht U1** hat Lexware aus den **Krankenkassenangaben der aktuellen Firma** übernommen. Sie kann bei Bedarf für bestimmte Arbeitnehmer wieder deaktiviert werden. U2-Pflicht besteht normalerweise immer.

Wurde durch den Arbeitnehmer die Elterneigenschaft nachgewiesen, ist seit Juli 2023 die Anzahl der Kinder unter 25 Jahren anzugeben. Die Angaben zu den Kindern können mit Vorname, Name und Geburtsdatum ergänzt werden.

Für den Mitarbeiter Gerhard Gehalt entfällt diese Angabe, da die Elterneigenschaft nicht nachgewiesen wurde.

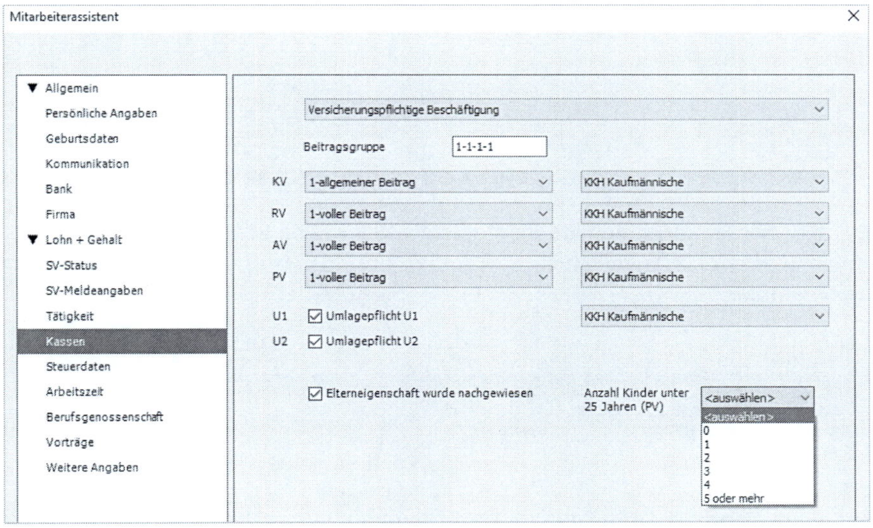

Hinweis für freiwillig gesetzlich Versicherte in KV/PV:

Der Beitragsgruppenschlüssel ist 9111. Allerdings bietet Ihnen Lexware verschiedene Berechnungsmöglichkeiten an. Wichtig ist, dass der Schlüssel in der KV und der PV identisch sind (bezogen auf die Bezeichnung, nicht auf die Nummer), z. B. freiw. Abzug/Zu. Hälfte aus Beitrag.

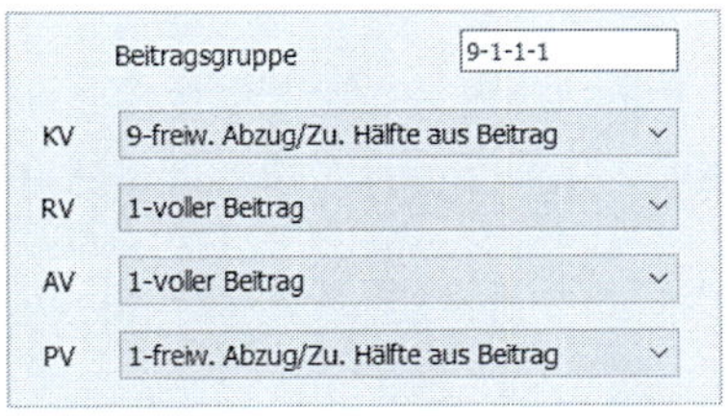

Hinweis für privat Versicherte in KV/PV:

Der Beitragsgruppenschlüssel ist 0110 (0-privat!). Durch diese Auswahl erscheinen weitere Erfassungsfelder. Für privat Kranken-/Pflegeversicherte ist für die Berechnung des Arbeitgeberzuschusses zur KV und PV die Angabe des Versicherungsbeitrages notwendig. Dieser muss in den Feldern Prämie private KV und Prämie private PV eingegeben werden.

Um auch für privat Kranken-/Pflegeversicherte die steuerliche Berücksichtigung der KV-/PV-Beiträge gewährleisten zu können, ist die Eingabe des Basisbeitrages KV und Basisbeitrages PV erforderlich. Diese sind keine Pflichteingaben. Sie wirken sich nur bei der Lohnsteuerberechnung steuermindernd aus.

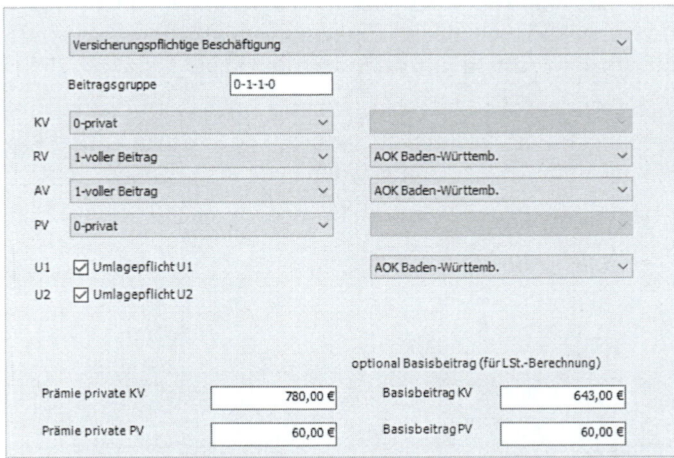

Auf der **Seite Steuerdaten** wird die steuerrechtliche Behandlung des Arbeitnehmers eingetragen. In Abhängigkeit von der im ersten Feld getroffenen Wahl, werden die Felder auf der Seite angepasst.

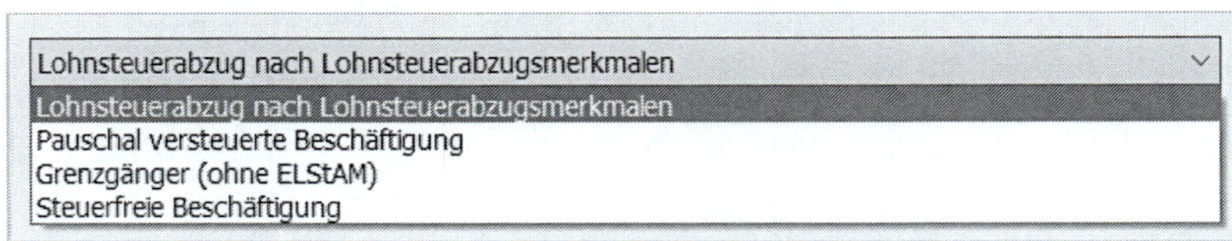

Für einen **Lohnsteuerabzug nach Lohnsteuerabzugsmerkmalen** erfassen Sie die Identifikationsnummer (Id-Nr.) des Arbeitnehmers. Standardmäßig ist der Arbeitgeber als **Hauptarbeitgeber** voreingestellt. Sollte eine zweite (oder weitere) steuerpflichtige Beschäftigung abgerechnet werden, muss hier **Nebenarbeitgeber** ausgewählt werden. Damit erhalten Sie beim Abruf der ELStAM die Steuerklasse VI. Für den Abruf der ELStAM muss in der Praxis der Arbeitnehmer zuerst bei ELStAM angemeldet werden.

Dies geschieht über

- die Funktion Antwortzentrale → ELStAM-Meldungen versenden
- den Menüpunkt Extras → ELStAM → ELStAM-Meldungen → ELStAM-Meldungen versenden

Anschließend können die Lohnsteuerabzugsmerkmale abgerufen werden über

- die Funktion Antwortzentrale → ELStAM-Änderungsliste abholen
- den Menüpunkt Extras → ELStAM → ELStAM-Änderungsliste → ELStAM-Änderungsliste abholen

Im Übungsfall ist dies nicht möglich. Deshalb setzen Sie das Häkchen bis die ELStAM vorliegen erfolgt die Abrechnung mit nach persönlichen Daten selbst gebildeten Merkmalen. Somit stehen Ihnen weitere Felder zur Erfassung der Steuerabzugsmerkmale bereit.

Bei realen Abrechnungen ist diese Erfassungsmöglichkeit für die ersten 3 Abrechnungsmonate erlaubt. Danach müssen die ELStAM spätestens elektronisch abgerufen werden. Eine Ausnahme besteht, wenn eine Ersatzbescheinigung vorliegt. Dann ist die Abrechnung für weitere 3 Monate mit per Hand eingetragenen LSt-Abzugsmerkmalen möglich.

Für pauschal versteuerte Lohnarten haben Sie bezüglich der Kirchensteuer die Wahl zwischen dem Nachweis- und dem Vereinfachungsverfahren. Treffen Sie Ihre Wahl im Feld Kirchensteuer:

- Vereinfachungsverfahren: **pauschale Kirchensteuer** für alle Arbeitnehmer
- Nachweisverfahren: **normale Kirchensteuer** für Arbeitnehmer mit Konfession, **keine pauschale Kirchensteuer** für Arbeitnehmer ohne Konfession

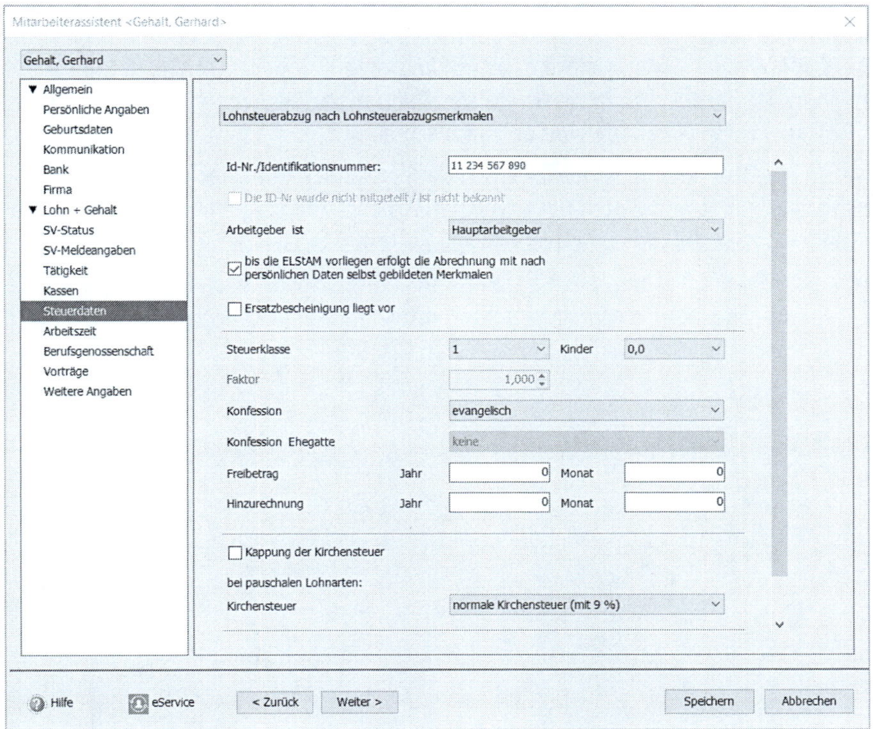

Erfassen Sie die Angaben für Gerhard Gehalt und klicken Sie auf Weiter.

Für eine **pauschal versteuerte Beschäftigung** ändert sich die Erfassungsmaske.

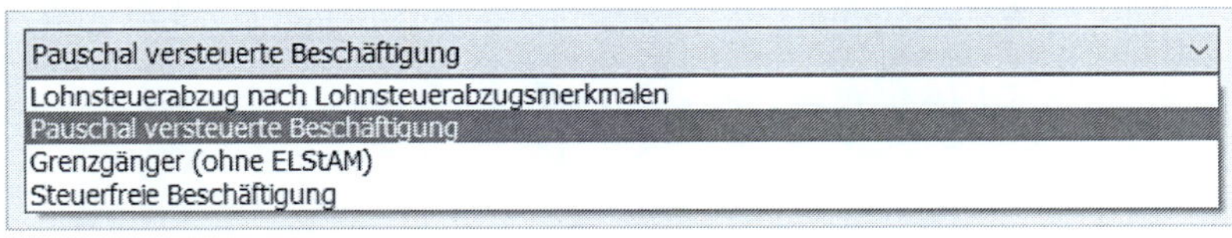

Ihnen stehen in Abhängigkeit von der Beschäftigungsart (z. B. geringfügig oder kurzfristig) verschiedene pauschale Lohnsteuersätze zur Auswahl. Neu ist seit 01.01.2022, dass Sie für gewerbliche Minijobber die Steuer-ID an die Minijob-Zentrale übermitteln müssen.

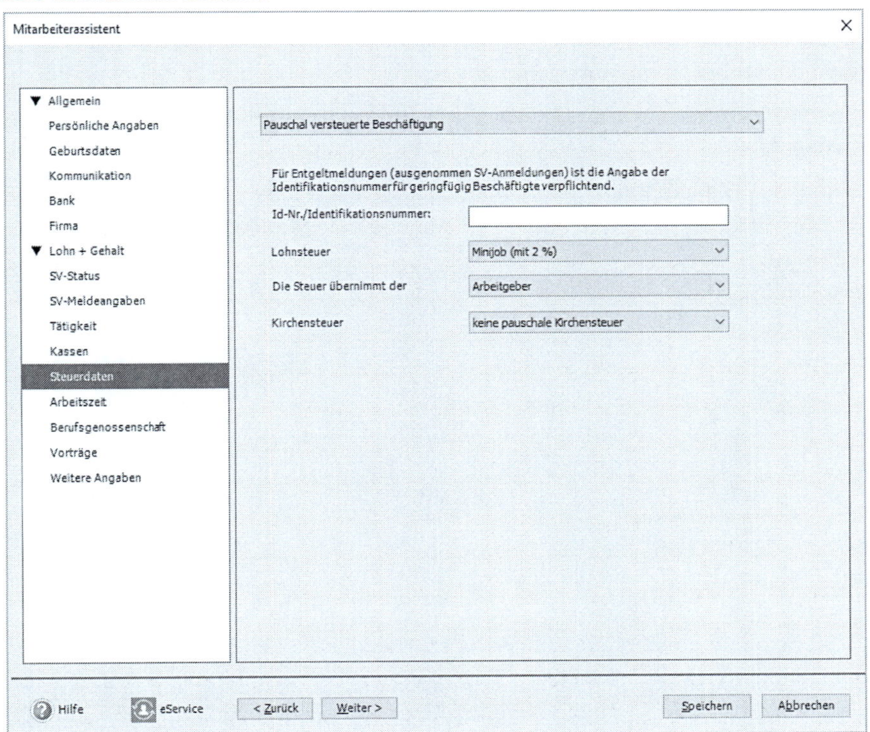

Die **Arbeitszeit** haben Sie bereits im **Firmenassistent lohn + gehalt** auf **Seite 8 - Arbeitszeit** erfasst. Für Vollzeitbeschäftigte, deren Arbeitszeit betriebsüblich ist, können Sie diese aus den Firmenstammdaten übernehmen. Aktivieren Sie Es gilt die betriebsübliche/tarifvertragliche wöchentliche Arbeitszeit für Vollbeschäftigte und die Tabelle wird automatisch gefüllt.

Weicht die individuelle Arbeitszeit von der betrieblichen Arbeitszeit ab, tragen Sie stattdessen die Arbeitszeiten des jeweiligen Arbeitnehmers direkt in die Tabelle ein. Hierfür erfassen Sie die täglichen **von-bis-Zeiten**.

Bei Fehleingaben löschen Sie die Daten mit Tabelle zurücksetzen (bei vorheriger Übernahme aus den Firmenstammdaten müssen Sie zuerst das Feld wieder deaktivieren).

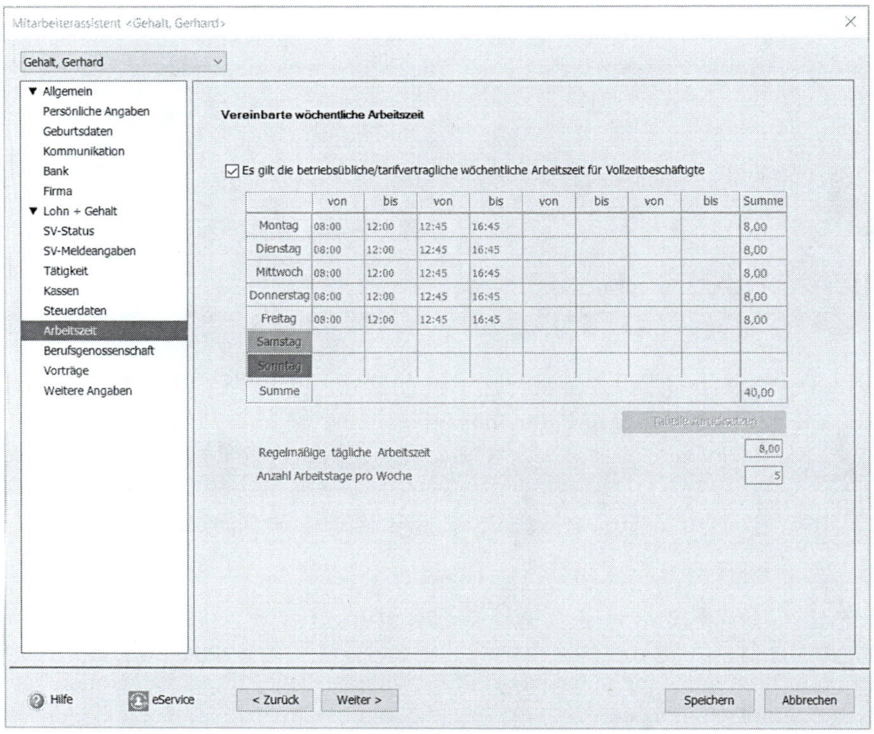

Diese detaillierte Eingabe der Arbeitszeiten benötigen Sie nur, wenn bei der Abrechnung die **Stundenerfassung** genutzt wird.

Alternativ können Sie in der Tabelle auch nur die **Summe** der täglichen Arbeitszeit eintragen.

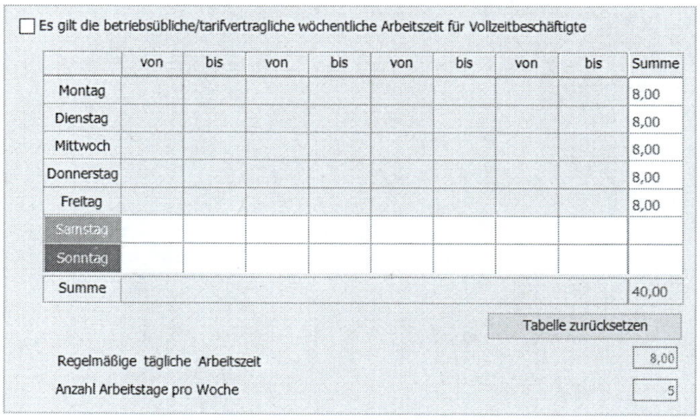

Oder Sie beschränken sich auf eine pauschale Angabe der regelmäßigen täglichen Arbeitszeit und der Anzahl Arbeitstage pro Woche.

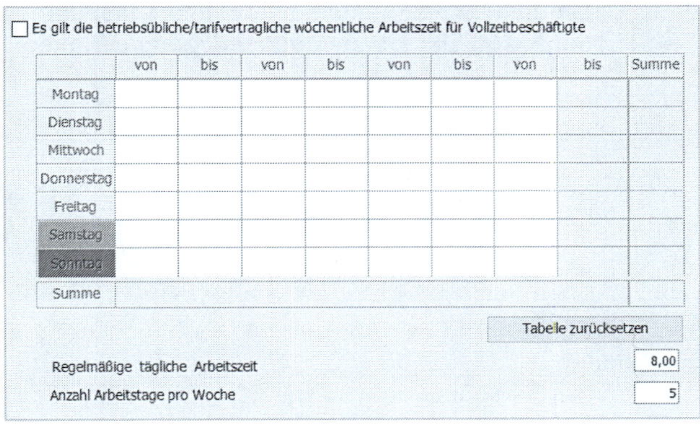

Hinweis: Für Teilzeitbeschäftigte steht die Übernahme der Arbeitszeit aus den Firmenstammdaten nicht zur Verfügung.

Für Vollzeitbeschäftigte hat die Übernahme der Arbeitszeiten aus der Firmenverwaltung den Vorteil, dass Sie bei einer Änderung der betrieblichen Arbeitszeit diese nur in den Firmenstammdaten hinterlegen müssen. Für alle Mitarbeiter, bei denen der Haken für automatische Übernahme gesetzt ist, wird die geänderte betriebliche Arbeitszeit dann von Lexware aktualisiert.

Die **Seite Berufsgenossenschaft** wird für die Zuordnung des Mitarbeiters zu einer Gefahrtarifstelle benötigt.

Nachdem Sie auf Bearbeiten geklickt haben, öffnet sich der Dialog **Angaben zur Gefahrtarifstelle**. Sie sehen die Berufsgenossenschaft, die in den Firmenstammdaten erfasst wurde. Klicken Sie auch hier auf Bearbeiten und wählen Sie im Dialog **Gefahrtarifstelle** die zugehörige GTS aus und bestätigen Sie mit OK und im vorherigen Dialog mit Übernehmen.

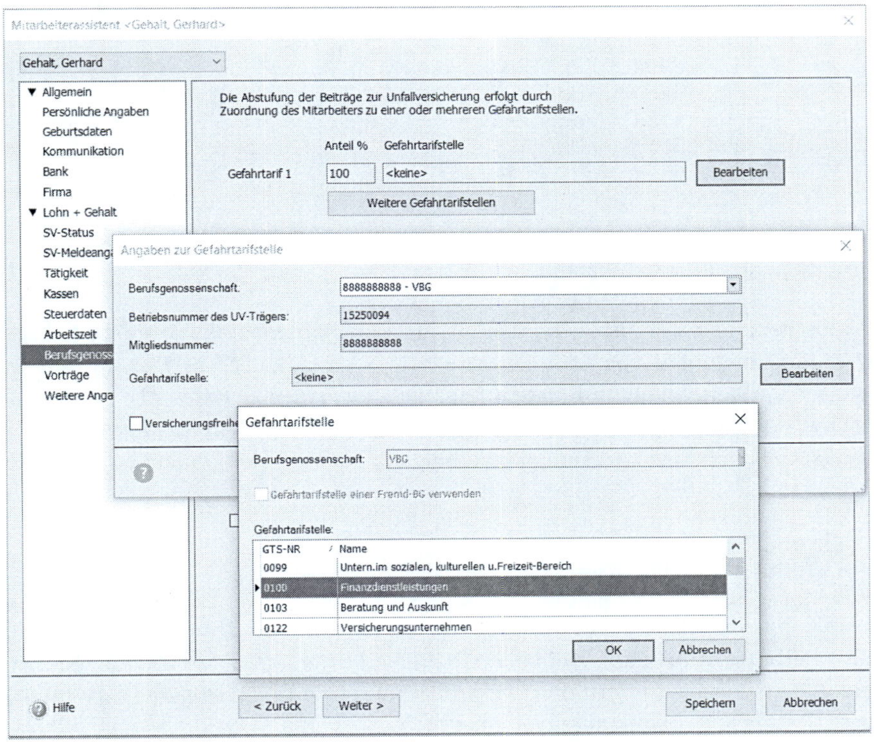

Sollte der Mitarbeiter mehreren Gefahrentarifstellen zuzuordnen sein, können Sie diese inkl. der prozentualen Aufteilung seiner Tätigkeiten unter **Weitere Gefahrentarifstellen** eintragen. Dort erfassen Sie ebenfalls, wenn der Mitarbeiter Gefahrentarifstellen anderer Berufsgenossenschaften zugeordnet werden soll.

Achtung: Die Gefahrentarifstellen können nur im ersten Bearbeitungsmonat des Mitarbeiters geändert werden!

Ist der Mitarbeiter wegen eines Auslandseinsatzes zwar sozialversicherungspflichtig, aber nicht UV-pflichtig, so aktivieren Sie Keine UV-Pflicht wegen Auslandsbeschäftigung.

Nachdem Sie Gerhard Gehalt die GTS 100 zugewiesen haben, klicken Sie auf Weiter.

Die Seite **Vorträge** muss gepflegt werden, wenn für einen Arbeitnehmer die Abrechnung nicht ab dem 01.01. eine Jahres möglich ist. Dies kann durch einen Wechsel des Abrechnungssystems oder einen unterjährigen Eintritt des Arbeitnehmers verursacht werden. Dann geben Sie hier an, ob für die Monate vor dem Eintrittsdatum Vortragswerte vorhanden bzw. bekannt sind und wenn ja, ob es Vorträge aus der eigenen oder einer fremden Firma sind.

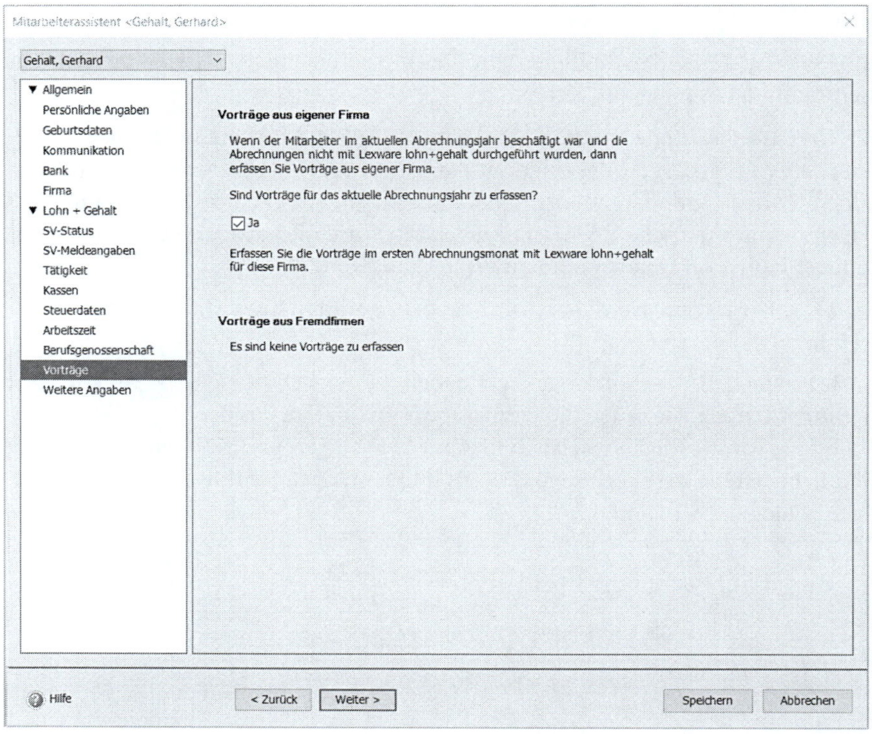

Vorträge aus eigener Firma

Wurde innerhalb der Firma das Entgeltabrechungssystem unterjährig gewechselt (z. B. Einstieg in das Programm Lexware lohn + gehalt ab Februar), so müssen für jeden Mitarbeiter die bis zu diesem Stichtag aufgelaufenen Daten als Vorträge in Lexware eingegeben werden. Dies ist für die korrekte steuerliche und sv-rechtliche Berechnung von Einmalzahlung notwendig.

Vorträge aus Fremdfirmen

Wurde ein Arbeitnehmer unterjährig neu eingestellt, so sind die Steuerwerte aus dem **vorherigen Arbeitsverhältnis** (Steuerbrutto und Steuertage laut LSt-Bescheinigung) einzugeben, sofern diese bekannt sind. Diese Daten sind zur Berechnung der Lohnsteuer bei Einmalbezügen relevant.

Hinweis: Die eigentliche Erfassung der Vortragswerte erfolgt erst in den **Lohndaten** des Mitarbeiters (*vgl. Kapitel 1.9*). Sie ist nur im ersten Abrechnungsmonat möglich. Bei nachträglicher Erfassung müssen Sie den Mitarbeiter im Korrekturmodus bearbeiten.

Die letzte Seite **Weitere Angaben** ist u. a. für die Erfassung des **Urlaubs** wichtig. Geben Sie hier einen evtl. Resturlaub aus dem Vorjahr und den Urlaubsanspruch dieses Jahr ein. Sollte der Arbeitnehmer unterjährig eingestellt wurden sein, erfassen Sie nur den anteiligen Jahresurlaubsanspruch. Nach dem Monatswechsel Dezember überträgt Lexware die Urlaubsansprüche in das neue Jahr, d. h. der verbleibende Urlaubsanspruch dieses Jahr wird dann als Resturlaub aus Vorjahr übernommen. Wurde für das Eintrittsjahr nur ein anteiliger Urlaubsanspruch erfasst, muss im Folgejahr nochmal der komplette Urlaubsanspruch eingetragen werden.

Wenn für einen Arbeitnehmer **Versorgungsbezüge** in Form einer Betriebsrente ausgezahlt werden sollen, muss das Feld Der Mitarbeiter erhält Versorgungsbezüge aktiviert und die anschließend zusätzlich erscheinenden Felder gefüllt werden.

Wird eine Entgeltabrechnung für die Bundesländer Bremen oder das Saarland erstellt, müssen zusätzlich Kammerbeträge abgeführt werden. Wählen Sie dann das jeweilige Bundesland aus.

In seltenen Fällen wird ein Arbeitnehmer mit zwei unterschiedlichen Personalnummern im Entgeltabrechnungssystem geführt. Nur wenn dies der Fall ist, wird das Feld **Weitere Personalnummer** aktiv.

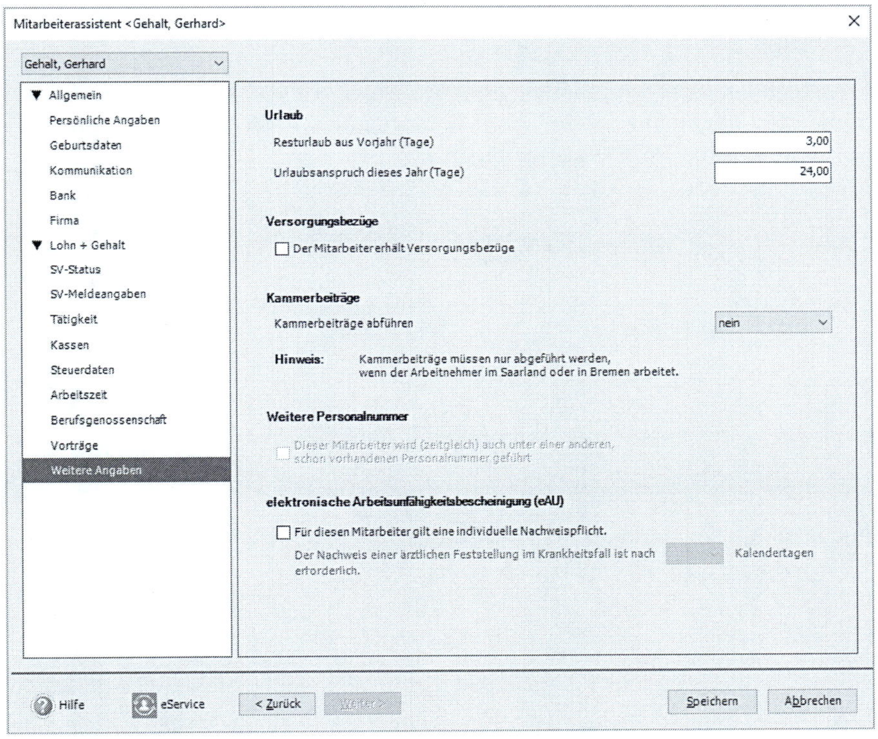

Im Übungsfall tragen Sie nur den Urlaubsanspruch ein. Klicken Sie nun auf Speichern und beenden Sie die Neuanlage des Mitarbeiters.

Ab Januar 2023 sollen Arbeitgeber in das elektronische Verfahren zum Abruf der elektronischen Arbeitsunfähigkeitsbescheinigung einbezogen werden. Für die Übungsaufgaben im Buch ist hier keine Einstellung notwendig.

Lexware fragt Sie im Anschluss, ob Sie Lohndaten oder Vortragswerte erfassen möchten. Wenn Sie auf Ja klicken, springt Lexware in die **Lohndaten** des jeweiligen Mitarbeiters und Sie können hier die Vergütung bzw. die Vorträge erfassen (*vgl. Kapitel 1.9*).

Klicken Sie auf Nein, möchte Lexware wissen, ob Sie einen weiteren Mitarbeiter anlegen möchten.

Bei Ja wird der **Mitarbeiterassistent** erneut gestartet, bei Nein befinden Sie sich wieder im **Personal-Manager**.

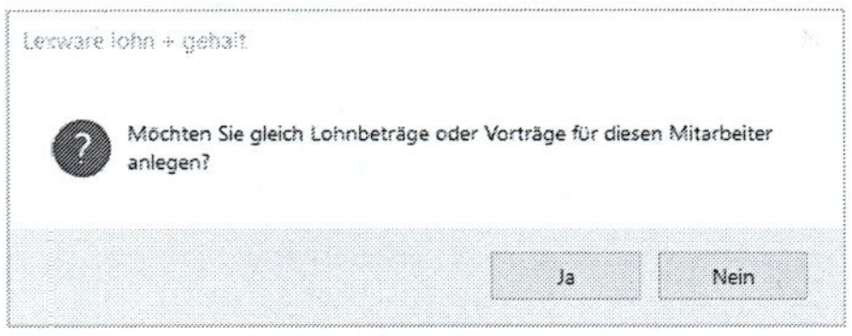

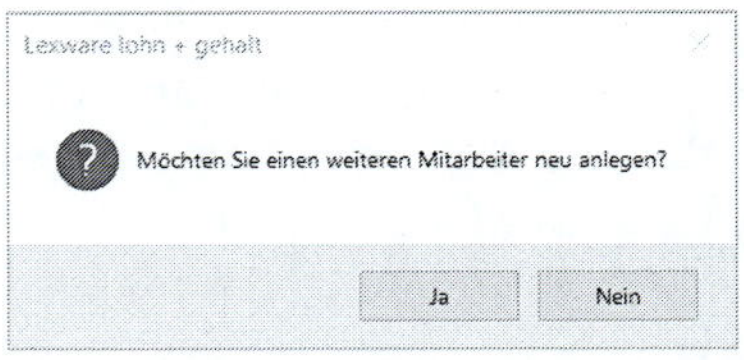

Wenn alle Daten vollständig und plausibel erfasst wurden, wird im **Personal-Manager** vor dem Name des Arbeitnehmers ein kleiner Kopf angezeigt und der **Lexware-Scout** findet keine Probleme (0).

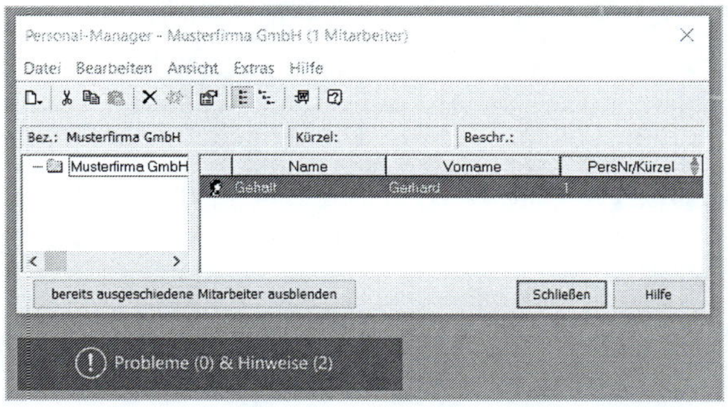

Bei fehlenden oder fehlerhaften Angaben wird im **Personal-Manager** vor dem Name des Arbeitnehmers ein Ausrufungszeichen in einem gelben Kreis angezeigt und der **Lexware-Scout** findet Probleme (2).

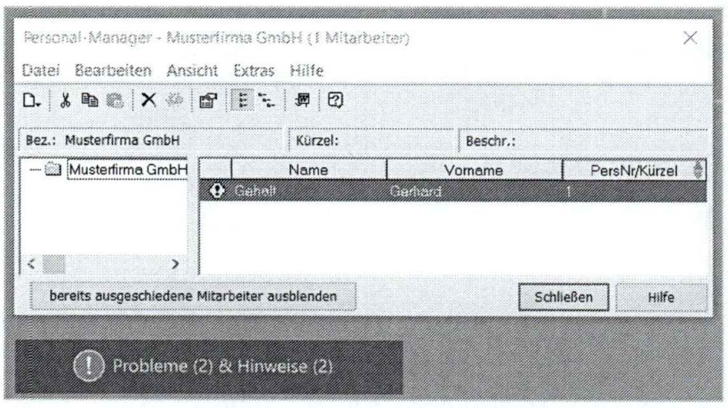

Probleme müssen vor der ersten Abrechnung korrigiert werden. Hinweise können korrigiert oder auch nur auf inaktiv gesetzt werden.

Mitarbeiterdaten bearbeiten

Der **Personal-Manager** wird gestartet, wenn Sie die Mitarbeiterstammdaten bearbeiten wollen. Sie finden ihn

- beim Aufruf der Funktion Mitarbeiterdaten bearbeiten
- in der Hauptnavigation → Personalmanager

Durch Doppelklick auf einen Mitarbeiter öffnen Sie wieder den **Mitarbeiterassistent** und können, wie zuvor beschrieben, die Stammdaten erfassen, ändern oder ergänzen.

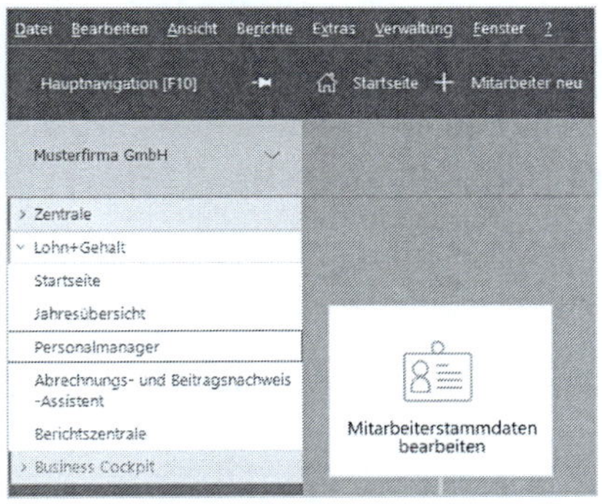

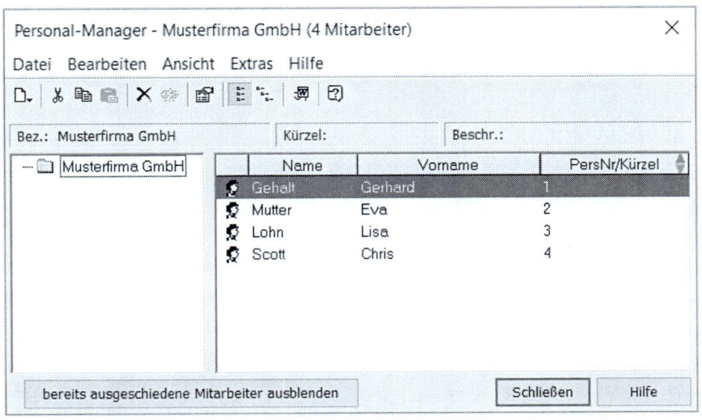

Über das Menü Datei → Neu → Mitarbeiter oder das Symbol Neu → Mitarbeiter im **Personal-Manager** lässt sich ebenfalls die **Neuanlage** eines Mitarbeiters im **Mitarbeiterassistent** starten.

Sie können hier auch **Gruppen** anlegen und Mitarbeiter diesen Gruppen zuweisen, um Ihre Mitarbeiter zu kategorisieren (z. B. Gruppe "Lohnempfänger", Gruppe "Gehaltsempfänger" o. ä.). Dies geschieht über das Menü Datei → Neu → Gruppe oder das Symbol Neu → Gruppe.

Wenn sich in der Liste viele ehemalige Arbeitnehmer befinden, lassen sich bereits ausgeschiedene Mitarbeiter ausblenden, um die Auswahlliste zu verkürzen.

1.9 Die Erfassung der Lohndaten

Nachdem Sie nun die Arbeitnehmer angelegt haben, müssen Sie die Daten für die Entlohnung erfassen. Dazu zählen neben den Lohnangaben auch die Fehlzeiten und die Vorträge. Für die Erfassung stehen Ihnen wieder verschiedene Wege zur Verfügung.

Erfassungsmöglichkeiten

Direkte Erfassung eines einzelnen Mitarbeiters

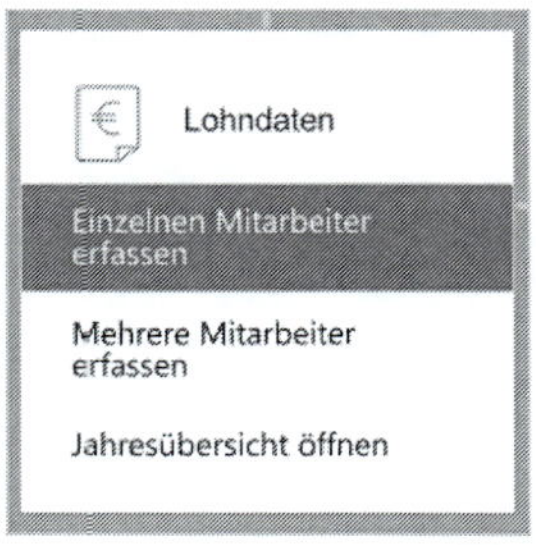

Diese rufen Sie auf mit der Funktion Lohndaten → Einzelnen Mitarbeiter erfassen.

Damit gelangen Sie in den Dialog **Jahresübersicht öffnen**, wählen Ihren Mitarbeiter aus und gelangen direkt in die **Erfassungsmaske** des Mitarbeiters. Die eigentliche Jahresübersicht wird übersprungen und erst beim Schließen der Erfassungsmaske angezeigt.

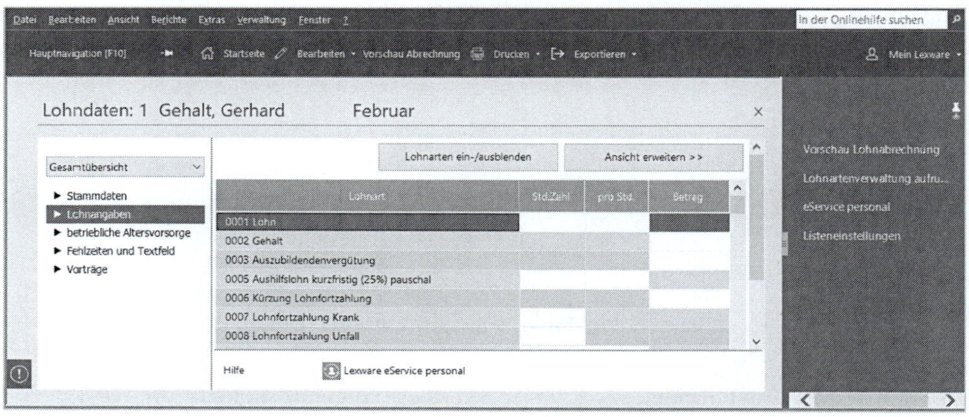

Erfassung über die Jahresübersicht

Diese rufen Sie auf

- mit der Funktion Lohndaten → Jahresübersicht öffnen
- in der Hauptnavigation → Jahresübersicht.

Damit gelangen Sie in den Dialog **Jahresübersicht öffnen**, wählen Ihren Mitarbeiter aus und gelangen diesmal in die Jahresübersicht des Mitarbeiters.

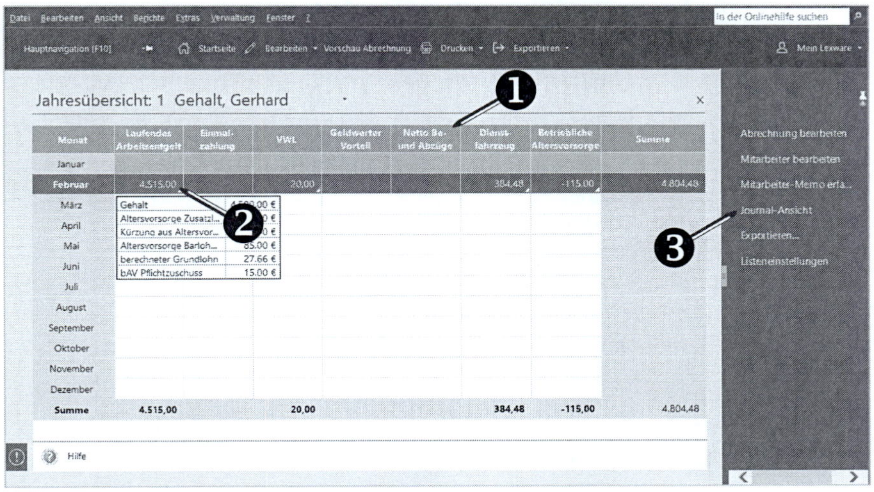

Beim erstmaligen Erfassen von Bezügen des Arbeitnehmers sind alle Zellen des aktuellen Monats leer. Nachdem Sie Bezüge erfasst haben, sehen Sie diese geordnet nach Lohnartengruppen ❶ aufsummiert. Ein Mausklick in das Dreieck unten rechts in der Zelle ❷ listet die jeweiligen Einzelbezüge auf.

Sie können zwischen der Journal-Ansicht ❸ und der Brutto-Ansicht ❹ wechseln und sich jede Übersicht über die Listeneinstellungen ❺ individuell gestalten.

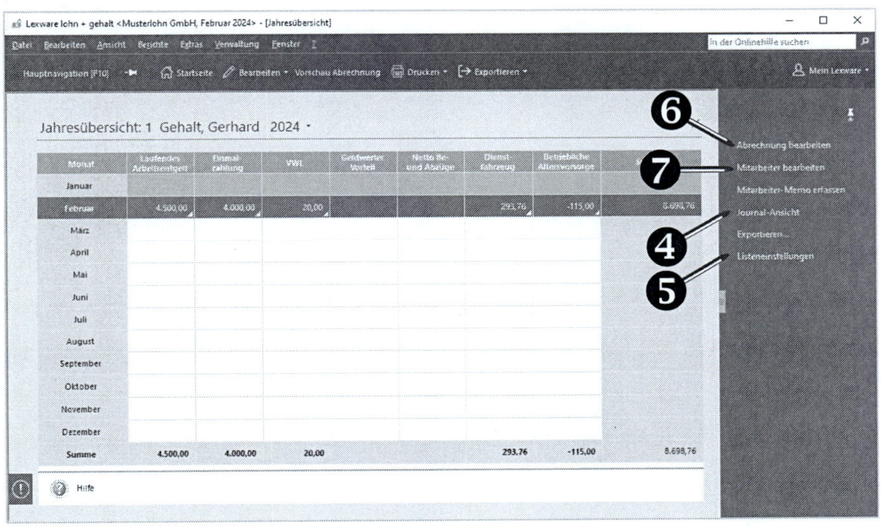

Der aktuelle Monat ist farbig unterlegt, bereits abgeschlossene Monate sind grau und zukünftige Monate sind weiß unterlegt.

Aus der Jahresübersicht können Sie

- die Abrechnung bearbeiten ❻
  Damit gelangen Sie in der Erfassungsmaske direkt zu den **Lohndaten** des jeweiligen Mitarbeiters.
- den Mitarbeiter bearbeiten ❼
  Damit gelangen Sie in der Erfassungsmaske direkt zu den **Stammdaten** des jeweiligen Mitarbeiters.
- durch **Doppelklick** auf die **aktuelle Monatszeile** die Erfassungsmaske des jeweiligen Mitarbeiters öffnen
  In Abhängigkeit von der angeklickten Spalte gelangen Sie in die jeweilige Lohngruppe, d. h. wenn Sie in der Zeile Februar einen Doppelklick in der Spalte VWL machen, befinden Sie sich in der Erfassungsmaske gleich auf der Seite VWL. Das funktioniert nur in der Brutto-Ansicht, da nur hier die Lohngruppen angezeigt werden.

- durch Doppelklick auf eine **vergangene Monatszeile** den **Korrekturmodus** für den bereits abgerechneten Monat starten oder die Werte nur anzeigen lassen

Sobald Sie die Erfassungsmaske schließen, gelangen Sie zurück zur Jahresübersicht des jeweiligen Mitarbeiters.

Erfassung über den Abrechnungsassistenten

In der Praxis ist es effektiver, für die Erfassung der Abrechnungsdaten nicht jeden Arbeitnehmer einzeln aufzurufen, sondern dies gleich für mehrere oder alle Mitarbeiter durchzuführen. Dazu steht Ihnen in Lexware der Abrechnungsassistent zur Verfügung.

Sie können ihn aufrufen mit der Funktion Lohndaten → Mehrere Mitarbeiter erfassen. Er ist auch im Beitragsnachweisassistenten integriert (*vgl. Kapitel 1.11*)

Damit haben Sie die Möglichkeit, nacheinander die Lohndaten aller Mitarbeiter neu zu erfassen oder anzupassen. Bei der Ersteingabe werden Ihnen in **Schritt 3 - Bezüge** noch keine Lohnarten angezeigt, d. h. Sie müssen zuerst die Lohnabrechnung bearbeiten.... Sind bereits Bezüge erfasst wurden, werden diese aufgelistet und variable Beträge können geändert werden (z. B. die Anzahl der Überstunden). Nur, wenn Sie noch nicht vorhandene Lohnarten erfassen wollen, müssen Sie wieder die Lohnabrechnung bearbeiten....

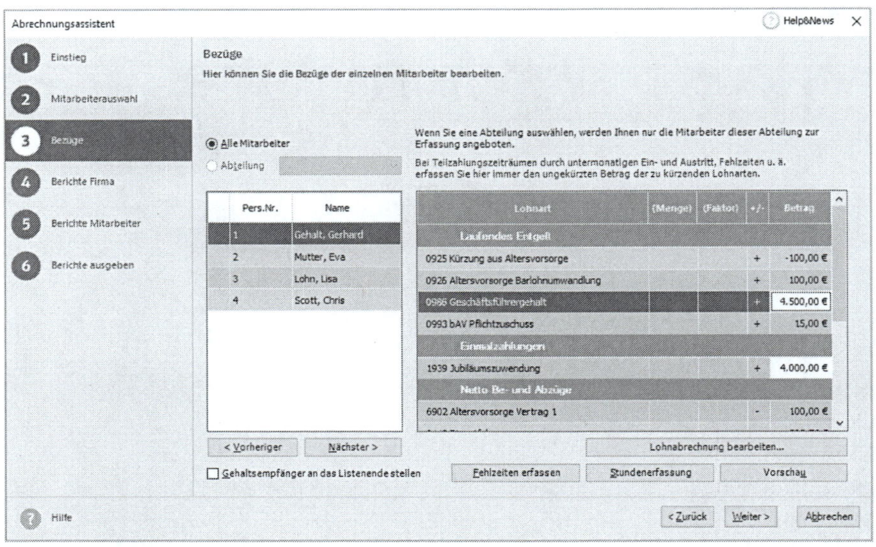

Weiterhin lassen sich über den Assistenten Fehlzeiten erfassen, die Stundenabrechnung aufrufen und eine Vorschau des Entgeltformulars anzeigen. Zur Erfassung der Vergütungen, Fehlzeiten und Stunden öffnet Lexware im Dialog **Lohndaten** die entsprechende Eingabeseite (z. B. für Fehlzeiten).

Über die Baumansicht können alle **Lohndaten ❶**, **Fehlzeiten ❷** und **Vorträge ❸** erfasst und auch **Stammdaten ❹** geändert werden. Sie können auch hier zwischen den **Mitarbeitern wechseln ❺**.

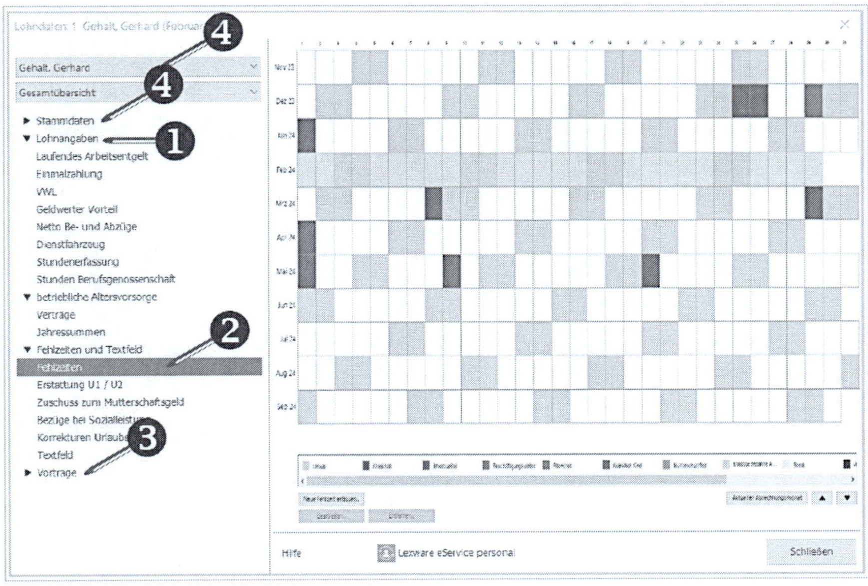

Ist die Bearbeitung erledigt und Sie schließen den Dialog, befinden Sie sich wieder im **Schritt 3 - Bezüge des Abrechnungsassistenten**. Der Abrechnungsassistent wird in Kapitel 1.13 noch genauer erläutert.

Zum Einstieg in die Lohnabrechnung ist es einfacher, die Mitarbeiter einzeln zu erfassen und abzuarbeiten, damit Sie den Überblick behalten. Für die folgenden Erklärungen wird auch die Einzelerfassung verwendet.

Das Abrechnungsfenster

Das ist das Hauptwerkzeug für die monatliche Entgeltabrechnung. Wie bereits erwähnt, erfassen Sie hier die Bezüge, Stunden, Abwesenheiten, Vorträge und können auch Stammdaten eingeben oder ändern. Dafür stehen Ihnen die entsprechenden Bereiche in der Baumansicht im **Navigationsbereich** links zur Verfügung ❶.

In Abhängigkeit des aufgerufenen Bereiches oder der Lohnartengruppe, ändern sich die Erfassungsfelder im **Arbeitsbereich** ❷. Haben Sie z. B. die Lohnartengruppe **Laufendes Arbeitsentgelt** ausgewählt, steht Ihnen eine Lohnartenliste zur Verfügung, in welche Sie die Werte eintragen. Da Sie nicht unbedingt alle angezeigten Lohnarten benötigen, können Sie diese mit der Schaltfläche Lohnarten ein-/ausblenden aus der Liste entfernen oder wieder hinzufügen. Auch die Reihenfolge lässt sich anpassen. Die gleiche Funktion bietet Ihnen die Listeneinstellungen im rechten Fensterbereich.

Die weiteren Funktionen im **rechten Fensterbereich** ❸ sind stets vom Arbeitsbereich abhängig. Sie können sich z. B. mit der Vorschau Lohnabrechnung das Entgeltformular anzeigen lassen oder direkt die Lohnartenverwaltung aufrufen.

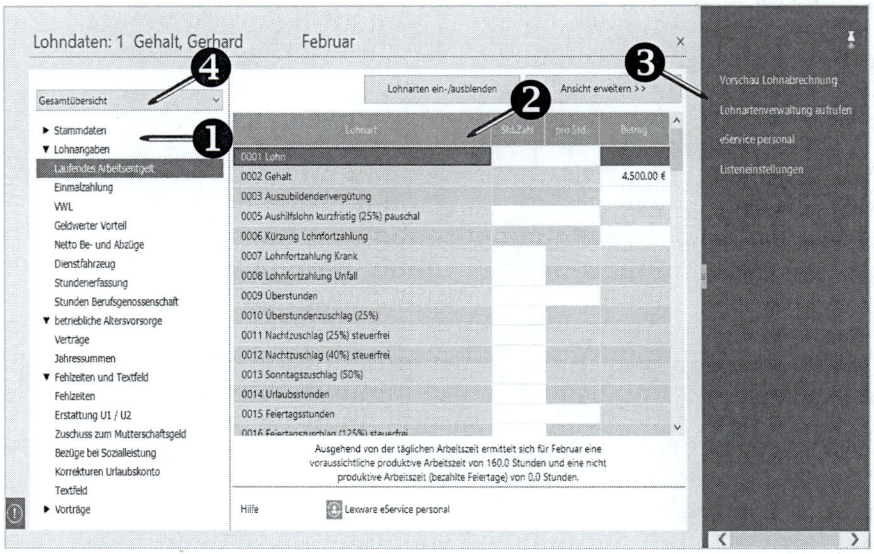

Die Ansichten

Diese Arbeitsweise ist möglich, wenn die **Gesamtübersicht** ❹ ausgewählt ist, was standardmäßig der Fall ist.

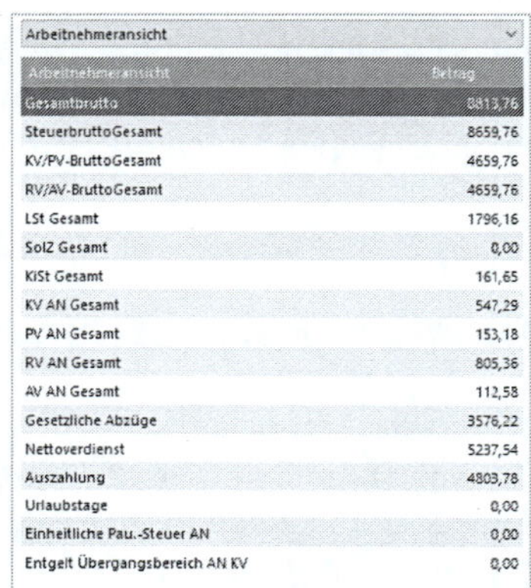

Sie können sich stattdessen im linken Fensterbereich auch die **Arbeitnehmeransicht** anzeigen lassen. Damit sehen Sie sofort die Abzüge des Arbeitnehmers. Sobald Sie einen Wert in einer Lohnart eingeben, werden die Beträge aktualisiert. Mit Einträge ein-/ausblenden entscheiden Sie selbst, welche Werte angezeigt werden sollen. Mit der Schaltfläche Ansicht exportieren lassen sich die Felder nach Excel exportieren.

Eine weitere Alternative ist die **Arbeitgeberansicht**. Dann sehen Sie die finanzielle Belastung für den Arbeitgeber. Auch hier können die Felder individuell angepasst und auch nach Excel exportiert werden.

In beiden Fällen können Sie nun nicht mehr die Eingabefelder im Arbeitsbereich verändern. Dazu müssten Sie zurück in die **Gesamtübersicht** wechseln oder Sie nutzen die Schaltfläche Bearbeiten in der Symbolleiste um zwischen den **Mitarbeiterstammdaten** und der **Abrechnung** (den Lohndaten) zu wechseln. Allerdings gelangen Sie dann in den Stammdaten nur zu den Persönlichen Angaben und bei den Lohnangaben nur zum Laufenden Arbeitsentgelt (also nicht wirklich praktikabel).

Die Lohnangaben

Die Lohnarten werden in verschieden Lohnartenklassen unterteilt. Dies erleichtert zum einen die Suche nach einer Lohnart, ist für die Abrechnung relevant und findet sich auch bei der Neuanlage von Lohnarten wieder. Folgende Klassen sind vorhanden:

- Laufendes Arbeitsentgelt
- Einmalzahlung
- VWL (Vermögenswirksame Leistungen)
- Geldwerter Vorteil (GWV)
- Netto Be- und Abzüge

Weiterhin bietet Ihnen Lexware Erfassungsmasken für

- Dienstwagen
- Stundenerfassung
- Stunden Berufsgenossenschaft.

Lexware liefert Ihnen eine umfangreiche Auswahl an Standardlohnarten. Diese kann um individuell angelegte Lohnarten erweitert werden. Dazu steht Ihnen die **Lohnartenverwaltung** (*vgl. Kapitel 1.10*) zur Verfügung.

Laufendes Arbeitsentgelt

Die Lohnartenklasse Laufendes Arbeitsentgelt enthält laufende Bezüge des Arbeitnehmers, die steuerlich gesehen steuerpflichtig, steuerfrei oder pauschal versteuert werden können. Die **steuerliche Behandlung** ist in den Stammdaten der Lohnarten hinterlegt.

Auf der Entgeltbescheinigung erkennen Sie die Versteuerung am Kürzel in der Spalte St (Steuer).

L = individuell versteuerter Bezug (laufendes Entgelt)

P = pauschal versteuerter Bezug

F = steuerfreier Bezug

Nur die individuell versteuerbaren Bezüge (L) fließen in das Steuerbrutto ein. Lexware ermittelt die Lohnsteuer, die Kirchensteuer und den evtl. Solidaritätszuschlag unter Berücksichtigung

- der Lohnsteuerabzugsmerkmale
- eines evtl. Steuerfrei- oder -hinzurechungsbetrages
- eines evtl. Altersentlastungsbetrages (abhängig vom Geburtsjahr des Arbeitnehmers)
- eines evtl. Versorgungsfreibetrages (gilt nur für LA 0904 laufender Versorgungsbezug)

Sozialversicherungsrechtlich kann das laufende Arbeitsentgelt sowohl beitragspflichtig als auch beitragsfrei sein. Auch die **sv-rechtliche Behandlung** ist in den Stammdaten der Lohnarten hinterlegt.

Auf der Entgeltbescheinigung erkennen Sie die Verbeitragung am Kürzel in der Spalte SV.

L = sozialversicherungspflichtiges laufendes Entgelt

F = sozialversicherungsfreies Entgelt

In das sozialversicherungspflichtige Brutto (SV-Brutto) fließen nur die sozialversicherungspflichtigen laufenden Entgelte (L) ein. Auf dem Entgeltformular wird das SV-Brutto unterteilt in KV-Brutto, RV-Brutto, AV-Brutto und PV-Brutto. Von diesen Werten werden die Sozialversicherungsbeiträge auch unterteilt nach KV-Beitrag, RV-Beitrag, AV-Beitrag und PV-Beitrag berechnet.

Dabei berücksichtigt Lexware

- die Beitragsbemessungsgrenzen,
- den Beitragsgruppenschlüssel,
- die Krankenkasse des Arbeitnehmers (für KV-Zusatzbeitrag und Umlagesätze),
- die Elterneigenschaft (für PV-Zusatzbeitrag).

Die **Erfassung** ist abhängig davon, ob es sich um eine Betragslohnart (z. B. 0002 Gehalt) oder eine Faktorlohnart (z. B. 0001 Lohn) handelt, erwartet Lexware von Ihnen die Eingabe in der Spalte Betrag oder in den Spalten Std.Zahl und pro Std. Nur die weißen Felder können gefüllt werden. Bei der Eingabe eines Stundensatzes (pro Std.) in der LA 0001 Lohn wird dieser Betrag automatisch in weitere Lohnarten übernommen. Sollte dies nicht gewünscht sein, weil die Berechnungsgrundlage vom Stundensatz abweicht, muss die andere Lohnart geändert oder neu angelegt werden.

Anhand der in den Mitarbeiterstammdaten erfassten Arbeitszeit und der Auswahl des Bundeslandes kann Lexware die **Sollstundenzahl** und die **Feiertagsstunden** ❶ ermitteln. Wenn Soll- und Istarbeitszeit identisch sind, kann diese ermittelte Stundenanzahl erfasst werden. Evtl. müssen weitere Lohnarten eingegeben werden.

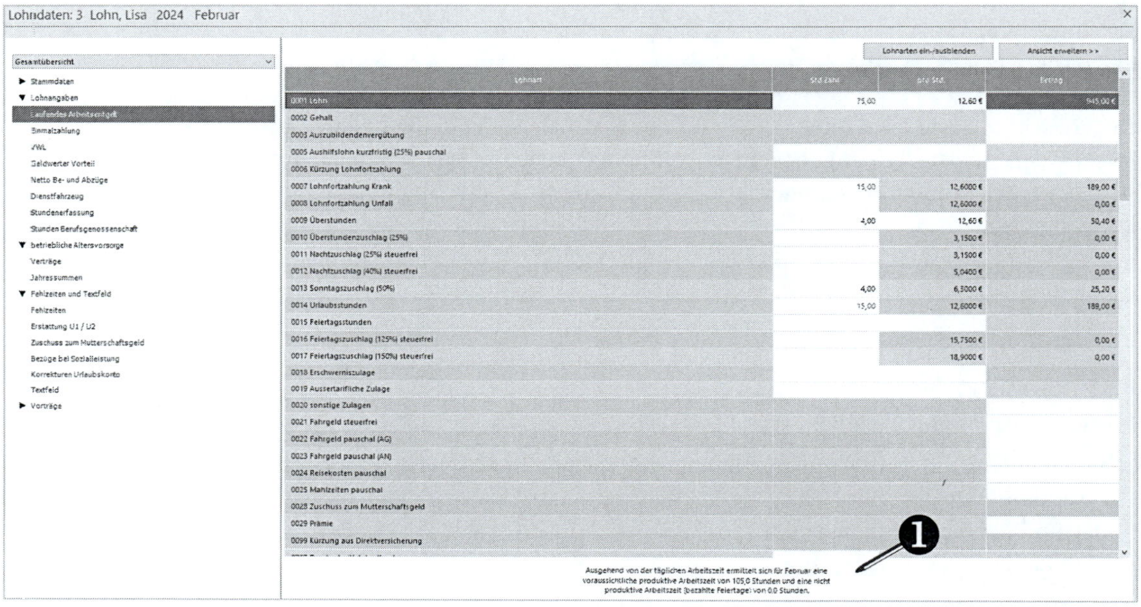

Im Beispiel von Lisa Lohn ermittelt Lexware eine Sollarbeitszeit von 105,0 Std. Da Lisa Lohn 3 Tage (= 15 Std.) krank war und 3 Tage (= 15 Std.) Urlaub hatte, dürfen nur noch 75 produktive Arbeitsstunden in **LA 0001 Lohn eingetragen** werden. Für die Lohnfortzahlung für Urlaub und Krankheit sind die Lohnarten **0007 Lohnfortzahlung krank** und **0014 Urlaubsstunden** vorgesehen. Die zusätzlichen 4 Stunden am Sonntag wurden als Überstunden in **LA 0009 Überstunden** erfasst. Sie hätten auch in **LA 0001 Lohn** mit berücksichtigt werden können. Der zusätzliche Sonntagszuschlag muss in **LA 0013 Sonntagszuschlag** (50 %) eingegeben werden.

Einmalzahlungen

Da einmalig gezahlte Arbeitsentgelte/sonstige Bezüge, wie bspw. Weihnachts-, Urlaubsgeld oder Abfindungen steuerrechtlich und sv-rechtlich anders als laufende Bezüge behandelt werden, gibt es hierfür die Lohnartengruppe Einmalzahlungen. Bei Abfindungen ist zu berücksichtigen, dass hier nur der steuerpflichtige Anteil einzutragen ist.

Für Mehrjahresvergütungen (z. B. Entlassungsabfindungen, Jubiläumszahlungen) bietet Ihnen Lexware entsprechende Lohnarten an, bei denen die Fünftelregelung geprüft und ggf. anwendet wird. Ob es sich bei einer Lohnart um eine "normale" Einmalzahlung oder eine Mehrjahresvergütung handelt, sehen Sie in der Lohnartenverwaltung oder auf der Entgeltbescheinigung.

Auf dem Brutto-Netto-Formular erkennen Sie Einmalzahlungen an folgenden Kürzeln

- in der Spalte St
  S = sonstiger Bezug ("normale" Einmalzahlung)
  M = Mehrjahresvergütung (mit Fünftelregelung)
- in der Spalte SV
  E = einmalig gezahltes Arbeitsentgelt

Bei einigen Lohnarten ist keine Erfassung möglich (graue Felder). Das sind Automatik-Lohnarten, die von Lexware gefüllt werden, z. B. bei der Erfassung der betrieblichen Altersvorsorge.

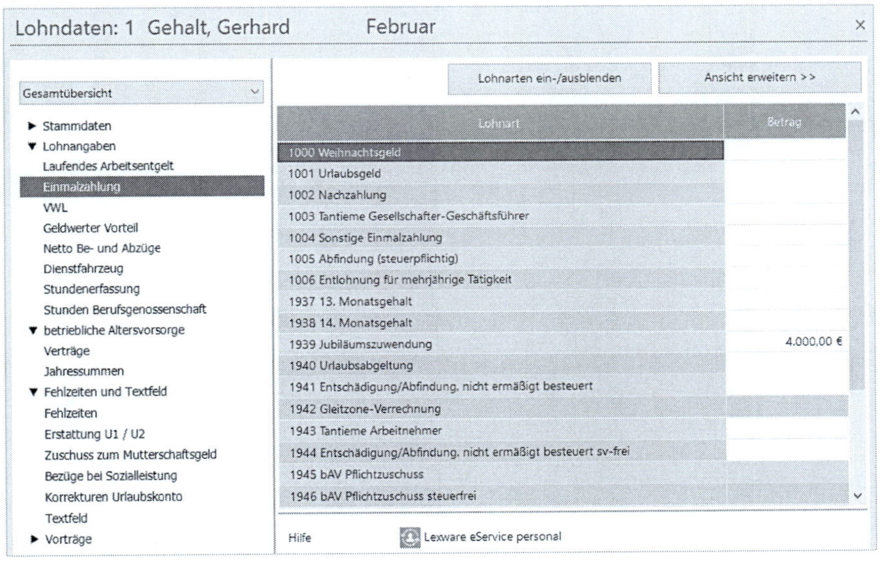

Am Beispiel von Gerhard Gehalt wurde eine Jubiläumszuwendung als Mehrjahresvergütung erfasst.

Vermögenswirksame Leistung (VWL)

Hat der Arbeitnehmer einen Sparvertrag abgeschlossen, in den **vermögenswirksame Leistungen** eingezahlt werden sollen, sind die für die Abrechnung relevanten Daten in der Lohnartengruppe VWL zu erfassen. In Lexware können drei Verträge hinterlegt werden.

Erfassen Sie jeweils den Überweisungsbetrag, den Empfänger, die Vertragsnummer und die Zahlungsart. Sollte sich der Arbeitgeber finanziell beteiligen, erfassen Sie seinen Anteil als Zuschuss.

Zuschüsse werden vom Programm als laufender Bezug der Lohnsteuer und Sozialversicherung unterworfen, fließen ins Steuer- und Sozialversicherungsbrutto ein. Der Überweisungsbetrag wird vom Nettoentgelt abgezogen.

Erfassen Sie die Daten für Gerhard Gehalt.

Hinweis: Achten Sie darauf, dass Sie nicht versehentlich Zuschuss und Überweisungsbetrag vertauschen.

Wenn Sie mit der Tab-Taste zum nächsten Feld wechseln, springt Lexware nach Eingabe des Überweisungsbetrages für Vertrag 1 in den VWL Vertrag 2 und die Vertragsangaben für Vertrag 1 sind inaktiv. Dann müssen Sie erst wieder den Vertrag 1 markieren, bevor Sie die Vertragsdaten eingeben können.

Geldwerter Vorteil

Lexware bietet Ihnen in der Gruppe Geldwerter Vorteil eine Liste von Sachbezügen an. Sollte die steuerliche und sv-rechtliche Behandlung nicht im Lohnartenname ersichtlich sein, können Sie in der Lohnartenverwaltung nachschauen oder, wie bereits bei der Lohnartengruppe Laufende Bezüge beschrieben, auf dem Entgeltformular. Den zu erfassenden Betrag des geldwerten Vorteil müssen Sie vor der Eingabe evtl. berechnen.

Sollte ein Arbeitnehmer während einer Auswärtstätigkeit eine vom Arbeitgeber veranlasste Mahlzeit erhalten haben, muss das Feld Mahlzeitengestellung bei Auswärtstätigkeit aktiviert werden. Lexware trägt auf der Lohnsteuerbescheinigung den Großbuchstabe **M** ein. Dies ist erforderlich, damit der Arbeitnehmer im Rahmen der ESt-Erklärung nicht zusätzlich zur erhaltenen Mahlzeit noch den Verpflegungsmehraufwand geltend machen kann.

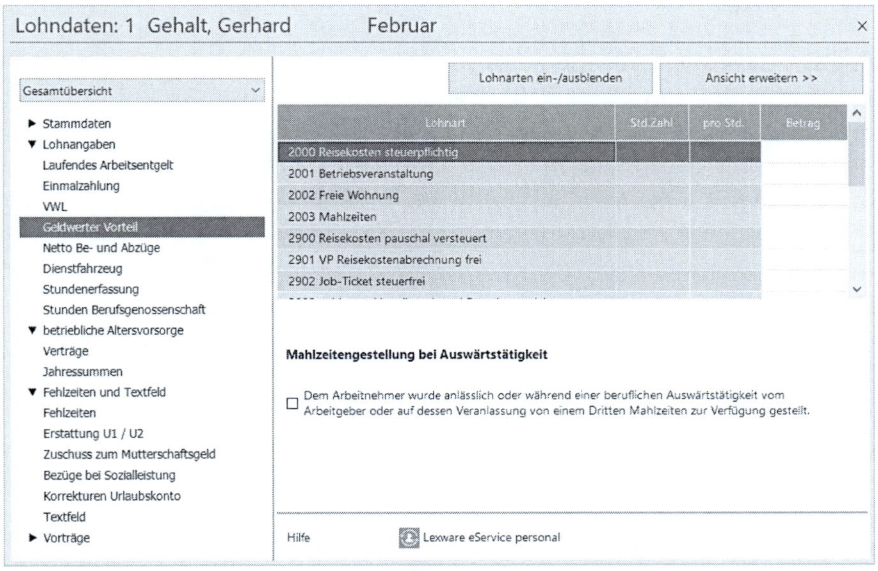

In der Musterlohn GmbH wird kein geldwerter Vorteil erfasst. Deshalb bleiben alle Felder leer.

Netto Be- und Abzüge

Nicht jedes Entgelt, welches der Arbeitnehmer erhält, fließt in das Gesamtbrutto.

Einige steuer- und sv-freie Entgelte werden als **Nettobezug** erfasst und erhöhen somit den Auszahlbetrag. Dazu zählen z. B. Arbeitgeberzuschüsse zur Berufsbekleidung, zur Kinderbetreuung oder das Werkzeuggeld. Auch steuer-/sv-freie Reisekosten, wie Verpflegungszuschuss, Fahrtkosten und Übernachtungsmehraufwand gehören zum Nettobezug.

Es gibt auch Beträge, die den Auszahlbetrag reduzieren. Zu den hier zu erfassenden **Nettoabzügen** zählen z. B. Pfändungsbeträge oder Rückzahlung von Vorschüssen.

Zusätzlich ermittelt Lexware automatisch Nettobe- und -abzugsbeträge, z. B. bei freiwillig gesetzlicher oder privater Kranken- und Pflegeversicherung oder im Rahmen der betrieblichen Altersvorsorge.

Die Unterscheidung zwischen Nettobe- und -abzug ergibt sich aus dem Lohnartenname oder der Spalte +/-.

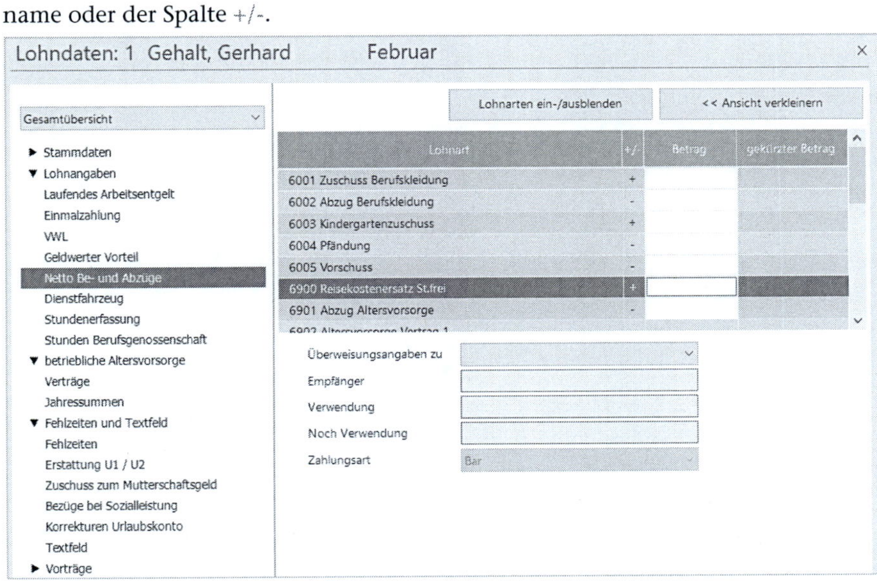

In der Musterlohn GmbH wird kein Nettobe- oder -abzug erfasst. Deshalb bleiben alle Felder leer.

Dienstfahrzeug

Für den geldwerten Vorteil eines Firmenwagens bietet Ihnen Lexware in der Lohnartengruppe Dienstfahrzeug eine separate Erfassungsmaske.

Sie geben als Listenpreis den inländischen Bruttolistenneupreis des Fahrzeugs zum Zeitpunkt der Erstzulassung ein. Das Abrunden auf volle hundert Euro übernimmt Lexware. Evtl. Zuzahlungen des Arbeitnehmers zum Fahrzeugkauf tragen Sie im Feld monatlicher Eigenanteil des Mitarbeiters ein. Damit reduziert sich der steuer- und sv-pflichtige private Nutzungsanteil. Mit diesen Angaben wird der geldwerter Vorteil für die Privatnutzung berechnet.

Bestimmen Sie die **Antriebsart** und erfassen Sie für die Ermittlung der Bemessungsgrundlage ggf. bei Elektro- und Hybrid-Fahrzeugen Anschaffungszeitraum und ggf. weitere Bedingungen.

In den meisten Fällen liegt auch ein geldwerter Vorteil für die Fahrten Wohnung zur ersten Tätigkeitsstätte vor. Aktivieren Sie das Feld und wählen Sie aus, ob es sich um eine regelmäßige oder gelegentliche Nutzung handelt. Für die Berechnung der **Monatspauschale (0,03 %)** erfassen Sie die Entfernung in Kilometer für die einfache Entfernung zwischen Wohnung und erster Tätigkeitsstätte.

Lexware hat für die Pauschalversteuerung automatisch **15** Arbeitstage im Monat vorbelegt. Sollte die Einzelbewertung mit der **Tagespauschale (0,002 %)** erfolgen, setzen Sie das Häkchen Besondere Berechnung... . Achten Sie darauf, dass Sie dann die **tatsächlichen** Arbeitstage im Monat eingeben müssen.

Sollte eine Privatnutzung ausgeschlossen sein, aktivieren Sie Nutzungsverbot für private Fahrten.

Die pauschale Versteuerung kann durch den Arbeitgeber übernommen werden. Ist das Häkchen nicht gesetzt, werden die pauschalen Steuern auf den Arbeitnehmer abgewälzt.

Beteiligt sich der Arbeitnehmer an den laufenden Kosten des Firmenfahrzeuges, geben Sie seinen monatlichen Eigenanteil zu den Fahrtkosten ein. Dieser reduziert den geldwerten Vorteil für die Fahrten zwischen Wohnung und erster Tätigkeitsstätte.

Für die Abrechnung von Familienheimfahrten oder Fahrten Home-Office und Betrieb aktivieren Sie das entsprechende Feld und tragen in den zusätzlich erscheinenden Feldern die Anzahl und die Entfernung der Fahrten ein. Lexware berechnet anhand der eingegebenen Werte die geldwerten Vorteile und übernimmt die Beträge in die zugehörigen Lohnarten.

Die Erfassung des Firmenfahrzeuges von Gerhard Gehalt soll nur eine der möglichen Varianten verdeutlichen.

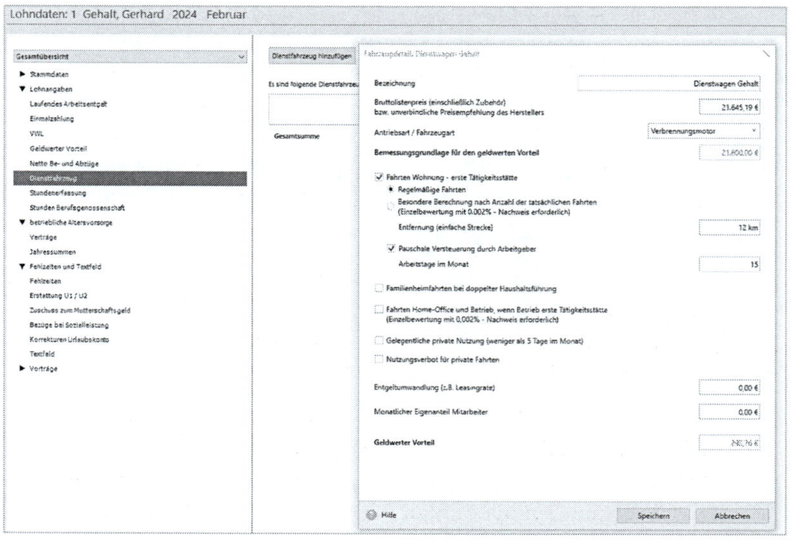

Stundenerfassung

Neben der einfachen Erfassung der **Gesamtstundenzahl** in den jeweiligen Lohnarten der Lohnartengruppe Laufendes Arbeitsentgelt haben Sie in der Stundenerfassung die Möglichkeit, die **Arbeitszeit tagesgenau** aus den Stammdaten zu übernehmen, aus Excel zu importieren oder direkt in die Tabelle einzutragen. Die ermittelten Stunden übernimmt Lexware in die Spalte Grundlohnart und ordnet Sie der **LA 0001 Lohn** zu.

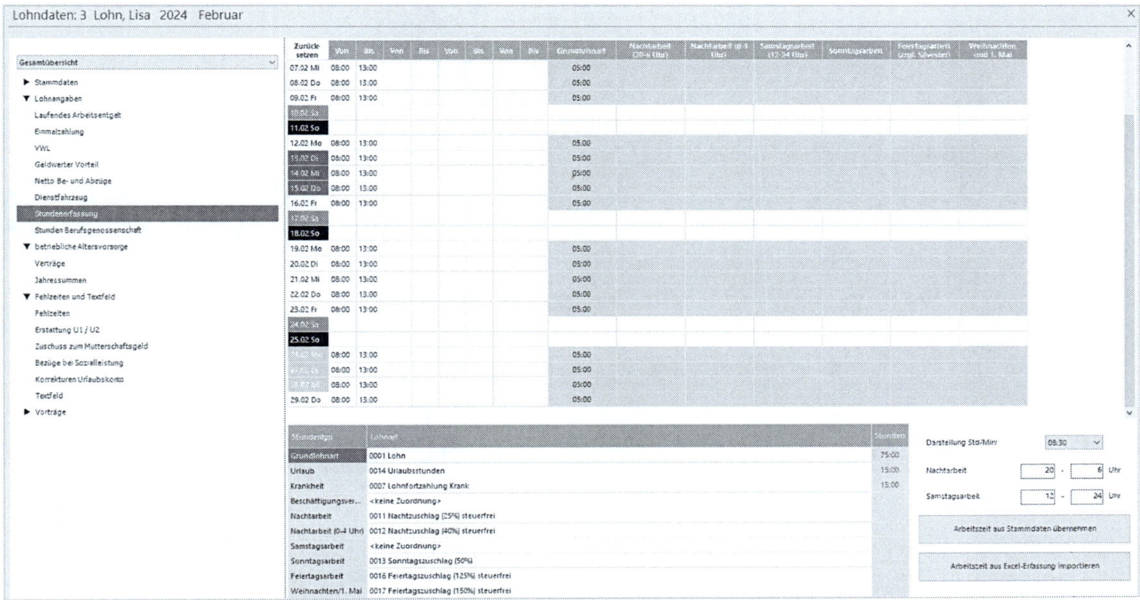

Wenn Sie über die Schaltfläche die Arbeitszeit aus Stammdaten übernehmen, muss diese zuvor im **Mitarbeiterassistent** auf der Seite **Arbeitszeit** (*vgl. Kapitel 1.8*) mit Von-Bis-Zeiten erfasst wurden sein. Es handelt sich stets um die reine Arbeitszeit ohne Pausen. Sie können die Arbeitszeit des Arbeitnehmers von hier direkt aufrufen über den Link im rechten Fensterbereich Arbeitszeit des Mitarbeiters in den Stammdaten bearbeiten.

Alternativ dazu ist es möglich, über die Schaltfläche Arbeitszeit aus Excel-Erfassung importieren eine mit Excel erstellte Stundenerfassung in das Lexware-Programm zu übernehmen. Damit es beim Import keine Fehler gibt, sollte zuvor die Stundenerfassung für den jeweiligen Mitarbeiter und Abrechnungsmonat aus Lexware erzeugt werden. Den Excel-Export-Assistent für die Stundenerfassung finden Sie im Menü Datei → Export → Stundenerfassung... .

Gesetzliche Feiertage sind in Lexware hinterlegt und werden in der Stundenerfassung erkannt und farbig hervorgehoben. Sollte der Arbeitnehmer **am Feiertag gearbeitet** haben, müssen die Felder Von-Bis gefüllt werden oder bleiben. In Abhängigkeit des Feiertages übernimmt Lexware die geleisteten Stunden in den zugehörigen Feiertagszuschlag. Hatte der Arbeitnehmer am Feiertag frei, löschen Sie die Von-Bis-Zeiten und erfassen die Lohnfortzahlung für die Feiertagsstunden in der Lohnartengruppe Laufendes Arbeitsentgelt in der **LA 0015 Feiertagsstunden**.

Stunden, für die nach § 3 EStG steuerfreie **Sonn-, Nacht- bzw. Feiertagszuschläge** möglich sind, werden zusätzlich zur Spalte Grundlohnart (LA 0001 Lohn) in den zugehörigen Spalten für Nacht-, Sonntags- oder Feiertagsarbeit eingetragen und der jeweiligen Lohnart (z. B. 0011 Nachtzuschlag (25 %) steuerfrei) zugeordnet.

Hatte der Arbeitnehmer Fehlzeiten wegen **Krankheit oder Urlaub**, sind diese Tage andersfarbig markiert und die Stunden werden den Lohnarten **0007 Lohnfortzahlung Krank** oder **0014 Urlaubsstunden** zugerechnet. Dabei ist es egal, ob Sie zuerst die Fehlzeiten erfassen oder zuerst die Stundenerfassung durchführen.

Führt eine verlängerte Arbeitszeit zu **Überstunden**, erhöht dies die Stunden der Grundlohnart **0001 Lohn**. Soll die Überstundengrundvergütung mit der **LA 0009 Überstunden** erfolgen, dürfen in der Stundenerfassung nur die Normalstunden eingetragen werden. Die Überstunden sind dann, genau wie der Überstundenzuschlag im Laufenden Arbeitsentgelt in der **LA 0009 Überstunden** und der **LA 0010 Überstundenzuschlag** (25 %) einzugeben.

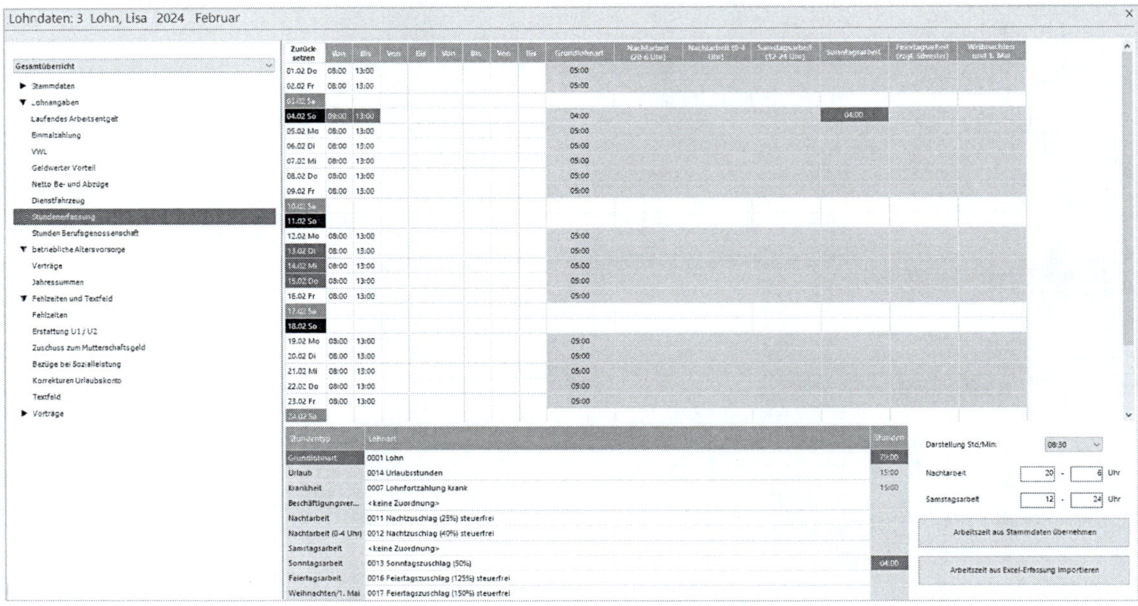

Bei Falscheingaben können Sie mit der Schaltfläche Zurücksetzen (in der oberen linken Ecke der Tabelle) alle Werte löschen.

Die Zuordnung der Lohnart zum Stundentyp kann angepasst werden. Die hier ermittelten Stunden werden in die jeweiligen Lohnarten in der Gruppe Laufendes Arbeitsentgeltes übernommen und lassen sich dort nicht ändern. Die aus der Stundenerfassung übernommenen Werte werden rot dargestellt. Die Stundenerfassung nutzen Sie nur für Lohnempfänger.

Stunden Berufsgenossenschaft

Lexware ermittelt die geleisteten Arbeitsstunden für die Berufsgenossenschaft automatisch auf Basis der erfassten Stunden und verwendeten Lohnarten. Ist eine automatische Ermittlung nicht möglich oder soll die Berechnung von Lexware übersteuert werden, können Sie die Stunden selbst eingeben. Dazu erfassen Sie die vertraglich vereinbarte oder tariflich geschuldete Sollarbeitszeit. Eine Übernahme in den nächsten Monat erfolgt erst nach Aktivierung des Feldes.

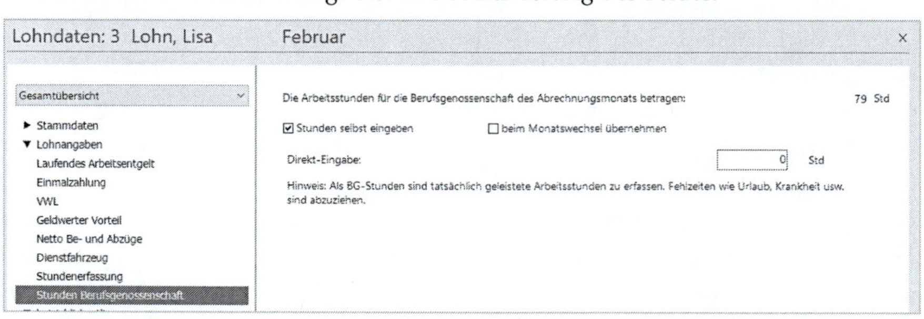

In den Übungsfällen erfolgt hier keine Eingabe.

Die betriebliche Altersvorsorge

Verträge

Für die betriebliche Altersvorsorge (bAV) bietet Ihnen Lexware einen Assistenten, den Sie über die Schaltfläche neuer Vertrag... starten.

Im **Schritt 1 - Vertragsform** bietet Ihnen Lexware die fünf Durchführungswege der betrieblichen Altersvorsorge an. Wählen Sie eine Vertragsart aus.

Im Fall von Gerhard Gehalt ist es eine **Pensionskasse**. Klicken Sie danach auf Weiter.

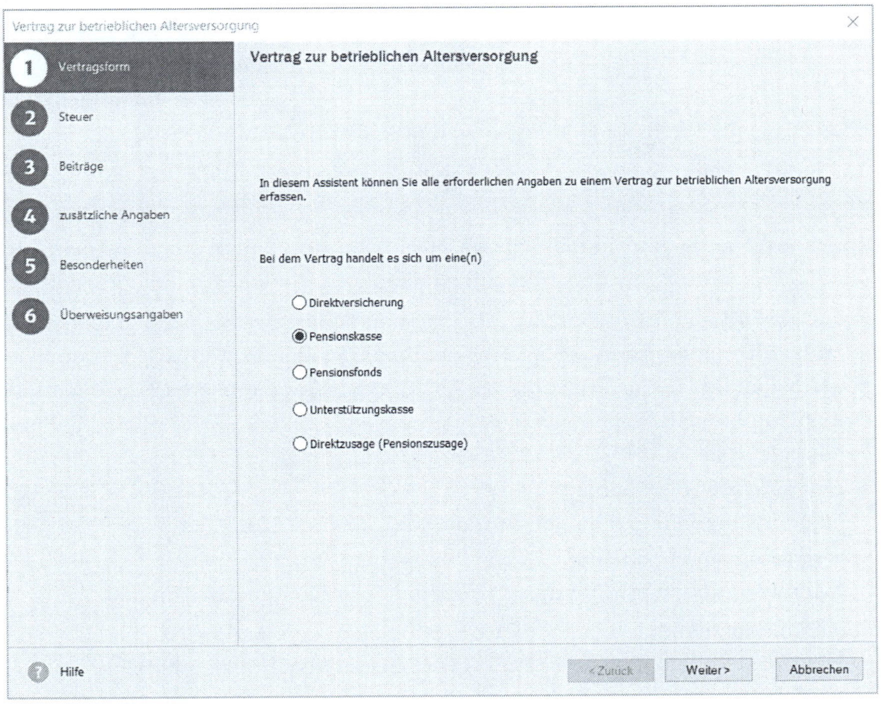

Seite 2 - Steuer ist für die steuerliche Behandlung der bAV erforderlich. Im Laufe der Zeit haben sich die gesetzlichen Vorschriften geändert. Entscheidend ist der Zeitpunkt der Zusage.

Für **Altzusagen**, die vor dem 01.01.2005 bestanden haben, war eine Pauschalversteuerung möglich. Diese konnten auch weiterhin pauschal versteuert bleiben.

Für **Neuzusagen** ab dem 01.01.2005 ist das Datum des Vertragsabschlusses zu erfassen und die Pauschalversteuerung steht nicht mehr zur Wahl. Ob Altersvorsorgeverträge zum Einzahlungszeitpunkt steuerpflichtig, steuerfrei oder riestergefördert sind, muss den Vertragsunterlagen entnommen werden.

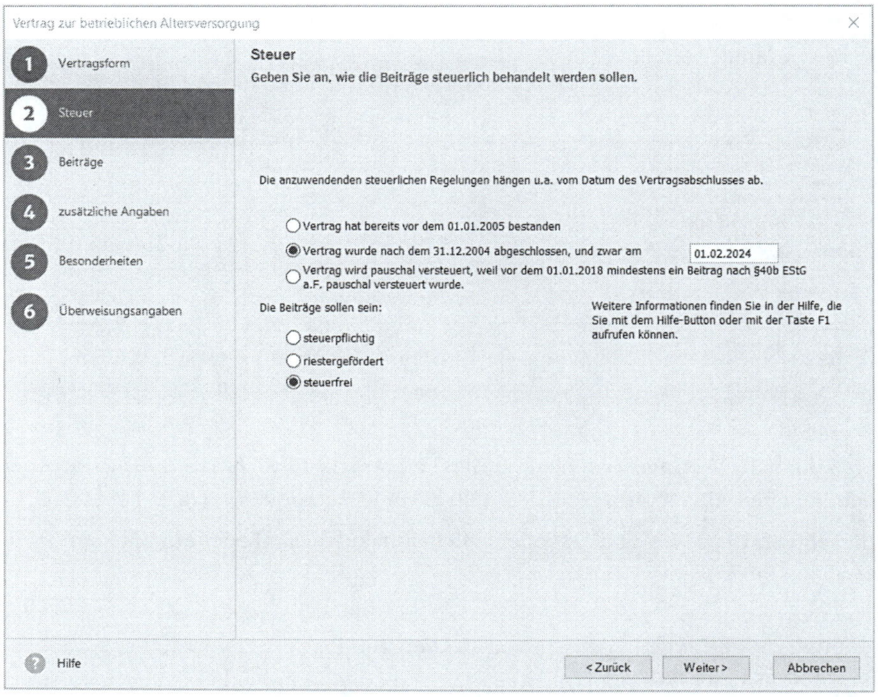

Erfassen Sie die Werte für Gerhard Gehalt und klicken Sie auf Weiter.

Auf **Seite 3 - Beiträge** erfassen Sie die Zahlungsweise, die Beiträge und die Finanzierung.

Zuerst wählen Sie aus, ob die Beiträge monatlich aus laufendem Entgelt oder jährlich aus Einmalzahlung bezahlt werden.

Dann tragen Sie den Überweisungsbetrag ein. Das ist der Gesamtbetrag, der eingezahlt wird. Diesen kann der Arbeitgeber bezuschussen. Den Arbeitgeberanteil erfassen Sie im Feld Zusatzleistung des Arbeitgebers. Lexware errechnet daraus die Entgeltumwandlung.
Somit ergeben sich 3 Finanzierungsformen:

- rein arbeitnehmerfinanziert:
  Überweisungsbetrag = Entgeltumwandlung, Zusatzleistung des AG = 0
- rein arbeitgeberfinanziert:
  Überweisungsbetrag = Zusatzleistung des AG, Entgeltumwandlung = 0
- Mischfinanzierung:
  Überweisungsbetrag = Zusatzleistung des AG + Entgeltumwandlung

Nach dem Betriebsrentenstärkungsgesetz ist der Arbeitgeber verpflichtet, sich ab dem Jahr 2019 an der betrieblichen Altersversorgung des Arbeitnehmers zu beteiligen. Wenn keine freiwillige Zusatzleistung des Arbeitgebers gezahlt wird, muss er einen Pflichtzuschuss leisten, sofern er durch die Entgeltumwandlung des Arbeitnehmers Sozialversicherungsbeiträge einspart. Daher hinterlegt Lexware in den Firmenstammdaten automatisch den 15 %igen Pflichtzuschuss.

Im Auswahlfeld Pflichtzuschuss können Sie einstellen, ob der Zuschuss pauschal laut **Firmeneinstellung** mit **15 %** übernommen werden soll, ob Sie eine **individuelle Pauschale (in %)** festlegen oder einen **Betrag (in €)** erfassen möchten.

Liegt beispielsweise der Bruttolohn oberhalb der Beitragsbemessungsgrenze der Krankenversicherung, so beträgt die Ersparnis des Arbeitgebers weniger als 15 %. In diesem Falle nutzen Sie die Individuelle Pauschale, um den von Ihnen errechneten Prozentsatz der Sozialversicherungs-Einsparung anzugeben.

Liegt das Entgelt des Mitarbeiters über der Beitragsbemessungsgrenze der Rentenversicherung, spart der Arbeitgeber keine Sozialbeiträge. Die individuelle Pauschale kann dann auf 0 % gesetzt werden.

Für die Berechnung des Pflichtzuschusses können Sie weiterhin entscheiden, wie er angewendet wird

- Entgeltumwandlung wird gekürzt (Berechnung von Hundert %)
  Überweisungsbetrag (100,00 €) = AN-Anteil (85,00 €) + AG-Zuschuss (15,00 €)
- Überweisungsbetrag wird erhöht (Berechnung auf Hundert %)
  Überweisungsbetrag (115,00 €) = AN-Anteil (100,00 €) + AG-Zuschuss (15,00 €)

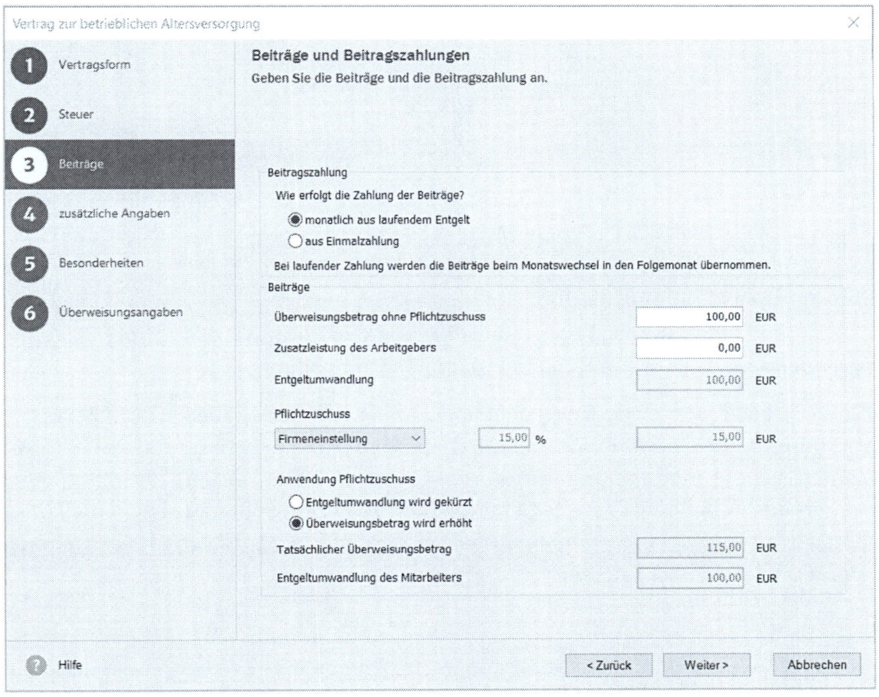

Geben Sie die Werte für Gerhard Gehalt ein und klicken Sie auf Weiter.

Seite 4 - zusätzliche Angaben ist nur relevant, wenn noch ein weiterer bAV-Vertrag (Altzusage vor 01.01.2005) existiert, der weiterhin pauschal versteuert wird. In diesem Fall klicken Sie Ja an. Voraussetzung ist, dass zuvor der pauschal versteuerte bAV-Vertrag angelegt wurde.

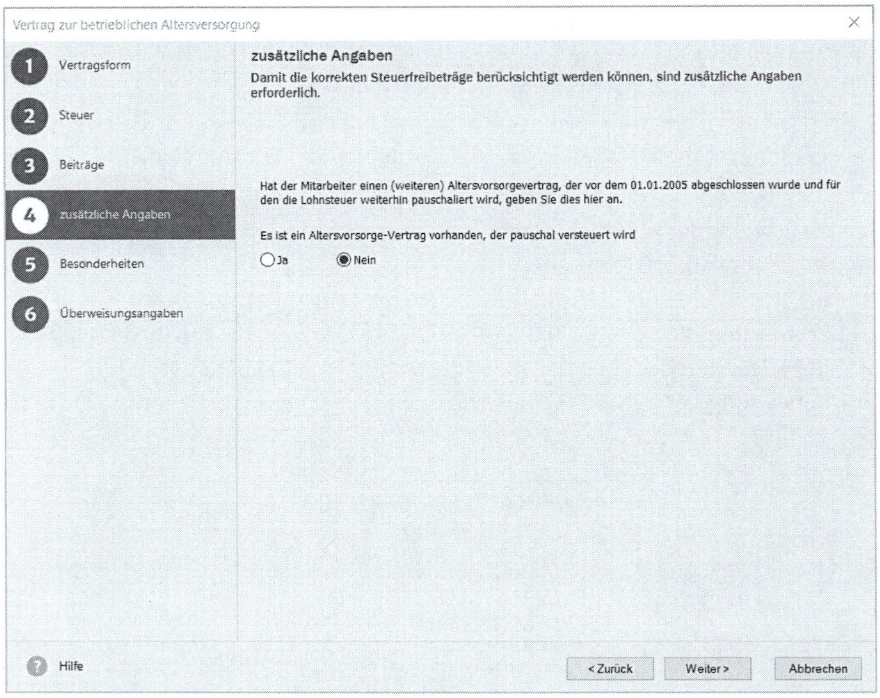

Klicken Sie jetzt nur auf Weiter.

Bei **Seite 5 - Besonderheiten** geht es um die Überprüfung der jährlich maximal möglichen steuer- und sv-freien Einzahlungen in die bAV.

Da es sich bei den steuerfreien Beiträgen zu einer betrieblichen Altersversorgung um Jahresbeträge handelt, die bei unterjährigem Arbeitgeberwechsel erneut in Anspruch genommen werden dürfen, empfiehlt es sich, Lexware die maximalen steuer- und sv-freien Beträge selber errechnen zu lassen. Sollten dagegen die Jahresbeträge auf die Monate manuell aufgeteilt werden, ist das Häkchen zu aktivieren. Dann sind auf dieser Seite weitere Angaben notwendig.

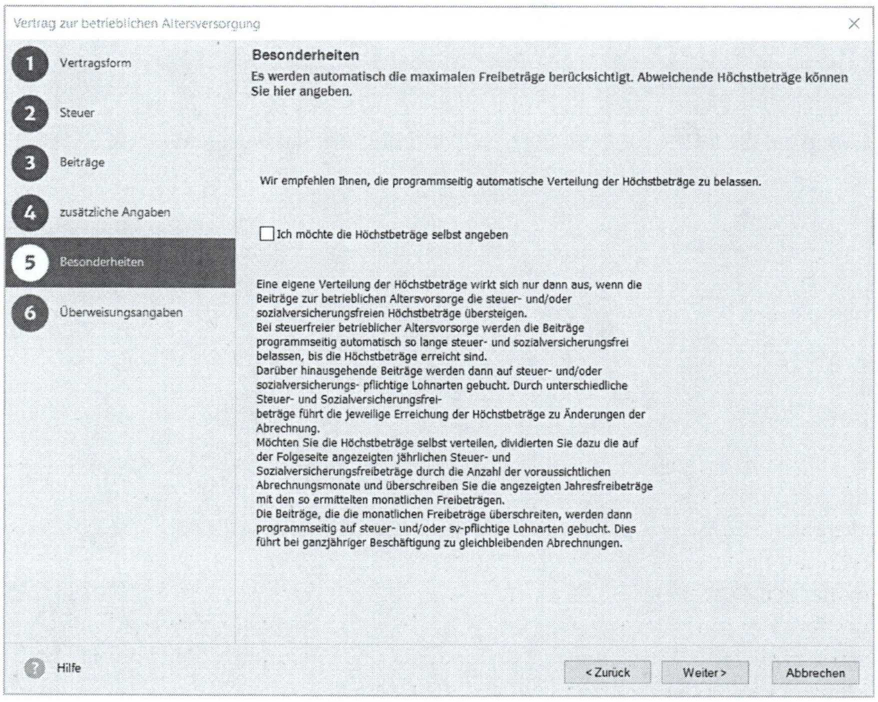

Für Gerhard Gehalt können Sie das Häkchen erst setzen, um sich die geänderte Erfassungsmaske anzusehen. Anschließend deaktivieren Sie das Feld wieder und klicken Sie nur auf Weiter.

Auf der letzten **Seite 6 - Überweisungsdaten** füllen Sie Empfänger und Vertragsnummer. In Abhängigkeit von der gewählten Zahlungsart müssen Sie noch die Bankdaten eingeben. Evtl. hat der Pflichtzuschuss eine eigene Vertragsnummer.

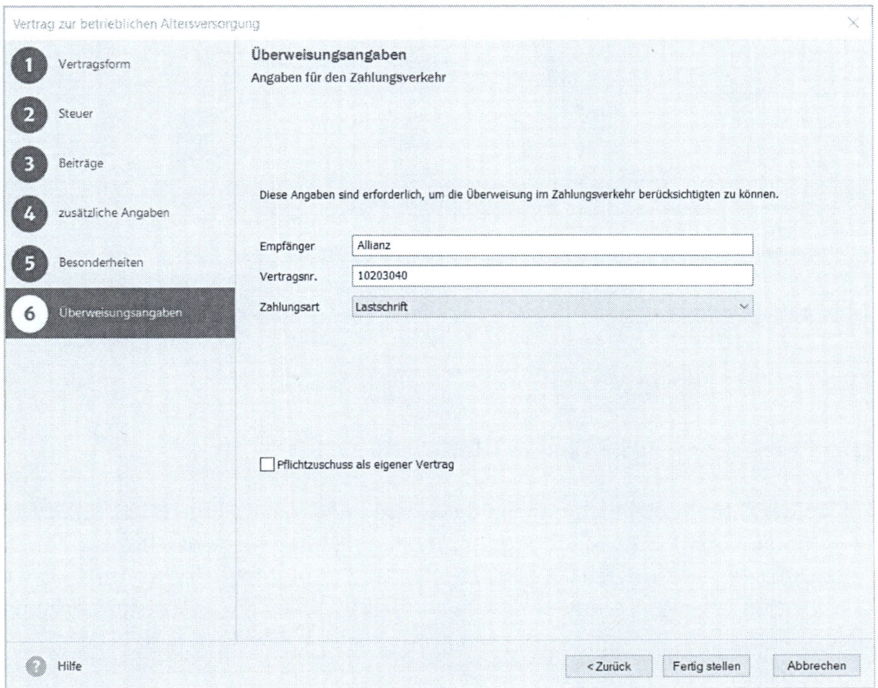

Nachdem Sie alle Angaben die bAV von Gerhard Gehalt erfasst haben, klicken Sie auf Fertig stellen.

Der Vertrag wird nun aufgelistet und kann bearbeitet oder gelöscht werden. Sie können maximal 5 Verträge erfassen.

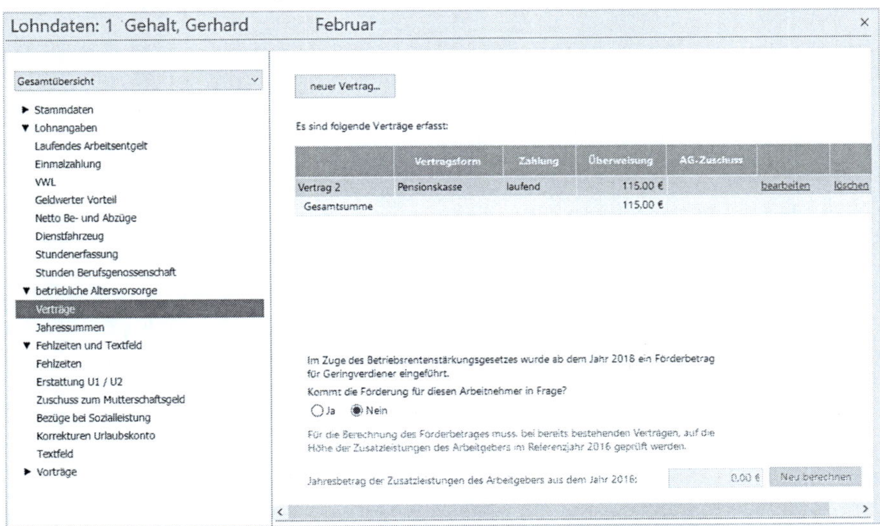

Das Betriebsrentenstärkungsgesetz sieht eine Förderung des Arbeitgeberzuschusses für Geringverdiener vor, sofern bestimmte Kriterien erfüllt sind. In diesem Fall Klicken Sie Ja an. Sollte der Altersvorsorgevertrag bereits im Jahr 2016 bestanden haben und damals ein Arbeitgeberzuschuss gezahlt worden sein, muss die Höhe des damaligen Zuschusses hier erfasst werden. Hintergrund ist, dass der Förderbetrag des BRSG nur für eine Mehrleistung des Arbeitgebers gegenüber dem Jahr 2016 gewährt wird. Der Förderbetrag wird von der Lohnsteuerzahllast, die der Arbeitgeber an das Finanzamt zu überweisen hat, abgezogen.

Jahressummen

Diese Seite bietet Ihnen einen Überblick über die bereits ausgeschöpften steuer- und sv-freien Anteile der bAV-Verträge.

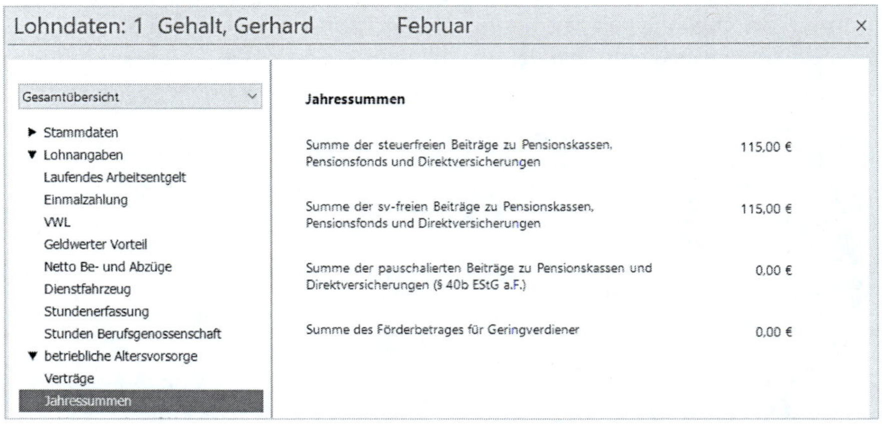

Die Fehlzeiten und Textfelder

Fehlzeiten können sich nicht nur auf die Bezahlung eines Arbeitnehmers auswirken (z. B. bei unbezahltem Urlaub oder Krankheit außerhalb des Entgeltfortzahlungszeitraums), sie bewirken u. U. Ansprüche des Arbeitgebers im Rahmen der Umlagen oder begründen SV-Meldungen. Daher können im Abrechnungsfenster unter der Kategorie Fehlzeiten und Textfeld folgende Daten gepflegt werden:

- Fehlzeiten
- Erstattung U1 und U2
- Zuschuss zum Mutterschaftsgeld
- Bezüge bei Sozialleistung
- Korrekturen Urlaubskonto
- Textfeld

Fehlzeiten

Die Fehlzeiten werden in einer kalendarischen Übersicht erfasst. Der aktuelle Monat ist farbig hervorgehoben. Dunkelgrau markierte Monate sind für die Erfassung inaktiv, z. B. weil sie vor dem Eintrittsdatum des Arbeitnehmers liegen. Wochenenden sind hellgrau und Feiertage dunkelgrau dargestellt.

Für die Erfassung einer Fehlzeit können Sie diese aus den Symbolen direkt unter der Kalenderübersicht auswählen. Danach gehen Sie mit dem Mauszeiger wie mit einem Textmarker über den Kalender, um die Fehltage zu markieren. Jede Fehlzeit wird im Kalender mit einer anderen Farbe dargestellt.

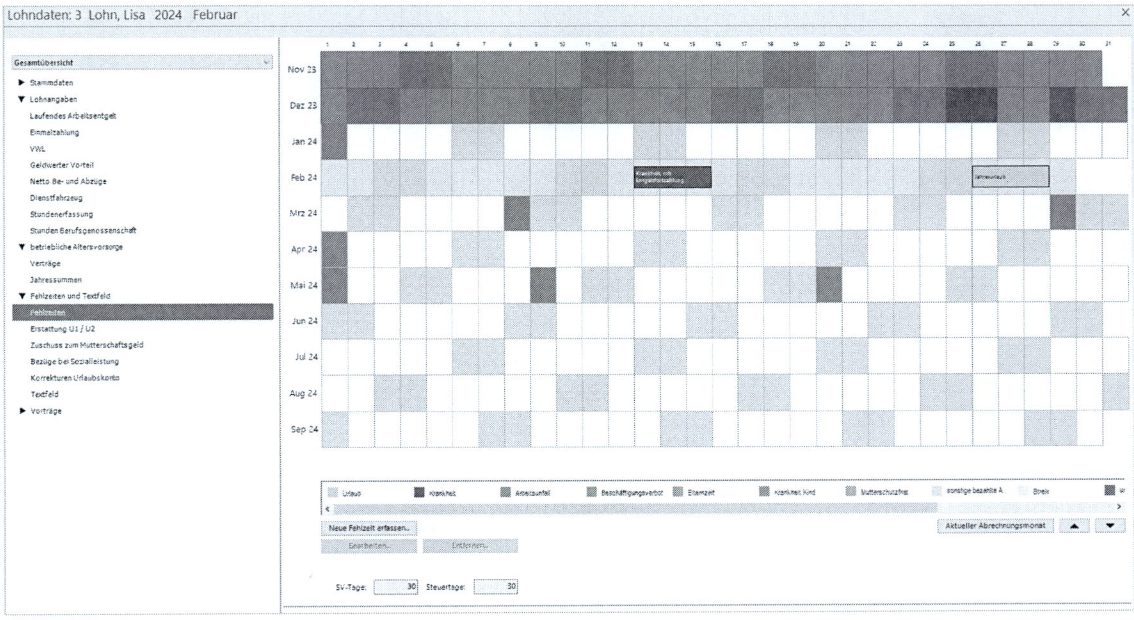

Anschließend öffnet sich der Dialog Fehlzeit buchen. In Abhängigkeit von der zu erfassenden Abwesenheit sind hier noch weitere Angaben notwendig, der Abwesenheitszeitraum kann geändert werden und bei Bedarf können auch halbe Fehltage generiert werden. Erfassen Sie für Lisa Lohn z. B. die Krankheit.

Im Dialog Fehlzeit buchen können Sie Angaben bzgl. Lohnfortzahlung vornehmen. Die Auswahlliste ist wiederum von der Fehlzeit abhängig. Außerdem muss der Status **mit** oder **ohne AU** (Arbeitsunfähigkeitsbescheinigung) gewählt werden.

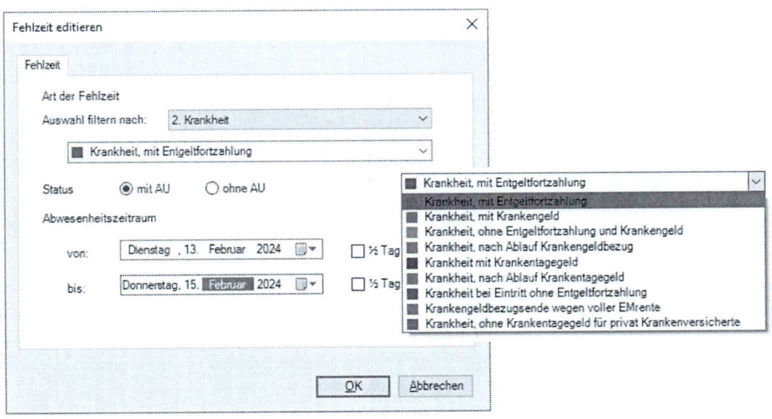

Bei der Entscheidung, ob für eine Krankheit noch Lohnfortzahlung gewährt werden darf, unterstützt Sie Lexware. Nachdem Die Krankheitsdauer erfasst und wieder markiert wurde, erscheint eine weitere Schaltfläche Vorerkrankungen prüfen. Damit kontrolliert Lexware, ob sich im 6-Monats-Zeitraum bereits Krankheitszeiten befinden. Bei Bedarf können Sie eine Anfrage an die Krankenkasse senden, ob es sich um ein und dieselben Krankheiten handelt. Das ist zu Übungszwecken nicht möglich.

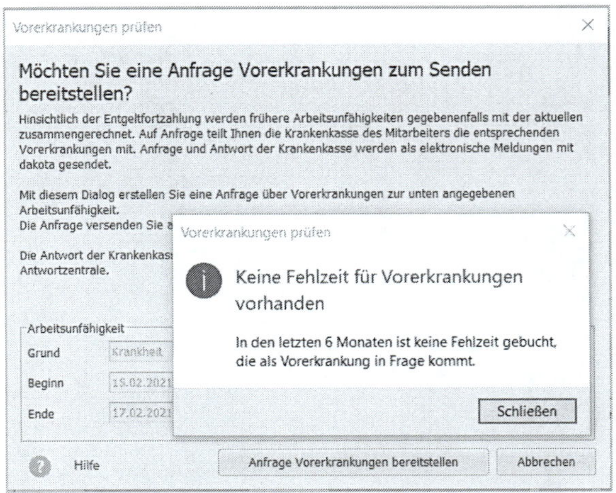

Ab 01.01.2022 startet das neue Meldeverfahren zwischen Krankenkassen und Arbeitgeber zur elektronischen Arbeitsunfähigkeitsbescheinigung (eAU). Das Verfahren ersetzt die manuelle Vorlage des Arbeitnehmers der bisherige Arbeitsunfähigkeitsbescheinigung. Arbeitgeber erhalten Sie erstmals die Möglichkeit, die Arbeitsunfähigkeitsbescheinigungen von den Krankenkassen abzurufen.

1. Erfassen Sie im Krankheitsfall eines Mitarbeiters wie gewohnt die Fehlzeit Krank mit Entgeltfortzahlung. Markieren Sie nach der Erfassung die Fehlzeit erneut.
2. Die neue Schaltfläche Arbeitsunfähigkeitsbescheinigung (eAU) wird unterhalb des Fehlzeitenkalenders angezeigt. Betätigen Sie die Schaltfläche Arbeitsunfähigkeitsbescheinigung (eAU).
3. Der Dialog elektronische Arbeitsunfähigkeitsbescheinigung (eAU) wird geöffnet.

Alternativ lässt sich auch die Schaltfläche Neue Fehlzeit erfassen... nutzen. Sie öffnet ebenfalls den Dialog Fehlzeit buchen. Sofern zuvor kein Fehlzeitentyp in den Symbolen markiert wurde, steht die Auswahl auf **11. Urlaub** und muss evtl. angepasst werden. Diese Fehlzeitenart umfasst nur den **Jahresurlaub**.

Bereits erfasste Fehlzeiten lassen sich nachträglich per **Doppelklick** oder über die Schaltfläche Bearbeiten... wieder ändern. Sie können falsch eingetragene Abwesenheiten auch mit der Schaltfläche Entfernen... oder der Taste Entf löschen.

Mit der Schaltfläche Aktueller Abrechnungsmonat erreichen Sie, dass dieser in der ersten Zeile in der Kalenderübersicht angezeigt wird.

Sollte steuerlich oder sv-rechtlich ein Teillohnzahlungszeitraum vorliegen, kürzt Lexware automatisch die Steuer- bzw. SV-Tage.

Die hier eingetragenen Fehlzeiten

- werden in der **Stundenerfassung** berücksichtigt
- können **SV-Meldungen** oder **Erstattungsanträge** im Rahmen der Umlagen generieren
- beeinflussen die an die **Berufsgenossenschaft** zu meldenden Stunden.

Achten Sie also unbedingt auf eine korrekte Erfassung.

Erstattung U1 / U2

Nach dem Aufwendungsausgleichsgesetz (AAG) habe Firmen bis 30 anrechenbare Beschäftigte an mind. 8 Monate im Jahr Anspruch auf Erstattung im Rahmen der Umlage 1 (für Lohnfortzahlung bei Krankheit). Diese Entscheidung musste bereits bei der Erfassung der **Krankenkassenangaben aktuelle Firma...** und in den **Mitarbeiterstammdaten** auf der Seite **Kassen** getroffen werden. Im Rahmen der Umlage 2 (für Mutterschutzaufwendungen) sind alle Firmen anspruchsberechtigt.

Sollten Sie eine Abwesenheitszeit erfasst haben, die einen Erstattungsanspruch erzeugt, nimmt Lexware die Berechnung bereits vor. Sie können evtl. noch die Umrechnung auf die Fehlzeit anpassen.

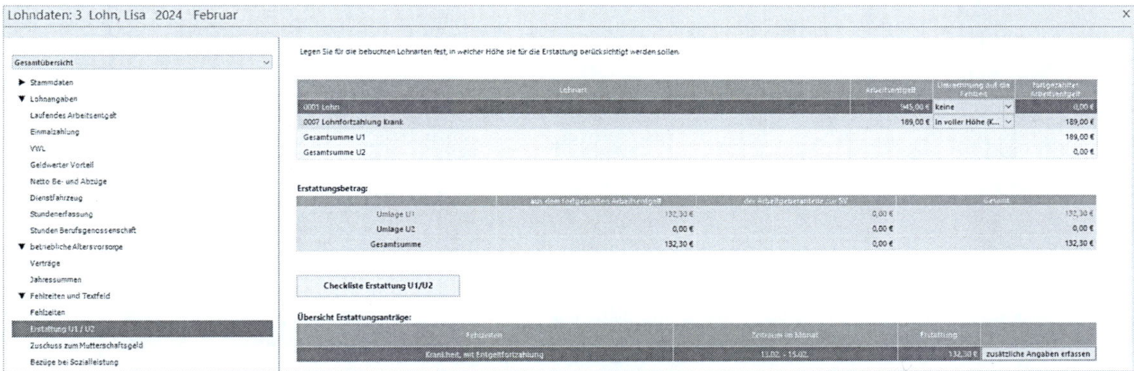

Im Fall der Krankheit von Lisa Lohn wird der Erstattungsbetrag für die **LA 0007 Lohnfortzahlung krank** ermittelt. Hier erfolgt die Umrechnung auf die Fehlzeit stets **In voller Höhe**. Sie müssen in der **Übersicht Erstattungsanträge** nur noch auf zusätzliche Angaben erfassen klicken, um den Antrag zu erstellen.

Nachdem hier noch evtl. Angaben erfasst wurden, können Sie sich den Antrag in der Vorschau ansehen. Erst nachdem Sie auf Speichern klicken, wird der Erstattungsantrag erzeugt und steht zum Versenden im meldecenter Sozialversicherung bereit.

Die Vorgehensweise für den Erstattungsantrag im Rahmen der Umlage 2 erfolgt analog. Hierfür muss zuerst die Fehlzeit **Mutterschutzfrist** oder ein **Beschäftigungsverbot** erfasst werden (vgl. Zuschuss zum Mutterschaftsgeld). Nachdem Sie für Eva Mutter die Seite Zuschuss zum Mutterschaftsgeld abgearbeitet haben, steht Ihnen hier der **Erstattungsantrag U2** zur Verfügung.

Zuschuss zum Mutterschaftsgeld

Hat eine schwangere Arbeitnehmerin während der Mutterschutzfrist Anspruch auf einen Zuschuss des Arbeitgebers zum Mutterschaftsgeld, ermittelt Lexware diesen Zuschuss automatisch. Dazu ist es nötig, dass die Fehlzeit **Mutterschutzfrist, Schutzfrist mit AG-Zuschuss** erfasst wird. Diese Daten verknüpft das Programm mit dem Entgelt der Arbeitnehmerin und öffnet den Assistenten für Mutterschutz.

Nachdem die Arbeitnehmerin Ihnen ihre Schwangerschaft nachgewiesen hat (üblicherweise mittels Mutterschutzpass), können Sie die **Mutterschutzfrist erfassen.** Sie müssen in den Fehlzeiten nicht die gesamte Schutzfrist markieren. Es genügt, auf ein Datum innerhalb der Schutzfrist im aktuellen Monat zu klicken. Entweder, Sie haben zuvor schon das Symbol Mutterschutzfrist ausgewählt oder Sie müssen es nachträglich im Dialog Fehlzeit buchen filtern. Anschließend öffnet sich der Assistent für Mutterschutz.

Auf **Seite 1 - Entbindung/Mutterschutzfrist** tragen Sie den voraussichtlichen Tag der Entbindung ein. Lexware berechnet Ihnen den Zeitraum der Mutterschutzfrist. Sofern die Frau auch in den Vormonaten bei Ihnen beschäftigt war und keine Fehlzeit vor Beginn der Schutzfrist existierte, können Sie auf Weiter klicken.

Nutzen Sie für die Erfassung die Angaben von Eva Mutter.

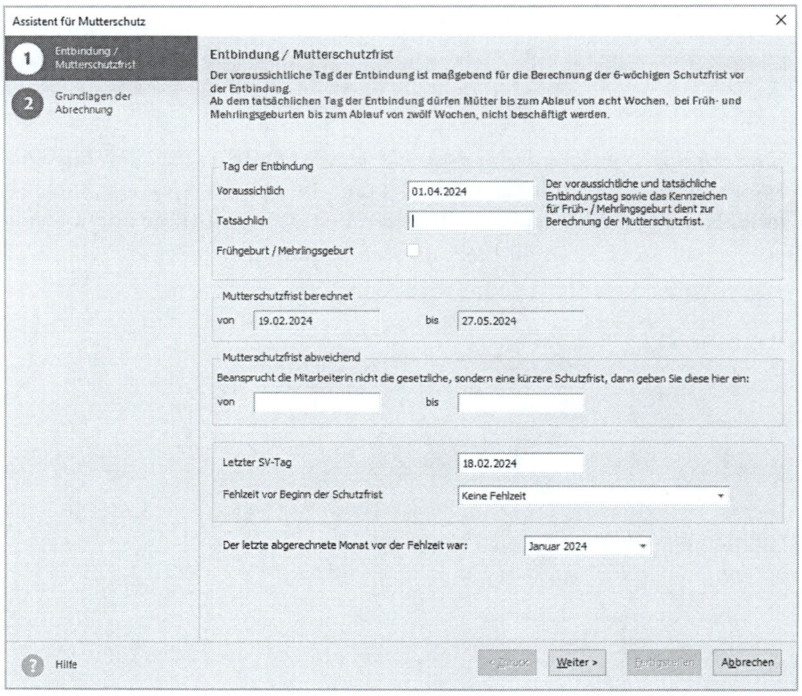

Stellt Lexware eine Abweichung zwischen erfasster/gebuchter und berechneter Schutzfrist fest, erhalten Sie eine Meldung. Bei Eva Mutter klicken Sie die erste Variante an und nutzen die berechnete Schutzfrist.

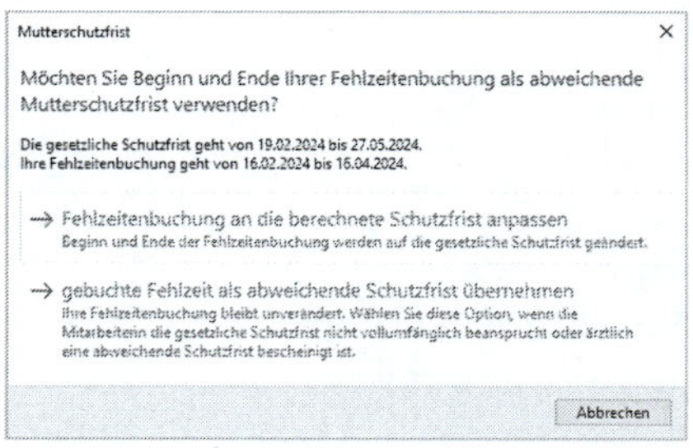

Auf **Seite 2 - Grundlagen der Abrechnung** ermittelt Lexware das Brutto- sowie Nettoentgelt der letzten drei Monate vor Beginn der Schutzfrist.

Sollte Mehrfachbeschäftigung vorliegen, erfassen Sie zusätzlich das kalendertägliche Nettoentgelt der anderen Beschäftigung/en.

Im Fall von Eva Mutter kann Lexware die Verdienstangaben nicht automatisch berechnen, da die Abrechnung mit Lexware erst im Februar begonnen hat.

Sie müssen die Beträge für Brutto, Netto und Tage selbst erfassen. Bei Gehaltsempfängern werden für jeden Monat **30 Tage** eingegeben.

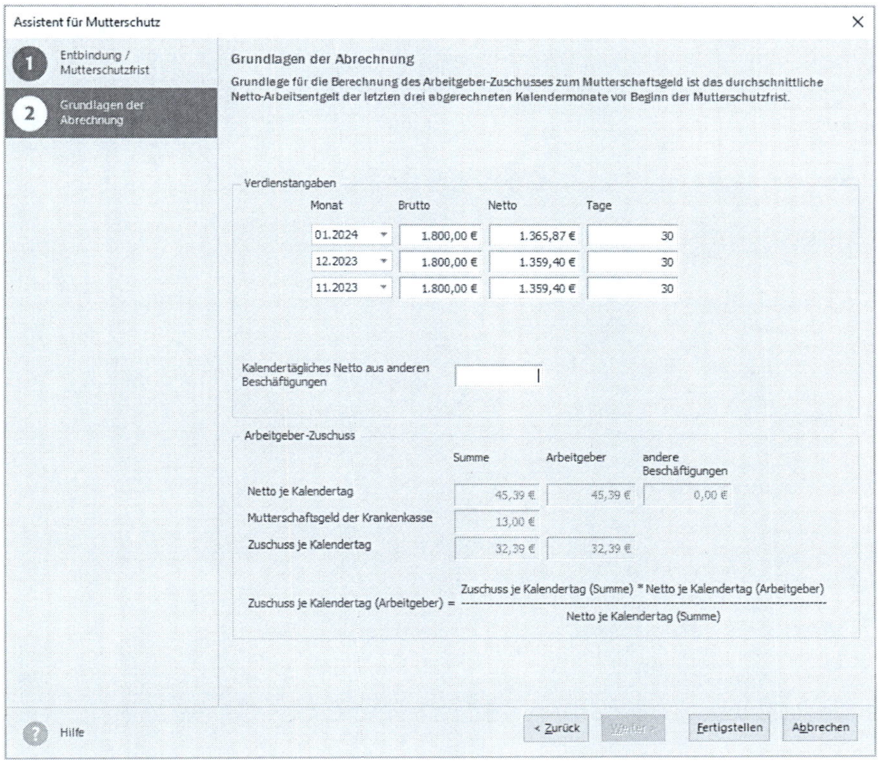

Lexware berechnet Ihnen das **Mutterschaftsgeld der Krankenkasse** und den **Zuschuss je Kalendertag**. Klicken Sie auf Fertigstellen. Anschließend wird

- die Mutterschutzfrist wird automatisch als Fehlzeit eingetragen
- der AG-Zuschuss mit Lohnart 0028 Zuschuss zum Mutterschaftsgeld in die Entgeltabrechnung übernommen
- die Erstattung U1 / U2 berechnet

Die **Seite 3 - Arbeits-/Fehlzeiten** müssen Sie nur dann erfassen, wenn das monatliche Entgelt 390,00 € (bzw. 403,00 €) nicht übersteigt. Da in unserem Beispiel das auf der zweiten Seite eingegebene Entgelt höher ist, hat Lexware die dritte Seite nicht mehr angeboten.

Bezüge bei Sozialleistung

Bezüge, die der Arbeitgeber dem Arbeitnehmer zahlt, während dieser eine Sozialleistung erhält (z. B. Krankengeld, Mutterschaftsgeld), sind steuerpflichtig, aber nur dann sozialversicherungspflichtig, wenn sie den **SV-Freibetrag** überschreiten. Dieser wird aus der Differenz zwischen der Sozialleistung und dem Nettoentgelt des Mitarbeiters gebildet.

Damit Lexware den **SV-Freibetrag** überprüfen und die korrekte Entgeltabrechnung erstellen kann, muss die Sozialleistung eingegeben werden, die von der Krankenkasse des Mitarbeiters erfragt werden kann.

In den Übungsfällen ist hierfür kein Beispiel vorgesehen.

Korrekturen Urlaubskonto

Der **Urlaubsanspruch** wird auf der Seite **Weitere Angaben** in den **Mitarbeiterstammdaten** eingetragen. Die **genommen Urlaubstage** werden als **Fehlzeit** erfasst. Beide Werte werden auf der Entgeltbescheinigung ausgegeben.

Sollten die in der Entgeltabrechnung erfassten genommenen Urlaubstage nicht korrekt sein oder sollte die Urlaubsverwaltung außerhalb der Entgeltabrechnung stattfinden, so kann hier eine Direkt-Eingabe der genommenen Urlaubstage stattfinden.

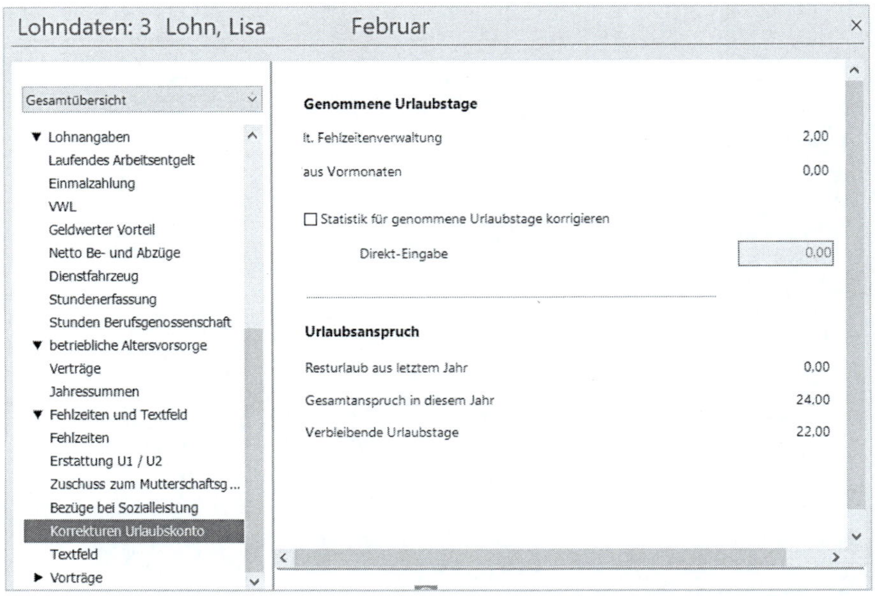

Die Eingabe beeinflusst auch die an die **Berufsgenossenschaft** zu meldenden Stunden. Es muss geprüft werden, ob diese in den Lohnangaben auf der Seite **Stunden Berufsgenossenschaft** ebenfalls geändert werden müssen.

In den Übungsfällen wird das Urlaubskonto nicht korrigiert.

Textfeld

Möchten Sie für den bearbeiteten Mitarbeiter Hinweise auf der Entgeltabrechnung ausdrucken, können Sie diese als **Textfeld** eingeben. Hierfür stehen Ihnen 2 Zeilen zur Verfügung. Soll es ein dauerhafter Hinweistext sein, aktivieren Sie das Kästchen Der Inhalt des Textfeldes wird in den nächsten Abrechnungsmonat vorgetragen.

Wenn Sie einen Text für mehrere oder alle Mitarbeiter erfassen möchten, so müssen Sie die Mitarbeiter nicht einzeln bearbeiten, sondern können die Eingaben über den Menüpunkt Extras → Textfeld tätigen.

Die Vorträge

Vortragswerte sollten erfasst werden, wenn Arbeitnehmer nicht das gesamte Jahr mit Lexware abgerechnet werden. Das ist z. B. bei einem unterjährigen Eintritt oder einem unterjährigen Softwarewechsel der Fall. Voraussetzung ist, dass bei der Neuanlage eines Arbeitnehmers im **Mitarbeiterassistent** auf der Seite **Vorträge** angegeben wird, dass Vorträge zu erfassen sind.

Vorträge aus Fremdfirmen

Wenn der Arbeitnehmer im Eintrittsjahr eine Sonderzahlung (Einmalzahlung) erhält und eine steuerpflichtige Beschäftigung hat, müssen Sie in den Mitarbeiterstammdaten angeben, ob vom Vorarbeitgeber steuerpflichtiges Entgelt zu erfassen ist.

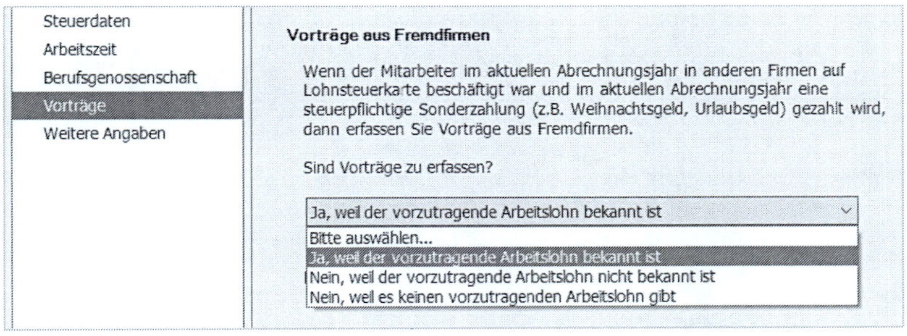

Anschließend erfassen Sie die Vortragswerte im Abrechnungsfenster. Diese können Sie der Lohnsteuerbescheinigung des Vorarbeitgebers entnehmen.

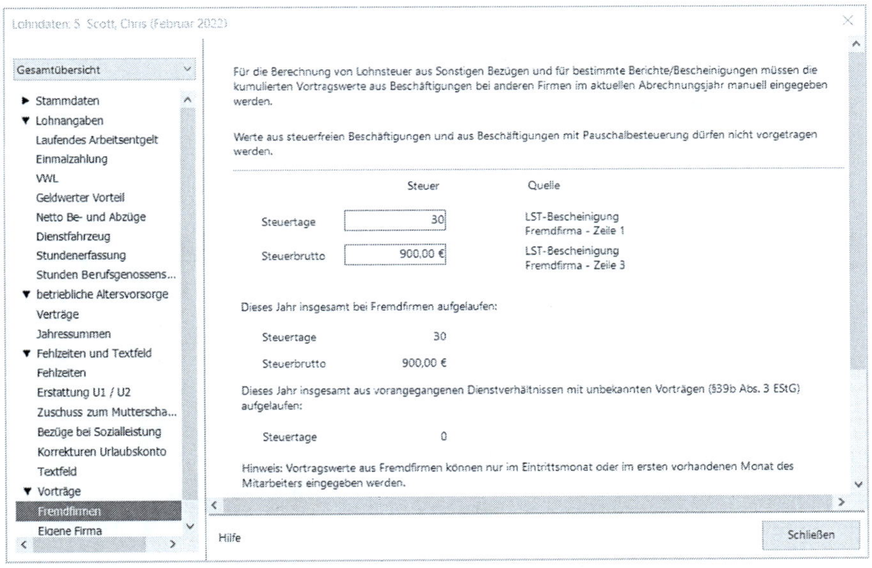

In der Musterlohn GmbH betrifft dies Chris Scott.

Vorträge aus eigener Firma

Vortragswerte aus der eigenen Firma sind bei einem unterjährigen Wechsel des Abrechnungssystems zu erfassen, um bei Einmalzahlungen eine korrekte Berechnung von Lohnsteuer und SV-Beiträgen zu gewährleisten.

Auch hier muss zuerst in den Mitarbeiterstammdaten angegeben werden, ob Vortragswerte zu erfassen sind.

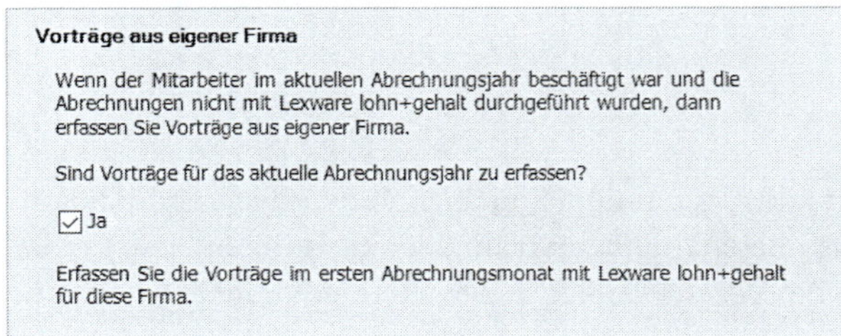

Danach kann die Eingabe im Abrechnungsfenster erfolgen.

Hierbei wird unterschieden, ob es Vorträge für das **aktuelle Abrechnungsjahr** und/oder für das **Vorjahr** sind.

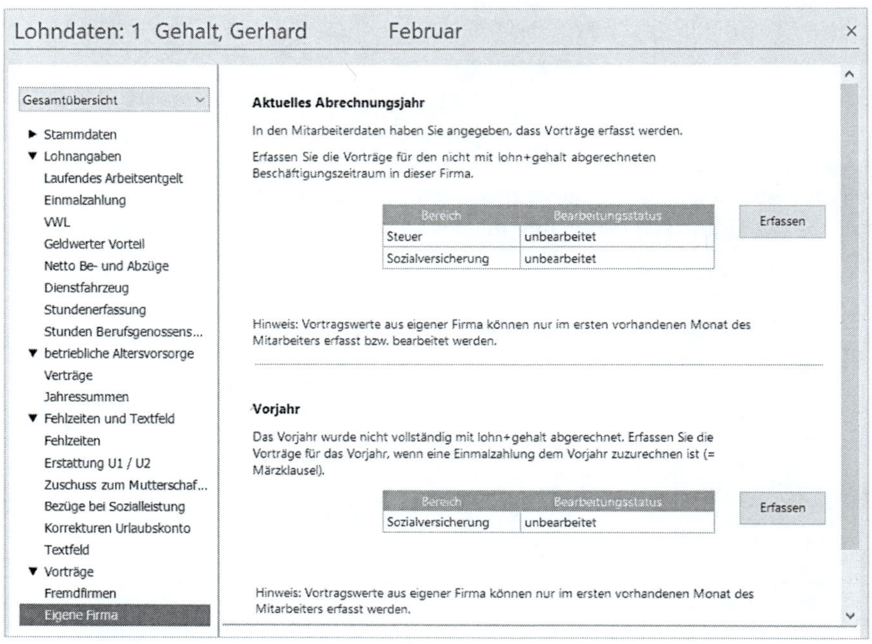

Die **Vorjahreswerte** sind zu erfassen, wenn es durch eine Einmalzahlung im 1. Quartal zur Anwendung der Märzklausel kommt und somit eine Rückrechnung ins Vorjahr notwendig wird.

1. **Aktuelles Abrechnungsjahr**

Für Gerhard Gehalt können Sie Vorträge für das **aktuelle Abrechnungsjahr** eingeben. Klicken Sie auf die Schaltfläche Erfassen. Es öffnet sich der Assistent Vorträge aktuelles Abrechnungsjahr.

Auf **Seite 1 - Steuerwerte?** entscheiden Sie, ob es vorzutragende Steuerbeträge gibt.

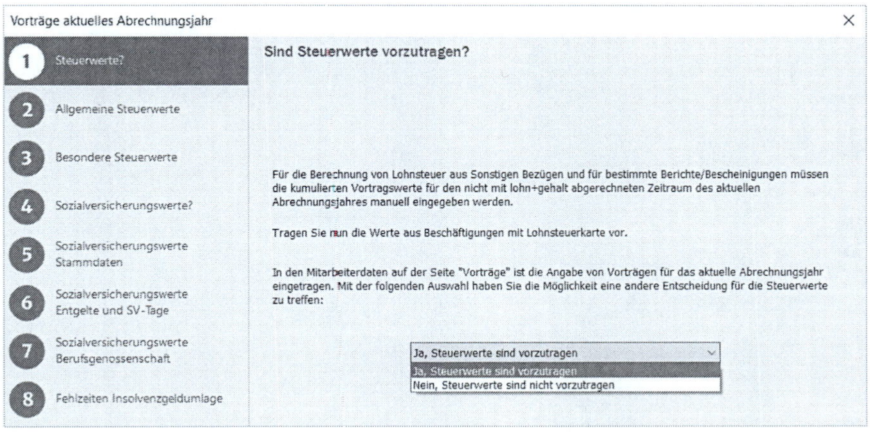

Auf **Seite 2 - Allgemeine Steuerwerte** erfassen Sie die kumulierten Beträge der Vormonate.

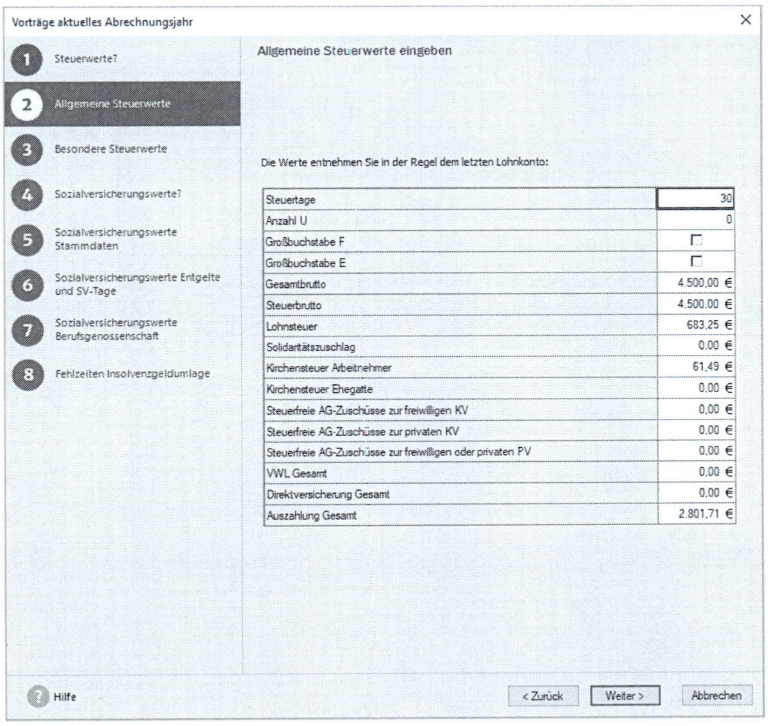

Seite 3 - Besondere Steuerwerte können Sie in diesem Fall ohne Eingaben mit Weiter überblättern.

Auf **Seite 4 - Sozialversicherungswerte?** wählen Sie aus, ob es Vortragswerte gibt.

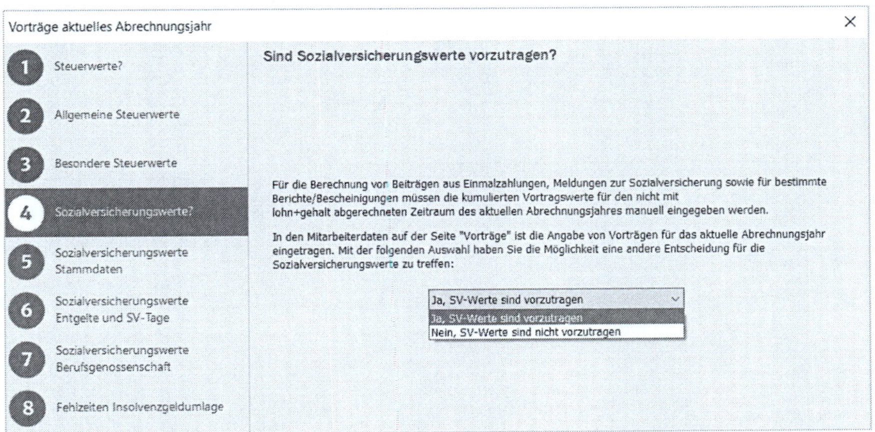

Seite 5 - Sozialversicherungswerte Stammdaten wird mit dem Personengruppenschlüssel und dem Beitragsgruppenschlüssel laut Mitarbeiterstammdaten gefüllt.

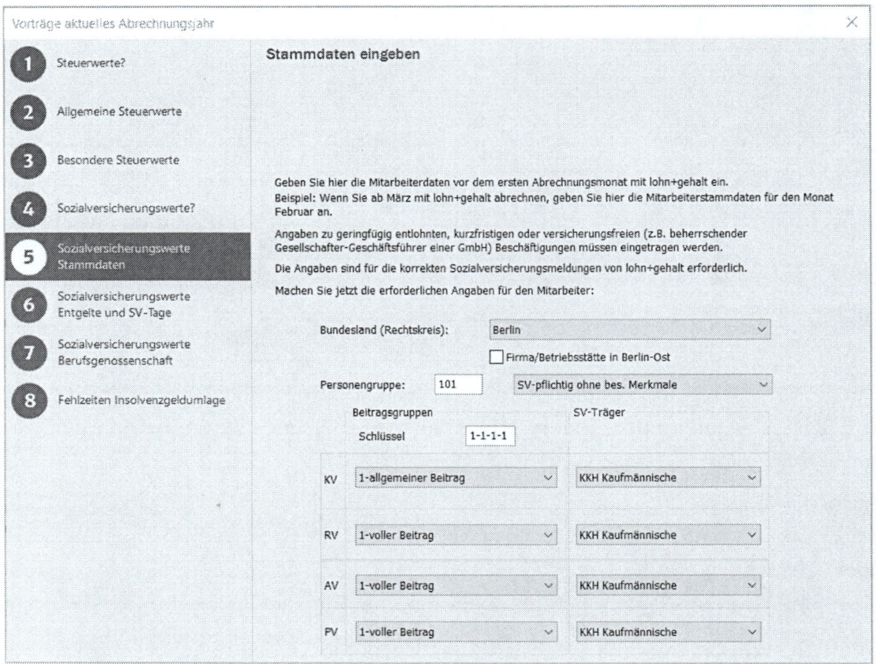

Auf **Seite 6 - Sozialversicherungswerte Entgelte und SV-Tage** erfassen Sie die kumulierten Beträge je SV-Zweig. Wenn Sie in der Krankenversicherung Tage und Entgelt eingeben, werden diese Werte in die anderen SV-Zweige übernommen und Sie müssen nur noch die Beträge ergänzen.

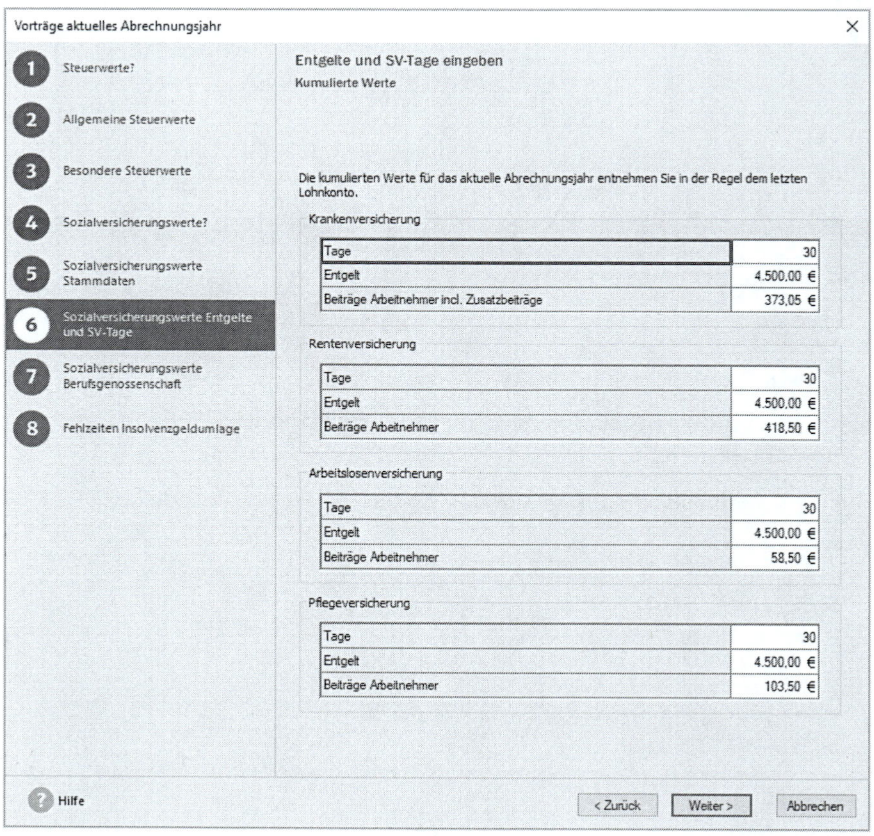

Auf **Seite 7 - Sozialversicherungswerte Berufsgenossenschaft** müssen Sie zuerst die Schaltfläche Angaben zur Gefahrtarifstelle und BG-Brutto bearbeiten anklicken. Danach können Sie das **BG-Entgelt** eintragen und bei Bedarf die GTS bearbeiten.

Anschließend Schließen Sie das Fenster **Gefahrentarife** und klicken auf Weiter.

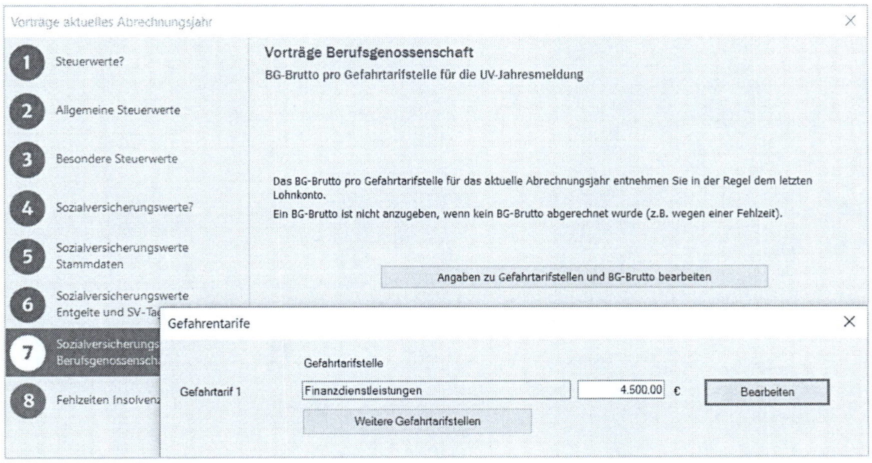

Auf **Seite 8 - Fehlzeiten Insolvenzgeldumlage** wählen Sie aus, ob für die Vormonate Abwesenheitszeiten zu erfassen sind und geben diese dann ein. Im Beispielfall ist dies nicht vorgesehen. Tragen Sie noch die Angaben zur **Insolvenzgeldumlage** ein und beenden Sie die Erfassung mit Fertigstellen

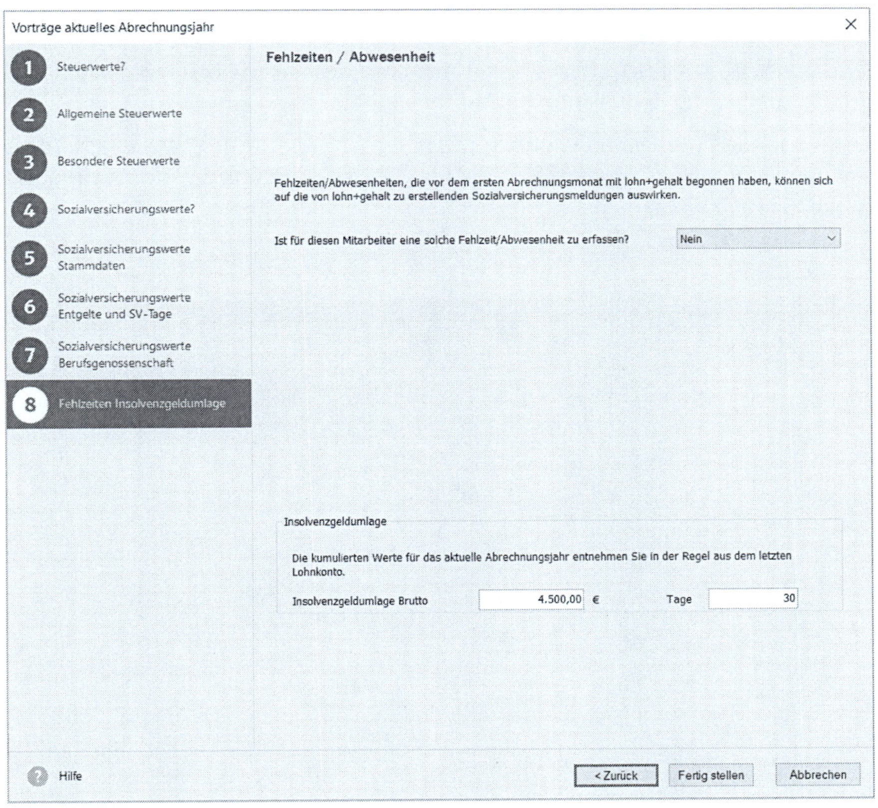

2. **Vorjahr**

Für Gerhard Gehalt können Sie auf die gleiche Weise die **Vorjahreswerte** Erfassen. Hier wird der Assistent **Vorträge Vorjahr** gestartet. Die Erfassung beschränkt sich auf die für die Märzklausel relevanten SV-Werte.

Auf **Seite 1 - Sozialversicherungspflicht im Vorjahr?** wählen Sie den letzten Abrechnungsmonat aus. Meist ist es der Dezember.

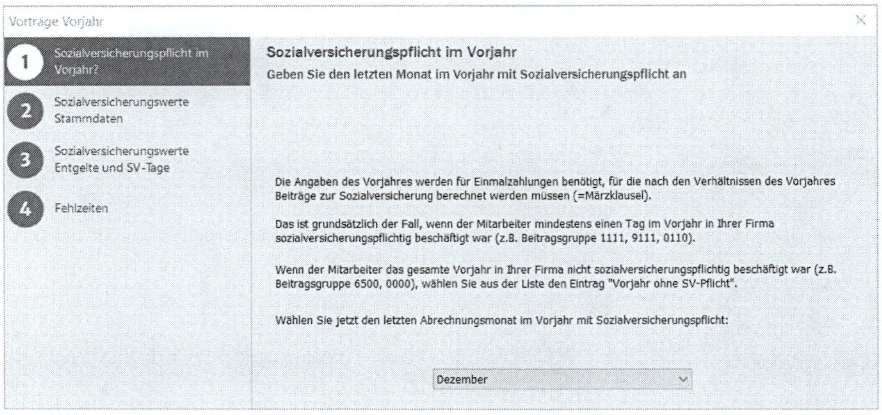

Seite 2 - Sozialversicherungswerte wird analog zu den **Vorträgen Aktuelles Abrechnungsjahr** Seite 5 (Sozialversicherungswerte Stammdaten) mit Personengruppen- und Beitragsgruppenschlüssel des Arbeitnehmers gefüllt.

Seite 3 - Sozialversicherungswerte Entgelte und SV-Tage entspricht der vorherigen Seite 6 (Sozialversicherungswerte Entgelte und SV-Tage), nur das hier lediglich die **Tage** und das **Entgelt** erfasst werden.

Und auf **Seite 4 - Fehlzeiten** werden nur die Angaben zur Insolvenzgeldumlage analog zu obiger Seite 8 (Fehlzeiten Insolvenzgeldumlage) eingegeben.

Hinweis: Alle Vortragswerte können nur im ersten Abrechnungsmonat des Arbeitnehmers eingegeben werden. Eine spätere Erfassung ist nur im Korrekturmodus möglich (*vgl. Kapitel 1.16*).

1.10 Die Lohnartenverwaltung

Lexware bietet Ihnen eine umfangreiche Auswahl an Standardlohnarten. Sollten diese nicht ausreichen, können Sie weitere Lohnarten anlegen oder vorhandene Lohnarten anpassen. Hierfür starten Sie die Lohnartenverwaltung über

- das Menü Verwaltung → Lohnarten...
- aus dem Abrechnungsfenster mit dem Link Lohnartenverwaltung aufrufen

Es öffnet sich das Fenster Übersicht Lohnarten. Wie bereits bei der Erfassung der Lohndaten im Abrechnungsfenster zu sehen war, werden die Lohnarten in einzelne Lohnartenklassen unterteilt.

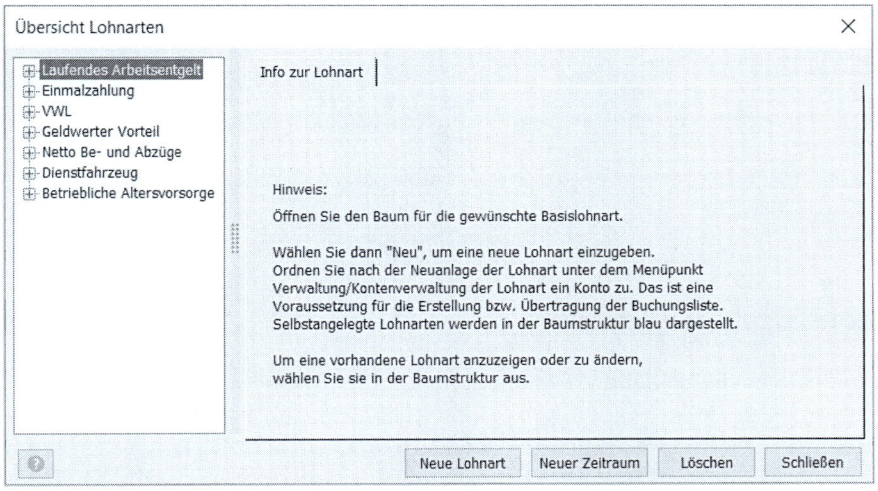

Lohnarteneigenschaften ansehen

Jede Lohnart hat spezifische Merkmale, die für die steuerliche und sv-rechtliche Behandlung notwendig sind. Aber es gibt noch mehr Eigenschaften, die für eine korrekte Abrechnung und die Erstellung von Auswertungen, Formularen und Bescheinigungen wichtig sind.

Klicken Sie vor einer Lohnartenklasse auf das Plus-Symbol und Sie sehen alle vorhandenen Lohnarten. Auch hier können Sie die Baumstruktur mit dem Plus-Symbol weiter aufklappen oder mit dem Minus reduzieren.

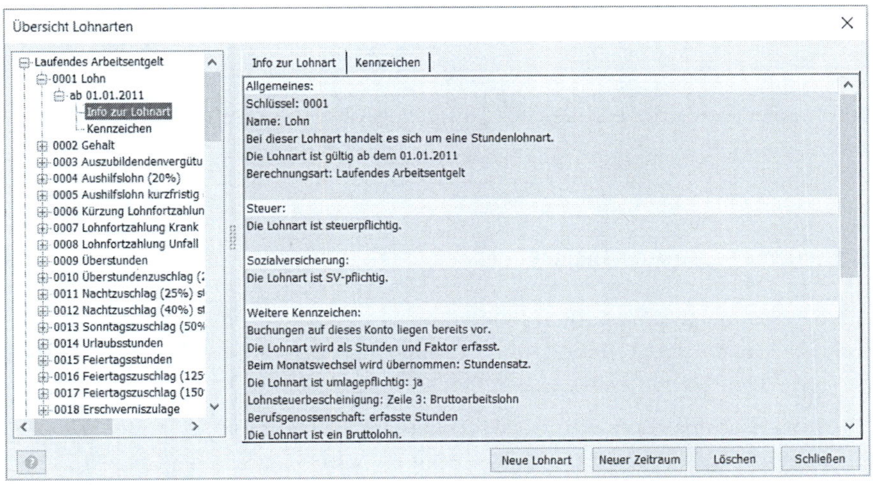

Zu jeder Lohnart werden Ihnen je **Gültigkeitszeitraum** die Infos zur Lohnart und die Kennzeichen angezeigt.

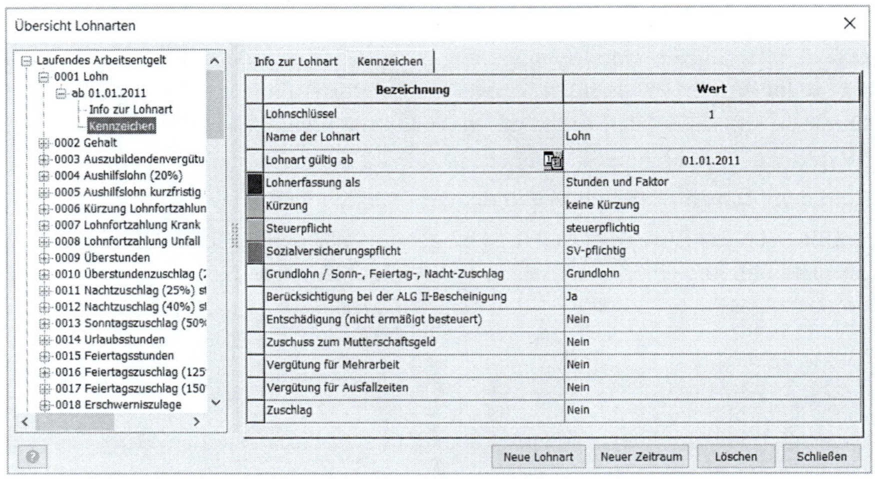

Diese Informationen unterstützen Sie bei der Suche nach der richtigen zu verwendenden Lohnart.

Lohnarten bearbeiten

Wollen Sie eine vorhandene Lohnart anpassen, klicken Sie auf Neuer Zeitraum und erfassen Sie im Register **Kennzeichen** das neue **Gültigkeitsdatum**. Es lassen sich nur die weiß hinterlegten Felder ändern, um sicherzustellen, dass die Abrechnung trotz Änderung weiterhin korrekt erfolgt.

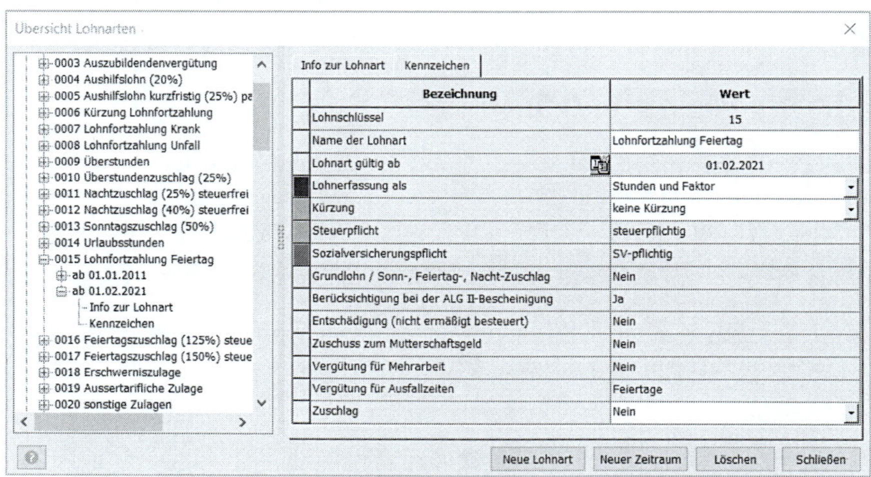

Im Beispiel wurde die Lohnart **0015 Feiertagslohn** in **Lohnfortzahlung Feiertag** umbenannt.

Lohnarten neu anlegen

Für die Neuanlage einer Lohnart markieren Sie die Lohnartenklasse zu der die neue Lohnart gehört. Damit übernimmt Lexware bereits die wesentlichen Eigenschaften der jeweiligen Lohnartenklasse.

Achtung: Dabei darf die Baumstruktur nicht aufgeklappt sein, d. h. Sie dürfen nur die Lohnartenklassen aber nicht die einzelnen Lohnarten sehen.

Neue Lohnarten lassen sich nur für laufende Arbeitsentgelte, Einmalzahlungen, geldwerte Vorteile und Netto Be- und Abzüge anlegen, da die Lohnarten der anderen Klassen (VWL, Dienstfahrzeuge und Betriebliche Altersvorsorge) von Lexware automatisch mit Beträgen gefüllt werden.

Für Lisa Lohn soll eine Lohnart **Überstundenzuschlag 30 %** angelegt werden. Sie gehört in die Gruppe **Laufendes Arbeitsentgelt**. Markieren Sie die Lohnartenklasse und klicken anschließend auf Neue Lohnart.

Lexware schlägt Ihnen auf **Seite 1** des Assistenten den nächsten freien **Lohnschlüssel** vor. Dieser könnte auch geändert werden. Geben Sie den **Namen** für die Lohnart ein. Sie haben nun die Wahl, die Lohnart **manuell** oder als **Kopie** von einer vorhandenen Lohnart anzulegen. Da nicht alle Eigenschaften der Lohnart frei einstellbar sind, ist es meist sinnvoller, die neue Lohnart von einer ähnlichen Lohnart zu kopieren. Das betrifft vor allem die Lohnartenklasse Laufendes Arbeitsentgelt. Damit sichert Lexware die korrekte Abrechnung und Weiterverarbeitung der Lohnarten ab.

Hinweis: Es ist einfacher, vor der Neuanlage nach einer passenden Lohnart als Kopiervorlage zu suchen, da Sie dann alle Eigenschaften einsehen können.

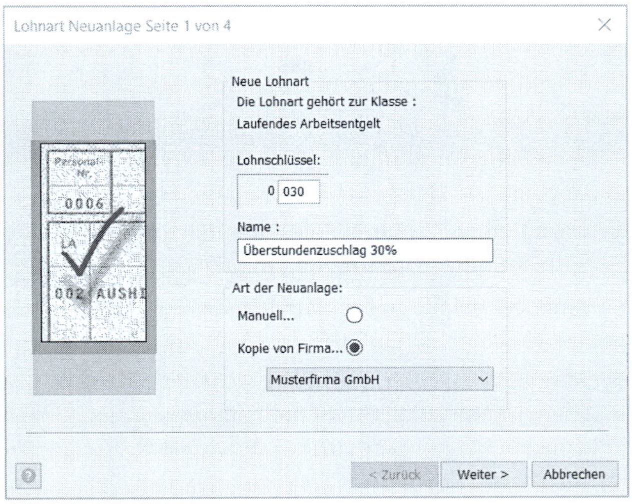

Wählen Sie auf **Seite 2** die Kopiervorlage. Im aktuellen Beispiel soll es die **LA 0010 Überstundenzuschlag** (25 %) sein.

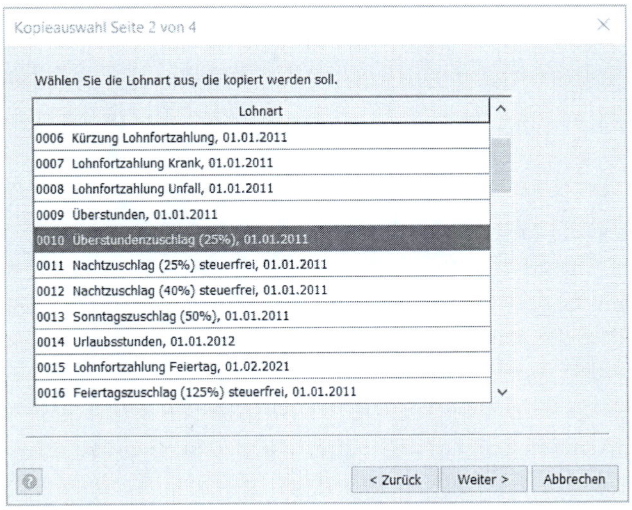

Auf **Seite 3** erfassen Sie den **Namen**. Für die neue Lohnart muss nur noch der **Prozentsatz** geändert werden. Dazu scrollen Sie nach unten zum Feld **Wert in %**. Die Berechnung soll weiterhin von LA 0001 Lohn erfolgen, d. h. die 30 % werden vom Stundensatz der LA 0001 ermittelt.

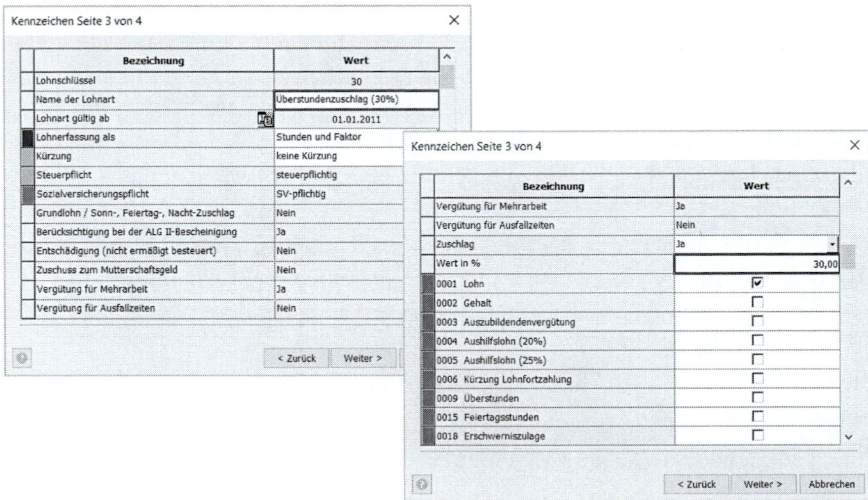

Seite 4 zeigt Ihnen die weiteren Informationen zur Lohnart. Hier sind keine Änderungen möglich. Speichern Sie die neue Lohnart.

Hinweis: Neu angelegte Lohnarten werden in der Übersicht der Lohnartenverwaltung andersfarbig dargestellt.

Auf gleiche Weise können Sie auch **Einmalzahlungen**, **geldwerte Vorteile** und **Netto Be- und Abzüge** erfassen. In Abhängigkeit von der Lohnartenklassen erwartet Lexware bei einer Neuanlage neben der Eingabe von Schlüsselnummer und Lohnartenname auch die Angabe zu

- Kürzung (für Teillohnzahlungszeiträume)
  keine Kürzung, Kalendertage, Arbeitstage, Dreißigstel
- Steuerpflicht
  steuerfrei, steuerpflichtig, pauschal
  Abfindung, Mehrjahresvergütung bei Einmalzahlungen
- Sozialversicherungspflicht
  sozialversicherungsfrei, SV-pflichtig
- Berücksichtigung die der ALG II-Berechnung
  ja, nein, gesondert
- Art des Einmalbezuges (nur für Einmalzahlungen)
  z. B. Sonstiger, Weihnachtsgeld, Urlaubsgeld usw.
- Bezugsart (nur für Nettobe-/-abzüge)
  Nettobezug, Nettoabzug, Nettoabzug mit Überweisung
- Art des Nettobezugs (für Nettobe-/-abzüge)
  z. B. Sonstiger, Werkzeuggeld, Zuschuss Berufsbekleidung, Kindergartenzuschuss

Nutzen Sie auch hier eine andere Lohnart als Kopiervorlage, sind einige der obigen Felder vorbelegt oder inaktiv.

Dieses Kapitel stellt einen Einstieg in die Lohnartenverwaltung dar. Eine umfangreiche Erläuterung der Lohnarteneigenschaften und Berechnungsmöglichkeiten ist hier nicht vorgesehen.

Lohnarten löschen

Lohnarten lassen sich nur löschen, wenn sie noch nicht bebucht also verwendet wurden. Das Löschen beschränkt sich üblicherweise auf selbst angelegte Lohnarten oder selbst angelegte neue Zeiträume bei Standardlohnarten. Markieren Sie die jeweilige Lohnart oder den Zeitraum und klicken Sie auf Löschen. Lexware prüft zuerst, ob dies möglich ist.

1.11 Der Abrechnungs- und Beitragsnachweis-Assistent

Wie der Name des Assistenten schon sagt, unterstützt er Sie in zweierlei Hinsicht. Zum einen können damit Abrechnungsdaten erfasst werden, zum anderen werden die Beitragsnachweise erstellt.

Die Funktion als Abrechnungsassistent wurde bereits im Kapitel 1.9 bei den Erfassungsmöglichkeiten dargestellt. Allerdings haben sich diese Erläuterungen nur auf die Erfassung der Abrechnungsdaten beschränkt. Nachfolgend soll der gesamte Assistent vorgestellt werden.

Den **Beitragsnachweisassistent** können Sie starten über

- das Menü Extras → Abrechnungs- und Beitragsnachweis-Assistent
- die Funktion Beitragsnachweise → Beitragsnachweise erstellen
- die Hauptnavigation → Abrechnungs- und Beitragsnachweis-Assistent

Er beinhaltet auch den Abrechnungsassistenten. Damit erfassen Sie die für die Beitragsnachweise erforderlichen voraussichtlichen Bezüge der Arbeitnehmer.

Wollen Sie nur den **Abrechnungsassistenten** öffnen, nutzen Sie

- die Funktion Lohndaten → Mehrere Mitarbeiter erfassen

als Grundlage für die Erfassung der Bezüge und die spätere Beitragsnachweiserstellung (*vgl. Kapitel 1.11*).

Wenn Sie sich in Ihrer Firma im ersten Abrechnungsmonat befinden und den Beitragsnachweisassistenten starten, fragt Lexware Sie, ob evtl. Restbeiträge aus Vormonaten in den Krankenkassenangaben aktuelle Firma zu erfassen sind. Das kann notwendig sein, wenn die Abrechnung zuvor mit einer anderen Software erfolgt ist.

Die Beitragsnachweise sind bis zum fünftletzten des jeweiligen Monats an die Krankenkassen zu übermitteln. Sollten sich danach noch Änderungen für den Abrechnungsmonat ergeben, die sich auch auf die SV-Beiträge auswirken, muss die Differenz zwischen gemeldeter und tatsächlicher Beitragsschuld als Restbeitrag erfasst werden. Später im laufenden Jahr erfolgt dieser Übertrag automatisch.

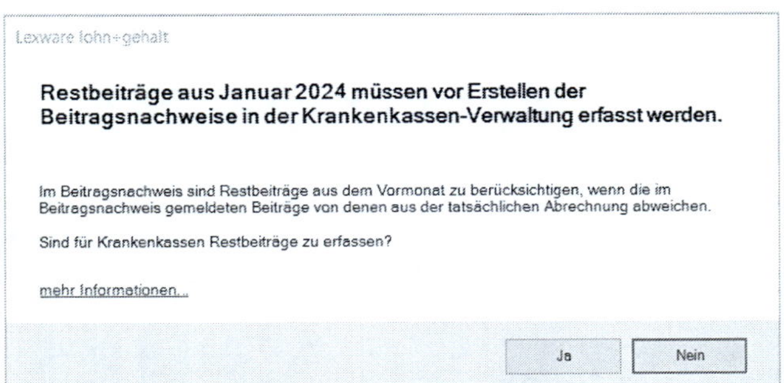

Würden Sie diese Meldung mit Ja beantworten, öffnet Ihnen Lexware das Register **Geschäftsstelle** in den **Krankenkassenangaben aktuelle Firma** und Sie könnten über die Schaltfläche Restschuld das Fenster zur Erfassung der **Vorträge für die Restschuld** öffnen und die Beträge erfassen.

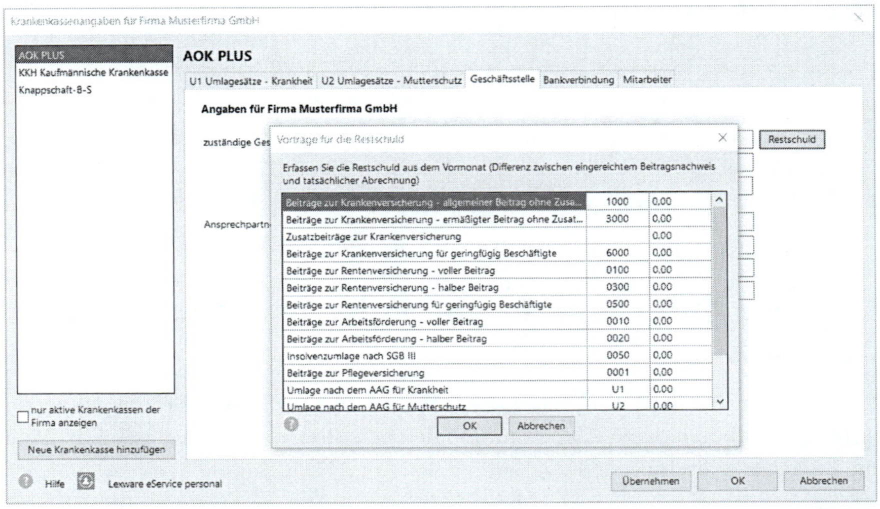

In der Musterlohn GmbH klicken Sie auf Nein. Es werden keine Restschulden erfasst.

Es öffnet sich das Fenster **Beitragsnachweise erstellen**.

Seite 1 - Einstieg bietet Ihnen in Abhängigkeit vom Abrechnungsmonat und Abrechnungsstand drei Möglichkeiten an

- **Beitragsnachweise erstellen mit dem vereinfachten Schätzverfahren**
  Das ist erst ab dem zweiten Abrechnungsmonat möglich, da hier die Vormonatswerte gemeldet werden. Das vereinfachte Schätzverfahren wird in Firmen angewendet, in denen die Mitarbeiter monatlich schwankende Bezüge haben.
- **Lohndaten erfassen und Beitragsnachweise erstellen**
  Damit gelangen Sie zuerst zum Abrechnungsassistenten (**Seite 2 - Voraussichtliche Bezüge**) und werden auf **Seite 3 - Beitragsnachweise** erstellen für den aktuellen Monat.
- **Lohndaten erfassen und Berichte ausgeben**
  Nachdem für den aktuellen Monat die Beitragsnachweise erstellt wurden, ist **Seite 3 - Beitragsnachweise** erstellen nicht mehr möglich. Sie können nur noch **Lohndaten erfassen (Seite 2)** oder **Berichte ausgeben (Seite 4 - 6)**.

Wollen Sie bestimmte Einmalzahlungen oder andere Lohnarten gleich für alle Mitarbeiter erfassen, aktivieren Sie die entsprechende Variante ❶ und wählen die zu erfassende Lohnart aus. Diese erscheint dann in der Lohnartenliste auf **Seite 2 - Voraussichtliche Bezüge** und Sie müssen nur noch den Betrag eingeben.

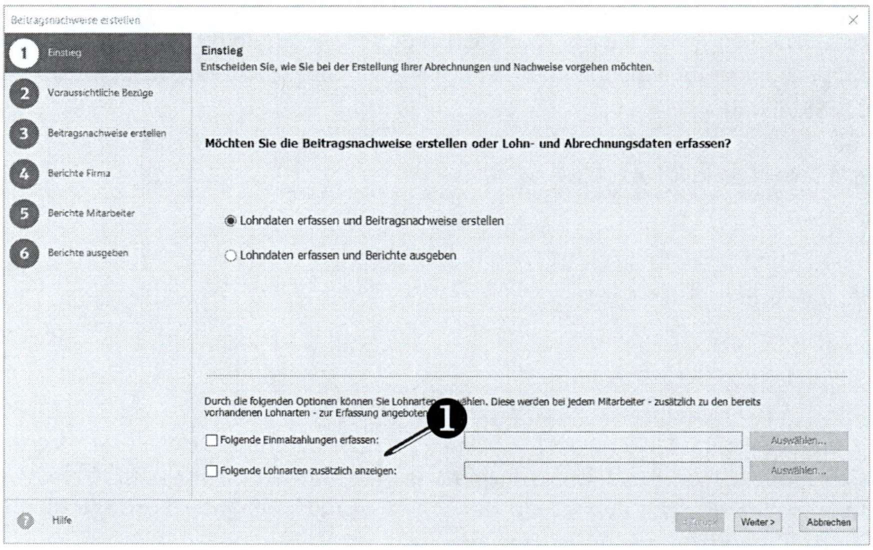

Für die Musterlohn GmbH wählen Sie nur **Lohndaten erfassen und Beitragsnachweise erstellen** aus und klicken auf Weiter.

Seite 2 - Voraussichtliche Bezüge entspricht dem Abrechnungsassistenten (*vgl. Kapitel 1.11*). Sie sehen die bereits erfassten Bezüge je Mitarbeiter und können

- die **Werte** (Beträge oder Menge oder Faktor) ändern,
- die Lohnabrechnung bearbeiten,
- Fehlzeiten erfassen,
- die Stundenerfassung nutzen,
- das Brutto-Netto-Formular in der Vorschau ansehen.

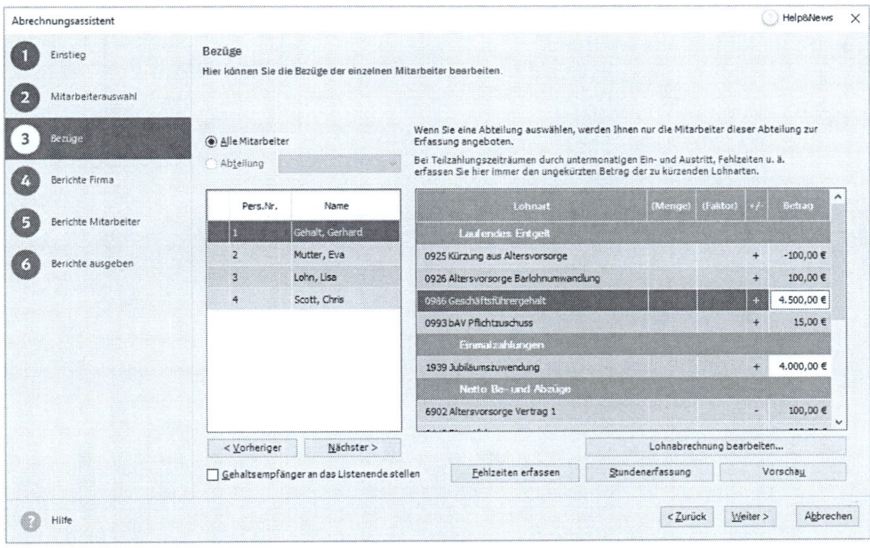

Dies wurde bereits im Kapitel **1.9 Die Erfassung der Lohndaten** erläutert.

Sollten Sie in der Musterfirma GmbH noch nicht alle Lohndaten erfasst haben, können Sie dies nun tun. Anschließend klicken Sie auf Weiter.

Auf **Seite 3 - Beitragsnachweise** können Sie die Beitragsnachweise und Beitragsabrechnungen kontrollieren bevor Sie diese erstellen.

Hinweis: Der Schritt **Beitragsnachweis erstellen** lässt sich nicht mehr rückgängig machen!

Nachträgliche Änderungen der Lohndaten fließen erst in den Beitragsnachweis des Folgemonats ein. Es gibt keine Korrektur-Beitragsnachweise.

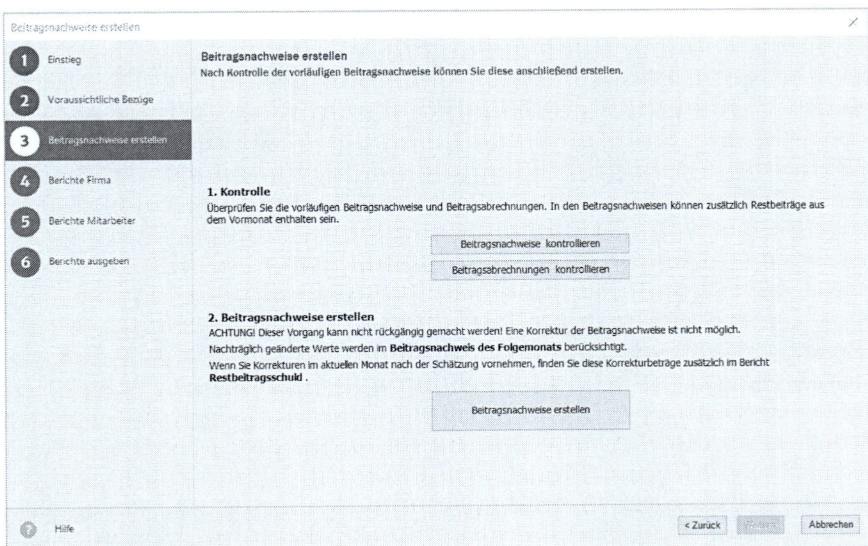

Klicken Sie auf Beitragsnachweise kontrollieren und sehen Sie sich die Vorschau des Beitragsnachweises an.

Arbeitgeber	Betriebsnummer des Arbeitgebers
Musterlohn GmbH, Mittelstraße 5, 12165 berlin	11111110

KKH Kaufmännische

Zeitraum		Tag	Monat	Jahr
	von	01	02	2024
	bis	29	02	2024

Rechtskreis * Ost: ☐ West: ☒

Beitragsnachweis (Vorschau)	Beitrags-gruppe	Euro	Cent
Beiträge zur Krankenversicherung - allgemeiner Beitrag	1000	1.573	36
Beiträge zur Krankenversicherung - ermäßigter Beitrag	3000		
Zusatzbeiträge zur Krankenversicherung		203	78
Beiträge zur Krankenversicherung für geringfügig Beschäftigte	6000		
Beitrag zur Rentenversicherung - voller Beitrag -	0100	2.376	42
Beitrag zur Rentenversicherung - halber Beitrag -	0300		
Pauschal-Beitrag zur Rentenversicherung	0500		
Beiträge zur Arbeitsförderung - voller Beitrag	0010	332	20
Beiträge zur Arbeitsförderung - halber Beitrag	0020		
Beiträge zur Insolvenzgeldumlage	0050	7	67
Beiträge zur sozialen Pflegeversicherung	0001	409	90
Umlage nach dem Aufwendungsausgleichsgesetz (AAG) für Krankheitsaufwendungen	U1	254	52
Umlage nach dem Aufwendungsausgleichsgesetz (AAG) für Mutterschaftsaufwendungen	U2	29	83
Gesamtsumme		5.187	68

Es wird bestätigt, dass die Angaben mit denen der Lohn- und Gehaltsunterlagen übereinstimmen und in diesen sämtliche Entgelte enthalten sind.

Datum, Unterschrift

	Euro	Cent
Beiträge zur Krankenversicherung für freiwillig Krankenversicherte **		
Zusatzbeiträge zur Krankenversicherung für freiwillig Krankenversicherte		
Beiträge zur Pflegeversicherung für freiwillig Krankenversicherte **		
abzüglich Erstattung gemäß §§ 1 - 3 AAG		
zu zahlender Betrag/Guthaben	5.187	68

* Zutreffendes ankreuzen
** freiwillige Angabe des Arbeitgebers

Anschließend können Sie die Beitragsabrechnung kontrollieren. Zuerst werden die Beiträge für jeden Mitarbeiter angezeigt. Dabei werden die Werte für **Laufende Bezüge** und **Einmalzahlungen** in separaten Tabellen dargestellt. In der Tabelle **Beitragssumme** auf der letzten Seite sehen Sie die kumulierten Werte aller Arbeitnehmer je Krankenkasse. Auch Nachberechnungen werden gesondert ausgewiesen.

Achten Sie bei Gerhard Gehalt auf den Hinweis (mit Märzklausel).

Beitragsabrechnung (Vorschau) Februar 2024

KKH Kaufmännische

1 **Gehalt, Gerhard**
Februar 2024, Beiträge aus einmaligem Arbeitsentgelt (mit Märzklausel), PV+Beitragszuschlag
Arbeitsentgelt: 4.000,00

BGR	Tg	Brutto	AN KV 1000	AG	AN RV 0100	AG	AN AV 0010	AG	AN PV 0001	AG	U1	U2	AV0050	AN KV freiw.	AG	AN PV freiw.	AG
KV 1	360	2.000,00	146,00	146,00													
KVZB 1	360	2.000,00	15,00	15,00													
RV 1	360	4.000,00			372,00	372,00											
AV 1	360	4.000,00					52,00	52,00									
PV 1	360	2.000,00							46,00	34,00							
U1	-	0,00															
U2	-	0,00															
InsG	360	4.000,00											2,40				

2 **Mutter, Eva**
Februar 2024, Beiträge aus laufendem Arbeitsentgelt, Übergangsbereich, PV+Beitragszuschlag, Rechtskreis West
Arbeitsentgelt: 1.436,29, Entgelt Übergangsbereich AN: 1.035,84

BGR	Tg	Brutto	AN KV 1000	AG	AN RV 0100	AG	AN AV 0010	AG	AN PV 0001	AG	U1	U2	AV0050	AN KV freiw.	AG	AN PV freiw.	AG
KV 1	18	1.066,07	75,62	80,02													
KVZB 1	18	1.066,07	10,25	10,85													
RV 1	18	1.066,07			96,33	101,95											
AV 1	18	1.066,07					13,47	14,25									
PV 1	18	1.066,07							24,01	18,63							
U1	18	1.066,07									30,92						
U2	18	1.066,07										3,62					
InsG	18	1.066,07											0,64				

Nachdem Sie sicher sind, dass alle Abrechnungsdaten korrekt erfasst wurden, können Sie die Beitragsnachweise erstellen.

Auf **Seite 4 - Berichte Firma** erhalten Sie den Hinweis, dass die Beitragserstellung erfolgreich war und zum Versand bereit steht. Weiterhin entscheiden Sie, ob und wenn ja, welche Berichte Sie ausgeben wollen.

Sollte keine Ausgabe gewünscht sein, aktivieren Sie das entsprechende Kästchen und Schließen den Assistenten. Oder Sie wählen die Auswertungen aus, die Sie ausgeben wollen und erhöhen bei Bedarf die Anzahl der zu druckenden Exemplare und klicken anschließend auf Weiter.

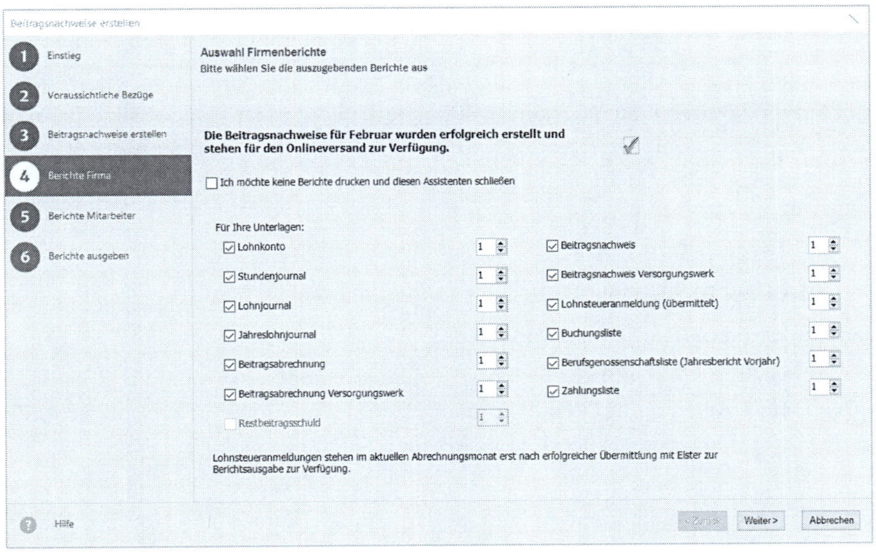

Mit **Seite 5 - Berichte Mitarbeiter** verfahren Sie analog zu Seite 4.

Auf **Seite 6 - Berichte ausgeben** entscheiden Sie, ob Sie die Auswertungen zu einem Drucker senden oder einen PDF-Export starten wollen. Für den Export stehen Ihnen weitere Optionen zur Verfügung.

Sollen die Beitragsnachweise im Anschluss direkt versendet werden, können Sie Im Anschluss den Assistenten für das Versenden der Beitragsnachweise starten.

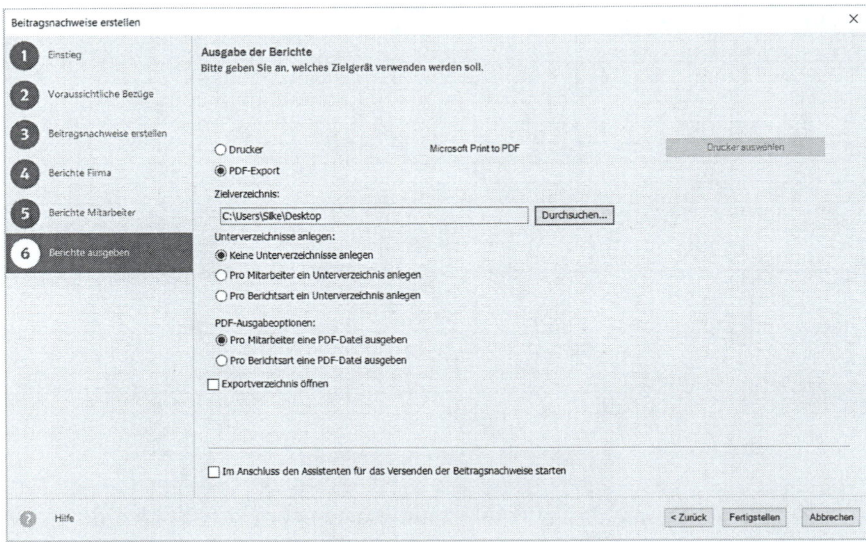

Zum Schluss klicken Sie auf Fertigstellen und beenden den **Abrechnungs- und Beitragsnachweisassistenten**.

Hinweis: Drucken Sie bitte nicht alle Auswertungen aus. Entweder Sie wechseln zurück zu Seite 4 und klicken das dort an oder Sie exportieren die Auswertungen als PDF-Datei in ein selbst gewähltes Verzeichnis. Sie könnten den Assistenten auch Abbrechen.

1.12 Die Berichte

Im Kapitel 1.11 wurde soeben auf die Ausgabe von Firmen- und Mitarbeiterauswertungen eingegangen. Sie können Auswertungen, Formulare und sonstige Berichte auch losgelöst vom **Abrechnungs- und Beitragsnachweisassistenten** ansehen oder ausgeben. Dazu stehen Ihnen folgende Möglichkeiten zur Verfügung:

- die Funktion Berichte drucken
- das Menü Berichte
- in der Hauptnavigation die Berichtszentrale

Stammdaten lassen sich ausgeben über

- das Menü Datei → Drucken → ...
- das Menü Berichte → Berichtszentrale
- die Hauptnavigation → Berichtszentrale

Die Funktion Berichte drucken

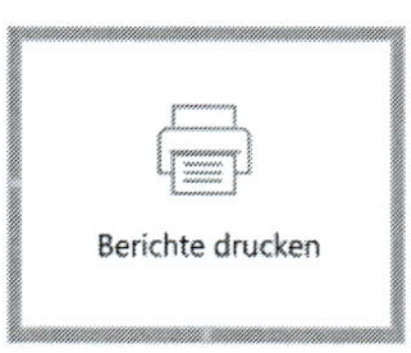

Damit gelangen Sie in den Abrechnungsassistenten direkt auf Seite 4 - Berichte Firma und können, auswählen welche Firmen- und Mitarbeiterauswertungen Sie in welcher Menge drucken wollen oder ob und wohin Sie diese als PDF-Datei exportieren möchten (*vgl. Kapitel 1.11*).

Der Menüpunkt Berichte

Hier finden Sie alle abrechnungsrelevanten Auswertungen. Für jeden dieser Berichte wird zuerst ein Dialog geöffnet, in dem Sie die Ausgabeparameter festlegen können. Je nach Bericht lassen sich auch Auswahlen bzgl. Zeitraum, Mitarbeiter, Krankenkasse o. ä. festlegen.

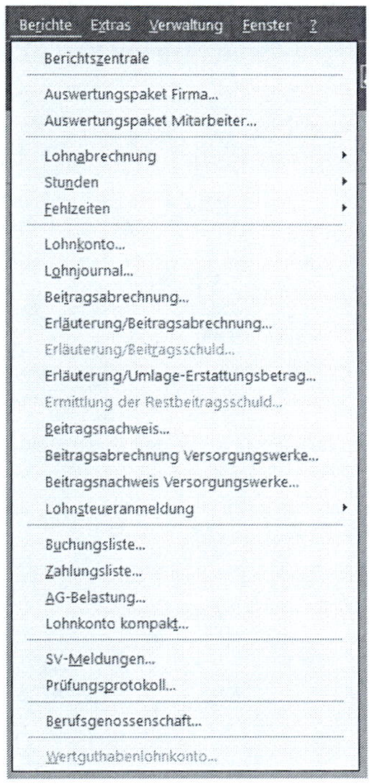

Auswertungen müssen nicht in Papierform gedruckt werden. Es genügt, Sie in Dateiform zur Verfügung zu haben. Berichte lassen sich in Lexware auch für vergangene Abrechnungsjahr jederzeit aufrufen. Dennoch ist es sinnvoll, Auswertungen, die für Steuer- oder SV-Prüfungen relevant sind, zusätzlich als PDF-Datei zu exportieren. Auch an Mitarbeiter müssen z. B. Entgeltbescheinigungen (Lohnzettel), SV-Meldungen oder Lohnsteuerbescheinigungen ausgegeben werden. Das kann in Papier- oder Dateiform geschehen.

Stellvertretend für die hier aufrufbaren Berichte soll das Prinzip am Beispiel der Entgeltbescheinigung erläutert werden. Sie finden Sie unter Berichte → Lohnabrechnung → Standardformular....

Auf der **Seite Mitarbeiter** können Sie bei **Zeitraum** zwischen Aktueller Monat und einem frei Ausgewählten Zeitraum wählen. Die Zeiträume beziehen sich immer auf das aktuelle Abrechnungsjahr.

Die zweite Wahlmöglichkeit betrifft die **Mitarbeiter**. In diesem Fall können die Lohnformulare für Alle Mitarbeiter oder nur für eine Auswahl ausgegeben werden.

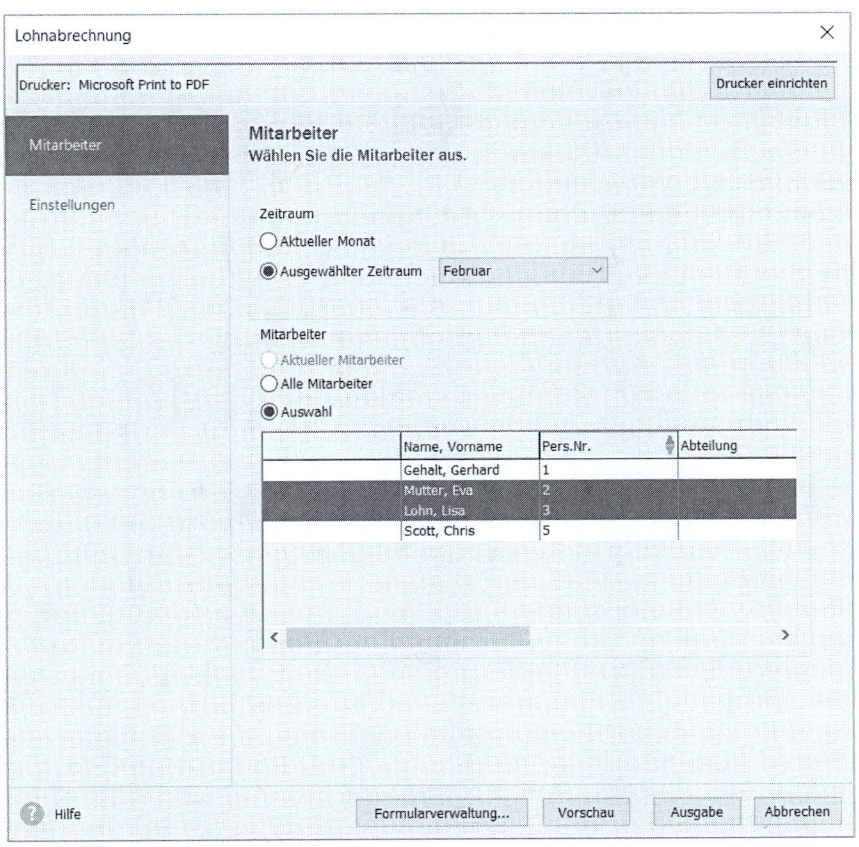

Auf der **Seite Einstellungen** wählen Sie als Zielgerät den Drucker oder den Export in ein bestimmtes Format. Als Exportformate stehen Ihnen **MS Excel, PDF-Dateien** oder **Dateien** (txt) zur Auswahl. In Abhängigkeit vom Zielgerät bietet Ihnen Lexware verschiedene **Formulare** und evtl. weitere **Druckoptionen** an.

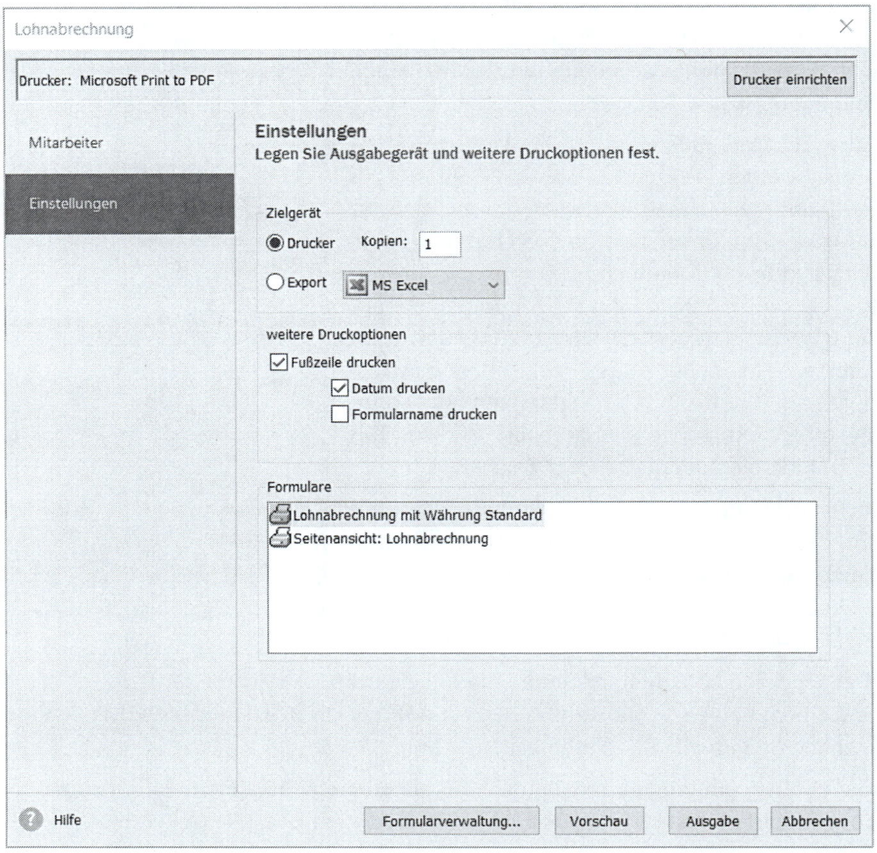

Wenn Sie Ihre Auswahl beendet haben, können Sie den Druck oder Export mit der Schaltfläche Ausgabe starten. Die Vorschau steht Ihnen nur zur Verfügung, wenn Sie als Zielgerät den Drucker gewählt haben.

Über die Formularverwaltung... können Formulare individuell angepasst werden. Das sollte ausschließlich von Experten durchgeführt werden und ist nicht Gegenstand der Entgeltabrechnung.

Auswertungspakete

Im Menü **Berichte** finden Sie das Auswertungspaket Firma... und das Auswertungspaket Mitarbeiter.... In beiden Fällen wird ein Assistent gestartet, mit dem Sie **firmenbezogene** oder **mitarbeiterbezogene Auswertungen** gebündelt ausgeben können.

Nachdem Sie jeweils auf **Seite 2 - Zeitraum und Mitarbeiter** Ihre Auswahl getroffen haben, wählen Sie auf **Seite 3 - Berichte** die auszugebenden Berichte mit der Anzahl der Ausdrucke und legen auf **Seite 4 - Ausgabe** die Ausgabeart (Drucker oder Exportdatei) fest.

Die Vorgehensweise entspricht wieder der Berichtsausgabe im **Abrechnungs- und Beitragsnachweisassistenten** (*vgl. Kapitel 1.11*).

Die Berichtszentrale

Sie bietet Ihnen einen weiteren Weg, verschiedene **Firmenberichte, Mitarbeiterberichte** und auch **Stammdaten** zu drucken. Dabei stehen Ihnen ebenfalls, abhängig vom gewählten Bericht, verschieden **Ausgabewege** (Druck, Vorschau, Export nach Excel, PDF, Datei) zur Verfügung.

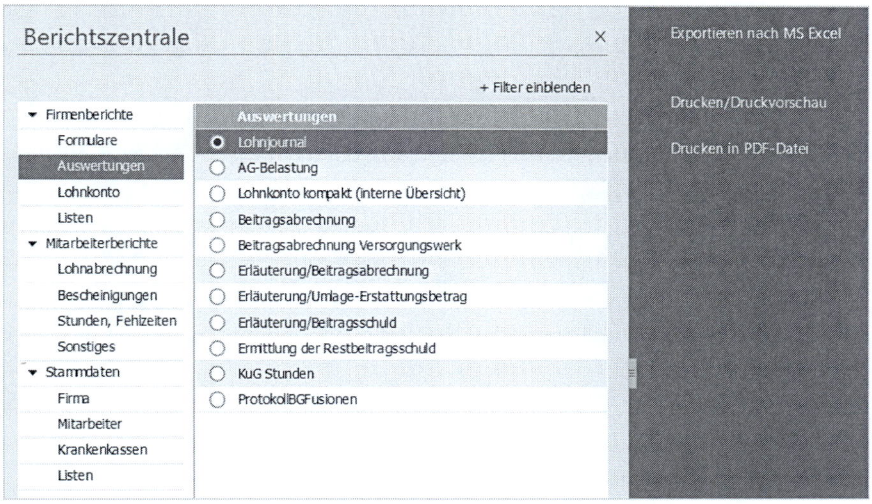

Der Menüpunkt Datei - Drucken

Diesen benötigen Sie zur Ausgabe von Stammdaten. Stammdaten lassen sich sonst nur noch über die Berichtszentrale drucken oder exportieren.

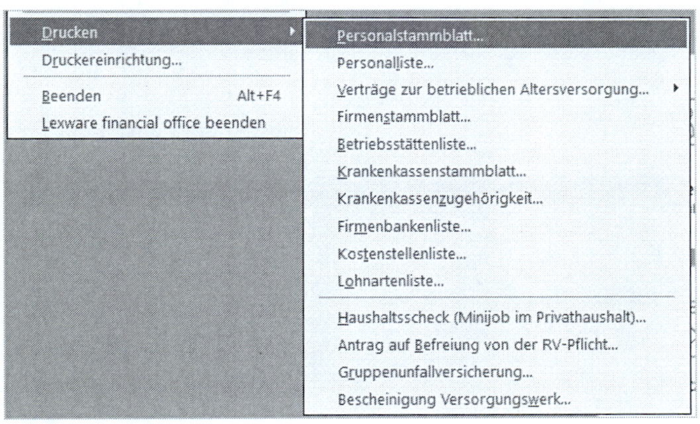

Die weitere Vorgehensweise ist analog zu **Der Menüpunkt Berichte**.

1.13 Die Datenübermittlung

In der Praxis erfolgt ein ständiger Datenaustausch mit externen Institutionen, z. B. müssen

- Mitarbeiter beim Finanzamt angemeldet und ihre ELStAM abgerufen werden
- Lohnsteueranmeldungen und Lohnsteuerbescheinigungen an das Finanzamt übermittelt werden
- SV-Meldungen, Beitragsnachweise, Erstattungsanträge U1/U2 an Krankenkassen gesendet werden
- die Gefahrtarifstellen bei den Berufsgenossenschaften abgerufen und am Jahresende die Arbeitsstunden und das UV-pflichtige Entgelt gemeldet werden

Die Verbindung zum **Finanzamt** erfolgt über die **ELSTER**-Schnittstelle, welche im Menüpunkt Extras → ELSTER → ELSTER konfigurieren eingerichtet werden muss.

Die Schnittstelle zu den **Krankenkassen** und zur **Berufsgenossenschaft** ist das **meldecenter Sozialversicherung**, welches auch im Menüpunkt Extras zu finden ist und über meldecenter Sozialversicherung → meldecenter aktivieren konfiguriert wird.

Beide Schnittstellen stehen NICHT zu Übungszwecken zur Verfügung. Es dürfen (und können) keine Daten abgerufen oder übermittelt werden. Aus diesem Grund werden in diesem Kapitel die Funktionen nur kurz vorgestellt.

Die Antwortzentrale

Hier werden alle Rückmeldungen und Verarbeitungsprotokolle zu elektronischen Meldungen angezeigt und archiviert.

Sie finden die Antwortzentrale

- in der Funktion Antwortzentrale → Antwortzentrale öffnen
- im Menüpunkt Extras → Antwortzentrale

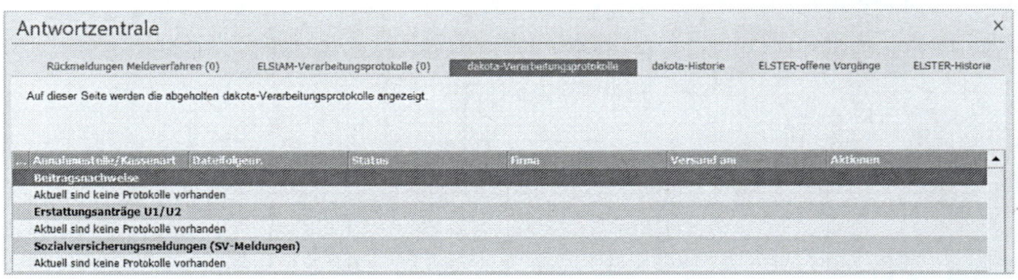

Der Datenversand

Für den Versand der verschiedenen Meldungen und Formulare stehen Ihnen

- die Funktion Datenversand und Protokollabholung
- die Funktion Antwortzentrale
- der Menüpunkt Extras

zur Verfügung.

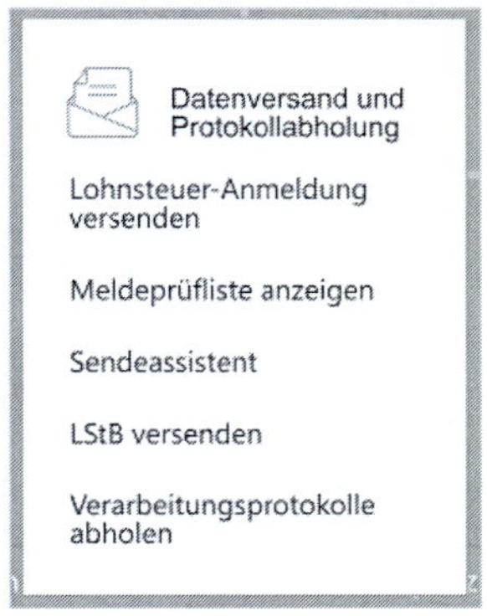

Nachfolgend sollen die wichtigsten Funktionen und Abläufe überblicksweise genannt werden.

Der Datenaustausch mit dem Finanzamt

ELStAM

Mitarbeiter müssen bei Eintritt in die Firma beim Finanzamt angemeldet werden

- Funktion Antwortzentrale → ELStAM Meldungen versenden
- Menüpunkt Extras → ELStAM → ELStAM Meldungen → ELStAM Meldungen versenden

Um die Arbeitnehmer mit den korrekten ELStAM abzurechnen, müssen diese monatlich beim Finanzamt abgeholt werden.

- Funktion Antwortzentrale → ELStAM Änderungslisten abholen
- Menüpunkt Extras → ELStAM → ELStAM Änderungslisten → ELStAM Änderungslisten abholen

Haben sich Änderungen ergeben, werden diese angezeigt und müssen übernommen werden.

- Menüpunkt Extras → ELStAM → ELStAM Änderungslisten → zu übernehmende Stammdaten

Lohnsteuer-Anmeldung

Diese muss in Abhängigkeit vom LSt-Volumen des Vorjahres monatlich, quartalsweise oder einmal im Jahr bis zum 10. des Folgemonats versendet werden.

- Funktion Datenversand und Protokollabholung → Lohnsteuer-Anmeldung versenden
- Menüpunkt Extras → ELSTER → Elektronische Lohnsteueranmeldung → Versand

Lohnsteuer-Bescheinigung

Sie wird bei Beendigung eines Arbeitsverhältnisses oder zum Ende des Kalenderjahres erstellt und muss bis 28.02. des Folgejahres an das Finanzamt übermittelt werden.

- Funktion Datenversand und Protokollabholung → LStB versenden
- Menüpunkt Extras → ELSTER → Elektronische Lohnsteuerbescheinigung → Versand/Protokollabholung
- Strg + E

Der Datenaustausch mit den Krankenkassen und den Berufsgenossenschaften

SV-Meldungen, Sofortmeldungen

Diese werden automatisch von Lexware generiert und müssen im jeweiligen Abrechnungsmonat versendet werden. Welche Meldungen vorliegen, können Sie in der Meldeprüfliste einsehen.

- Funktion Datenversand und Protokollabholung → Meldeprüfliste anzeigen

Beitragsnachweise

Sie werden monatlich erstellt (*vgl. Kapitel 1.11*) und müssen bis zum fünftletzten Bankarbeitstag an die Krankenkassen übertragen werden. Wurde dies nicht aus dem **Beitragsnachweisassistenten** gestartet, kann es auch nachträglich geschehen.

Erstattungsanträge U1/U2

Sie werden bei U1-pflichtigen Firmen bei der Erfassung der Fehlzeit Krankheit mit Lohnfortzahlung oder bei allen Firmen für Leistungen im Rahmen von Mutterschutz oder Beschäftigungsverbot erzeugt und können sofort oder nachträglich gesendet werden.

Abgleich der Gefahrtarifstellen bei der Berufsgenossenschaft

Damit die jährliche Übermittlung der UV-Jahresmeldung und des UV-Lohnnachweises zum 15.02. des Folgejahres möglich ist, muss innerhalb eines Kalenderjahres die Anfrage BG-Stammdatendienst gestartet werden, um die Gefahrtarifstellen der Firma abzugleichen.

Sie finden die Meldungen und zugehörige Funktionen im Menüpunkt Extras → meldecenter Sozialversicherung.

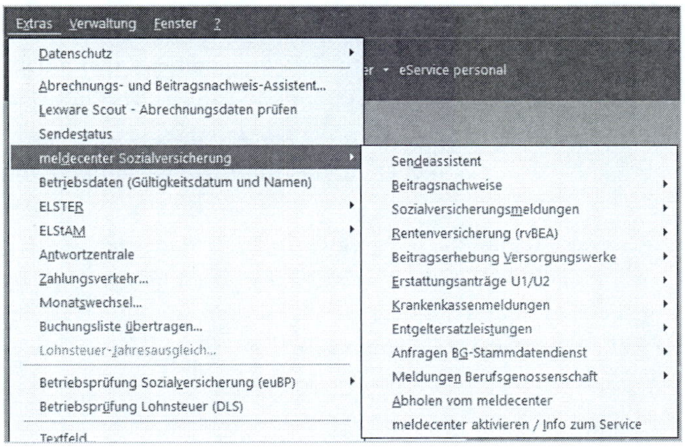

Sendeassistent

Für die Datenübermittlung an die Krankenkassen und die Berufsgenossenschaften bietet Lexware Ihnen einen Sendeassistenten.

- Funktion Datenversand und Protokollabholung → Sendeassistent
- Menü Extras → meldecenter Sozialversicherung → Sendeassistent

Er prüft monatlich, welche Meldungen noch zu übertragen sind. Diese können Sie einzeln oder alle Meldungen zusammen versenden.

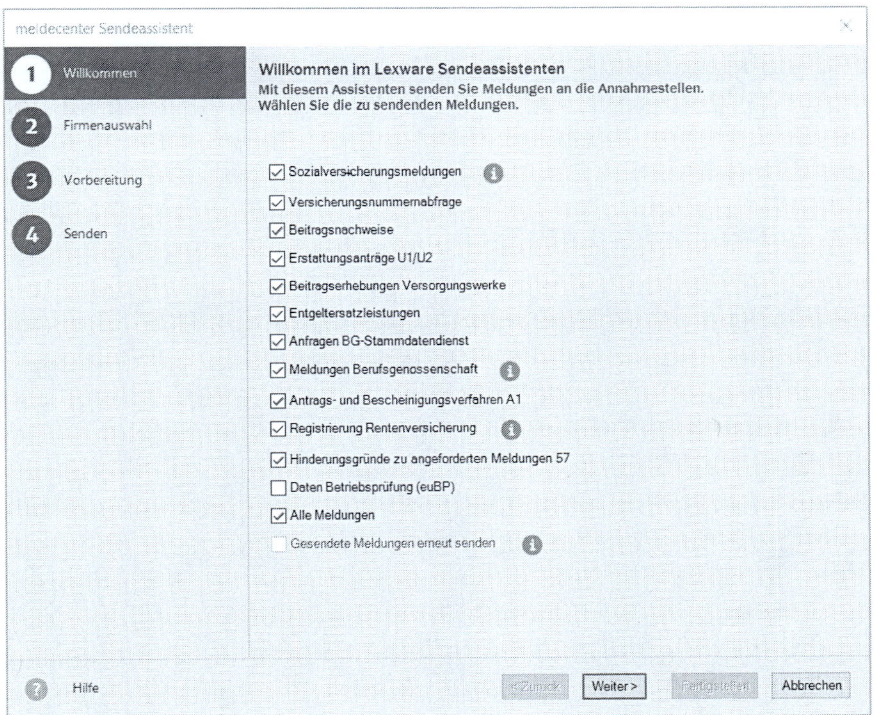

Im Übungsfall können Sie diesen Assistenten nicht starten, da das **meldecenter** nicht aktiviert ist.

Die Verarbeitungsprotokolle

Zum Datenversand gehört auch die Protokollabholung, das bedeutet, dass für die an Finanzämter und Krankenkassen übermittelten Daten ein Verarbeitungsprotokoll bereitgestellt wird, welches abgeholt werden muss. Damit haben Sie den Nachweis, dass Ihre Daten korrekt bei der entsprechenden Institution angekommen und verarbeitet wurden.

Nach erfolgtem Datenversand erhalten Sie ein Sendeprotokoll. Zusätzlich müssen Sie die Verarbeitungsprotokolle abholen. Das ist meist nicht sofort möglich, da diese erst beim Empfänger erzeugt werden müssen. Die Protokollabholung ist zwingend vor der nächsten Datenübertragung notwendig.

Die Abholung erfolgt über

- die Funktion Datenversand und Protokollabholung → Verarbeitungsprotokolle abholen

Abgeholte Protokolle werden in der Antwortzentrale → Register ELStAM-Verarbeitungsprotokolle oder dakota-Verarbeitungsprotokolle angezeigt und können anschließend in die entsprechende Historie verschoben werden.

1.14 Der Monatswechsel

Nachdem im aktuellen Monat alle Mitarbeiter abgerechnet, alle Austritte erfasst und alle Meldungen versendet wurden sind, können Sie den Monatswechsel starten.

Dafür nutzen Sie

- die Funktion Monatswechsel durchführen
- den Menüpunkt Extras → Monatswechsel...

Die vorbereitenden Arbeiten

Da in den Übungsfällen kein Stammdatenabruf bei der Berufsgenossenschaft möglich ist (*vgl. Kapitel 1.5*) erhalten Sie folgenden Hinweis:

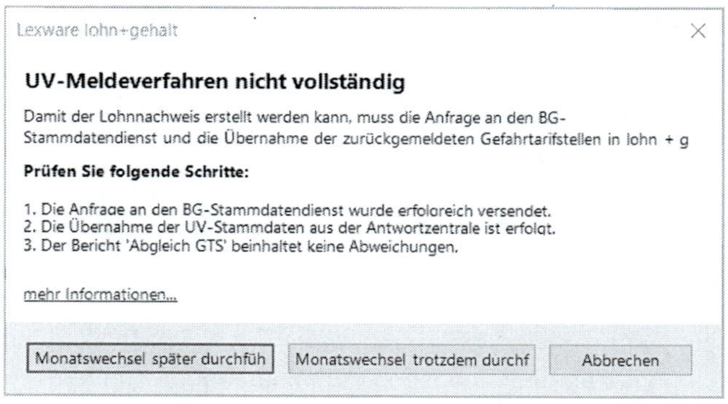

Klicken Sie auf Monatswechsel trotzdem durchführen. In der Praxis sollten Sie zuerst den BG-Stammdatendienst und den Abgleich der GTS erledigen.

Anschließend erhalten Sie eine **Übersicht der noch zu versendenden Meldungen und Nachweise**. Sie können mit der Schaltfläche versenden den jeweiligen Sendeassistent direkt aufrufen und die Datenübermittlung starten.

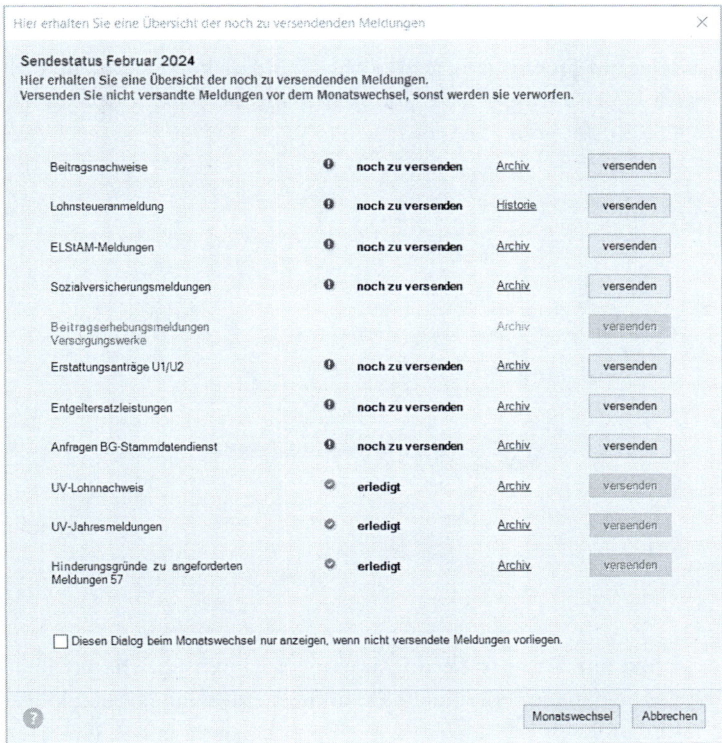

Den Monatswechsel dürfen Sie in der Praxis erst durchführen, nachdem der Status überall auf **erledigt** steht. Im Übungsfall klicken Sie jetzt auf Monatswechsel.

In Abhängigkeit vom jeweiligen Abrechnungsmonat prüft Lexware nochmals, ob bestimmte Abgabefristen in diesem Monat existieren. In der Musterlohn GmbH erhalten Sie beim Monatswechsel Februar folgende Meldung.

Klicken Sie einfach auf OK.

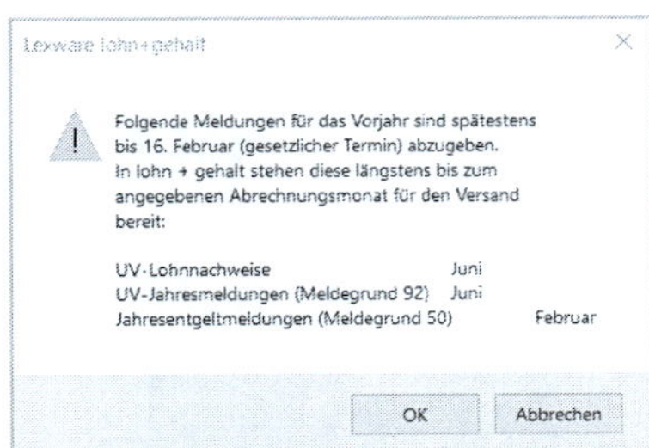

Beim Monatswechsel im November erhalten Sie beispielsweise einen Hinweis auf die Jahresabschlussarbeiten und den Lohnsteuerjahresausgleich nach § 42 b EStG.

Nun folgt erst der tatsächliche Monatswechsel. Zuvor erhalten Sie eine **Checkliste**, die Sie nochmals auf zwingend zu erledigende Aufgaben hinweist. Nachdem Sie alle drei Häkchen gesetzt haben, wird die Schaltfläche Monatswechsel aktiv, auf die Sie nun klicken dürfen.

Lexware ändert nun den aktuellen Abrechnungsmonat und übernimmt gleichbleibende Bezüge in den nächsten Monat. Welche Lohnarten vorgetragen werden, erkennen Sie in den Informationen zur Lohnart (*vgl. Kapitel 1.10*).

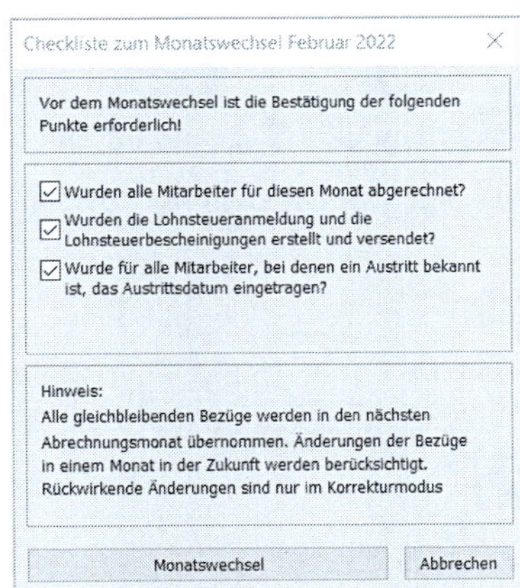

Eine direkte Eingabe von Lohn- oder Stammdaten in abgeschlossenen Monaten ist nicht mehr möglich. Für rückwirkende Änderungen müssen Sie den Korrekturmodus nutzen (*vgl. Kapitel 1.16*).

Bevor der Monatswechsel endgültig durchgeführt werden kann, ist zwingend eine Datensicherung erforderlich. Der Assistent zur Datensicherung wird automatisch gestartet.

Die Datensicherung

Auf **Seite 1 - Hinweise zur Sicherung** erhalten Sie die Möglichkeit, zusätzlich zur Sicherung auf Ihrem PC/Datenträger eine Onlinesicherung in einem Rechenzentrum zu aktivieren. Sie klicken nur auf Weiter.

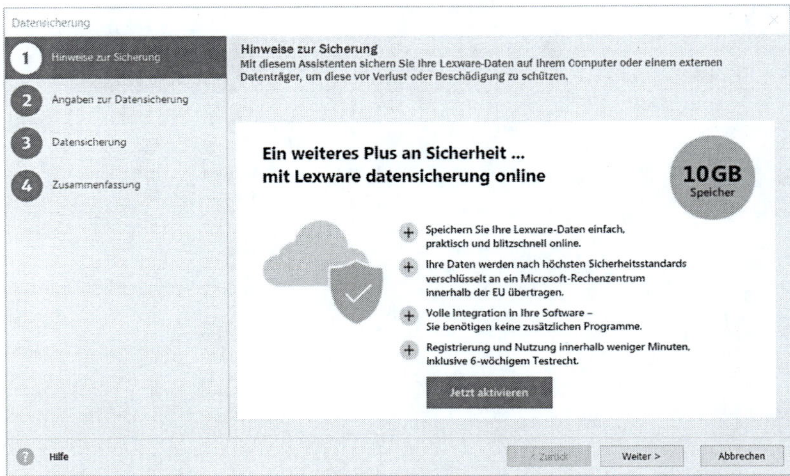

Auf **Seite 2 - Angaben zur Datensicherung** wählen Sie Ihren Speicherort (Verzeichnisangabe) aus. Wenn Sie individuelle Dokumentvorlagen aus der Fakturierung oder Buchhaltung nutzen, sollten Sie diese stets mitsichern. Das Feld Bemerkung ist für eigene Notizen und Vermerke nutzbar.

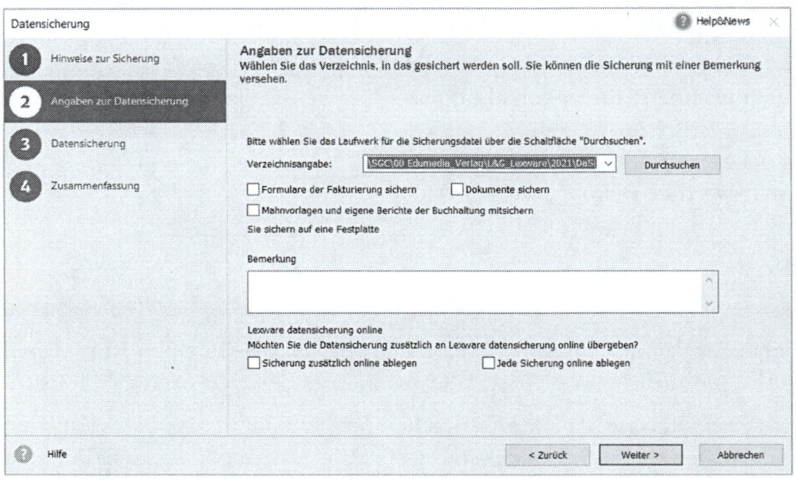

Nachdem Sie ein Verzeichnis gewählt haben, klicken Sie auf Weiter.

Auf **Seite 3 - Datensicherung** starten Sie diese durch einen Klick auf Weiter.

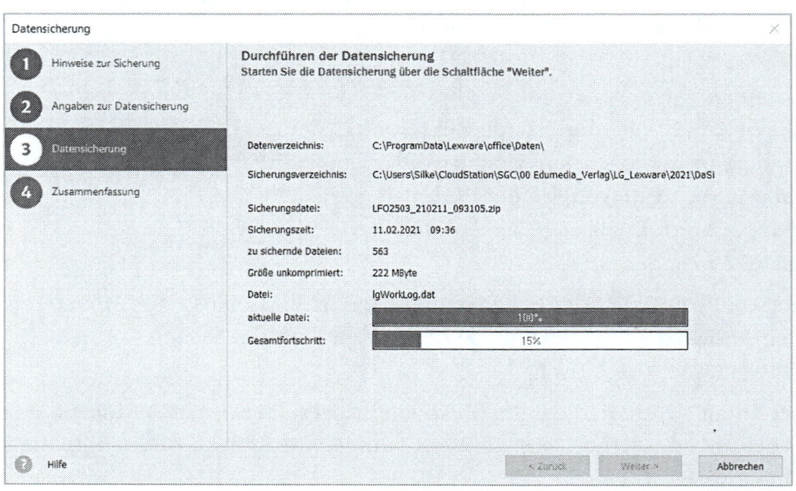

Wenn die Sicherung erfolgreich durchgeführt wurde, springt Lexware automatisch auf **Seite 4 - Zusammenfassung**. Klicken Sie auf Fertig stellen.

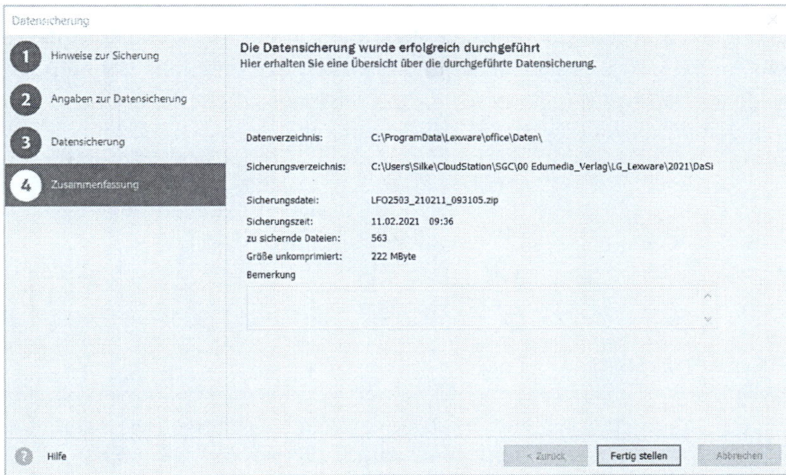

Der Monatswechsel

Nach erfolgter Datensicherung möchte Lexware von Ihnen wissen, ob Sie die Buchungsliste in die Finanzbuchführung übertragen wollen. Klicken Sie jetzt auf Nein.

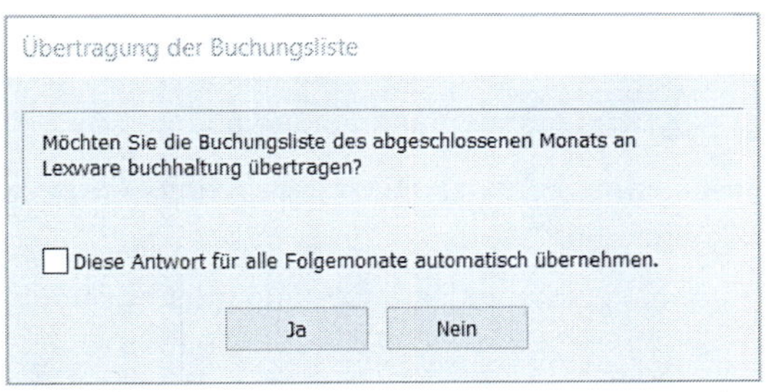

Informationen zur Übertragung der Buchungsliste finden Sie in Kapitel 1.18.

Nachdem Lexware den Monatswechsel durchgeführt hat, erhalten Sie einen Hinweis, den Sie mit OK bestätigen.

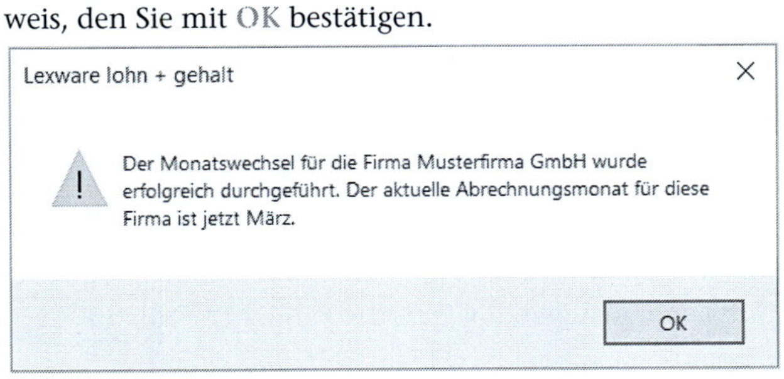

Sie befinden sich nun im nächsten Abrechnungsmonat, in der Musterfirma GmbH also im März.

1.15 Die Datensicherung

Eine Datensicherung sollte nicht nur beim Monatswechsel durchgeführt werden, sondern in kürzeren Abständen. Sinnvoll ist es, diese zu starten, wenn Sie umfangreiche Abrechnungsdaten erfasst haben und auch vor der Erstellung der Beitragsnachweise. Je nach Abrechnungsumfang kann auch eine tägliche Sicherung ratsam sein. Damit stellen Sie sicher, dass der Datenverlust bei einem evtl. Festplattendefekt oder anderen Computerproblemen so gering wie möglich gehalten wird.

Die in vielen Firmen automatisch durchgeführten Sicherungen sind nur Backups der Festplatte, speichern aber nicht zusätzlich Ihre Lexwaredaten.

Die Datensicherung

Sie können die Datensicherung jederzeit losgelöst vom Monatswechsel starten. Dafür müssen Sie Lohn + Gehalt schließen, damit Sie sich auf der Startseite der Lexware-Zentrale befinden.

Dort können Sie die Datensicherung starten über:

- den Menüpunkt Datei → Datensicherung → Sicherung
- das Symbol Datensicherung ❶

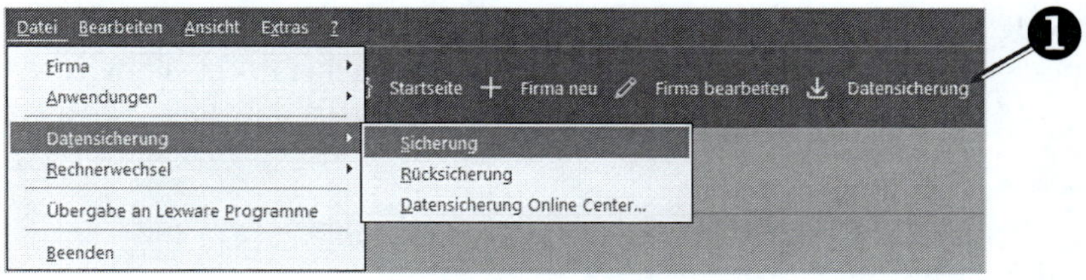

Damit wird der Assistent zur Datensicherung geöffnet. Die weitere Vorgehensweise wurde bereits im Kapitel 1.14 beschrieben.

Achtung: Die Datensicherung sichert den gesamten Datenbestand **aller** vorhandenen Firmen.

Eine Sicherung einer einzelnen Firma ist hier nicht möglich. Das bedeutet, dass beim Einspielen einer Rücksicherung auch die Daten **aller** Firmen auf den alten Stand zurückgesetzt werden!

Die Rücksicherung

Ist eine Datenrücksicherung notwendig, starten Sie diese analog zur Datensicherung über den Menüpunkt Datei → Datensicherung → Rücksicherung

Es wird ein Assistent gestartet, der Sie durch die einzelnen Arbeitsschritte führt.

1.16 Der Korrekturmodus

Wird nach Abschluss eines Monats ein Fehler in der Abrechnung festgestellt, so kann dieser nur über den Korrekturmodus berichtigt werden. Dabei ist die Vorgehensweise bei der Korrektur von Mitarbeiterstammdaten und Abrechnungsdaten unterschiedlich. Auch Änderungen an den Firmenstammdaten, z. B. bei den Beitragssätzen der Krankenkassen können zu Nachberechnungen führen.

Der Weg zum **Korrekturmodus** führt immer über die **Jahresübersicht** des jeweiligen Mitarbeiters (*vgl. Kapitel 1.9*). Sie finden den Korrekturmodus ebenfalls im

- Menüpunkt Bearbeiten → Korrekturmodus...

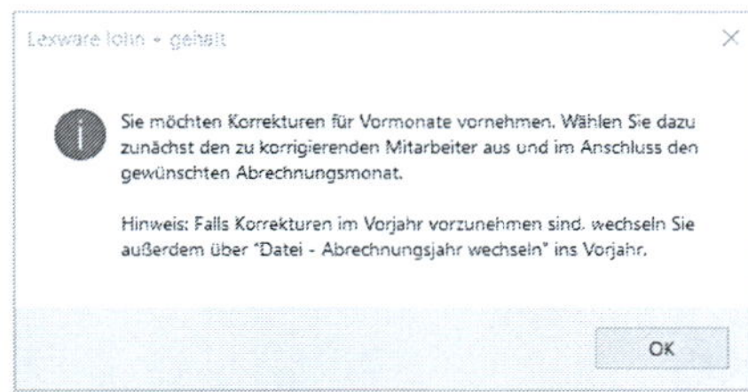

Allerdings wird auch da, nach Bestätigung des Hinweises der Dialog Jahresübersicht öffnen gestartet.

Wählen Sie also einen Mitarbeiter für die Jahresübersicht aus und starten Sie die Korrektur durch **Doppelklick auf den zu korrigierenden Monat**.

Lexware bietet Ihnen nun zwei Möglichkeiten: Korrigieren oder Ansehen. Klicken Sie auf Korrigieren.

In der Musterfirma GmbH sollen Korrekturen für Gerhard Gehalt und Lisa Lohn im Februar erfasst werden.

Die Korrektur von Mitarbeiterstammdaten

Nachdem Sie in der Jahresübersicht den fehlerhaften Monat doppelt angeklickt und sich danach für Korrigieren entschieden haben, öffnet Ihnen Lexware das **Abrechnungsfenster** des Mitarbeiters im **Korrekturmodus** (*vgl. Kapitel 1.9*). Um Zugriff auf die Stammdaten zu erhalten, müssen Sie diese in der Baumstruktur erst aufklappen.

Im Fall von Gerhard Gehalt ändern Sie beispielhaft die Steuerklasse.

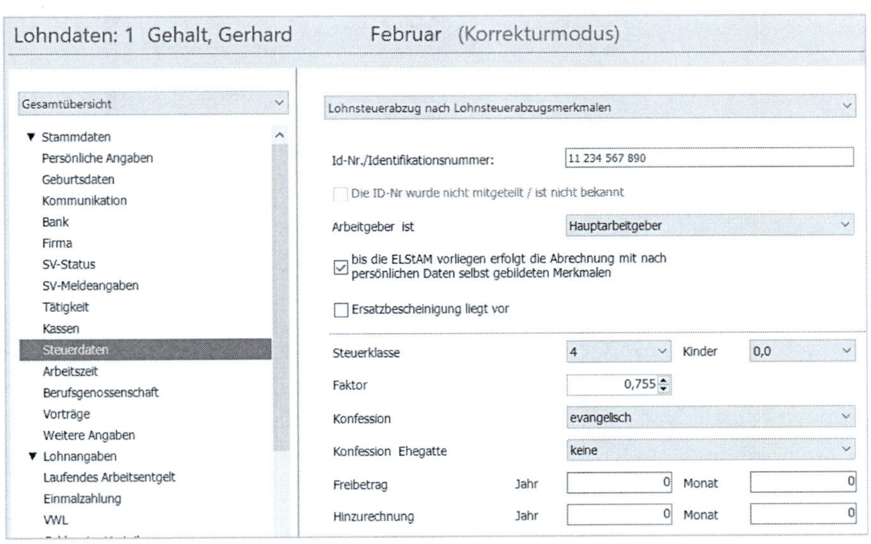

Wenn Sie das Abrechnungsfenster wieder schließen, erhalten Sie im folgenden Dialog **Korrekturabrechnung aufgrund Personalstammdatenänderungen** die Möglichkeit, die Änderung nicht nur im Korrekturmonat durchzuführen, sondern gleich für mehrere Monate. Der **Korrekturzeitraum** erstreckt sich gewöhnlich bis zum aktuellen Abrechnungsmonat. Damit muss die Änderung nur einmal erfasst werden. Nachdem Sie bei Bedarf das Feld Bis Monat geändert haben, klicken Sie auf Fertigstellen.

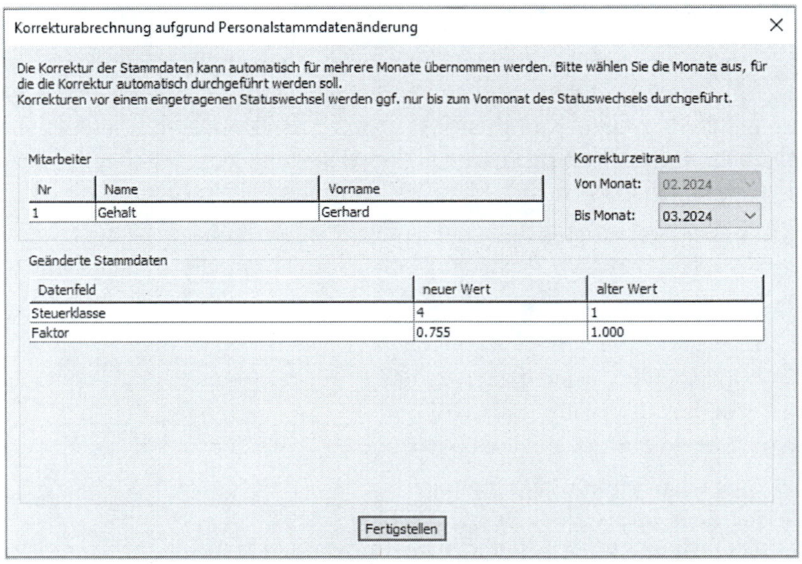

Hinweis: In der Praxis erhalten Sie die Steuerklasse über den ELStAM-Abruf. Da dieser monatlich durchgeführt werden sollte und Änderungen direkt übernommen werden (*vgl. Kapitel 1.8*), ist eine Steuerklassenänderung per Hand eher untypisch. Aber nachträgliche Änderungen im Beitragsgruppenschlüssel, der Krankenkasse oder dem Übergangsbereich werden auf obige Weise durchgeführt.

Die Korrektur von Abrechnungsdaten

Der Start des Korrekturmodus erfolgt analog zur Korrektur der Mitarbeiterstammdaten. Sie befinden sich im Abrechnungsfenster bereits in den Lohnangaben.

Für Lisa Lohn sollen die Stunden für die Sonntagsarbeit korrigiert werden. Dafür erfassen Sie die **neue korrekte Stundenzahl** in **LA 0013 Sonntagszuschlag (50 %)** und in **LA 0009 Überstunden** (oder alternativ in LA 0001 Lohn). Es wird NICHT nur der Differenzwert eingetragen.

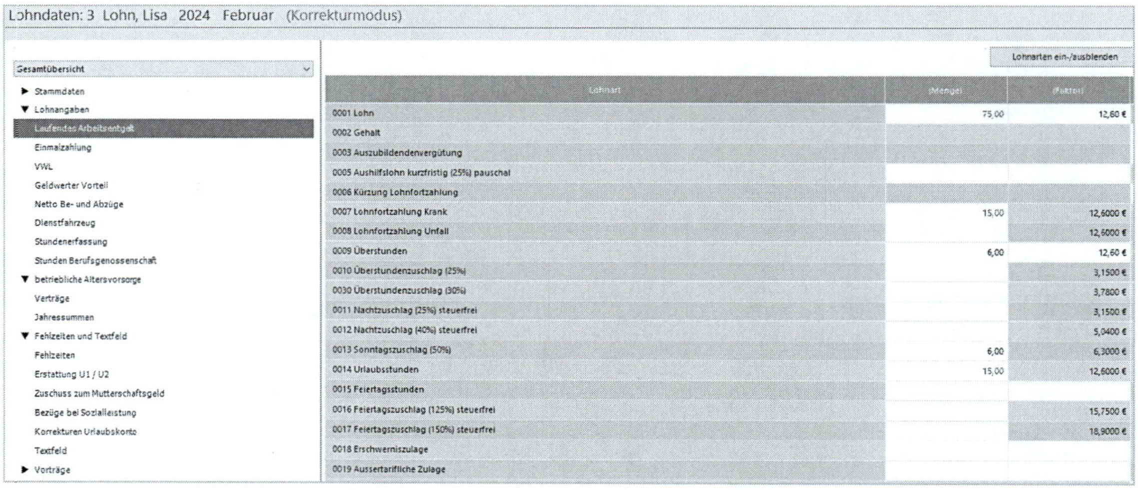

Anschließend können Sie das Abrechnungsfenster für den Korrekturmonat schließen.

Korrekturen sind nicht nur in den Lohnangaben sondern auch für **Fehlzeiten** oder die **betriebliche Altersvorsorge** möglich. Haben Sie **Vortagswerte** nicht im ersten Abrechnungsmonat des Arbeitsnehmers erfasst, nutzen Sie ebenfalls den Korrekturmodus (*vgl. Kapitel 1.9*).

Die Korrekturabrechnung

Lexware erstellt für die Korrekturmonate neue Entgeltbescheinigungen mit dem Hinweis **Korrekturausdruck**.

Abrechnung der Brutto-Netto-Bezüge — **Korrekturausdruck, Februar 2024**

Pers.-Nr. 3	Abteilung	Kst.-St	SV-Nummer 65070870M776	Steuer ID Nr. 74185298314
Eintritt 01.01.2024	Austritt	Geb.datum 07.08.1970	Kasse KKH Kaufmännische	St.Kl. (Faktor) / Kinder 2 / 1.0
		Personengruppe 101	KV / AN-Beitrag KV 14,60% / 8,29%	Konfession rk
			PV (Beitrag/AN/Zu.) 3,15% / 1,45% /	Freibetrag mtl. / jährl.
			Übergangsbereich ja — MFB nein	Hinzurech. mtl. / jährl.

Musterlohn GmbH
Mittelstraße 5, 12165 berlin

persönlich / vertraulich
Frau
Lisa Lohn
Silbersteinstraße 3
12051 Berlin

	SV-Tage KV	RV	AV	PV	St-Tage
monatlich	30	30	30	30	30
kumuliert	60	60	60	60	60
BGR	1	1	1	1	

Urlaub Vorjahr	0,00	Urlaub - monatlich genommen	3,00
Urlaubsanspruch	24,00	Resturlaub	21,00

Lohnart	Bezeichnung	bezahlte Menge	Faktor	%-Zuschlag	St*	SV*	GB*	Betrag
1	Lohn	75,00	12,6000		L	L	J	945,00 EUR
7	Lohnfortzahlung Krank	15,00	12,6000	100,00	L	L	J	189,00 EUR
9	Überstunden	6,00	12,6000		L	L	J	75,60 EUR
13	Sonntagszuschlag (50%)	6,00	6,3000	50,00	F	F	J	37,80 EUR
14	Urlaubsstunden	15,00	12,6000	100,00	L	L	J	189,00 EUR

Steuer / Sozialversicherung — Gesamtbrutto 1.438,40 EUR

Steuer - Brutto	Lohnsteuer	Kirchensteuer	SolZ	KV - Brutto	PV - Brutto	Steuerrechtl. Abzüge
1.398,60 EUR	0,00 EUR	0,00 EUR	0,00 EUR	1.328,80 EUR	1.328,80 EUR	0,00 EUR
Σ 1.398,60 EUR	Σ 0,00 EUR	Σ 0,00 EUR	Σ 0,00 EUR	Σ 1.328,80 EUR	Σ 1.328,80 EUR	Σ 0,00 EUR
RV - Brutto	**AV - Brutto**	**KV - Beitrag**	**PV - Beitrag**	**RV - Beitrag**	**AV - Beitrag**	**SV - rechtl. Abzüge**
1.328,80 EUR	1.328,80 EUR	97,60 EUR	17,07 EUR	109,49 EUR	15,30 EUR	239,46 EUR
Σ 1.328,80 EUR	Σ 1.328,80 EUR	Σ 97,60 EUR	Σ 17,07 EUR	Σ 109,49 EUR	Σ 15,30 EUR	Σ 239,46 EUR

Σ Gesamtsumme

Nettoentgelt 1.196,94 EUR

Aufgelaufene Jahreswerte	
Gesamtbrutto	Steuer - Brutto
2.835,00 EUR	2.797,20 EUR
Lohnsteuer	Kirchensteuer
0,00 EUR	0,00 EUR
SolZ	KV - Brutto
0,00 EUR	2.629,47 EUR
PV - Brutto	RV - Brutto
2.629,47 EUR	2.629,47 EUR
AV - Brutto	KV - Beitrag
2.629,47 EUR	192,34 EUR
PV - Beitrag	RV - Beitrag
29,72 EUR	215,77 EUR
AV - Beitrag	VWL - Gesamt
30,16 EUR	0,00 EUR
Betriebl. Altersversorgung	Auszahlungsbetrag
0,00 EUR	2.497,61 EUR

Nr.	Netto - Bezüge / Netto - Abzüge	
	Summe Netto Be-/Abzüge	0,00 EUR
	Auszahlungsbetrag	1.196,94 EUR

IBAN: DE63 1004 0000 3456 3409 00
BIC: COBADEFFXXX
Bank: Commerzbank Fil. Berlin 1

Sollten die Korrekturen sich auch finanziell auswirken, wird der Differenzbetrag im aktuellen Abrechnungsmonat als Nettobe- oder -abzug verrechnet.

Nr.	Netto - Bezüge / Netto - Abzüge	Nettoentgelt 1.128,22 EUR
9082	Korrektur aus Februar	30,79 EUR

Beachten Sie, dass dies auch Einfluss auf LSt-Anmeldung und Beitragsnachweise hat. Lexware erzeugt für den Korrekturmonat automatisch eine **korrigierte LSt-Anmeldung**. Beitragsnachweise werden nicht rückwirkend geändert. Geänderte SV-Beiträge fließen in den **Beitragsnachweis** des **aktuellen Abrechnungsmonats** bzw. des Folgemonats ein.

Die Korrektur von Krankenkassen-Stammdaten

Werden Beitrags- oder Umlagesätze rückwirkend geändert, startet automatisch ein Korrekturassistent, der Ihnen ermöglicht, diese Daten rückwirkend auch über mehrere Monate zu korrigieren - analog zur Korrektur von Mitarbeiterstammdaten.

Gleichzeitig werden alle davon betroffenen Mitarbeiter neu abgerechnet und die entsprechenden Korrekturausdrucke und -meldungen erzeugt.

1.17 Der Jahreswechsel

Der Lohnsteuerjahresausgleich

Bevor Sie die Abrechnung Dezember durchführen, prüfen Sie, ob für Ihre Firma ein Lohnsteuerjahresausgleich durchzuführen ist. Die Voraussetzung dafür wird durch § 42b EStG vorgeschrieben.

Sie können den LSt-Jahresausgleich durchführen über

- den Menüpunkt Extras → Lohnsteuer-Jahresausgleich

Dieser Link ist nur im Abrechnungsmonat Dezember aktiv.

Der Jahreswechsel

In der Entgeltabrechnung gibt es keinen Jahresabschluss wie in der Buchhaltung. Durch den Monatswechsel im Dezember gelangen Sie in den Januar des Folgejahres.

Da die Entgeltabrechnung an viele gesetzliche Vorschriften und Rechengrößen gebunden ist, ist zwingend ein Update notwendig, bevor der Monatsabschluss Dezember durchgeführt werden darf und kann.

Gesetzliche Rechengrößen

Die für das aktuelle Jahr und die Vorjahre gültigen gesetzlichen Rechengrößen können Sie in Lexware für jedes Bundesland und Kalenderjahr einsehen unter

- dem Menüpunkt Verwaltung → Gesetzl. Rechengrößen Bundesländer...

Wählen Sie das Bundesland und den Gültigkeitszeitraum aus und Sie sehen die für die **Sozialversicherung**, die **Steuer** und die **Kirchensteuer** geltenden Werte.

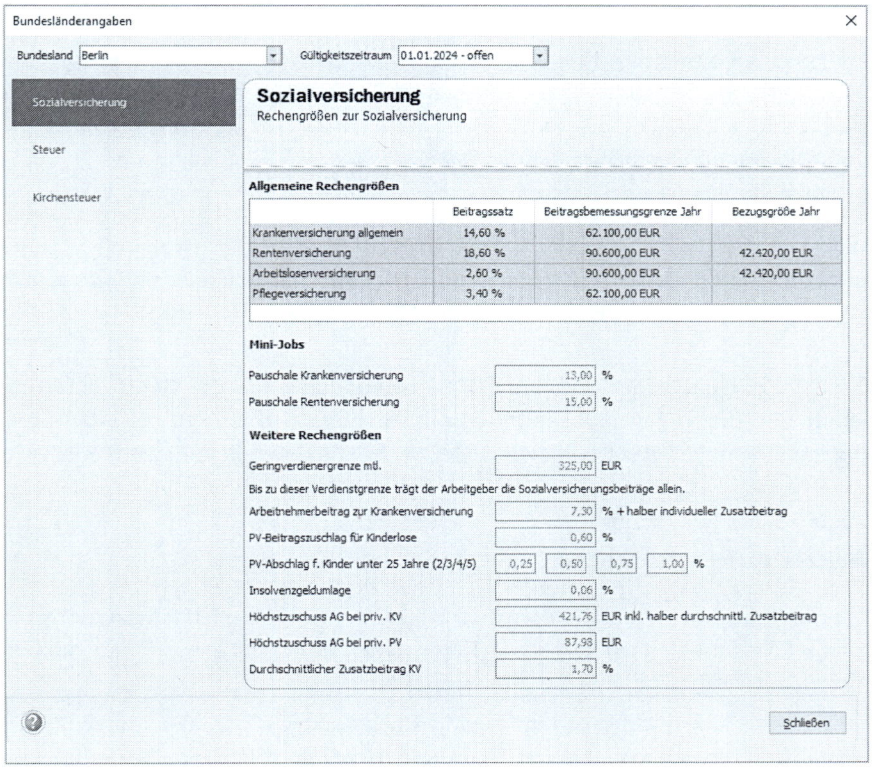

Durch die jährlichen und unterjährigen Updates rechnet Lexware immer mit den aktuellen Zahlen.

Datenübernahme

Beim Jahreswechsel werden alle Arbeitnehmer, in deren Stammdaten kein Austrittsdatum eingegeben wurde, in das neue Jahr übernommen. Die laufenden Bezüge (z. B. Gehalt, Firmenwagen, geldwerte Vorteile) werden ebenfalls vorgetragen.

Nicht übernommen werden z. B. die laut einer Ersatzbescheinigung eingetragenen Steuerfreibeträge. Sie müssten neu erfasst werden, solange Sie die Steuermerkmale des Arbeitnehmers weiterhin einer Ersatzbescheinigung des Finanzamtes entnehmen. Benutzen Sie den ELStAM-Abruf, werden Ihnen die Daten über die ELStAM-Änderungslisten in der Antwortzentrale bereitgestellt (*s. Kapitel 1.9*).

Die Jahreswerte des abgeschlossenen Jahres stehen zur Berechnung von Einmalzahlungen, bei denen die Märzklausel zu berücksichtigen ist, zur Verfügung.

Die noch verbliebenen Urlaubstage der Arbeitnehmer werden im Folgejahr als **Resturlaub aus Vorjahr** vorgetragen. Beachten Sie, dass für Arbeitnehmer, die unterjährig eingestellt wurden und nur einen anteiligen Jahresurlaubsanspruch hatten, im Folgejahr der komplette Jahresurlaubsanspruch eingetragen werden muss.

Jahresmeldungen und Jahresauswertungen

Für jeden Arbeitnehmer ist ein Lohnkonto zu führen. Diese Arbeit übernimmt Lexware für Sie. Sie sollten zum Jahresende die Lohnkonten Ihrer Arbeitnehmer prüfen und auch außerhalb von Lexware archivieren. Das Lohnkonto können Sie z. B. aufrufen und exportieren über

- Menü Berichte → Lohnkonto

Weitere Informationen zu Berichten finden Sie im Kapitel 1.12.

Die **Lohnsteuerbescheinigung** muss an das Finanzamt gesendet und auch dem Mitarbeiter in Papier- oder Dateiform zur Verfügung gestellt werden (*vgl. Kapitel 1.13*).

Der **UV-Lohnnachweis und die UV-Jahresmeldung für die Berufsgenossenschaft** und die **SV-Jahresentgeltmeldung** stehen erst nach dem Monatswechsel Dezember zum Versand bereit (*vgl. Kapitel 1.13*).

Weitere Abschlussarbeiten

Der Arbeitgeber muss anhand der Mitarbeiterzahlen des aktuellen Jahres **prüfen**, ob für das Folgejahr **U1-Pflicht** besteht. Dafür stehen Ihnen in Lexware keine Auswertungen zur Verfügung.

Für das neue Abrechnungsjahr müssen die **Umlagesätze U1/U2** der Krankenkassen **aktualisiert** werden (*vgl. Kapitel 1.6*). Diese Arbeit kann Lexware Ihnen mit dem kostenpflichtigen Tool eService Personal auch abnehmen.

Vor der Abrechnung des Monats Januar im Folgejahr muss geprüft werden, welche Arbeitnehmer zum Dezember des aktuellen Jahres und im Folgejahr mit Ihrem SV-Brutto die **Jahresarbeitsentgeltgrenze** überschritten haben bzw. werden und somit aus der Pflichtversicherung herausfallen. Für diese Arbeitnehmer muss der Beitragsgruppenschlüssel geändert werden.

Lexware bietet Ihnen mit dem Monatsabschluss November eine Checkliste mit allen wichtigen Terminen und Abschlussarbeiten an.

Abrechnungsjahr wechseln

Möchten Sie in vorherige Abrechnungsjahre wechseln, so wählen Sie unter dem

- Menüpunkt Datei → Abrechnungsjahr wechseln...

Lexware bietet Ihnen alle bisherigen Abrechnungsjahre zur Auswahl an. Korrekturen sind nur im Vorjahr über den Korrekturmodus möglich, jedoch wegen der Märzklausel nur für die Monate April bis Dezember. Aus diesem Grund sind viele Funktionen inaktiv und mit einem Schloss-Symbol versehen.

Über Datei → Abrechnungsjahr wechseln... gelangen Sie wieder zurück in das aktuelle Jahr.

1.18 Die Übertragung der Buchungsliste

Im **Lexware financial office** kann die Buchungsliste aus dem Modul lohn + gehalt direkt in das Modul Buchhaltung übertragen werden. Sollte die Buchhaltung mit einem anderen Programm erfolgen, ist auch ein Export der Buchungsliste als Excel oder ASCII-Datei möglich. Voraussetzung ist in jedem Fall, dass die Lohnarten kontiert sind.

Die Kontenverwaltung

Um eine korrekte Verbuchung der Lohndaten im Buchhaltungsprogramm zu gewährleisten muss jede Lohnart einem Fibu-Konto zugeordnet werden. Die Kontierung ist immer erst ab dem aktuellen Abrechnungsmonat möglich, d. h. eine nachträgliche Kontierung bereits abgerechneter Monate funktioniert nicht. In diesem Fall müssen die Buchungssätze in der Buchhaltung manuell erfasst werden. Das gilt auch, wenn trotz eingerichteter Kontierung neue Lohnarten nicht mit einem Fibu-Konto verknüpft wurden.

Lexware bietet Ihnen hierfür einen Assistenten unter

- dem Menüpunkt Verwaltung → Kontenverwaltung...

Auf **Seite 1** wählen Sie den in der Buchführung verwendeten **Kontenrahmen** (z. B. DATEV SKR04) aus. Lexware erkennt daraus das **Lohn & Gehalt Verrechnungskonto**.

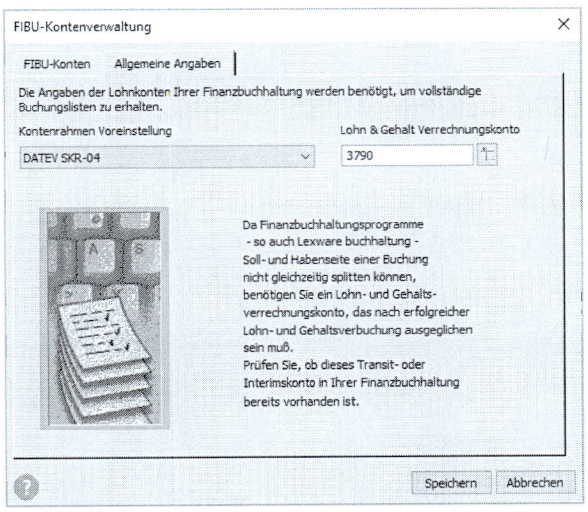

Auf **Seite 2** wird jede **Lohnart** einem **Fibu-Konto** zugewiesen. Überprüfen Sie, ob es Lohnarten ohne Konto gibt. Hier muss ein Konto eingetragen werden. Es könnte auch über das kleine Symbol rechts neben der Kontonummer ausgewählt werden. Das ist aber nur möglich, wenn auch das Modul Buchhaltung in Lexware aktiviert und eingerichtet wurde. Dies ist allerdings ein anderes Thema und wird im Buch **Finanzbuchführung mit Lexware** erläutert.

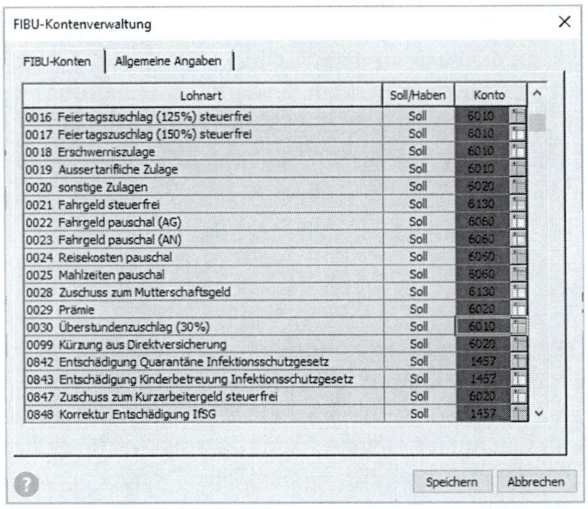

Im Beispiel der Musterlohn GmbH ist zu prüfen, ob für die **neu angelegte Lohnart 0030 Überstundenzuschlag (30 %)** die Standardkontierung korrekt ist. Stimmen Sie sich hierfür mit Ihrer Buchführung ab.

Lexware prüft vor der Übergabe, ob alle Lohnarten kontiert wurden und bricht die Übertragung evtl. mit folgender Fehlermeldung ab.

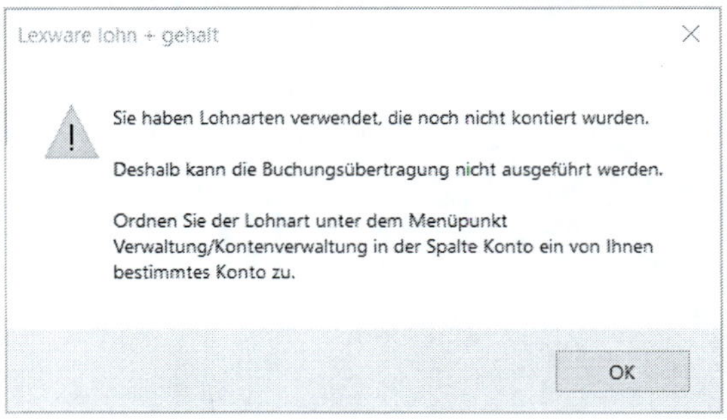

Die Übertragung

Übertragung an Lexware Buchhaltung

Wird die Lexware Buchhaltung verwendet, kann die Buchungsliste direkt dorthin in einen Buchungsstapel übertragen werden. Hierfür starten Sie

- im Menüpunkt Extras → Buchungsliste übertragen…

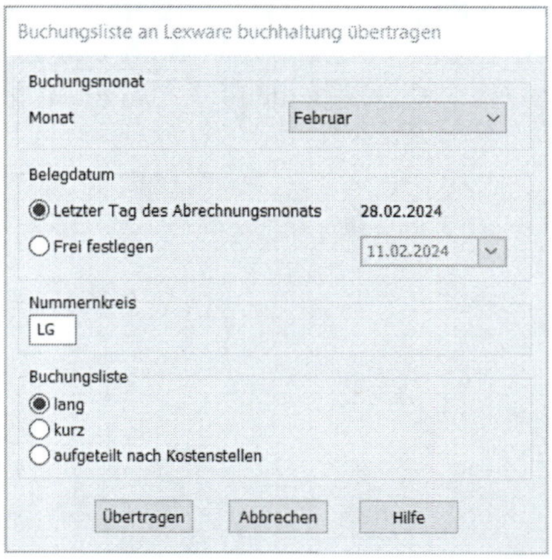

Die Übertragung ist nur für bereits abgeschlossene Monate möglich, für die der Monatswechsel durchgeführt wurde und wenn alle Lohnarten in der Buchungsliste ein Fibu-Konto besitzen.

Die weiteren Angaben in dem Dialog sollten mit der Buchhaltung abgestimmt werden.

Praxistipp: Da die Buchungsliste mit dem Monatsabschluss erzeugt wird, prüfen Sie bitte vorher, ob alle Lohnarten korrekt kontiert sind. Das betrifft vor allem neue angelegte Lohnarten. Somit verhindern Sie einen zusätzlichen Erfassungs- oder Korrekturaufwand in der Buchhaltung.

Sie können sich die Buchungsliste zuvor auch ansehen. Sie lässt sich, wie alle Berichte, auf unterschiedlichen Wegen öffnen (*vgl. Kapitel 1.12*), z. B. über

- den Menüpunkt Berichte → Buchungsliste

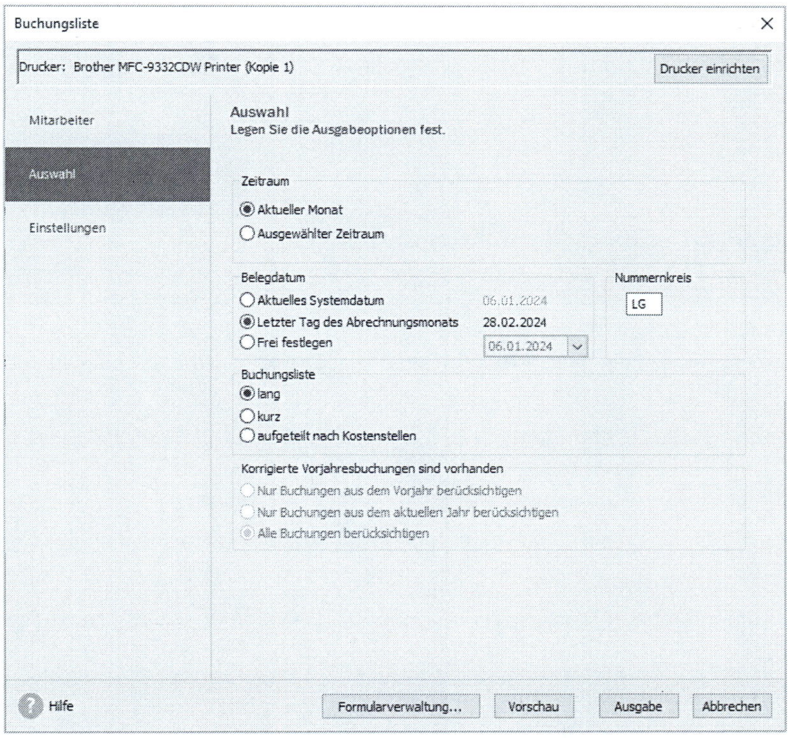

Auch hier sind einige Voreinstellungen möglich, die das Aussehen und den Inhalt der Liste beeinflussen. Anhand dieser Auswahlmöglichkeiten können Sie gut testen, welche Optionen im zuvor dargestellten Dialog **Buchungsliste an Lexware Buchhaltung übertragen** sinnvoll sind.

Musterlohn GmbH — **Buchungsliste** — Februar 2024

Verrechnungskonto: 3790

Beleg-Datum	Buchungs-Nummer	Text	Konto	Soll	Haben
29.02.2024	LG24020001	Lohn	6010	945,00 EUR	
29.02.2024	LG24020002	Gehalt	6020	7.330,00 EUR	
29.02.2024	LG24020007	Lohnfortzahlung Krank	6010	189,00 EUR	
29.02.2024	LG24020009	Überstunden	6010	50,40 EUR	
29.02.2024	LG24020013	Sonntagszuschlag (50%)	6010	25,20 EUR	
29.02.2024	LG24020014	Urlaubsstunden	6010	189,00 EUR	
29.02.2024	LG24020028	Zuschuss zum Mutterschaftsgeld	6130	356,29 EUR	
29.02.2024	LG24020925	Kürzung aus Altersvorsorge	6020		100,00 EUR
29.02.2024	LG24020926	Altersvorsorge Barlohnumwandlung	6020	100,00 EUR	
29.02.2024	LG24020993	bAV Pflichtzuschuss	6020	15,00 EUR	
29.02.2024	LG24021939	Jubiläumszuwendung	6020	4.000,00 EUR	
29.02.2024	LG24026908	Altersvorsorge Vertrag 1	3725		115,00 EUR
29.02.2024	LG24029021	VWL 1 Zuschuss	6080	20,00 EUR	
29.02.2024	LG24029024	VWL 1 Überweisung	3770		40,00 EUR
29.02.2024	LG24029034	Umlage U1	6110	254,52 EUR	
29.02.2024	LG24029034	Umlage U1	3740		254,52 EUR
29.02.2024	LG24029035	Umlage U2	6110	29,83 EUR	
29.02.2024	LG24029035	Umlage U2	3740		29,83 EUR
29.02.2024	LG24029036	AG-Anteil an gesetzlicher SV	6110	2.472,46 EUR	
29.02.2024	LG24029037	Verbindlichkeiten aus gesetzlicher SV	3740		4.903,33 EUR
29.02.2024	LG24029038	Verbindlichkeiten aus LSt,SolZ,KiSt	3730		2.074,32 EUR
29.02.2024	LG24029039	Verbindlichkeiten aus Lohn und Gehalt	3720		8.468,96 EUR
29.02.2024	LG24029040	AG-Anteil an LSt,SolZ,KiSt	6069	9,26 EUR	
29.02.2024	LG24029111	Dienstfahrzeug	6072	216,00 EUR	
29.02.2024	LG24029111	Dienstfahrzeug	4947		216,00 EUR
29.02.2024	LG24029112	Dienstfahrzeug (KM)	6072	23,76 EUR	

Übertragung an externes Buchführungsprogramm

Wollen Sie die **Buchungsdaten** für ein **externes Buchführungsprogramm** exportieren, geschieht dies auch über den gerade beschriebenen Aufruf der Buchungsliste. Sie müssen nur auf der **Seite Einstellungen** den **Export** nach Excel oder in eine Datei einstellen.

Automatisierung

Die Buchungsliste lässt sich monatlich manuell auf dem gerade beschriebenen Weg an die Buchführung übergeben.

Lexware fragt auch beim Monatswechsel, ob eine Übertragung gewünscht ist (*vgl. Kapitel 1.14*).

Das ist von den Einstellungen im

- Menüpunkt Extras → Optionen → Buchhaltung abhängig

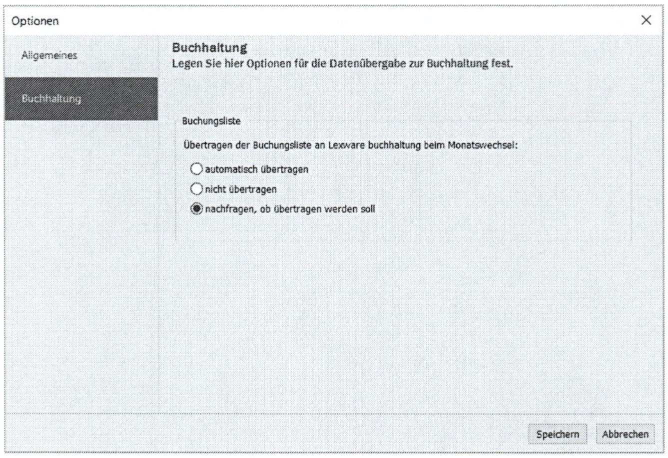

Hier lässt sich auch eine generelle automatische Übertragung ohne jegliche Abfragen einrichten.

2

Übungsfälle

In diesem Kapitel üben Sie anhand interessanter Praxisfälle das Einrichten einer Firma, das Anlegen von Personalstammdaten und das Erstellen einzelner Gehaltsabrechnungen.
Zur Kontrolle des Lernerfolges sind jedem Übungsfall neben Hinweisen zu den einzelnen Aufgaben die Abrechnung der Brutto-Netto-Bezüge und das Lohnjournal beigefügt.

Inhalt

- Anlegen der Firmenstammdaten
- Anlegen von Krankenkassen
- Anlegen der Personalstammdaten
- An- und Abmelden von Mitarbeitern
- Einrichten von Lohnarten
- Erstellen der Abrechnungen für Arbeiter, Angestellte und geringfügig Beschäftigte
- Durchführen von Korrekturabrechnungen
- Überprüfen der Ergebnisse anhand von Abrechnungen (Brutto-Netto-Bezüge) und Lohnjournalen

Hinweise zu den Übungs- / Prüfungsaufgaben

Überprüfen Sie Ihre Ergebnisse zu den Übungsfällen über den Ausdruck der

- Firmenstammdaten
- Personalstammdaten
- Krankenkassenstammblatt
- Lohnabrechnung
- Lohnjournal

Lohnabrechnungen und **Journal** sind als Lösung den einzelnen Übungsfällen beigefügt. Als Vergleichsgrundlage zur Kontrolle der Stammdaten nutzen Sie zusätzlich die gegebenen Stammdaten in den Aufgaben des jeweiligen Übungsfalls.

Firmenstammblatt

Folgende Daten sollten über das **Firmenstammblatt** kontrolliert werden, da diese nicht in der Lohn-/ Gehaltsabrechnung und dem Lohnjournal angegeben werden:

- Bankverbindung der Firma
- Finanzamtsdaten: Anschrift, Steuernummer, Bankverbindung, Abgabezeitraum der Lohnsteueranmeldung, Zahlungsart
- Berufsgenossenschaft: Mitgliedsnummer, Fehlzeiten

Personalstammblatt

Folgende Daten sollten über das **Personalstammblatt** kontrolliert werden, da diese nicht in der Entgeltabrechnung ausgedruckt sind:

- Persönliche Daten: Geschlecht und Staatsangehörigkeit
- Firma: Zahlungsart
- Status: Rentenart, Gesellschafter-Geschäftführer
- Lohnsteuerabzugsmerkmale: Behandlung der pauschalen Kirchensteuer
- Arbeitszeiten
- Gefahrentarifstelle
- VWL und betriebliche Altersvorsorge

Krankenkassenstammblatt

Über das **Krankenkassenstammblatt** können Sie kontrollieren:

- Name und Adresse der Krankenkassen
- Betriebsnummer
- Kassenart
- Hinterlegte Beitrags- und Umlagesätze

Krankenkassenstammdaten für Übungsfälle und Musterprüfungen

Die bereits vorhandenen Beitragssätze der Krankenkassen betragen für 2024:
allgemeiner Beitragsstz: 14,6 %
ermäßigter Beitragssatz: 14,0 %,

Erfassen Sie für die Krankenkassen (Krankenkassenangaben allgemein) folgende kassenindividuellen **Zusatzbeiträge** und die **Umlage- und Erstattungssätze** für 2024. Für den Übungsfall 6 werden bei der AOK Hessen auch die Vorjahreswerte benötigt. Sollten Krankenkassen während des laufenden Jahres ihre Umlagesätze ändern, verwenden Sie für die Übungsfälle dennoch die hier angegebenen Werte, da es sonst zu Differenzen in Lösungen kommt.

AOK Hessen (Betriebsnummer 451 186 87)

2023

Zusatzbeitrag: 1,6 %

	Erstattungssatz	Umlagesatz
U1 allgemein	70 %	3,4 %
U1 erhöht	80 %	4,7 %
U1 ermäßigt	60 %	3,3 %
U1 ermäßigt	50 %	2,3 %
U2	100 %	0,60 %

2024

Zusatzbeitrag: 1,6 %

	Erstattungssatz	Umlagesatz
U1 allgemein	70 %	2,9 %
U1 erhöht	80 %	3,8 %
U1 ermäßigt	60 %	2,5 %
U1 ermäßigt	50 %	1,7 %
U2	100 %	0,47 %

AOK Baden-Württemberg (Betriebsnummer: 674 506 65)

2024

Zuatzbeitrag: 1,7 %

	Erstattungssatz	Umlagesatz
U1 allgemein	70 %	2,60 %
U1 erhöht	80 %	3,85 %
U1 ermäßigt	60 %	2,30 %
U1 ermäßigt	50 %	1,70 %
U2	100 %	0,59 %

KKH (Betriebsnummer: 291 379 37)

2024

Zusatzbeitrag: 1,98 %

	Erstattungssatz	Umlagesatz
U1 allgemein	70 %	2,9 %
U1 erhöht	80 %	4,4 %
U1 ermäßigt	50 %	2,0 %
U2	100 %	0,34 %

Karl Mayer Betriebskrankenkasse (Betriebsnummer: 480 630 96)

2024

Zusatzbeitrag: 2,3 %

	Erstattungssatz	Umlagesatz
U1 allgemein	60 %	2,4 %
U2	100 %	0,2 %

Knappschaft-Bahn-See (Minijob-Zentrale) (Betriebsnummer: 980 000 06)

2024

	Erstattungssatz	Umlagesatz
U1 allgemein	80 %	1,1 %
U2	100 %	0,24 %

R+V BKK (Betriebsnummer: 48944809)
2024
Zusatzbeitrag: 1,4 %

	Erstattungssatz	Umlagesatz
U1 allgemein	60 %	2,3 %
U1 ermäßigt	50 %	1,9 %
U1 erhöht	80 %	4,4 %
U2	100 %	0,45 %

Audi BKK (Betriebsnummer: 82889062)
2024
Zusatzbeitrag: 1,0 %

	Erstattungssatz	Umlagesatz
U1 allgemein	80 %	3,5 %
U1 ermäßigt	60 %	2,3 %
U2	100 %	0,4 %

1. Fall: Bürofachhandel

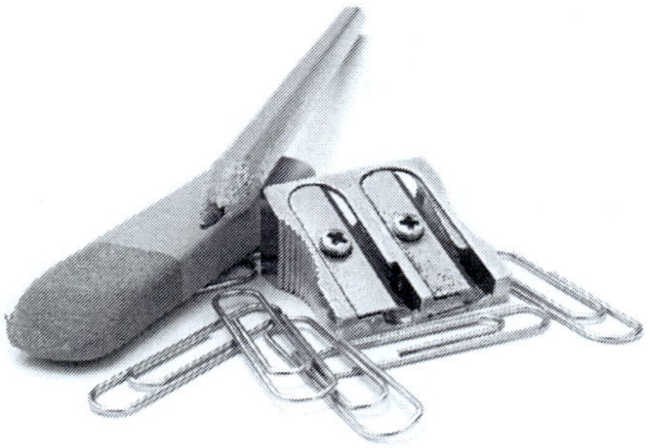

Übungsschwerpunkte

- Anlegen einer Firma
- Erfassung unterschiedlicher Mitarbeitertypen
- Entgeltabrechnung für 2 Monate durchführen

Hinweise

- Es bestehen keine weiteren Betriebsstätten.
- Die Auszahlung der Löhne und Gehälter ist zum Monatsletzten fällig.
- Der Betrieb ist weder tarifgebunden, noch besteht eine Betriebsvereinbarung

Aufgaben

Aufgabe 1:

- Legen Sie eine neue Firma mit den nachstehend aufgeführten Stammdaten an. Die Firma hat die Entgeltabrechnung ab **Februar 2024** auf Lexware umgestellt.

Firmenstammdaten:

Firma/Anschrift:	Bürofachhandel „eigener Name“ Bücherwurmstr. 47 63179 Obertshausen (Hessen) E-Mail: info@buerofach.de
Finanzamt:	2644 - Offenbach am Main II Steuernummer: 044 890 12345 ▪ Lohnsteueranmeldung: monatlich ▪ Zahlungsart: Lastschrift
Bankverbindung:	IBAN DE19 5059 2200 0006 5000 30 BIC GENODE51DRE VR Bank Dreieich-Offenbach
Betriebsnummer:	492 705 51
Ansprechpartner: (für Firma und Entgeltabr.)	Ewald Maier Tel.: 06104/303030 E-Mail: maier@buerofach.de
Berufsgenossenschaft:	BGHW (32064004) Mitgliedsnummer: 4567890211 PIN: 13456 / Unternehmensnummer: 123456789117001
Arbeitszeit:	40 Stunden pro Woche (Mo - Fr je 8 Std., 08:00 bis 12:00 und 12:45 bis 16:45)
Krankenkassen:	AOK Hessen / KKH ▪ Das Unternehmen ist U1-pflichtig und nutzt jeweils den allgemeinen Erstattungssatz. ▪ Die Zahlung an die Krankenkassen erfolgt per Lastschrift. ▪ U1/U2-Erstattungsbeträge werden auf das Bankkonto überwiesen. ▪ Nachweis im Krankheitsfall ist nach 3 Kalendertagen erforderlich.

Aufgabe 2:

- Legen Sie die Mitarbeiter entsprechend nachfolgender Angaben an.

Mitarbeiterstammdaten und Vortragsdaten:

- Die Zahlungen an die Mitarbeiter erfolgen per Scheck.
- Steuerabzugsmerkmal werden mit nach persönlichen Daten selbst gebildeten Merkmalen erfasst.
- Bei pauschalierten Lohnarten wird die Kirchensteuer im Nachweisverfahren ermittelt.
- Gefahrtarifstelle aller Mitarbeiter: 02 (Handel mit Textilien, ..., Bürobedarf, ...)

Personalnummer:	01	
Name:	Ewald Maier	
Anschrift:	Am Hasenpfad 3 60557 Frankfurt a.M. (Hessen)	
Geboren:	23.06.1985	
Eintritt:	01.12.2020	
Bezüge:	Gehaltsempfänger	
SV-Nummer:	52 230685 M 006	
Tätigkeitsmerkmale:	Verkäufer für Bürobedarf Hauptschule mit abgeschlossener Berufsausbildung	
Sozialversicherung:	KKH Elterneigenschaft: nachgewiesen, 2 Kinder unter 25 Jahren	
Steuer:	ID-Nr.: 11234567890 ELStAM: III/2/ev/rk Freibetrag: 12.000,00 €/Jahr, 1.000,00 €/Monat	
Arbeitszeit:	betriebsüblich	
Urlaub:	3 Tage Resturlaub aus Vorjahr 24 Tage für lfd. Jahr	
Vortagswerte aus bisheriger eigener Entgeltabrechnung:		
	Steuertage/RV-/AV-Tage[1]	30
	Gesamt-/Steuerbrutto	3.300,00 €
	LSt	0,00 €
	Soli-Zuschlag	0,00 €
	KiSt	0,00 €
	SV-Entgelt/BG-Entgelt[1] /	3.300,00 €
	KV-Beitrag AN[2]	273,57 €
	RV-Beitrag AN	306,90 €
	AV-Beitrag AN	42,90 €
	PV-Beitrag AN	47,85 €
	Fehlzeiten	keine
	Auszahlbetrag	2.628,78 €

1 gilt auch für Insolvenzgeldumlage
2 inklusive Zusatzbeitrag

Personalnummer:	02
Name:	Gerhard Reimann
Anschrift:	Bahnhofstr. 26 63165 Mühlheim (Hessen)
Geboren:	03.07.1977 in Hannover
Eintritt:	01.02.2024
Bezüge:	Lohnempfänger
SV-Nummer:	56 030777 R 499
Tätigkeitsmerkmale:	Lagerarbeiter Hauptschule ohne abgeschlossene Berufsausbildung
Sozialversicherung:	AOK Hessen Elterneigenschaft: nicht nachgewiesen
Steuer:	ID-Nr.: 11987654321 ELStAM: I /0/-
Arbeitszeit:	betriebsüblich
Urlaub:	22 Tage für lfd. Jahr
Sonstiges:	Herr Reimann war zuvor arbeitssuchend.

Personalnummer:	03
Name:	Annette Schmidt
Anschrift:	Laakirchner Str. 110 63179 Obertshausen (Hessen)
Geboren:	21.03.2007 in Obertshausen
Eintritt:	01.02.2024 als Auszubildende voraussichtliches Ausbildungsende: 31.01.2027
Bezüge:	Gehaltsempfänger
SV-Nummer:	muss beantragt werden
Tätigkeitsmerkmale:	Verkäuferin für Bürobedarf Mittlere Reife
Sozialversicherung:	KKH Elterneigenschaft: nicht nachgewiesen
Steuer:	ID-Nr.: 10258349973 ELStAM: I/0/rk
Arbeitszeit:	betriebsüblich
Urlaub:	nach § 19 JArbSchG

Personalnummer:	04
Name:	Harald Beyer
Anschrift:	Schmidtgasse 13 63179 Obertshausen (Hessen)
Geboren:	11.06.1958
Eintritt:	01.02.2024
Bezüge:	Gehaltsempfänger
SV-Nummer:	52 110658 B 347
Tätigkeitsmerkmale:	Buchhalter in Teilzeit Abitur, Abschluss als Industriekaufmann
Sozialversicherung:	KKH Elterneigenschaft: nicht nachgewiesen
Steuer:	ID-Nr.: 11235467896 ELStAM: I/0/-
Arbeitszeit:	18 Std./Woche (Mo - Do je 4,5 Std., 08:00 bis 12:30)
Urlaub:	18 Tage für das lfd. Jahr
Sonstiges:	Herrn Beyer ist Altersvollrentner, hat aber die Regelaltersgrenze noch nicht erreicht. Dies ist sein einziges Arbeitsverhältnis im aktuellen Jahr.

Aufgabe 3:

- Erfassen Sie nachfolgende Bezüge und evtl. noch nicht erfasste Vorträge.
  Erstellen Sie die **Entgeltabrechnung** für **Februar**.
  Vergleichen Sie anschließend Ihre Auswertungen mit den Lösungsvorschlägen im Buch.

Personal-Nr., Name:	01, Ewald Maier	
Bezüge:	Gehalt:	1.800,00 €
	laufende Prämie:	1.500,00 €
	Herr Maier, der 26 km von seiner ersten Tätigkeitsstätte entfernt wohnt, erhält ab Februar vom Arbeitgeber einen monatlichen Fahrkostenzuschuss in Höhe von 25,00 € für die Fahrten von seiner Wohnung zur ersten Tätigkeitsstätte mit dem Motorrad. Dieser wird in der gesetzlich zulässigen Höhe zu Lasten des Arbeitgebers pauschal versteuert. Außerdem zahlt der Arbeitgeber ab Februar einen monatlichen Kindergartenzuschuss in Höhe von 40,00 € für die nachgewiesenen Unterbringungskosten des noch nicht schulpflichtigen Kindes.	

Personal-Nr., Name:	02, Gerhard Reimann	
Bezüge:	Stundenlohn	12,41 €
	Normalstunden	168 Std.
	Überstunden	14 Std.
	davon mit 25 % Zuschlag	14 Std.
	davon nachts 20:00 - 24:00 Uhr	4 Std.
	davon nachts 00:00 - 04:00 Uhr (die Arbeit wurde jeweils vor 0:00 Uhr begonnen)	4 Std.
	davon nachts 04:00 - 06:00 Uhr	2 Std.
	Für die Nachtarbeit werden die höchstmöglichen steuerfreien Zuschläge gewährt. Herr Reimann spart ab dem 01.02. monatlich 40,00 € vermögenswirksam bei der LBS, Vertragsnummer 2613440. Der Betrieb gibt einen Zuschuss von 20,00 € dazu. Der Sparbetrag wird per Einzugsermächtigung abgebucht.	

Personal-Nr., Name:	03, Annette Schmidt	
Bezüge:	Ausbildungsvergütung	649,00 €

Personal-Nr., Name:	04, Harald Beyer	
Bezüge:	Gehalt	1.320,00 €

Aufgabe 4:

- Führen Sie den **Monatsabschluss** für **Februar** durch.
  Erfassen Sie folgende abweichende Bezüge und weitere Abrechnungsinformationen. Erstellen Sie die **Entgeltabrechnung** für **März**.
  Vergleichen Sie anschließend Ihre Auswertungen mit den Lösungsvorschlägen im Buch.

Personal-Nr., Name:	01, Ewald Maier	
Bezüge:	laufende Prämie:	1.950,00 €

Personal-Nr., Name:	02, Gerhard Reimann	
Bezüge:	Normalstunden	160 Std.
	Überstunden	8 Std.
	davon mit 25 % Zuschlag	8 Std.
	Nachtzuschlag:	
	mit 25 % Zuschlag	4 Std.
	mit 40 % Zuschlag	3 Std.
Sonstiges:	Anfang des Monats hat Herr Reimann einen Vorschuss in Höhe von 150,00 € erhalten, der bei der Lohnabrechnung verrechnet werden soll.	

Personal-Nr., Name:	03, Annette Schmidt
Bezüge:	Ab dem 01.03. hat die Arbeitnehmerin einen Bausparvertrag als vermögenswirksame Leistungen abgeschlossen. Dafür werden 40,00 € per Überweisung an die Wüstenrot-Bausparkasse abgeführt, Kontonummer 789789, IBAN DE92 6003 3000 0000 7897 89, BIC BSWLDE61XXX, (Vertragsnummer 12345678). Sie erhält einen Arbeitgeberzuschuss in Höhe von 20,00 €.
Sonstiges:	Sozialversicherungsnummer: 56 210307 S 542

Personal-Nr., Name:	04, Harald Beyer
Bezüge:	Gehalt unverändert
Sonstiges:	Herr Beyer erhält von seinem Arbeitgeber einen Gutschein über 48,00 € für den Besuch eines Fitnesstudios (Rückenfitness).

Lösungen zum 1. Fall

Hinweise:

01 Ewald Maier
Tätigkeitsschlüssel 62232 2211

02 Gerhard Reimann
Tätigkeitsschlüssel 51311 2111

03 Annette Schmidt
Tätigkeitsschlüssel 62232 3113

04 Harald Beyer
Tätigkeitsschlüssel 72213 4212
Personengruppe 120
Beitragsgruppe 3111
Übergangsbereich ja

Da Hr. Beyer Altersvollrentner ist, hat er keinen Anspruch auf Krankengeld und zahlt in der KV nur den ermäßigten Beitragssatz (Beitragsgruppe KV: 3). Mit dem vom Bundesrat am 25.11.2016 beschlossenen Flexirentengesetz gibt es ab 01.01.2017 die Rentenversicherungspflicht für Vollrentner vor Erreichen der Regelaltersgrenze. Deshalb muss er mit PGS 120 angelegt werden und in der RV mit Beitragsgruppe 1. Da er die Regelaltersgrenze noch nicht erreicht hat, ist auch der volle AV-Beitrag zu entrichten (Beitragsgruppe AV: 1)

Abrechnung der Brutto-Netto-Bezüge — Februar 2024

Pers.-Nr.	01	**Abteilung**		**Kst.-St.**		**SV-Nummer**	52230685M006	**Steuer ID Nr.**	11234567890
Eintritt	01.12.2020	**Austritt**		**Geb.datum**	23.06.1985	**Kasse**	KKH Kaufmännische	**St.Kl. (Faktor) / Kinder**	3 / 2,0
				Personengruppe	101	**KV / AN-Beitrag KV**	14,60% / 8,29%	**Konfession**	ev / rk
						PV (Beitrag/AN/Zu.)	3,15%/1,45%/-	**Freibetrag mtl. / jährl.**	1.000 / 12.000
						Übergangsbereich nein	**MFB** nein	**Hinzurech. mtl. / jährl.**	

	SV-Tage				St.-Tage
	KV	**RV**	**AV**	**PV**	
monatlich	30	30	30	30	30
kumuliert	60	60	60	60	60
BGR	1	1	1	1	

Urlaub Vorjahr	3,00	**Urlaub - monatlich genommen**	0,00
Urlaubsanspruch	24,00	**Resturlaub**	27,00

Bürofachhandel
Bücherwurmstraße 47, 63179 Obertshausen

persönlich / vertraulich

Herrn
Ewald Maier
Am Hasenpfad 3
60557 Frankfurt a.M.

Lohnart	Bezeichnung	bezahlte Menge	Faktor	%-Zuschlag	St*	SV*	GB*	Betrag
2	Gehalt				L	L	J	1.800,00 EUR
22	Fahrgeld pauschal (AG)				P	F	J	25,00 EUR
29	Prämie				L	L	J	1.500,00 EUR

Gesamtbrutto: 3.325,00 EUR

Steuer / Sozialversicherung

Steuer - Brutto	Lohnsteuer	Kirchensteuer	SolZ	KV - Brutto	PV - Brutto	Steuerrechtl. Abzüge
3.300,00 EUR	0,00 EUR	0,00 EUR	0,00 EUR	3.300,00 EUR	3.300,00 EUR	0,00 EUR
Σ 3.300,00 EUR	Σ 0,00 EUR	Σ 0,00 EUR	Σ 0,00 EUR	Σ 3.300,00 EUR	Σ 3.300,00 EUR	Σ 0,00 EUR
RV - Brutto	**AV - Brutto**	**KV - Beitrag**	**PV - Beitrag**	**RV - Beitrag**	**AV - Beitrag**	**SV - rechtl. Abzüge**
3.300,00 EUR	3.300,00 EUR	273,57 EUR	47,85 EUR	306,90 EUR	42,90 EUR	671,22 EUR
Σ 3.300,00 EUR	Σ 3.300,00 EUR	Σ 273,57 EUR	Σ 47,85 EUR	Σ 306,90 EUR	Σ 42,90 EUR	Σ 671,22 EUR

Σ Gesamtsumme

Nettoentgelt: 2.653,78 EUR

Aufgelaufene Jahreswerte	
Gesamtbrutto	Steuer - Brutto
6.625,00 EUR	6.600,00 EUR
Lohnsteuer	Kirchensteuer
0,00 EUR	0,00 EUR
SolZ	KV - Brutto
0,00 EUR	6.600,00 EUR
PV - Brutto	RV - Brutto
6.600,00 EUR	6.600,00 EUR
AV - Brutto	KV - Beitrag
6.600,00 EUR	547,14 EUR
PV - Beitrag	RV - Beitrag
95,70 EUR	613,80 EUR
AV - Beitrag	VWL - Gesamt
85,80 EUR	0,00 EUR
Betriebl. Altersversorgung	Auszahlungsbetrag
0,00 EUR	5.322,57 EUR

Nr.	Netto - Bezüge / Netto - Abzüge	
6003	Kindergartenzuschuss	40,00 EUR

Summe Netto Be-/Abzüge: 40,00 EUR

IBAN:
BIC:
Bank:

Auszahlungsbetrag: 2.693,78 EUR

1 Teilmonatsentgelt: Es wird die Tageslohnsteuertabelle angewandt und/oder die automatische Lohnartenkürzung durchgeführt.

* A=Abfindung, B=SV-Beiträge werden vom Arbeitgeber entrichtet, E=Einmalbezug, F=Frei, L=Laufender Bezug, M=Mehrjährige Versteuerung, P=Pauschale Versteuerung, S=Sonstiger Bezug, V=Vorjahr, GB=Gesamtbrutto, J=Mit Auswirkung auf das Gesamtbrutto, N=Ohne Auswirkung auf das Gesamtbrutto

Entgeltbescheinigung nach § 108 Absatz 3 Satz 1 der Gewerbeordnung

Lexware lohn + gehalt 28.01 — 1/2 — 05.01.2024

Abrechnung der Brutto-Netto-Bezüge

Februar 2024

Pers.-Nr. 02	**Abteilung**	**Kst.-St.**		**SV-Nummer**	56030777R499	**Steuer ID Nr.**	11987654321
Eintritt 01.02.2024	**Austritt**	**Geb.datum**	03.07.1977	**Kasse**	AOK Hessen	**St.Kl. (Faktor) / Kinder**	1 / 0,0
		Personengruppe	101	**KV / AN-Beitrag KV**	14,60% / 8,10%	**Konfession**	--
				PV (Beitrag/AN/Zu.)	3,40%/1,70%/0,60%	**Freibetrag mtl. / jährl.**	
				Übergangsbereich nein	**MFB** nein	**Hinzurech. mtl. / jährl.**	

	SV-Tage				St.-Tage
	KV	**RV**	**AV**	**PV**	
monatlich	30	30	30	30	30
kumuliert	30	30	30	30	30
BGR	1	1	1	1	

Urlaub Vorjahr	0,00	**Urlaub - monatlich genommen**	0,00
Urlaubsanspruch	22,00	**Resturlaub**	22,00

Bürofachhandel
Bücherwurmstraße 47, 63179 Obertshausen

persönlich / vertraulich
Herrn
Gerhard Reimann
Bahnhofstraße 26
63165 Mühlheim

Lohnart	Bezeichnung	bezahlte Menge	Faktor	%-Zuschlag	St*	SV*	GB*	Betrag
1	Lohn	168,00	12,4100		L	L	J	2.084,88 EUR
9	Überstunden	14,00	12,4100		L	L	J	173,74 EUR
10	Überstundenzuschlag (25%)	14,00	3,1025	25,00	L	L	J	43,44 EUR
11	Nachtzuschlag (25%) steuerfrei	6,00	3,1025	25,00	F	F	J	18,62 EUR
12	Nachtzuschlag (40%) steuerfrei	4,00	4,9640	40,00	F	F	J	19,86 EUR
9021	VWL 1 Zuschuss				L	L	J	20,00 EUR

Gesamtbrutto
2.360,54 EUR

Steuer / Sozialversicherung

Steuer - Brutto	Lohnsteuer	Kirchensteuer	SolZ	KV - Brutto	PV - Brutto	Steuerrechtl. Abzüge
2.322,06 EUR	171,66 EUR	0,00 EUR	0,00 EUR	2.322,06 EUR	2.322,06 EUR	171,66 EUR
Σ 2.322,06 EUR	Σ 171,66 EUR	Σ 0,00 EUR	Σ 0,00 EUR	Σ 2.322,06 EUR	Σ 2.322,06 EUR	Σ 171,66 EUR
RV - Brutto	**AV - Brutto**	**KV - Beitrag**	**PV - Beitrag**	**RV - Beitrag**	**AV - Beitrag**	**SV - rechtl. Abzüge**
2.322,06 EUR	2.322,06 EUR	188,09 EUR	53,41 EUR	215,95 EUR	30,19 EUR	487,64 EUR
Σ 2.322,06 EUR	Σ 2.322,06 EUR	Σ 188,09 EUR	Σ 53,41 EUR	Σ 215,95 EUR	Σ 30,19 EUR	Σ 487,64 EUR

Σ Gesamtsumme

Nettoentgelt
1.701,24 EUR

Aufgelaufene Jahreswerte	
Gesamtbrutto	Steuer - Brutto
2.360,54 EUR	2.322,06 EUR
Lohnsteuer	Kirchensteuer
171,66 EUR	0,00 EUR
SolZ	KV - Brutto
0,00 EUR	2.322,06 EUR
PV - Brutto	RV - Brutto
2.322,06 EUR	2.322,06 EUR
AV - Brutto	KV - Beitrag
2.322,06 EUR	188,09 EUR
PV - Beitrag	RV - Beitrag
53,41 EUR	215,95 EUR
AV - Beitrag	VWL - Gesamt
30,19 EUR	40,00 EUR
Betriebl. Altersversorgung	Auszahlungsbetrag
0,00 EUR	1.661,24 EUR

Nr.	Netto - Bezüge / Netto - Abzüge	
9024	VWL 1 Überweisung	-40,00 EUR

Summe Netto Be-/Abzüge
-40,00 EUR

IBAN:
BIC:
Bank:

Auszahlungsbetrag
1.661,24 EUR

1 Teilmonatsentgelt: Es wird die Tageslohnsteuertabelle angewandt und/oder die automatische Lohnartenkürzung durchgeführt.

* A=Abfindung, B=SV-Beiträge werden vom Arbeitgeber entrichtet, E=Einmalbezug, F=Frei, L=Laufender Bezug, M=Mehrjährige Versteuerung, P=Pauschale Versteuerung, S=Sonstiger Bezug, V=Vorjahr, GB=Gesamtbrutto, J=Mit Auswirkung auf das Gesamtbrutto, N=Ohne Auswirkung auf das Gesamtbrutto

Entgeltbescheinigung nach § 108 Absatz 3 Satz 1 der Gewerbeordnung

Lexware lohn + gehalt 28.01 1/1 05.01.2024

Abrechnung der Brutto-Netto-Bezüge

Februar 2024

Pers.-Nr.	03	**Abteilung**		**Kst.-St.**		**SV-Nummer**		**Steuer ID Nr.**	10258349973
Eintritt	01.02.2024	**Austritt**	31.01.2027	**Geb.datum**	21.03.2007	**Kasse**	KKH Kaufmännische	**St.Kl. (Faktor) / Kinder**	1 / 0,0
				Personengruppe	102	**KV / AN-Beitrag KV**	14,60% / 8,29%	**Konfession**	rk
						PV (Beitrag/AN/Zu.)	3,40%/1,70%/-	**Freibetrag mtl. / jährl.**	
						Übergangsbereich nein	**MFB** nein	**Hinzurech. mtl. / jährl.**	

	SV-Tage				St.-Tage
	KV	**RV**	**AV**	**PV**	
monatlich	30	30	30	30	30
kumuliert	30	30	30	30	30
BGR	1	1	1	1	

Urlaub Vorjahr	0,00	**Urlaub - monatlich genommen**	0,00
Urlaubsanspruch	25,00	**Resturlaub**	25,00

Bürofachhandel
Bücherwurmstraße 47, 63179 Obertshausen

persönlich / vertraulich
Frau
Annette Schmidt
Laakirchner Straße 110
63179 Obertshausen

Lohnart	Bezeichnung	bezahlte Menge	Faktor	%-Zuschlag	St*	SV*	GB*	Betrag
3	Auszubildendenvergütung				L	L	J	649,00 EUR

Steuer / Sozialversicherung

Gesamtbrutto
649,00 EUR

Steuer - Brutto	Lohnsteuer	Kirchensteuer	SolZ	KV - Brutto	PV - Brutto	Steuerrechtl. Abzüge
649,00 EUR	0,00 EUR	0,00 EUR	0,00 EUR	649,00 EUR	649,00 EUR	0,00 EUR
Σ 649,00 EUR	Σ 0,00 EUR	Σ 0,00 EUR	Σ 0,00 EUR	Σ 649,00 EUR	Σ 649,00 EUR	Σ 0,00 EUR
RV - Brutto	**AV - Brutto**	**KV - Beitrag**	**PV - Beitrag**	**RV - Beitrag**	**AV - Beitrag**	**SV - rechtl. Abzüge**
649,00 EUR	649,00 EUR	53,81 EUR	11,03 EUR	60,36 EUR	8,44 EUR	133,64 EUR
Σ 649,00 EUR	Σ 649,00 EUR	Σ 53,81 EUR	Σ 11,03 EUR	Σ 60,36 EUR	Σ 8,44 EUR	Σ 133,64 EUR

Σ Gesamtsumme

Nettoentgelt
515,36 EUR

Aufgelaufene Jahreswerte	
Gesamtbrutto	Steuer - Brutto
649,00 EUR	649,00 EUR
Lohnsteuer	Kirchensteuer
0,00 EUR	0,00 EUR
SolZ	KV - Brutto
0,00 EUR	649,00 EUR
PV - Brutto	RV - Brutto
649,00 EUR	649,00 EUR
AV - Brutto	KV - Beitrag
649,00 EUR	53,81 EUR
PV - Beitrag	RV - Beitrag
11,03 EUR	60,36 EUR
AV - Beitrag	VWL - Gesamt
8,44 EUR	0,00 EUR
Betriebl. Altersversorgung	Auszahlungsbetrag
0,00 EUR	515,36 EUR

Nr.	Netto - Bezüge / Netto - Abzüge	

Summe Netto Be-/Abzüge
0,00 EUR

IBAN:
BIC:
Bank:

Auszahlungsbetrag
515,36 EUR

1 Teilmonatsentgelt: Es wird die Tageslohnsteuertabelle angewandt und/oder die automatische Lohnartenkürzung durchgeführt.

* A=Abfindung, B=SV-Beiträge werden vom Arbeitgeber entrichtet, E=Einmalbezug, F=Frei, L=Laufender Bezug, M=Mehrjährige Versteuerung, P=Pauschale Versteuerung, S=Sonstiger Bezug, V=Vorjahr, GB=Gesamtbrutto, J=Mit Auswirkung auf das Gesamtbrutto, N=Ohne Auswirkung auf das Gesamtbrutto

Entgeltbescheinigung nach § 108 Absatz 3 Satz 1 der Gewerbeordnung

Lexware lohn + gehalt 28.01 1/1 05.01.2024

Abrechnung der Brutto-Netto-Bezüge — Februar 2024

Pers.-Nr.	04	**Abteilung**		**Kst.-St.**		**SV-Nummer**	52110658B347	**Steuer ID Nr.**	11235467896
Eintritt	01.02.2024	**Austritt**		**Geb.datum**	11.06.1958	**Kasse**	KKH Kaufmännische	**St.Kl. (Faktor) / Kinder**	1 / 0,0
				Personengruppe	120	**KV / AN-Beitrag KV**	14,00% / 7,99%	**Konfession**	--
						PV (Beitrag/AN/Zu.)	3,40%/1,70%/0,60%	**Freibetrag mtl. / jährl.**	
						Übergangsbereich	ja **MFB** nein	**Hinzurech. mtl. / jährl.**	

Bürofachhandel
Bücherwurmstraße 47, 63179 Obertshausen

persönlich / vertraulich
Herrn
Harald Beyer
Schmidtgasse 13
63179 Obertshausen

	SV-Tage				St.-Tage
	KV	**RV**	**AV**	**PV**	
monatlich	30	30	30	30	30
kumuliert	30	30	30	30	30
BGR	3	1	1	1	

Urlaub Vorjahr	0,00	**Urlaub - monatlich genommen**	0,00
Urlaubsanspruch	18,00	**Resturlaub**	18,00

Lohnart	Bezeichnung	bezahlte Menge	Faktor	%-Zuschlag	St*	SV*	GB*	Betrag
2	Gehalt				L	L	J	1.320,00 EUR

Gesamtbrutto: 1.320,00 EUR

Steuer / Sozialversicherung

Steuer - Brutto	Lohnsteuer	Kirchensteuer	SolZ	KV - Brutto	PV - Brutto	Steuerrechtl. Abzüge
1.320,00 EUR	0,00 EUR	0,00 EUR	0,00 EUR	1.241,08 EUR	1.241,08 EUR	0,00 EUR
Σ 1.320,00 EUR	Σ 0,00 EUR	Σ 0,00 EUR	Σ 0,00 EUR	Σ 1.241,08 EUR	Σ 1.241,08 EUR	Σ 0,00 EUR
RV - Brutto	**AV - Brutto**	**KV - Beitrag**	**PV - Beitrag**	**RV - Beitrag**	**AV - Beitrag**	**SV - rechtl. Abzüge**
1.241,08 EUR	1.241,08 EUR	85,47 EUR	25,64 EUR	99,49 EUR	13,91 EUR	224,51 EUR
Σ 1.241,08 EUR	Σ 1.241,08 EUR	Σ 85,47 EUR	Σ 25,64 EUR	Σ 99,49 EUR	Σ 13,91 EUR	Σ 224,51 EUR

Σ Gesamtsumme

Nettoentgelt: 1.095,49 EUR

Aufgelaufene Jahreswerte	
Gesamtbrutto	Steuer - Brutto
1.320,00 EUR	1.320,00 EUR
Lohnsteuer	Kirchensteuer
0,00 EUR	0,00 EUR
SolZ	KV - Brutto
0,00 EUR	1.241,08 EUR
PV - Brutto	RV - Brutto
1.241,08 EUR	1.241,08 EUR
AV - Brutto	KV - Beitrag
1.241,08 EUR	85,47 EUR
PV - Beitrag	RV - Beitrag
25,64 EUR	99,49 EUR
AV - Beitrag	VWL - Gesamt
13,91 EUR	0,00 EUR
Betriebl. Altersversorgung	Auszahlungsbetrag
0,00 EUR	1.095,49 EUR

Nr.	Netto - Bezüge / Netto - Abzüge	

Summe Netto Be-/Abzüge: 0,00 EUR

IBAN:
BIC:
Bank:

Auszahlungsbetrag: 1.095,49 EUR

1 Teilmonatsentgelt: Es wird die Tageslohnsteuertabelle angewandt und/oder die automatische Lohnartenkürzung durchgeführt.

* A=Abfindung, B=SV-Beiträge werden vom Arbeitgeber entrichtet, E=Einmalbezug, F=Frei, L=Laufender Bezug, M=Mehrjährige Versteuerung, P=Pauschale Versteuerung, S=Sonstiger Bezug, V=Vorjahr, GB=Gesamtbrutto, J=Mit Auswirkung auf das Gesamtbrutto, N=Ohne Auswirkung auf das Gesamtbrutto

Entgeltbescheinigung nach § 108 Absatz 3 Satz 1 der Gewerbeordnung

Lexware lohn + gehalt 28.01 — 1/1 — 05.01.2024

Bürofachhandel | # Lohnjournal | **Februar 2024**

Pers-Nr.	Name Zeitraum St.Kl.(Faktor)/Kinder/Konf.	KK KV RV AV PV Übergangsbereich BFD GV MFB ST SV	Gesamt-Brutto Steuer-Brutto SV-Brutto	Lohn-steuer	Kirchen-steuer	SolZ		KV	RV	AV	PV	Netto-gehalt	pausch.St. AN Kammerbeitrag Vorschüsse	VWL Altersvors. BAV-Förd. sonst. Auszahlg.
01	**Maier, Ewald**	KKH K 1 1 1 1	3.325,00	0,00	0,00	0,00	AN	273,57	306,90	42,90	47,85	2.653,78	-0,00	-0,00
	01.-29.02.2024	nein	3.300,00				AG	273,57	306,90	42,90	56,10		-0,00	-0,00
	St.Kl.: 3 / 2,0 / ev / rk	0 0 30 30	3.300,00				AG Zuschuss						0,00	-0,00
	Freibetrag mtl./jährl.:	1.000,00/12.000,00					AG Überw.							40,00
	Pauschalen:		25,00	3,75	0,33	0,20	U1	95,70						
	Pauschalen nach § 37b:						U2	11,22						
							InsG.Umlage	1,98						
														2.693,78
02	**Reimann, Gerhard**	AOK F 1 1 1 1	2.360,54	171,66	0,00	0,00	AN	188,09	215,95	30,19	53,41	1.701,24	-0,00	-40,00
	01.-29.02.2024	nein	2.322,06				AG	188,09	215,95	30,19	39,48		-0,00	-0,00
	St.Kl.: 1 / 0,0 / --	0 0 30 30	2.322,06				AG Zuschuss						0,00	-0,00
	Pauschalen:						AG Überw.							0,00
	Pauschalen nach § 37b:						U1	67,34						
							U2	10,91						
							InsG.Umlage	1,39						
														1.661,24
03	**Schmidt, Annette**	KKH K 1 1 1 1	649,00	0,00	0,00	0,00	AN	53,81	60,36	8,44	11,03	515,36	-0,00	-0,00
	01.-29.02.2024	nein	649,00				AG	53,81	60,36	8,44	11,03		-0,00	-0,00
	St.Kl.: 1 / 0,0 / rk	0 0 30 30	649,00				AG Zuschuss						0,00	-0,00
	Pauschalen:						AG Überw.							0,00
	Pauschalen nach § 37b:						U1	18,82						
							U2	2,21						
							InsG.Umlage	0,39						
														515,36
04	**Beyer, Harald**	KKH K 3 1 1 1	1.320,00	0,00	0,00	0,00	AN	85,47	99,49	13,91	25,64	1.095,49	-0,00	-0,00
	01.-29.02.2024	ja	1.320,00				AG	112,87	131,35	18,35	24,01		-0,00	-0,00
	St.Kl.: 1 / 0,0 / --	0 0 30 30	1.241,08				AG Zuschuss						0,00	-0,00
	Pauschalen:						AG Überw.							0,00
	Pauschalen nach § 37b:						U1	35,99						
							U2	4,22						
							InsG.Umlage	0,74						
														1.095,49

Lexware lohn + gehalt 28.01 | - 1 - | 05.01.2024

Bürofachhandel

Lohnjournal

Februar 2024

SV-Summen			KV	RV	AV	PV	InsG.Umlage	Summe
	SV-Brutto	AN	600,94	682,70	95,44	137,93		1.517,01
	7.512,14	AG	628,34	714,56	99,88	130,62	4,50	1.577,90
		AG Zuschuss	0,00	0,00		0,00		
		AG Überw.	0,00	0,00		0,00		0,00
		U1	217,85					
		U2	28,56				U1 + U2	246,41
SV Gesamt								**3.341,32**

Einheitliche Pauschalsteuer (Minijob-Zentrale) Steuerbrutto 0,00 Lohnsteuer 0,00

Steuer-Summen	Gesamt-brutto	Steuer-brutto	Lohn-steuer	Kirchen-steuer	Solidaritäts-zuschlag	Kammerbeitrag	Summe
Summe	7.654,54	7.591,06	171,66	0,00	0,00	0,00	171,66
Pauschalen		25,00	3,75	0,33	0,20		4,28
Pauschalen nach § 37b		0,00	0,00	0,00	0,00		0,00
Verbleiben			175,41	0,33	0,20		175,94
BAV-Förderbetrag			- 0,00				- 0,00
Steuer Gesamt			**175,41**	**0,33**	**0,20**	**0,00**	**175,94**

Gesamt-übersicht	Auszahlung	SV - Gesamt	Steuer - Gesamt	einheitliche Pauschalst.	VWL - Überweisung	Altersvorsorge Entgeltumwandlung	Summe
	5.965,87	3.341,32	175,94	0,00	40,00	0,00	9.523,13

Lexware lohn + gehalt 28.01 - 2 - 05.01.2024

Abrechnung der Brutto-Netto-Bezüge

März 2024

Pers.-Nr.	01	**Abteilung**		**Kst.-St.**		**SV-Nummer**	52230685M006	**Steuer ID Nr.**	11234567890		
Eintritt	01.12.2020	**Austritt**		**Geb.datum**	23.06.1985	**Kasse**	KKH Kaufmännische	**St.Kl. (Faktor) / Kinder**	3 / 2,0		
				Personengruppe	101	**KV / AN-Beitrag KV**	14,60% / 8,29%	**Konfession**	ev / rk		
						PV (Beitrag/AN/Zu.)	3,15%/1,45%/-	**Freibetrag mtl. / jährl.**	1.000 / 12.000		
						Übergangsbereich	nein	**MFB**	nein	**Hinzurech. mtl. / jährl.**	

	SV-Tage				St.-Tage
	KV	**RV**	**AV**	**PV**	
monatlich	30	30	30	30	30
kumuliert	90	90	90	90	90
BGR	1	1	1	1	

Urlaub Vorjahr	3,00	**Urlaub - monatlich genommen**	0,00
Urlaubsanspruch	24,00	**Resturlaub**	27,00

Bürofachhandel
Bücherwurmstraße 47, 63179 Obertshausen

persönlich / vertraulich
Herrn
Ewald Maier
Am Hasenpfad 3
60557 Frankfurt a.M.

Lohnart	Bezeichnung	bezahlte Menge	Faktor	%-Zuschlag	St*	SV*	GB*	Betrag
2	Gehalt				L	L	J	1.800,00 EUR
22	Fahrgeld pauschal (AG)				P	F	J	25,00 EUR
29	Prämie				L	L	J	1.950,00 EUR

Gesamtbrutto
3.775,00 EUR

Steuer / Sozialversicherung

Steuer - Brutto	Lohnsteuer	Kirchensteuer	SolZ	KV - Brutto	PV - Brutto	Steuerrechtl. Abzüge
3.750,00 EUR	0,00 EUR	0,00 EUR	0,00 EUR	3.750,00 EUR	3.750,00 EUR	0,00 EUR
Σ 3.750,00 EUR	Σ 0,00 EUR	Σ 0,00 EUR	Σ 0,00 EUR	Σ 3.750,00 EUR	Σ 3.750,00 EUR	Σ 0,00 EUR
RV - Brutto	**AV - Brutto**	**KV - Beitrag**	**PV - Beitrag**	**RV - Beitrag**	**AV - Beitrag**	**SV - rechtl. Abzüge**
3.750,00 EUR	3.750,00 EUR	310,88 EUR	54,38 EUR	348,75 EUR	48,75 EUR	762,76 EUR
Σ 3.750,00 EUR	Σ 3.750,00 EUR	Σ 310,88 EUR	Σ 54,38 EUR	Σ 348,75 EUR	Σ 48,75 EUR	Σ 762,76 EUR

Σ Gesamtsumme

Nettoentgelt
3.012,24 EUR

Aufgelaufene Jahreswerte	
Gesamtbrutto	Steuer - Brutto
10.400,00 EUR	10.350,00 EUR
Lohnsteuer	Kirchensteuer
0,00 EUR	0,00 EUR
SolZ	KV - Brutto
0,00 EUR	10.350,00 EUR
PV - Brutto	RV - Brutto
10.350,00 EUR	10.350,00 EUR
AV - Brutto	KV - Beitrag
10.350,00 EUR	858,02 EUR
PV - Beitrag	RV - Beitrag
150,08 EUR	962,55 EUR
AV - Beitrag	VWL - Gesamt
134,55 EUR	0,00 EUR
Betriebl. Altersversorgung	Auszahlungsbetrag
0,00 EUR	8.374,81 EUR

Nr.	Netto - Bezüge / Netto - Abzüge	
6003	Kindergartenzuschuss	40,00 EUR

Summe Netto Be-/Abzüge
40,00 EUR

IBAN:
BIC:
Bank:

Auszahlungsbetrag
3.052,24 EUR

1 Teilmonatsentgelt: Es wird die Tageslohnsteuertabelle angewandt und/oder die automatische Lohnartenkürzung durchgeführt.

* A=Abfindung, B=SV-Beiträge werden vom Arbeitgeber entrichtet, E=Einmalbezug, F=Frei, L=Laufender Bezug, M=Mehrjährige Versteuerung, P=Pauschale Versteuerung, S=Sonstiger Bezug, V=Vorjahr, GB=Gesamtbrutto, J=Mit Auswirkung auf das Gesamtbrutto, N=Ohne Auswirkung auf das Gesamtbrutto

Entgeltbescheinigung nach § 108 Absatz 3 Satz 1 der Gewerbeordnung

Lexware lohn + gehalt 28.02 1/2 07.02.2024

Abrechnung der Brutto-Netto-Bezüge

März 2024

Pers.-Nr.	02	**Abteilung**		**Kst.-St.**		**SV-Nummer** 56030777R499	**Steuer ID Nr.** 11987654321
Eintritt	01.02.2024	**Austritt**		**Geb.datum**	03.07.1977	**Kasse** AOK Hessen	**St.Kl. (Faktor) / Kinder** 1 / 0,0
				Personengruppe	101	**KV / AN-Beitrag KV** 14,60% / 8,10%	**Konfession** --
						PV (Beitrag/AN/Zu.) 3,40%/1,70%/0,60%	**Freibetrag mtl. / jährl.**
						Übergangsbereich nein **MFB** nein	**Hinzurech. mtl. / jährl.**

	SV-Tage				St.-Tage
	KV	**RV**	**AV**	**PV**	
monatlich	30	30	30	30	30
kumuliert	60	60	60	60	60
BGR	1	1	1	1	

Urlaub Vorjahr	0,00	**Urlaub - monatlich genommen**	0,00
Urlaubsanspruch	22,00	**Resturlaub**	22,00

Bürofachhandel
Bücherwurmstraße 47, 63179 Obertshausen

persönlich / vertraulich
Herrn
Gerhard Reimann
Bahnhofstraße 26
63165 Mühlheim

Lohnart	Bezeichnung	bezahlte Menge	Faktor	%-Zuschlag	St*	SV*	GB*	Betrag
1	Lohn	160,00	12,4100		L	L	J	1.985,60 EUR
9	Überstunden	8,00	12,4100		L	L	J	99,28 EUR
10	Überstundenzuschlag (25%)	8,00	3,1025	25,00	L	L	J	24,82 EUR
11	Nachtzuschlag (25%) steuerfrei	4,00	3,1025	25,00	F	F	J	12,41 EUR
12	Nachtzuschlag (40%) steuerfrei	3,00	4,9640	40,00	F	F	J	14,89 EUR
15	Feiertagsstunden	8,00	12,4100		L	L	J	99,28 EUR
9021	VWL 1 Zuschuss				L	L	J	20,00 EUR

Gesamtbrutto: 2.256,28 EUR

Steuer / Sozialversicherung

Steuer - Brutto	Lohnsteuer	Kirchensteuer	SolZ	KV - Brutto	PV - Brutto	Steuerrechtl. Abzüge
2.228,98 EUR	152,66 EUR	0,00 EUR	0,00 EUR	2.228,98 EUR	2.228,98 EUR	152,66 EUR
Σ 2.228,98 EUR	Σ 152,66 EUR	Σ 0,00 EUR	Σ 0,00 EUR	Σ 2.228,98 EUR	Σ 2.228,98 EUR	Σ 152,66 EUR
RV - Brutto	**AV - Brutto**	**KV - Beitrag**	**PV - Beitrag**	**RV - Beitrag**	**AV - Beitrag**	**SV - rechtl. Abzüge**
2.228,98 EUR	2.228,98 EUR	180,55 EUR	51,26 EUR	207,30 EUR	28,98 EUR	468,09 EUR
Σ 2.228,98 EUR	Σ 2.228,98 EUR	Σ 180,55 EUR	Σ 51,26 EUR	Σ 207,30 EUR	Σ 28,98 EUR	Σ 468,09 EUR

Σ Gesamtsumme

Nettoentgelt: 1.635,53 EUR

Aufgelaufene Jahreswerte	
Gesamtbrutto	Steuer - Brutto
4.616,82 EUR	4.551,04 EUR
Lohnsteuer	Kirchensteuer
324,32 EUR	0,00 EUR
SolZ	KV - Brutto
0,00 EUR	4.551,04 EUR
PV - Brutto	RV - Brutto
4.551,04 EUR	4.551,04 EUR
AV - Brutto	KV - Beitrag
4.551,04 EUR	368,64 EUR
PV - Beitrag	RV - Beitrag
104,67 EUR	423,25 EUR
AV - Beitrag	VWL - Gesamt
59,17 EUR	80,00 EUR
Betriebl. Altersversorgung	Auszahlungsbetrag
0,00 EUR	3.256,77 EUR

Nr.	Netto - Bezüge / Netto - Abzüge	
6005	Vorschuss	-150,00 EUR
9024	VWL 1 Überweisung	-40,00 EUR

Summe Netto Be-/Abzüge: -190,00 EUR

IBAN:
BIC:
Bank:

Auszahlungsbetrag: 1.445,53 EUR

1 Teilmonatsentgelt: Es wird die Tageslohnsteuertabelle angewandt und/oder die automatische Lohnartenkürzung durchgeführt.

* A=Abfindung, B=SV-Beiträge werden vom Arbeitgeber entrichtet, E=Einmalbezug, F=Frei, L=Laufender Bezug, M=Mehrjährige Versteuerung, P=Pauschale Versteuerung, S=Sonstiger Bezug, V=Vorjahr, GB=Gesamtbrutto, J=Mit Auswirkung auf das Gesamtbrutto, N=Ohne Auswirkung auf das Gesamtbrutto

Entgeltbescheinigung nach § 108 Absatz 3 Satz 1 der Gewerbeordnung

Lexware lohn + gehalt 28.02 1/1 07.02.2024

Abrechnung der Brutto-Netto-Bezüge März 2024

Pers.-Nr.	03	Abteilung		Kst.-St.		SV-Nummer	56210307S542	Steuer ID Nr.	10258349973
Eintritt	01.02.2024	Austritt	31.01.2027	Geb.datum	21.03.2007	Kasse	KKH Kaufmännische	St.Kl. (Faktor) / Kinder	1 / 0,0
				Personengruppe	102	KV / AN-Beitrag KV	14,60% / 8,29%	Konfession	rk
						PV (Beitrag/AN/Zu.)	3,40%/1,70%/-	Freibetrag mtl. / jährl.	
						Übergangsbereich nein / MFB nein		Hinzurech. mtl. / jährl.	

Bürofachhandel
Bücherwurmstraße 47, 63179 Obertshausen

persönlich / vertraulich
Frau
Annette Schmidt
Laakirchner Straße 110
63179 Obertshausen

	SV-Tage				St.-Tage
	KV	RV	AV	PV	
monatlich	30	30	30	30	30
kumuliert	60	60	60	60	60
BGR	1	1	1	1	

Urlaub Vorjahr	0,00	Urlaub - monatlich genommen	0,00
Urlaubsanspruch	25,00	Resturlaub	25,00

Lohnart	Bezeichnung	bezahlte Menge	Faktor	%-Zuschlag	St*	SV*	GB*	Betrag
3	Auszubildendenvergütung				L	L	J	649,00 EUR
9021	VWL 1 Zuschuss				L	L	J	20,00 EUR

Gesamtbrutto: 669,00 EUR

Steuer / Sozialversicherung

Steuer - Brutto	Lohnsteuer	Kirchensteuer	SolZ	KV - Brutto	PV - Brutto	Steuerrechtl. Abzüge
669,00 EUR	0,00 EUR	0,00 EUR	0,00 EUR	669,00 EUR	669,00 EUR	0,00 EUR
Σ 669,00 EUR	Σ 0,00 EUR	Σ 0,00 EUR	Σ 0,00 EUR	Σ 669,00 EUR	Σ 669,00 EUR	Σ 0,00 EUR
RV - Brutto	**AV - Brutto**	**KV - Beitrag**	**PV - Beitrag**	**RV - Beitrag**	**AV - Beitrag**	**SV - rechtl. Abzüge**
669,00 EUR	669,00 EUR	55,46 EUR	11,37 EUR	62,22 EUR	8,70 EUR	137,75 EUR
Σ 669,00 EUR	Σ 669,00 EUR	Σ 55,46 EUR	Σ 11,37 EUR	Σ 62,22 EUR	Σ 8,70 EUR	Σ 137,75 EUR

Σ Gesamtsumme

Nettoentgelt: 531,25 EUR

Aufgelaufene Jahreswerte	
Gesamtbrutto	Steuer - Brutto
1.318,00 EUR	1.318,00 EUR
Lohnsteuer	Kirchensteuer
0,00 EUR	0,00 EUR
SolZ	KV - Brutto
0,00 EUR	1.318,00 EUR
PV - Brutto	RV - Brutto
1.318,00 EUR	1.318,00 EUR
AV - Brutto	KV - Beitrag
1.318,00 EUR	109,27 EUR
PV - Beitrag	RV - Beitrag
22,40 EUR	122,58 EUR
AV - Beitrag	VWL - Gesamt
17,14 EUR	40,00 EUR
Betriebl. Altersversorgung	Auszahlungsbetrag
0,00 EUR	1.006,61 EUR

Nr.	Netto - Bezüge / Netto - Abzüge	
9024	VWL 1 Überweisung	-40,00 EUR

Summe Netto Be-/Abzüge: -40,00 EUR

IBAN:
BIC:
Bank:

Auszahlungsbetrag: 491,25 EUR

1 Teilmonatsentgelt: Es wird die Tageslohnsteuertabelle angewandt und/oder die automatische Lohnartenkürzung durchgeführt.

* A=Abfindung, B=SV-Beiträge werden vom Arbeitgeber entrichtet, E=Einmalbezug, F=Frei, L=Laufender Bezug, M=Mehrjährige Versteuerung, P=Pauschale Versteuerung, S=Sonstiger Bezug, V=Vorjahr, GB=Gesamtbrutto, J=Mit Auswirkung auf das Gesamtbrutto, N=Ohne Auswirkung auf das Gesamtbrutto

Entgeltbescheinigung nach § 108 Absatz 3 Satz 1 der Gewerbeordnung

Lexware lohn + gehalt 28.02 1/1 07.02.2024

Abrechnung der Brutto-Netto-Bezüge

März 2024

Pers.-Nr. 04	**Abteilung**	**Kst.-St.**	**SV-Nummer** 52110658B347	**Steuer ID Nr.** 11235467896
Eintritt 01.02.2024	**Austritt**	**Geb.datum** 11.06.1958	**Kasse** KKH Kaufmännische	**St.Kl. (Faktor) / Kinder** 1 / 0,0
		Personengruppe 120	**KV / AN-Beitrag KV** 14,00% / 7,99%	**Konfession** --
			PV (Beitrag/AN/Zu.) 3,40%/1,70%/0,60%	**Freibetrag mtl. / jährl.**
			Übergangsbereich ja **MFB** nein	**Hinzurech. mtl. / jährl.**

	SV-Tage				St.-Tage
	KV	**RV**	**AV**	**PV**	
monatlich	30	30	30	30	30
kumuliert	60	60	60	60	60
BGR	3	1	1	1	

Urlaub Vorjahr	0,00	**Urlaub - monatlich genommen**	0,00
Urlaubsanspruch	18,00	**Resturlaub**	18,00

Bürofachhandel
Bücherwurmstraße 47, 63179 Obertshausen

persönlich / vertraulich
Herrn
Harald Beyer
Schmidtgasse 13
63179 Obertshausen

Lohnart	Bezeichnung	bezahlte Menge	Faktor	%-Zuschlag	St*	SV*	GB*	Betrag
2	Gehalt				L	L	J	1.320,00 EUR
2906	Sonstiger Sachbezug st.-frei - 50,00 EUR Freigrenze				F	F	J	48,00 EUR

Steuer / Sozialversicherung

Gesamtbrutto: 1.368,00 EUR

Steuer - Brutto	Lohnsteuer	Kirchensteuer	SolZ	KV - Brutto	PV - Brutto	Steuerrechtl. Abzüge
1.320,00 EUR	0,00 EUR	0,00 EUR	0,00 EUR	1.241,08 EUR	1.241,08 EUR	0,00 EUR
Σ 1.320,00 EUR	Σ 0,00 EUR	Σ 0,00 EUR	Σ 0,00 EUR	Σ 1.241,08 EUR	Σ 1.241,08 EUR	Σ 0,00 EUR
RV - Brutto	**AV - Brutto**	**KV - Beitrag**	**PV - Beitrag**	**RV - Beitrag**	**AV - Beitrag**	**SV - rechtl. Abzüge**
1.241,08 EUR	1.241,08 EUR	85,47 EUR	25,64 EUR	99,49 EUR	13,91 EUR	224,51 EUR
Σ 1.241,08 EUR	Σ 1.241,08 EUR	Σ 85,47 EUR	Σ 25,64 EUR	Σ 99,49 EUR	Σ 13,91 EUR	Σ 224,51 EUR

Σ Gesamtsumme

Nettoentgelt: 1.143,49 EUR

Aufgelaufene Jahreswerte	
Gesamtbrutto	**Steuer - Brutto**
2.688,00 EUR	2.640,00 EUR
Lohnsteuer	**Kirchensteuer**
0,00 EUR	0,00 EUR
SolZ	**KV - Brutto**
0,00 EUR	2.482,16 EUR
PV - Brutto	**RV - Brutto**
2.482,16 EUR	2.482,16 EUR
AV - Brutto	**KV - Beitrag**
2.482,16 EUR	170,94 EUR
PV - Beitrag	**RV - Beitrag**
51,28 EUR	198,98 EUR
AV - Beitrag	**VWL - Gesamt**
27,82 EUR	0,00 EUR
Betriebl. Altersversorgung	**Auszahlungsbetrag**
0,00 EUR	2.190,98 EUR

Nr.	Netto - Bezüge / Netto - Abzüge	
2906	Sonstiger Sachbezug st.-frei - 50,00 EUR Freigrenze	-48,00 EUR

Summe Netto Be-/Abzüge: -48,00 EUR

IBAN:
BIC:
Bank:

Auszahlungsbetrag: 1.095,49 EUR

1 Teilmonatsentgelt: Es wird die Tageslohnsteuertabelle angewandt und/oder die automatische Lohnartenkürzung durchgeführt.

* A=Abfindung, B=SV-Beiträge werden vom Arbeitgeber entrichtet, E=Einmalbezug, F=Frei, L=Laufender Bezug, M=Mehrjährige Versteuerung, P=Pauschale Versteuerung, S=Sonstiger Bezug, V=Vorjahr, GB=Gesamtbrutto, J=Mit Auswirkung auf das Gesamtbrutto, N=Ohne Auswirkung auf das Gesamtbrutto

Entgeltbescheinigung nach § 108 Absatz 3 Satz 1 der Gewerbeordnung

Lexware lohn + gehalt 28.02 1/1 07.02.2024

Bürofachhandel — Lohnjournal — **März 2024**

Pers-Nr.	Name Zeitraum St.Kl.(Faktor)/Kinder/Konf.	KK KV RV AV PV Übergangsbereich BFD GV MFB ST SV	Gesamt-Brutto Steuer-Brutto SV-Brutto	Lohn-steuer	Kirchen-steuer	SolZ		KV	RV	AV	PV	Netto-gehalt	pausch.St. AN Kammerbeitrag Vorschüsse	VWL Altersvors. BAV-Förd. sonst. Auszahlg.
01	**Maier, Ewald**	KKH K 1 1 1 1	3.775,00	0,00	0,00	0,00	AN	310,88	348,75	48,75	54,38	3.012,24	-0,00	-0,00
	01.-31.03.2024	nein	3.750,00				AG	310,88	348,75	48,75	63,75		-0,00	-0,00
	St.Kl.: 3 / 2,0 / ev / rk	0 0 30 30	3.750,00				AG Zuschuss						0,00	-0,00
	Freibetrag mtl./jährl.:	1.000,00/12.000,00					AG Überw.							40,00
	Pauschalen:		25,00	3,75	0,33	0,20	U1	108,75						
	Pauschalen nach § 37b:						U2	12,75						
							InsG.Umlage	2,25						
														3.052,24
02	**Reimann, Gerhard**	AOK ⊦ 1 1 1 1	2.256,28	152,66	0,00	0,00	AN	180,55	207,30	28,98	51,26	1.635,53	-0,00	-40,00
	01.-31.03.2024	nein	2.228,98				AG	180,55	207,30	28,98	37,89		-0,00	-0,00
	St.Kl.: 1 / 0,0 / --	0 0 30 30	2.228,98				AG Zuschuss						150,00	-0,00
	Pauschalen:						AG Überw.							0,00
	Pauschalen nach § 37b:						U1	64,64						
							U2	10,48						
							InsG.Umlage	1,34						
														1.595,53
03	**Schmidt, Annette**	KKH K 1 1 1 1	669,00	0,00	0,00	0,00	AN	55,46	62,22	8,70	11,37	531,25	-0,00	-40,00
	01.-31.03.2024	nein	669,00				AG	55,46	62,22	8,70	11,37		-0,00	-0,00
	St.Kl.: 1 / 0,0 / rk	0 0 30 30	669,00				AG Zuschuss						0,00	-0,00
	Pauschalen:						AG Überw.							0,00
	Pauschalen nach § 37b:						U1	19,40						
							U2	2,27						
							InsG.Umlage	0,40						
														491,25
04	**Beyer, Harald**	KKH K 3 1 1 1	1.368,00	0,00	0,00	0,00	AN	85,47	99,49	13,91	25,64	1.143,49	-0,00	-0,00
	01.-31.03.2024	ja	1.320,00				AG	112,87	131,35	18,35	24,01		-0,00	-0,00
	St.Kl.: 1 / 0,0 / --	0 0 30 30	1.241,08				AG Zuschuss						0,00	-0,00
	Pauschalen:						AG Überw.							-48,00
	Pauschalen nach § 37b:						U1	35,99						
							U2	4,22						
							InsG.Umlage	0,74						
														1.095,49

Lexware lohn + gehalt 28.02 — - 1 - — 07.02.2024

Bürofachhandel

Lohnjournal

März 2024

SV-Summen			KV	RV	AV	PV	InsG.Umlage	Summe
	SV-Brutto	AN	632,36	717,76	100,34	142,65		1.593,11
	7.889,06	AG	659,76	749,62	104,78	137,02	4,73	1.655,91
		AG Zuschuss	0,00	0,00		0,00		
		AG Überw.	0,00	0,00		0,00		0,00
		U1	228,78					
		U2	29,72				U1 + U2	258,50
SV Gesamt								**3.507,52**

Einheitliche Pauschalsteuer (Minijob-Zentrale) Steuerbrutto 0,00 Lohnsteuer 0,00

Steuer-Summen	Gesamt-brutto	Steuer-brutto	Lohn-steuer	Kirchen-steuer	Solidaritäts-zuschlag	Kammerbeitrag	Summe
Summe	8.068,28	7.967,98	152,66	0,00	0,00	0,00	152,66
Pauschalen		25,00	3,75	0,33	0,20		4,28
Pauschalen nach § 37b		0,00	0,00	0,00	0,00		0,00
Verbleiben			156,41	0,33	0,20		156,94
BAV-Förderbetrag			- 0,00				- 0,00
Steuer Gesamt			**156,41**	**0,33**	**0,20**	**0,00**	**156,94**

Gesamt-übersicht	Auszahlung	SV - Gesamt	Steuer - Gesamt	einheitliche Pauschalst.	VWL - Überweisung	Altersvorsorge Entgeltumwandlung	Summe
	6.234,51	3.507,52	156,94	0,00	80,00	0,00	9.978,97

Lexware lohn + gehalt 28.02 - 2 - 07.02.2024

2. Fall: Fahrradeinzelhandel

Übungsschwerpunkte

- Anlegen neuer Lohnarten
- Abrechnungen im Korrekturmodus

Hinweise

- Es bestehen keine weiteren Betriebsstätten.
- Die Auszahlung der Löhne und Gehälter ist zum Monatsletzten fällig.
- Der Betrieb ist weder tarifgebunden, noch besteht eine Betriebsvereinbarung.

Aufgaben

Aufgabe 1:

- Legen Sie eine neue Firma mit den nachstehend aufgeführten Stammdaten an. Die Entgeltabrechnung mit Lexware beginnt im **Januar 2024**.

Firmenstammdaten:

Firma:	Fahrradeinzelhandel „eigener Name“
Anschrift:	Rüdesheimer Str. 47 63500 Seligenstadt (Hessen) E-Mail: buero@fahrrad.de
Finanzamt:	2644 - Offenbach am Main II Steuernummer: 044 823 47859 ■ Lohnsteueranmeldung: monatlich ■ Zahlungsart: Lastschrift
Bank:	IBAN DE50 5065 2124 0010 2030 40 BIC HELADEF1SLS Sparkasse Langen-Seligenstadt
Betriebsnummer:	480 264 26
Ansprechpartner: (für Firma und Entgeltabr.)	Helga Mahler Tel.: 06182/3580-012 E-Mail: mahler@fahrrad.de
Berufsgenossenschaft:	BGHW (32064004) Mitgliedsnummer: 8460057500 PIN 23456 Unternehmensnummer: 123456789224001
Arbeitszeit:	40 Stunden pro Woche (Mo - Fr je 8 Std.)
Krankenkassen:	KKH ■ Das Unternehmen ist U1-pflichtig und nutzt den allgemeinen Erstattungssatz. ■ Die Zahlung an die Krankenkassen erfolgt per Lastschrift. ■ U1/U2-Erstattungsbeträge werden auf das Bankkonto überwiesen. ■ Nachweis im Krankheitsfall ist nach 3 Kalendertagen erforderlich.

Aufgabe 2:

- Legen Sie die Mitarbeiter entsprechend nachfolgender Angaben an.

Mitarbeiterstammdaten:

- Die Zahlungen an die Mitarbeiter erfolgen per Überweisung.
- Steuerabzugsmerkmal werden mit nach persönlichen Daten selbst gebildeten Merkmalen erfasst.
- Bei pauschalierten Lohnarten wird die Kirchensteuer im Nachweisverfahren ermittelt.
- Gefahrtarifstelle aller Mitarbeiter: 05 (Handel mit Maschinen, ..., Fahrrädern, ...)

Personalnummer:	01
Name:	Helga Mahler
Anschrift:	Gieselastr. 52 63500 Seligenstadt (Hessen)
Geboren:	23.06.1964
Bankverbindung:	IBAN DE28 5065 2124 0010 3030 55 BIC HELADEF1SLS Sparkasse Langen-Seligenstadt
Eintritt:	01.11.2021
Bezüge:	Gehaltsempfänger
SV-Nummer:	52 230664 M 502
Tätigkeitsmerkmale:	Verkäufer (Zweiradfachhandel) Mittlere Reife mit abgeschlossener Berufsausbildung
Sozialversicherung:	KKH Elterneigenschaft: nachgewiesen, 1 Kind über 25 Jahren
Steuer:	ID-Nr.: 11234567890 ELStAM: V/0/rk
Arbeitszeit:	betriebsüblich
Urlaub:	30 Tage Urlaub für lfd. Jahr

Personalnummer:	02
Name:	Dieter Dommel
Anschrift:	Hallvordenstr. 2 63811 Stockstadt (Hessen)
Geboren:	24.05.1989 in München
Bankverbindung:	IBAN DE32500800006060606600 BIC DRESDEFFXXX Commerzbank Frankfurt/M.
Eintritt:	01.11.2021
Bezüge:	Lohnempfänger
SV-Nummer:	52 240589 D 004
Tätigkeitsmerkmale:	Lagerarbeiter Hauptschule mit abgeschlossener Berufsausbildung
Sozialversicherung:	KKH Elterneigenschaft: nachgewiesen, 2 Kinder unter 25 Jahren
Steuer:	ID-Nr.: 98765432114 ELStAM: III/2,0/--
Arbeitszeit:	betriebsüblich
Urlaub:	30 Tage Urlaub für lfd. Jahr

Aufgabe 3:

- Richten Sie folgende **Lohnarten** ein:

  Überstundenzuschlag 40 %

  Fahrgeld (LSt-pflichtig)

Aufgabe 4:

- Erfassen Sie nachfolgende Bezüge und erstellen Sie die **Entgeltabrechnung** für **Januar**. Vergleichen Sie anschließend Ihre Auswertungen mit den Lösungsvorschlägen im Buch.

Personal-Nr., Name:	01, Helga Mahler	
Bezüge:	Gehalt	2.855,00 €

Personal-Nr., Name:	02, Dieter Dommel	
Bezüge:	Stundenlohn	12,65 €
	Normalstunden	176 Std.
	Überstunden	24 Std.
	davon mit 40 % Zuschlag	10 Std.
	davon mit 25 % Zuschlag	22 Std.
	(Bitte so erfassen, der Rechenfehler ist Absicht!)	
Sonstiges:	Lohnfortzahlungen (z.B. für Feiertage, Urlaub, Krankheit) und Überstunden werden stets mit dem angegebenen Stundenlohn vergütet.	

Aufgabe 5:

- Führen Sie den **Monatsabschluss** für **Januar** durch.
  Erfassen Sie folgende abweichende Bezüge und weitere Abrechnungsinformationen. Erstellen Sie die **Entgeltabrechnung** für **Februar**.
  Vergleichen Sie anschließend Ihre Auswertungen mit den Lösungsvorschlägen im Buch.

Personal-Nr., Name:	01, Helga Mahler
Bezüge:	Urlaubsgeld 2.100,00 €
Fehlzeiten:	Urlaub vom 12.02. - 16.02.
Sonstiges:	Ab dem 01.02. hat Frau Mahler einen Dienstwagen. Dieser hat einen Inlandsbruttolistenneuwagenpreis (kein Elektrofahrzeug) von 17.639,00 €. Die Entfernung zwischen Wohnung und erster Tätigkeitsstätte beträgt 26 km. Der Arbeitgeber pauschaliert zu seinen Lasten.

Personal-Nr., Name:	02, Dieter Dommel	
Bezüge:	Normalstunden	168 Std.
	Überstunden	20 Std.
	davon mit 25 % Zuschlag	15 Std.
	davon mit 40 % Zuschlag	5 Std.
	In den Normalstunden sind 8 Nachtarbeitsstunden enthalten, für die Herr Dommel den max. steuer-/sv-freien Nachtzuschlag von 25 % seines Stundenlohns erhält.	
Korrektur:	Im Januar wurde der Überstundenzuschlag 25 % für 8 Stunden zu viel gezahlt.	

Aufgabe 6:

- Führen Sie den **Monatsabschluss** für **Februar** durch.
  Erfassen Sie folgende abweichende Bezüge und weitere Abrechnungsinformationen. Erstellen Sie die **Entgeltabrechnung** für **März**.
  Vergleichen Sie anschließend Ihre Auswertungen mit den Lösungsvorschlägen im Buch.

Personal-Nr., Name:	01, Helga Mahler
Korrektur:	Frau Mahler ist konfessionslos. Durch eine Fehleingabe in den Steuerabzugsmerkmalen im Januar wurde Ihr als Konfession „rk" eingetragen. Korrigieren Sie die Stammdaten rückwirkend ab Januar.

Personal-Nr., Name:	02, Dieter Dommel	
Bezüge:	Normalstunden	80 Std.
	Urlaubsgeld	1.600,00 €
	Ab März erhält Herr Dommel einen monatlichen Fahrkostenzuschuss für den Weg zur ersten Tätigkeitsstätte in Höhe von 45,00 €. Die Entfernung zwischen Wohnung und erster Tätigkeitsstätte beträgt 9 km und Herr Dommel nutzt dafür seinen PKW. Sofern eine Pauschalversteuerung zulässig ist, übernimmt der Arbeitgeber die pauschalen Steuern. Dabei wird mit der Vereinfachungsregel von 15 Tagen/Monat gerechnet.	
Fehlzeiten:	Urlaub	11.03. - 22.03.

Lösungen zum 2. Fall

Hinweise:

01 Helga Mahler
Tätigkeitsschlüssel 62272 3211

02 Dieter Dommel
Tätigkeitsschlüssel 51311 2211

Da die Pauschalversteuerung für den Fahrkostenzuschuss nur in Höhe von 40,50 € (= 9 km x 0,30 €/km x 15 Tage) zulässig ist, muss der übersteigende Betrag von 4,50 € steuer- und sv-pflichtig abgerechnet werden.

Abrechnung der Brutto-Netto-Bezüge

Januar 2024

Pers.-Nr. 01	**Abteilung**	**Kst.-St.**	**SV-Nummer** 52230664M502	**Steuer ID Nr.** 11234567890
Eintritt 01.11.2021	**Austritt**	**Geb.datum** 23.06.1964	**Kasse** KKH Kaufmännische	**St.Kl. (Faktor) / Kinder** 5 / 0,0
		Personengruppe 101	**KV / AN-Beitrag KV** 14,60% / 8,29%	**Konfession** rk
			PV (Beitrag/AN/Zu.) 3,40%/1,70%/-	**Freibetrag mtl. / jährl.**
			Übergangsbereich nein **MFB** nein	**Hinzurech. mtl. / jährl.**

Fahrradeinzelhandel
Rüdesheimer Straße 47, 63500 Seligenstadt

persönlich / vertraulich
Frau
Helga Mahler
Gieselastraße 52
63500 Seligenstadt

	SV-Tage				St.-Tage
	KV	**RV**	**AV**	**PV**	
monatlich	30	30	30	30	30
kumuliert	30	30	30	30	30
BGR	1	1	1	1	

Urlaub Vorjahr	0,00	**Urlaub - monatlich genommen**	0,00
Urlaubsanspruch	30,00	**Resturlaub**	30,00

Lohnart	Bezeichnung	bezahlte Menge	Faktor	%-Zuschlag	St*	SV*	GB*	Betrag
2	Gehalt				L	L	J	2.855,00 EUR

Steuer / Sozialversicherung

						Gesamtbrutto
						2.855,00 EUR
Steuer - Brutto	Lohnsteuer	Kirchensteuer	SolZ	KV - Brutto	PV - Brutto	Steuerrechtl. Abzüge
2.855,00 EUR	605,00 EUR	54,45 EUR	0,00 EUR	2.855,00 EUR	2.855,00 EUR	659,45 EUR
Σ 2.855,00 EUR	Σ 605,00 EUR	Σ 54,45 EUR	Σ 0,00 EUR	Σ 2.855,00 EUR	Σ 2.855,00 EUR	Σ 659,45 EUR
RV - Brutto	AV - Brutto	KV - Beitrag	PV - Beitrag	RV - Beitrag	AV - Beitrag	SV - rechtl. Abzüge
2.855,00 EUR	2.855,00 EUR	236,68 EUR	48,54 EUR	265,52 EUR	37,12 EUR	587,86 EUR
Σ 2.855,00 EUR	Σ 2.855,00 EUR	Σ 236,68 EUR	Σ 48,54 EUR	Σ 265,52 EUR	Σ 37,12 EUR	Σ 587,86 EUR
						Nettoentgelt
						1.607,69 EUR

Σ Gesamtsumme

Aufgelaufene Jahreswerte	
Gesamtbrutto	Steuer - Brutto
2.855,00 EUR	2.855,00 EUR
Lohnsteuer	Kirchensteuer
605,00 EUR	54,45 EUR
SolZ	KV - Brutto
0,00 EUR	2.855,00 EUR
PV - Brutto	RV - Brutto
2.855,00 EUR	2.855,00 EUR
AV - Brutto	KV - Beitrag
2.855,00 EUR	236,68 EUR
PV - Beitrag	RV - Beitrag
48,54 EUR	265,52 EUR
AV - Beitrag	VWL - Gesamt
37,12 EUR	0,00 EUR
Betriebl. Altersversorgung	Auszahlungsbetrag
0,00 EUR	1.607,69 EUR

Nr.	Netto - Bezüge / Netto - Abzüge	
		Summe Netto Be-/Abzüge
		0,00 EUR
		Auszahlungsbetrag
		1.607,69 EUR

IBAN: DE28 5065 2124 0010 3030 55
BIC: HELADEF1SLS
Bank: Spk Langen-Seligenstadt

1 Teilmonatsentgelt: Es wird die Tageslohnsteuertabelle angewandt und/oder die automatische Lohnartenkürzung durchgeführt.

* A=Abfindung, B=SV-Beiträge werden vom Arbeitgeber entrichtet, E=Einmalbezug, F=Frei, L=Laufender Bezug, M=Mehrjährige Versteuerung, P=Pauschale Versteuerung, S=Sonstiger Bezug, V=Vorjahr, GB=Gesamtbrutto, J=Mit Auswirkung auf das Gesamtbrutto, N=Ohne Auswirkung auf das Gesamtbrutto

Entgeltbescheinigung nach § 108 Absatz 3 Satz 1 der Gewerbeordnung

Lexware lohn + gehalt 28.01 — 1/1 — 05.01.2024

Abrechnung der Brutto-Netto-Bezüge — Januar 2024

Pers.-Nr. 02	Abteilung	Kst.-St.	SV-Nummer 52240589D004	Steuer ID Nr.	98765432114
Eintritt 01.11.2021	Austritt	Geb.datum 24.05.1989	Kasse KKH Kaufmännische	St.Kl. (Faktor) / Kinder	3 / 2,0
		Personengruppe 101	KV / AN-Beitrag KV 14,60% / 8,29%	Konfession	--
			PV (Beitrag/AN/Zu.) 3,15%/1,45%/-	Freibetrag mtl. / jährl.	
			Übergangsbereich nein MFB nein	Hinzurech. mtl. / jährl.	

Fahrradeinzelhandel
Rüdesheimer Straße 47, 63500 Seligenstadt

persönlich / vertraulich
Herrn
Dieter Dommel
Hallvordenstraße 2
63811 Stockstadt

	SV-Tage KV	RV	AV	PV	St.-Tage
monatlich	30	30	30	30	30
kumuliert	30	30	30	30	30
BGR	1	1	1	1	

Urlaub Vorjahr	0,00	Urlaub - monatlich genommen	0,00
Urlaubsanspruch	30,00	Resturlaub	30,00

Lohnart	Bezeichnung	bezahlte Menge	Faktor	%-Zuschlag	St*	SV*	GB*	Betrag
1	Lohn	176,00	12,6500		L	L	J	2.226,40 EUR
9	Überstunden	24,00	12,6500		L	L	J	303,60 EUR
10	Überstundenzuschlag (25%)	22,00	3,1625	25,00	L	L	J	69,58 EUR
15	Feiertagsstunden	8,00	12,6500		L	L	J	101,20 EUR
30	Überstundenzuschlag (40%)	10,00	5,0600	40,00	L	L	J	50,60 EUR

Gesamtbrutto: 2.751,38 EUR

Steuer / Sozialversicherung

Steuer - Brutto	Lohnsteuer	Kirchensteuer	SolZ	KV - Brutto	PV - Brutto	Steuerrechtl. Abzüge
2.751,38 EUR	28,33 EUR	0,00 EUR	0,00 EUR	2.751,38 EUR	2.751,38 EUR	28,33 EUR
Σ 2.751,38 EUR	Σ 28,33 EUR	Σ 0,00 EUR	Σ 0,00 EUR	Σ 2.751,38 EUR	Σ 2.751,38 EUR	Σ 28,33 EUR
RV - Brutto	**AV - Brutto**	**KV - Beitrag**	**PV - Beitrag**	**RV - Beitrag**	**AV - Beitrag**	**SV - rechtl. Abzüge**
2.751,38 EUR	2.751,38 EUR	228,09 EUR	39,89 EUR	255,88 EUR	35,77 EUR	559,63 EUR
Σ 2.751,38 EUR	Σ 2.751,38 EUR	Σ 228,09 EUR	Σ 39,89 EUR	Σ 255,88 EUR	Σ 35,77 EUR	Σ 559,63 EUR

Σ Gesamtsumme

Nettoentgelt: 2.163,42 EUR

Aufgelaufene Jahreswerte	
Gesamtbrutto	Steuer - Brutto
2.751,38 EUR	2.751,38 EUR
Lohnsteuer	Kirchensteuer
28,33 EUR	0,00 EUR
SolZ	KV - Brutto
0,00 EUR	2.751,38 EUR
PV - Brutto	RV - Brutto
2.751,38 EUR	2.751,38 EUR
AV - Brutto	KV - Beitrag
2.751,38 EUR	228,09 EUR
PV - Beitrag	RV - Beitrag
39,89 EUR	255,88 EUR
AV - Beitrag	VWL - Gesamt
35,77 EUR	0,00 EUR
Betriebl. Altersversorgung	Auszahlungsbetrag
0,00 EUR	2.163,42 EUR

Nr.	Netto - Bezüge / Netto - Abzüge

Summe Netto Be-/Abzüge: 0,00 EUR

IBAN: DE32 5008 0000 6060 6066 00
BIC: DRESDEFFXXX
Bank: Commerzbank Frankfurt

Auszahlungsbetrag: 2.163,42 EUR

1 Teilmonatsentgelt: Es wird die Tageslohnsteuertabelle angewandt und/oder die automatische Lohnartenkürzung durchgeführt.

* A=Abfindung, B=SV-Beiträge werden vom Arbeitgeber entrichtet, E=Einmalbezug, F=Frei, L=Laufender Bezug, M=Mehrjährige Versteuerung, P=Pauschale Versteuerung, S=Sonstiger Bezug, V=Vorjahr, GB=Gesamtbrutto, J=Mit Auswirkung auf das Gesamtbrutto, N=Ohne Auswirkung auf das Gesamtbrutto

Entgeltbescheinigung nach § 108 Absatz 3 Satz 1 der Gewerbeordnung

Lexware lohn + gehalt 28.01 — 1/1 — 05.01.2024

Fahrradeinzelhandel **Lohnjournal** **Januar 2024**

Pers-Nr.	Name Zeitraum St.Kl.(Faktor)/Kinder/Konf.	KK KV RV AV PV Übergangsbereich BFD GV MFB ST SV	Gesamt-Brutto Steuer-Brutto SV-Brutto	Lohn-steuer	Kirchen-steuer	SolZ		KV	RV	AV	PV	Netto-gehalt	pausch.St. AN Kammerbeitrag Vorschüsse	VWL Altersvors. BAV-Förd. sonst. Auszahlg.
01	**Mahler, Helga**	KKH K 1 1 1 1	2.855,00	605,00	54,45	0,00	AN	236,68	265,52	37,12	48,54	1.607,69	-0,00	-0,00
	01.-31.01.2024	nein	2.855,00				AG	236,68	265,52	37,12	48,54		-0,00	-0,00
	St.Kl.: 5 / 0,0 / rk	0 0 30 30	2.855,00				AG Zuschuss						0,00	-0,00
	Pauschalen:						AG Überw.							0,00
	Pauschalen nach § 37b:						U1	82,80						
							U2	9,71						
							InsG.Umlage	1,71						1.607,69
02	**Dommel, Dieter**	KKH K 1 1 1 1	2.751,38	28,33	0,00	0,00	AN	228,09	255,88	35,77	39,89	2.163,42	-0,00	-0,00
	01.-31.01.2024	nein	2.751,38				AG	228,09	255,88	35,77	46,77		-0,00	-0,00
	St.Kl.: 3 / 2,0 / --	0 0 30 30	2.751,38				AG Zuschuss						0,00	-0,00
	Pauschalen:						AG Überw.							0,00
	Pauschalen nach § 37b:						U1	79,79						
							U2	9,35						
							InsG.Umlage	1,65						2.163,42

Lexware lohn + gehalt 28.01 - 1 - 05.01.2024

Fahrradeinzelhandel

Lohnjournal

Januar 2024

SV-Summen			KV	RV	AV	PV	InsG.Umlage	Summe
	SV-Brutto	AN	464,77	521,40	72,89	88,43		1.147,49
	5.606,38	AG	464,77	521,40	72,89	95,31	3,36	1.157,73
		AG Zuschuss	0,00	0,00		0,00		
		AG Überw.	0,00	0,00		0,00		0,00
		U1	162,59					
		U2	19,06				U1 + U2	181,65
SV Gesamt								**2.486,87**

Einheitliche Pauschalsteuer (Minijob-Zentrale) Steuerbrutto 0,00 Lohnsteuer 0,00

Steuer-Summen	Gesamt-brutto	Steuer-brutto	Lohn-steuer	Kirchen-steuer	Solidaritäts-zuschlag	Kammerbeitrag	Summe
Summe	5.606,38	5.606,38	633,33	54,45	0,00	0,00	687,78
Pauschalen		0,00	0,00	0,00	0,00		0,00
Pauschalen nach § 37b		0,00	0,00	0,00	0,00		0,00
Verbleiben			633,33	54,45	0,00		687,78
BAV-Förderbetrag			- 0,00				- 0,00
Steuer Gesamt			**633,33**	**54,45**	**0,00**	**0,00**	**687,78**

Gesamt-übersicht	Auszahlung	SV - Gesamt	Steuer - Gesamt	einheitliche Pauschalst.	VWL - Überweisung	Altersvorsorge Entgeltumwandlung	Summe
	3.771,11	2.486,87	687,78	0,00	0,00	0,00	6.945,76

Lexware lohn + gehalt 28.01 - 2 - 05.01.2024

Abrechnung der Brutto-Netto-Bezüge

Februar 2024

Pers.-Nr.	01	**Abteilung**		**Kst.-St.**		**SV-Nummer**	52230664M502	**Steuer ID Nr.**	11234567890
Eintritt	01.11.2021	**Austritt**		**Geb.datum**	23.06.1964	**Kasse**	KKH Kaufmännische	**St.Kl. (Faktor) / Kinder**	5 / 0,0
				Personengruppe	101	**KV / AN-Beitrag KV**	14,60% / 8,29%	**Konfession**	rk
						PV (Beitrag/AN/Zu.)	3,40%/1,70%/-	**Freibetrag mtl. / jährl.**	
						Übergangsbereich	nein **MFB** nein	**Hinzurech. mtl. / jährl.**	

Fahrradeinzelhandel
Rüdesheimer Straße 47, 63500 Seligenstadt

persönlich / vertraulich
Frau
Helga Mahler
Gieselastraße 52
63500 Seligenstadt

	SV-Tage				St.-Tage
	KV	**RV**	**AV**	**PV**	
monatlich	30	30	30	30	30
kumuliert	60	60	60	60	60
BGR	1	1	1	1	

Urlaub Vorjahr	0,00	**Urlaub - monatlich genommen**	5,00
Urlaubsanspruch	30,00	**Resturlaub**	25,00

Lohnart	Bezeichnung	bezahlte Menge	Faktor	%-Zuschlag	St*	SV*	GB*	Betrag
2	Gehalt				L	L	J	2.855,00 EUR
1001	Urlaubsgeld				S	E	J	2.100,00 EUR
9111	Dienstfahrzeug				L	L	J	176,00 EUR
9112	Dienstfahrzeug (KM)				L	L	J	13,08 EUR
9115	Dienstfahrzeug KM pauschal AG				P	F	J	124,20 EUR

Gesamtbrutto: 5.268,28 EUR

Steuer / Sozialversicherung

Steuer - Brutto	Lohnsteuer	Kirchensteuer	SolZ	KV - Brutto	PV - Brutto	Steuerrechtl. Abzüge
3.044,08 EUR	662,66 EUR	59,63 EUR	0,00 EUR	3.044,08 EUR	3.044,08 EUR	722,29 EUR
2.100,00 EUR	650,00 EUR	58,50 EUR	0,00 EUR	2.100,00 EUR	2.100,00 EUR	708,50 EUR
Σ 5.144,08 EUR	Σ 1.312,66 EUR	Σ 118,13 EUR	Σ 0,00 EUR	Σ 5.144,08 EUR	Σ 5.144,08 EUR	Σ 1.430,79 EUR
RV - Brutto	**AV - Brutto**	**KV - Beitrag**	**PV - Beitrag**	**RV - Beitrag**	**AV - Beitrag**	**SV - rechtl. Abzüge**
3.044,08 EUR	3.044,08 EUR	252,36 EUR	51,75 EUR	283,10 EUR	39,57 EUR	626,78 EUR
2.100,00 EUR	2.100,00 EUR	174,09 EUR	35,70 EUR	195,30 EUR	27,30 EUR	432,39 EUR
Σ 5.144,08 EUR	Σ 5.144,08 EUR	Σ 426,45 EUR	Σ 87,45 EUR	Σ 478,40 EUR	Σ 66,87 EUR	Σ 1.059,17 EUR

Σ Gesamtsumme

Nettoentgelt: 2.778,32 EUR

Aufgelaufene Jahreswerte	
Gesamtbrutto	Steuer - Brutto
8.123,28 EUR	7.999,08 EUR
Lohnsteuer	Kirchensteuer
1.917,66 EUR	172,58 EUR
SolZ	KV - Brutto
0,00 EUR	7.999,08 EUR
PV - Brutto	RV - Brutto
7.999,08 EUR	7.999,08 EUR
AV - Brutto	KV - Beitrag
7.999,08 EUR	663,13 EUR
PV - Beitrag	RV - Beitrag
135,99 EUR	743,92 EUR
AV - Beitrag	VWL - Gesamt
103,99 EUR	0,00 EUR
Betriebl. Altersversorgung	Auszahlungsbetrag
0,00 EUR	4.072,73 EUR

Nr.	Netto - Bezüge / Netto - Abzüge	
9118	Dienstfahrzeug	-313,28 EUR

Summe Netto Be-/Abzüge: -313,28 EUR

IBAN: DE28 5065 2124 0010 3030 55
BIC: HELADEF1SLS
Bank: Spk Langen-Seligenstadt

Auszahlungsbetrag: 2.465,04 EUR

1 Teilmonatsentgelt: Es wird die Tageslohnsteuertabelle angewandt und/oder die automatische Lohnartenkürzung durchgeführt.

* A=Abfindung, B=SV-Beiträge werden vom Arbeitgeber entrichtet, E=Einmalbezug, F=Frei, L=Laufender Bezug, M=Mehrjährige Versteuerung, P=Pauschale Versteuerung, S=Sonstiger Bezug, V=Vorjahr, GB=Gesamtbrutto, J=Mit Auswirkung auf das Gesamtbrutto, N=Ohne Auswirkung auf das Gesamtbrutto

Entgeltbescheinigung nach § 108 Absatz 3 Satz 1 der Gewerbeordnung

Lexware lohn + gehalt 28.02 1/2 07.02.2024

Abrechnung der Brutto-Netto-Bezüge

Februar 2024

Pers.-Nr. 02	**Abteilung**	**Kst.-St.**		**SV-Nummer**	52240589D004	**Steuer ID Nr.**	98765432114
Eintritt 01.11.2021	**Austritt**	**Geb.datum**	24.05.1989	**Kasse**	KKH Kaufmännische	**St.Kl. (Faktor) / Kinder**	3 / 2,0
		Personengruppe	101	**KV / AN-Beitrag KV**	14,60% / 8,29%	**Konfession**	--
				PV (Beitrag/AN/Zu.)	3,15%/1,45%/-	**Freibetrag mtl. / jährl.**	
				Übergangsbereich nein	**MFB** nein	**Hinzurech. mtl. / jährl.**	

	SV-Tage				St.-Tage
	KV	RV	AV	PV	
monatlich	30	30	30	30	30
kumuliert	60	60	60	60	60
BGR	1	1	1	1	

Urlaub Vorjahr	0,00	**Urlaub - monatlich genommen**	0,00
Urlaubsanspruch	30,00	**Resturlaub**	30,00

Fahrradeinzelhandel
Rüdesheimer Straße 47, 63500 Seligenstadt

persönlich / vertraulich
Herrn
Dieter Dommel
Hallvordenstraße 2
63811 Stockstadt

Lohnart	Bezeichnung	bezahlte Menge	Faktor	%-Zuschlag	St*	SV*	GB*	Betrag
1	Lohn	168,00	12,6500		L	L	J	2.125,20 EUR
9	Überstunden	20,00	12,6500		L	L	J	253,00 EUR
10	Überstundenzuschlag (25%)	15,00	3,1625	25,00	L	L	J	47,44 EUR
11	Nachtzuschlag (25%) steuerfrei	8,00	3,1625	25,00	F	F	J	25,30 EUR
30	Überstundenzuschlag (40%)	5,00	5,0600	40,00	L	L	J	25,30 EUR

Steuer / Sozialversicherung

Gesamtbrutto 2.476,24 EUR

Steuer - Brutto	Lohnsteuer	Kirchensteuer	SolZ	KV - Brutto	PV - Brutto	Steuerrechtl. Abzüge
2.450,94 EUR	0,00 EUR	0,00 EUR	0,00 EUR	2.450,94 EUR	2.450,94 EUR	0,00 EUR
Σ 2.450,94 EUR	Σ 0,00 EUR	Σ 0,00 EUR	Σ 0,00 EUR	Σ 2.450,94 EUR	Σ 2.450,94 EUR	Σ 0,00 EUR
RV - Brutto	**AV - Brutto**	**KV - Beitrag**	**PV - Beitrag**	**RV - Beitrag**	**AV - Beitrag**	**SV - rechtl. Abzüge**
2.450,94 EUR	2.450,94 EUR	203,18 EUR	35,54 EUR	227,94 EUR	31,86 EUR	498,52 EUR
Σ 2.450,94 EUR	Σ 2.450,94 EUR	Σ 203,18 EUR	Σ 35,54 EUR	Σ 227,94 EUR	Σ 31,86 EUR	Σ 498,52 EUR

Σ Gesamtsumme

Nettoentgelt 1.977,72 EUR

Aufgelaufene Jahreswerte	
Gesamtbrutto	Steuer - Brutto
5.202,32 EUR	5.177,02 EUR
Lohnsteuer	Kirchensteuer
25,16 EUR	0,00 EUR
SolZ	KV - Brutto
0,00 EUR	5.177,02 EUR
PV - Brutto	RV - Brutto
5.177,02 EUR	5.177,02 EUR
AV - Brutto	KV - Beitrag
5.177,02 EUR	429,17 EUR
PV - Beitrag	RV - Beitrag
75,06 EUR	481,47 EUR
AV - Beitrag	VWL - Gesamt
67,30 EUR	0,00 EUR
Betriebl. Altersversorgung	Auszahlungsbetrag
0,00 EUR	4.124,16 EUR

Nr.	Netto - Bezüge / Netto - Abzüge	
9081	Korrektur aus Januar	-16,98 EUR

Summe Netto Be-/Abzüge -16,98 EUR

IBAN: DE32 5008 0000 6060 6066 00
BIC: DRESDEFFXXX
Bank: Commerzbank Frankfurt

Auszahlungsbetrag 1.960,74 EUR

1 Teilmonatsentgelt: Es wird die Tageslohnsteuertabelle angewandt und/oder die automatische Lohnartenkürzung durchgeführt.

* A=Abfindung, B=SV-Beiträge werden vom Arbeitgeber entrichtet, E=Einmalbezug, F=Frei, L=Laufender Bezug, M=Mehrjährige Versteuerung, P=Pauschale Versteuerung, S=Sonstiger Bezug, V=Vorjahr, GB=Gesamtbrutto, J=Mit Auswirkung auf das Gesamtbrutto, N=Ohne Auswirkung auf das Gesamtbrutto

Entgeltbescheinigung nach § 108 Absatz 3 Satz 1 der Gewerbeordnung

Lexware lohn + gehalt 28.02 1/1 07.02.2024

Abrechnung der Brutto-Netto-Bezüge

Korrekturausdruck, Januar 2024

Pers.-Nr.	02	Abteilung		Kst.-St.		SV-Nummer	52240589D004	Steuer ID Nr.	98765432114
Eintritt	01.11.2021	Austritt		Geb.datum	24.05.1989	Kasse	KKH Kaufmännische	St.Kl. (Faktor) / Kinder	3 / 2,0
				Personengruppe	101	KV / AN-Beitrag KV	14,60% / 8,29%	Konfession	--
						PV (Beitrag/AN/Zu.)	3,15%/1,45%/-	Freibetrag mtl. / jährl.	
						Übergangsbereich	nein MFB nein	Hinzurech. mtl. / jährl.	

Fahrradeinzelhandel
Rüdesheimer Straße 47, 63500 Seligenstadt

persönlich / vertraulich
Herrn
Dieter Dommel
Hallvordenstraße 2
63811 Stockstadt

	SV-Tage KV	RV	AV	PV	St.-Tage
monatlich	30	30	30	30	30
kumuliert	30	30	30	30	30
BGR	1	1	1	1	

Urlaub Vorjahr	0,00	Urlaub - monatlich genommen	0,00
Urlaubsanspruch	30,00	Resturlaub	30,00

Lohnart	Bezeichnung	bezahlte Menge	Faktor	%-Zuschlag	St*	SV*	GB*	Betrag
1	Lohn	176,00	12,6500		L	L	J	2.226,40 EUR
9	Überstunden	24,00	12,6500		L	L	J	303,60 EUR
10	Überstundenzuschlag (25%)	14,00	3,1625	25,00	L	L	J	44,28 EUR
15	Feiertagsstunden	8,00	12,6500		L	L	J	101,20 EUR
30	Überstundenzuschlag (40%)	10,00	5,0600	40,00	L	L	J	50,60 EUR

Gesamtbrutto: 2.726,08 EUR

Steuer / Sozialversicherung

Steuer - Brutto	Lohnsteuer	Kirchensteuer	SolZ	KV - Brutto	PV - Brutto	Steuerrechtl. Abzüge
2.726,08 EUR	25,16 EUR	0,00 EUR	0,00 EUR	2.726,08 EUR	2.726,08 EUR	25,16 EUR
Σ 2.726,08 EUR	Σ 25,16 EUR	Σ 0,00 EUR	Σ 0,00 EUR	Σ 2.726,08 EUR	Σ 2.726,08 EUR	Σ 25,16 EUR
RV - Brutto	**AV - Brutto**	**KV - Beitrag**	**PV - Beitrag**	**RV - Beitrag**	**AV - Beitrag**	**SV - rechtl. Abzüge**
2.726,08 EUR	2.726,08 EUR	225,99 EUR	39,52 EUR	253,53 EUR	35,44 EUR	554,48 EUR
Σ 2.726,08 EUR	Σ 2.726,08 EUR	Σ 225,99 EUR	Σ 39,52 EUR	Σ 253,53 EUR	Σ 35,44 EUR	Σ 554,48 EUR

Σ Gesamtsumme

Nettoentgelt: 2.146,44 EUR

Aufgelaufene Jahreswerte	
Gesamtbrutto	Steuer - Brutto
2.726,08 EUR	2.726,08 EUR
Lohnsteuer	Kirchensteuer
25,16 EUR	0,00 EUR
SolZ	KV - Brutto
0,00 EUR	2.726,08 EUR
PV - Brutto	RV - Brutto
2.726,08 EUR	2.726,08 EUR
AV - Brutto	KV - Beitrag
2.726,08 EUR	225,99 EUR
PV - Beitrag	RV - Beitrag
39,52 EUR	253,53 EUR
AV - Beitrag	VWL - Gesamt
35,44 EUR	0,00 EUR
Betriebl. Altersversorgung	Auszahlungsbetrag
0,00 EUR	2.146,44 EUR

Nr.	Netto - Bezüge / Netto - Abzüge	

Summe Netto Be-/Abzüge: 0,00 EUR

Auszahlungsbetrag: 2.146,44 EUR

IBAN: DE32 5008 0000 6060 6066 00
BIC: DRESDEFFXXX
Bank: Commerzbank Frankfurt

1 Teilmonatsentgelt: Es wird die Tageslohnsteuertabelle angewandt und/oder die automatische Lohnartenkürzung durchgeführt.

* A=Abfindung, B=SV-Beiträge werden vom Arbeitgeber entrichtet, E=Einmalbezug, F=Frei, L=Laufender Bezug, M=Mehrjährige Versteuerung, P=Pauschale Versteuerung, S=Sonstiger Bezug, V=Vorjahr, GB=Gesamtbrutto, J=Mit Auswirkung auf das Gesamtbrutto, N=Ohne Auswirkung auf das Gesamtbrutto

Entgeltbescheinigung nach § 108 Absatz 3 Satz 1 der Gewerbeordnung

Lexware lohn + gehalt 28.02 1/1 07.02.2024

Fahrradeinzelhandel

Lohnjournal

Februar 2024

Pers-Nr.	Name Zeitraum St.Kl.(Faktor)/Kinder/Konf.	KK Übergangsbereich BFD	KV GV	RV MFB	AV ST	PV SV	Gesamt-Brutto Steuer-Brutto SV-Brutto	Lohn-steuer	Kirchen-steuer	SolZ		KV	RV	AV	PV	Netto-gehalt	pausch.St. AN Kammerbeitrag Vorschüsse	VWL Altersvors. BAV-Förd. sonst. Auszahlg.
01	**Mahler, Helga**	KKH K	1	1	1	1	5.268,28	1.312,66	118,13	0,00	AN	426,45	478,40	66,87	87,45	2.778,32	-0,00	-0,00
	01.-29.02.2024		nein				5.144,08				AG	426,45	478,40	66,87	87,45		-0,00	-0,00
	St.Kl.: 5 / 0,0 / rk		0	0	30	30	5.144,08				AG Zuschuss						0,00	-0,00
	Pauschalen:						124,20	18,63	1,67	1,02	AG Überw.							-313,28
	Pauschalen nach § 37b:										U1	88,28						
											U2	10,35						
											InsG.Umlage	3,09						
																		2.465,04
02	**Dommel, Dieter**	KKH K	1	1	1	1	2.476,24	0,00	0,00	0,00	AN	203,18	227,94	31,86	35,54	1.977,72	-0,00	-0,00
	01.-29.02.2024		nein				2.450,94				AG	203,18	227,94	31,86	41,67		-0,00	-0,00
	St.Kl.: 3 / 2,0 / --		0	0	30	30	2.450,94				AG Zuschuss						0,00	-0,00
	Pauschalen:										AG Überw.							-16,98
	Pauschalen nach § 37b:										U1	71,08						
											U2	8,33						
											InsG.Umlage	1,47						
																		1.960,74

Lexware lohn + gehalt 28.02 - 1 - 07.02.2024

Fahrradeinzelhandel

Lohnjournal

Februar 2024

SV-Summen			KV	RV	AV	PV	InsG.Umlage	Summe
	SV-Brutto 7.595,02	AN	629,63	706,34	98,73	122,99		1.557,69
		AG	629,63	706,34	98,73	129,12	4,56	1.568,38
		AG Zuschuss	0,00	0,00		0,00		
		AG Überw.	0,00	0,00		0,00		0,00
		U1	159,36					
		U2	18,68				U1 + U2	178,04
SV Gesamt								**3.304,11**

Einheitliche Pauschalsteuer (Minijob-Zentrale) Steuerbrutto 0,00 Lohnsteuer 0,00

Steuer-Summen	Gesamt-brutto	Steuer-brutto	Lohn-steuer	Kirchen-steuer	Solidaritäts-zuschlag	Kammerbeitrag	Summe
Summe	7.744,52	7.595,02	1.312,66	118,13	0,00	0,00	1.430,79
Pauschalen		124,20	18,63	1,67	1,02		21,32
Pauschalen nach § 37b		0,00	0,00	0,00	0,00		0,00
Verbleiben			1.331,29	119,80	1,02		1.452,11
BAV-Förderbetrag			- 0,00				- 0,00
Steuer Gesamt			**1.331,29**	**119,80**	**1,02**	**0,00**	**1.452,11**

Gesamt-übersicht	Auszahlung	SV - Gesamt	Steuer - Gesamt	einheitliche Pauschalst.	VWL - Überweisung	Altersvorsorge Entgeltumwandlung	Summe
	4.425,78	3.304,11	1.452,11	0,00	0,00	0,00	9.182,00

Lexware lohn + gehalt 28.02 - 2 - 07.02.2024

Abrechnung der Brutto-Netto-Bezüge

März 2024

Pers.-Nr.	01	**Abteilung**		**Kst.-St.**		**SV-Nummer**	52230664M502	**Steuer ID Nr.**	11234567890
Eintritt	01.11.2021	**Austritt**		**Geb.datum**	23.06.1964	**Kasse**	KKH Kaufmännische	**St.Kl. (Faktor) / Kinder**	5 / 0,0
				Personengruppe	101	**KV / AN-Beitrag KV**	14,60% / 8,29%	**Konfession**	--
						PV (Beitrag/AN/Zu.)	3,40%/1,70%/-	**Freibetrag mtl. / jährl.**	
						Übergangsbereich	nein **MFB** nein	**Hinzurech. mtl. / jährl.**	

Fahrradeinzelhandel
Rüdesheimer Straße 47, 63500 Seligenstadt

persönlich / vertraulich
Frau
Helga Mahler
Gieselastraße 52
63500 Seligenstadt

	SV-Tage KV	RV	AV	PV	St.-Tage
monatlich	30	30	30	30	30
kumuliert	90	90	90	90	90
BGR	1	1	1	1	

Urlaub Vorjahr	0,00	**Urlaub - monatlich genommen**	0,00
Urlaubsanspruch	30,00	**Resturlaub**	25,00

Lohnart	Bezeichnung	bezahlte Menge	Faktor	%-Zuschlag	St*	SV*	GB*	Betrag
2	Gehalt				L	L	J	2.855,00 EUR
9111	Dienstfahrzeug				L	L	J	176,00 EUR
9112	Dienstfahrzeug (KM)				L	L	J	13,08 EUR
9115	Dienstfahrzeug KM pauschal AG				P	F	J	124,20 EUR

Gesamtbrutto: 3.168,28 EUR

Steuer / Sozialversicherung

Steuer - Brutto	Lohnsteuer	Kirchensteuer	SolZ	KV - Brutto	PV - Brutto	Steuerrechtl. Abzüge
3.044,08 EUR	662,66 EUR	0,00 EUR	0,00 EUR	3.044,08 EUR	3.044,08 EUR	662,66 EUR
Σ 3.044,08 EUR	Σ 662,66 EUR	Σ 0,00 EUR	Σ 0,00 EUR	Σ 3.044,08 EUR	Σ 3.044,08 EUR	Σ 662,66 EUR
RV - Brutto	**AV - Brutto**	**KV - Beitrag**	**PV - Beitrag**	**RV - Beitrag**	**AV - Beitrag**	**SV - rechtl. Abzüge**
3.044,08 EUR	3.044,08 EUR	252,36 EUR	51,75 EUR	283,10 EUR	39,57 EUR	626,78 EUR
Σ 3.044,08 EUR	Σ 3.044,08 EUR	Σ 252,36 EUR	Σ 51,75 EUR	Σ 283,10 EUR	Σ 39,57 EUR	Σ 626,78 EUR

Σ Gesamtsumme

Nettoentgelt: 1.878,84 EUR

Aufgelaufene Jahreswerte	
Gesamtbrutto	Steuer - Brutto
11.291,56 EUR	11.043,16 EUR
Lohnsteuer	Kirchensteuer
2.580,32 EUR	0,00 EUR
SolZ	KV - Brutto
0,00 EUR	11.043,16 EUR
PV - Brutto	RV - Brutto
11.043,16 EUR	11.043,16 EUR
AV - Brutto	KV - Beitrag
11.043,16 EUR	915,49 EUR
PV - Beitrag	RV - Beitrag
187,74 EUR	1.027,02 EUR
AV - Beitrag	VWL - Gesamt
143,56 EUR	0,00 EUR
Betriebl. Altersversorgung	Auszahlungsbetrag
0,00 EUR	5.810,87 EUR

Nr.	Netto - Bezüge / Netto - Abzüge	Betrag
9081	Korrektur aus Januar	54,45 EUR
9082	Korrektur aus Februar	118,13 EUR
9118	Dienstfahrzeug	-313,28 EUR

Summe Netto Be-/Abzüge: -140,70 EUR

IBAN: DE28 5065 2124 0010 3030 55
BIC: HELADEF1SLS
Bank: Spk Langen-Seligenstadt

Auszahlungsbetrag: 1.738,14 EUR

1 Teilmonatsentgelt: Es wird die Tageslohnsteuertabelle angewandt und/oder die automatische Lohnartenkürzung durchgeführt.

* A=Abfindung, B=SV-Beiträge werden vom Arbeitgeber entrichtet, E=Einmalbezug, F=Frei, L=Laufender Bezug, M=Mehrjährige Versteuerung, P=Pauschale Versteuerung, S=Sonstiger Bezug, V=Vorjahr, GB=Gesamtbrutto, J=Mit Auswirkung auf das Gesamtbrutto, N=Ohne Auswirkung auf das Gesamtbrutto

Entgeltbescheinigung nach § 108 Absatz 3 Satz 1 der Gewerbeordnung

Lexware lohn + gehalt 28.02 1/2 07.02.2024

Abrechnung der Brutto-Netto-Bezüge

Korrekturausdruck, Januar 2024

Pers.-Nr. 01	**Abteilung**	**Kst.-St.**		**SV-Nummer**	52230664M502	**Steuer ID Nr.**	11234567890
Eintritt 01.11.2021	**Austritt**	**Geb.datum**	23.06.1964	**Kasse**	KKH Kaufmännische	**St.Kl. (Faktor) / Kinder**	5 / 0,0
		Personengruppe	101	**KV / AN-Beitrag KV**	14,60% / 8,29%	**Konfession**	--
				PV (Beitrag/AN/Zu.)	3,40%/1,70%/-	**Freibetrag mtl. / jährl.**	
				Übergangsbereich nein	**MFB** nein	**Hinzurech. mtl. / jährl.**	

Fahrradeinzelhandel
Rüdesheimer Straße 47, 63500 Seligenstadt

persönlich / vertraulich
Frau
Helga Mahler
Gieselastraße 52
63500 Seligenstadt

	SV-Tage				St.-Tage
	KV	**RV**	**AV**	**PV**	
monatlich	30	30	30	30	30
kumuliert	30	30	30	30	30
BGR	1	1	1	1	

Urlaub Vorjahr	0,00	**Urlaub - monatlich genommen**	0,00
Urlaubsanspruch	30,00	**Resturlaub**	30,00

Lohnart	Bezeichnung	bezahlte Menge	Faktor	%-Zuschlag	St*	SV*	GB*	Betrag
2	Gehalt				L	L	J	2.855,00 EUR

Gesamtbrutto
2.855,00 EUR

Steuer / Sozialversicherung

Steuer - Brutto	Lohnsteuer	Kirchensteuer	SolZ	KV - Brutto	PV - Brutto	Steuerrechtl. Abzüge
2.855,00 EUR	605,00 EUR	0,00 EUR	0,00 EUR	2.855,00 EUR	2.855,00 EUR	605,00 EUR
Σ 2.855,00 EUR	Σ 605,00 EUR	Σ 0,00 EUR	Σ 0,00 EUR	Σ 2.855,00 EUR	Σ 2.855,00 EUR	Σ 605,00 EUR
RV - Brutto	**AV - Brutto**	**KV - Beitrag**	**PV - Beitrag**	**RV - Beitrag**	**AV - Beitrag**	**SV - rechtl. Abzüge**
2.855,00 EUR	2.855,00 EUR	236,68 EUR	48,54 EUR	265,52 EUR	37,12 EUR	587,86 EUR
Σ 2.855,00 EUR	Σ 2.855,00 EUR	Σ 236,68 EUR	Σ 48,54 EUR	Σ 265,52 EUR	Σ 37,12 EUR	Σ 587,86 EUR

Σ Gesamtsumme

Nettoentgelt
1.662,14 EUR

Aufgelaufene Jahreswerte	
Gesamtbrutto	Steuer - Brutto
2.855,00 EUR	2.855,00 EUR
Lohnsteuer	Kirchensteuer
605,00 EUR	0,00 EUR
SolZ	KV - Brutto
0,00 EUR	2.855,00 EUR
PV - Brutto	RV - Brutto
2.855,00 EUR	2.855,00 EUR
AV - Brutto	KV - Beitrag
2.855,00 EUR	236,68 EUR
PV - Beitrag	RV - Beitrag
48,54 EUR	265,52 EUR
AV - Beitrag	VWL - Gesamt
37,12 EUR	0,00 EUR
Betriebl. Altersversorgung	Auszahlungsbetrag
0,00 EUR	1.662,14 EUR

Nr.	Netto - Bezüge / Netto - Abzüge	

Summe Netto Be-/Abzüge
0,00 EUR

IBAN: DE28 5065 2124 0010 3030 55
BIC: HELADEF1SLS
Bank: Spk Langen-Seligenstadt

Auszahlungsbetrag
1.662,14 EUR

1 Teilmonatsentgelt: Es wird die Tageslohnsteuertabelle angewandt und/oder die automatische Lohnartenkürzung durchgeführt.

* A=Abfindung, B=SV-Beiträge werden vom Arbeitgeber entrichtet, E=Einmalbezug, F=Frei, L=Laufender Bezug, M=Mehrjährige Versteuerung, P=Pauschale Versteuerung, S=Sonstiger Bezug, V=Vorjahr, GB=Gesamtbrutto, J=Mit Auswirkung auf das Gesamtbrutto, N=Ohne Auswirkung auf das Gesamtbrutto

Entgeltbescheinigung nach § 108 Absatz 3 Satz 1 der Gewerbeordnung

Lexware lohn + gehalt 28.02 1/1 07.02.2024

Abrechnung der Brutto-Netto-Bezüge

Korrekturausdruck, Februar 2024

Pers.-Nr. 01	**Abteilung**	**Kst.-St.**	**SV-Nummer** 52230664M502	**Steuer ID Nr.** 11234567890	
Eintritt 01.11.2021	**Austritt**	**Geb.datum** 23.06.1964	**Kasse** KKH Kaufmännische	**St.Kl. (Faktor) / Kinder** 5 / 0,0	
		Personengruppe 101	**KV / AN-Beitrag KV** 14,60% / 8,29%	**Konfession** --	
			PV (Beitrag/AN/Zu.) 3,40%/1,70%/-	**Freibetrag mtl. / jährl.**	
			Übergangsbereich nein **MFB** nein	**Hinzurech. mtl. / jährl.**	

	SV-Tage KV	RV	AV	PV	St.-Tage
monatlich	30	30	30	30	30
kumuliert	60	60	60	60	60
BGR	1	1	1	1	

Urlaub Vorjahr	0,00	**Urlaub - monatlich genommen**	5,00
Urlaubsanspruch	30,00	**Resturlaub**	25,00

Fahrradeinzelhandel
Rüdesheimer Straße 47, 63500 Seligenstadt

persönlich / vertraulich
Frau
Helga Mahler
Gieselastraße 52
63500 Seligenstadt

Lohnart	Bezeichnung	bezahlte Menge	Faktor	%-Zuschlag	St*	SV*	GB*	Betrag
2	Gehalt				L	L	J	2.855,00 EUR
1001	Urlaubsgeld				S	E	J	2.100,00 EUR
9111	Dienstfahrzeug				L	L	J	176,00 EUR
9112	Dienstfahrzeug (KM)				L	L	J	13,08 EUR
9115	Dienstfahrzeug KM pauschal AG				P	F	J	124,20 EUR

Gesamtbrutto: 5.268,28 EUR

Steuer / Sozialversicherung

Steuer - Brutto	Lohnsteuer	Kirchensteuer	SolZ	KV - Brutto	PV - Brutto	Steuerrechtl. Abzüge
3.044,08 EUR	662,66 EUR	0,00 EUR	0,00 EUR	3.044,08 EUR	3.044,08 EUR	662,66 EUR
2.100,00 EUR	650,00 EUR	0,00 EUR	0,00 EUR	2.100,00 EUR	2.100,00 EUR	650,00 EUR
Σ 5.144,08 EUR	Σ 1.312,66 EUR	Σ 0,00 EUR	Σ 0,00 EUR	Σ 5.144,08 EUR	Σ 5.144,08 EUR	Σ 1.312,66 EUR
RV - Brutto	**AV - Brutto**	**KV - Beitrag**	**PV - Beitrag**	**RV - Beitrag**	**AV - Beitrag**	**SV - rechtl. Abzüge**
3.044,08 EUR	3.044,08 EUR	252,36 EUR	51,75 EUR	283,10 EUR	39,57 EUR	626,78 EUR
2.100,00 EUR	2.100,00 EUR	174,09 EUR	35,70 EUR	195,30 EUR	27,30 EUR	432,39 EUR
Σ 5.144,08 EUR	Σ 5.144,08 EUR	Σ 426,45 EUR	Σ 87,45 EUR	Σ 478,40 EUR	Σ 66,87 EUR	Σ 1.059,17 EUR

Σ Gesamtsumme

Nettoentgelt: 2.896,45 EUR

Aufgelaufene Jahreswerte	
Gesamtbrutto	Steuer - Brutto
8.123,28 EUR	7.999,08 EUR
Lohnsteuer	Kirchensteuer
1.917,66 EUR	0,00 EUR
SolZ	KV - Brutto
0,00 EUR	7.999,08 EUR
PV - Brutto	RV - Brutto
7.999,08 EUR	7.999,08 EUR
AV - Brutto	KV - Beitrag
7.999,08 EUR	663,13 EUR
PV - Beitrag	RV - Beitrag
135,99 EUR	743,92 EUR
AV - Beitrag	VWL - Gesamt
103,99 EUR	0,00 EUR
Betriebl. Altersversorgung	Auszahlungsbetrag
0,00 EUR	4.245,31 EUR

Nr.	Netto - Bezüge / Netto - Abzüge	
9118	Dienstfahrzeug	-313,28 EUR

Summe Netto Be-/Abzüge: -313,28 EUR

IBAN: DE28 5065 2124 0010 3030 55
BIC: HELADEF1SLS
Bank: Spk Langen-Seligenstadt

Auszahlungsbetrag: 2.583,17 EUR

1 Teilmonatsentgelt: Es wird die Tageslohnsteuertabelle angewandt und/oder die automatische Lohnartenkürzung durchgeführt.

* A=Abfindung, B=SV-Beiträge werden vom Arbeitgeber entrichtet, E=Einmalbezug, F=Frei, L=Laufender Bezug, M=Mehrjährige Versteuerung, P=Pauschale Versteuerung, S=Sonstiger Bezug, V=Vorjahr, GB=Gesamtbrutto, J=Mit Auswirkung auf das Gesamtbrutto, N=Ohne Auswirkung auf das Gesamtbrutto

Entgeltbescheinigung nach § 108 Absatz 3 Satz 1 der Gewerbeordnung

Lexware lohn + gehalt 28.02 1/2 07.02.2024

Abrechnung der Brutto-Netto-Bezüge

März 2024

Pers.-Nr. 02	**Abteilung**	**Kst.-St.**	**SV-Nummer** 52240589D004	**Steuer ID Nr.** 98765432114	
Eintritt 01.11.2021	**Austritt**	**Geb.datum** 24.05.1989	**Kasse** KKH Kaufmännische	**St.Kl. (Faktor) / Kinder** 3 / 2,0	
		Personengruppe 101	**KV / AN-Beitrag KV** 14,60% / 8,29%	**Konfession** --	
			PV (Beitrag/AN/Zu.) 3,15%/1,45%/-	**Freibetrag mtl. / jährl.**	
			Übergangsbereich nein **MFB** nein	**Hinzurech. mtl. / jährl.**	

	SV-Tage				St.-Tage
	KV	RV	AV	PV	
monatlich	30	30	30	30	30
kumuliert	90	90	90	90	90
BGR	1	1	1	1	

Urlaub Vorjahr	0,00	**Urlaub - monatlich genommen**	10,00
Urlaubsanspruch	30,00	**Resturlaub**	20,00

Fahrradeinzelhandel
Rüdesheimer Straße 47, 63500 Seligenstadt

persönlich / vertraulich

Herrn
Dieter Dommel
Hallvordenstraße 2
63811 Stockstadt

Lohnart	Bezeichnung	bezahlte Menge	Faktor	%-Zuschlag	St*	SV*	GB*	Betrag
1	Lohn	80,00	12,6500		L	L	J	1.012,00 EUR
14	Urlaubsstunden	80,00	12,6500	100,00	L	L	J	1.012,00 EUR
15	Feiertagsstunden	8,00	12,6500		L	L	J	101,20 EUR
22	Fahrgeld pauschal (AG)				P	F	J	40,50 EUR
31	Fahrgeld (Lst-pflichtig)				L	L	J	4,50 EUR
1001	Urlaubsgeld				S	E	J	1.600,00 EUR

Gesamtbrutto: 3.770,20 EUR

Steuer / Sozialversicherung

Steuer - Brutto	Lohnsteuer	Kirchensteuer	SolZ	KV - Brutto	PV - Brutto	Steuerrechtl. Abzüge
2.129,70 EUR	0,00 EUR	0,00 EUR	0,00 EUR	2.129,70 EUR	2.129,70 EUR	0,00 EUR
1.600,00 EUR	68,00 EUR	0,00 EUR	0,00 EUR	1.600,00 EUR	1.600,00 EUR	68,00 EUR
Σ 3.729,70 EUR	Σ 68,00 EUR	Σ 0,00 EUR	Σ 0,00 EUR	Σ 3.729,70 EUR	Σ 3.729,70 EUR	Σ 68,00 EUR
RV - Brutto	**AV - Brutto**	**KV - Beitrag**	**PV - Beitrag**	**RV - Beitrag**	**AV - Beitrag**	**SV - rechtl. Abzüge**
2.129,70 EUR	2.129,70 EUR	176,55 EUR	30,88 EUR	198,06 EUR	27,69 EUR	433,18 EUR
1.600,00 EUR	1.600,00 EUR	132,64 EUR	23,20 EUR	148,80 EUR	20,80 EUR	325,44 EUR
Σ 3.729,70 EUR	Σ 3.729,70 EUR	Σ 309,19 EUR	Σ 54,08 EUR	Σ 346,86 EUR	Σ 48,49 EUR	Σ 758,62 EUR

Σ Gesamtsumme

Nettoentgelt: 2.943,58 EUR

Aufgelaufene Jahreswerte	
Gesamtbrutto	Steuer - Brutto
8.972,52 EUR	8.906,72 EUR
Lohnsteuer	Kirchensteuer
93,16 EUR	0,00 EUR
SolZ	KV - Brutto
0,00 EUR	8.906,72 EUR
PV - Brutto	RV - Brutto
8.906,72 EUR	8.906,72 EUR
AV - Brutto	KV - Beitrag
8.906,72 EUR	738,36 EUR
PV - Beitrag	RV - Beitrag
129,14 EUR	828,33 EUR
AV - Beitrag	VWL - Gesamt
115,79 EUR	0,00 EUR
Betriebl. Altersversorgung	Auszahlungsbetrag
0,00 EUR	7.067,74 EUR

Nr.	Netto - Bezüge / Netto - Abzüge	

Summe Netto Be-/Abzüge: 0,00 EUR

IBAN: DE32 5008 0000 6060 6066 00
BIC: DRESDEFFXXX
Bank: Commerzbank Frankfurt

Auszahlungsbetrag: 2.943,58 EUR

1 Teilmonatsentgelt: Es wird die Tageslohnsteuertabelle angewandt und/oder die automatische Lohnartenkürzung durchgeführt.

* A=Abfindung, B=SV-Beiträge werden vom Arbeitgeber entrichtet, E=Einmalbezug, F=Frei, L=Laufender Bezug, M=Mehrjährige Versteuerung, P=Pauschale Versteuerung, S=Sonstiger Bezug, V=Vorjahr, GB=Gesamtbrutto, J=Mit Auswirkung auf das Gesamtbrutto, N=Ohne Auswirkung auf das Gesamtbrutto

Entgeltbescheinigung nach § 108 Absatz 3 Satz 1 der Gewerbeordnung

Lexware lohn + gehalt 28.02 1/2 07.02.2024

Fahrradeinzelhandel

Lohnjournal

März 2024

Pers-Nr.	Name Zeitraum St.Kl.(Faktor)/Kinder/Konf.	KK KV Übergangsbereich BFD GV	RV AV PV MFB ST SV	Gesamt-Brutto Steuer-Brutto SV-Brutto	Lohn-steuer	Kirchen-steuer	SolZ		KV	RV	AV	PV	Netto-gehalt	pausch.St. AN Kammerbeitrag Vorschüsse	VWL Altersvors. BAV-Förd. sonst. Auszahlg.
01	**Mahler, Helga**	KKH K 1	1 1 1	3.168,28	662,66	0,00	0,00	AN	252,36	283,10	39,57	51,75	1.878,84	-0,00	-0,00
	01.-31.03.2024	nein		3.044,08				AG	252,36	283,10	39,57	51,75		-0,00	-0,00
	St.Kl.: 5 / 0,0 / --	0	0 30 30	3.044,08				AG Zuschuss						0,00	-0,00
	Pauschalen:			124,20	18,63	0,00	1,02	AG Überw.							-140,70
	Pauschalen nach § 37b:							U1	88,28						
								U2	10,35						
								InsG.Umlage	1,83						
															1.738,14
02	**Dommel, Dieter**	KKH K 1	1 1 1	3.770,20	68,00	0,00	0,00	AN	309,19	346,86	48,49	54,08	2.943,58	-0,00	-0,00
	01.-31.03.2024	nein		3.729,70				AG	309,19	346,86	48,49	63,40		-0,00	-0,00
	St.Kl.: 3 / 2,0 / --	0	0 30 30	3.729,70				AG Zuschuss						0,00	-0,00
	Pauschalen:			40,50	6,07	0,00	0,33	AG Überw.							0,00
	Pauschalen nach § 37b:							U1	61,76						
								U2	7,24						
								InsG.Umlage	2,24						
															2.943,58

Lexware lohn + gehalt 28.02 - 1 - 07.02.2024

Fahrradeinzelhandel

Lohnjournal

März 2024

SV-Summen			KV	RV	AV	PV	InsG.Umlage	Summe
	SV-Brutto	AN	561,55	629,96	88,06	105,83		1.385,40
	6.773,78	AG	561,55	629,96	88,06	115,15	4,07	1.398,79
		AG Zuschuss	0,00	0,00		0,00		
		AG Überw.	0,00	0,00		0,00		0,00
		U1	150,04					
		U2	17,59				U1 + U2	167,63
SV Gesamt								**2.951,82**

Einheitliche Pauschalsteuer (Minijob-Zentrale) Steuerbrutto 0,00 Lohnsteuer 0,00

Steuer-Summen	**Gesamt-brutto**	**Steuer-brutto**	**Lohn-steuer**	**Kirchen-steuer**	**Solidaritäts-zuschlag**	**Kammerbeitrag**	**Summe**
Summe	6.938,48	6.773,78	730,66	0,00	0,00	0,00	730,66
Pauschalen		164,70	24,70	0,00	1,35		26,05
Pauschalen nach § 37b		0,00	0,00	0,00	0,00		0,00
Verbleiben			755,36	0,00	1,35		756,71
BAV-Förderbetrag			- 0,00				- 0,00
Steuer Gesamt			**755,36**	**0,00**	**1,35**	**0,00**	**756,71**

Gesamt-übersicht	Auszahlung	SV - Gesamt	Steuer - Gesamt	einheitliche Pauschalst.	VWL - Überweisung	Altersvorsorge Entgeltumwandlung	Summe
	4.681,72	2.951,82	756,71	0,00	0,00	0,00	8.390,25

Lexware lohn + gehalt 28.02 - 2 - 07.02.2024

3. Fall: Kleintransporte

Übungsschwerpunkte

- geringfügig entlohnt Beschäftigte
- kurzfristig Beschäftigte
- Mehrfachbeschäftigung
- Sofortmeldung

Hinweise

- Es bestehen keine weiteren Betriebsstätten.
- Die Auszahlung der Löhne und Gehälter ist zum Monatsletzten fällig.
- Der Betrieb ist weder tarifgebunden, noch besteht eine Betriebsvereinbarung.

Aufgaben

Aufgabe 1:

◆ Legen Sie eine neue Firma mit den nachstehend aufgeführten Stammdaten an. Die Entgeltabrechnung mit Lexware beginnt im **Januar 2024**.

Firmenstammdaten:

Firma:	Kleintransporte „eigener Name"
Anschrift:	Beethovenstr. 71 63179 Obertshausen (Hessen) E-Mail: kleintransporte@gmx.de
Finanzamt:	2644 Offenbach am Main II Steuernummer: 044 823 42369 ■ Lohnsteueranmeldung: monatlich ■ Zahlungsart: Lastschrift
Bank:	IBAN DE69 5065 2124 2040 5060 12 BIC HELADEF1SLS Sparkasse Langen-Seligenstadt
Betriebsnummer:	481 551 33
Ansprechpartner: (für Firma und Entgeltabr.)	Elisabeth Müller Tel.: 06104/600-001 E-Mail: mueller.kleintransporte@gmx.de
Berufsgenossenschaft:	BG Verkehr - Fahrzeughaltungen (15141364) Mitgliedsnummer: 568246920 PIN: 45623 / Unternehmensnummer: 123456789331001
Arbeitszeit:	40 Stunden pro Woche (Mo - Fr je 8 Std.)
Krankenkassen:	AOK Hessen / Knappschaft-Bahn-See ■ Das Unternehmen ist U1-pflichtig und nutzt den allgemeinen Erstattungssatz. ■ Die Zahlung an die Krankenkassen erfolgt per Lastschrift. ■ U1/U2-Erstattungsbeiträge werden auf das Bankkonto überwiesen. ■ Nachweis im Krankheitsfall ist nach 3 Kalendertagen erforderlich.

Aufgabe 2:

- Legen Sie die Mitarbeiter entsprechend nachfolgender Angaben an.

Mitarbeiterstammdaten:

- Die Zahlungen an die Mitarbeiter erfolgen per Überweisung.
- Bei pauschalierten Lohnarten wird die Kirchensteuer im Vereinfachungsverfahren ermittelt.
- Pauschale LSt übernimmt, wenn nicht anders genannt, in allen Fällen der Arbeitgeber.
- Gefahrtarifstelle aller Mitarbeiter: laut Stammdaten einzeln zuzuordnen
- Die Urlaubsansprüche werden nicht in der Entgeltabrechnung gepflegt.
- Das Geburtsdatum entnehmen Sie der SV-Nummer.

Personalnummer:	00100
Name:	Elisabeth Müller
Anschrift:	Sandweg 32 63179 Obertshausen (Hessen)
Bankverbindung:	IBAN DE67 5069 0000 0010 0123 00 BIC GENODEF1HUV Frankfurter Volksbank
Eintritt:	01.01.2023
Bezüge:	Gehaltsempfänger
SV-Nummer:	52 100990 H 513
Tätigkeitsmerkmale:	Buchhalterin in Teilzeit Mittlere Reife mit abgeschlossener Berufsausbildung
Sozialversicherung:	familienversichert bei AOK Hessen Elterneigenschaft: nachgewiesen, 2 Kinder unter 25 Jahren
Steuer:	ID-Nr.: 25501346782; konfessionslos
Arbeitszeit:	Mo 5 Stunden + Mi 4 Stunden
Gefahrentarifstelle:	517 - Transportlogistik ohne Fahrtätigkeit
Sonstiges:	Dies ist das einzige Beschäftigungsverhältnis.

Personalnummer:	00200
Name:	Rene Deltgen
Anschrift:	Von-Behring-Str. 75 63165 Mühlheim (Hessen)
Bankverbindung:	IBAN DE47 5064 0015 1566 0600 00 BIC COBADEFF506 Commerzbank Hanau Main
Eintritt:	01.01.2024
Bezüge:	Lohnempfänger
SV-Nummer:	52 240595 D 228
Tätigkeitsmerkmale:	Aushilfsfahrer Abitur mit abgebrochenem Jurastudium und anschließender abgeschlossener Ausbildung zum Grundstücksmakler
Sozialversicherung:	seit 6 Jahren privat versichert bei der DEBEKA früher versichert bei AOK Hessen Elterneigenschaft: nachgewiesen, 1 Kind unter 25 Jahren
Steuer:	ID-Nr.: 30012456977, evangelisch
Arbeitszeit:	Di + Fr je 4 Stunden
Gefahrentarifstelle:	550 - Güterkraftverkehr
Sonstiges:	Herr Deltgen verdient in seinem Hauptbeschäftigungsverhältnis 3.800,00 € und hat sich deshalb von der RV-Pflicht befreien lassen. Er ist der Sohn des Geschäftsinhabers der Firma Kleintransporte. Die einheitliche Pauschalsteuer wird auf den Arbeitnehmer abgewälzt.

Personalnummer:	00300
Name:	Anna Maier
Anschrift:	Beethovenstr. 73 63179 Obertshausen (Hessen)
Bankverbindung:	IBAN DE44 5304 0012 0080 2050 70 BIC COBADEFF530 Commerzbank Fulda
Eintritt:	01.01.2024
Bezüge:	Lohnempfänger
SV-Nummer:	52 101080 M 505
Tätigkeitsmerkmale:	Reinigungskraft Hauptschule ohne abgeschlossene Berufsausbildung
Sozialversicherung:	AOK Hessen Elterneigenschaft: nicht nachgewiesen
Steuer:	ID-Nr.: 33012456875, konfessionslos, pLSt übernimmt AG
Arbeitszeit:	jeden Freitag 4 Stunden
Gefahrentarifstelle:	517 - Transportlogistik ohne Fahrtätigkeit
Sonstiges:	Frau Maier ist ledig und verdient in Ihrer Hauptbeschäftigung monatlich 1.350,00 €. Seit November letzten Jahres hat Frau Maier hat noch eine andere geringfügige Beschäftigung. Dort liegt ein Antrag auf Rentenversicherungsfreiheit vor.

Personalnummer:	00600
Name:	Senta Pelzig
Anschrift:	Bachweg 23 63179 Obertshausen (Hessen)
Bankverbindung:	IBAN DE87 5001 0060 0500 8001 09 BIC PBNKDEFFXXX Postbank Ndl. Deutsche Bank
Eintritt:	04. bis 19.01.2024
Bezüge:	Lohnempfänger
SV-Nummer:	12 071196 P 515
Tätigkeitsmerkmale:	Fahrerin zur Aushilfe Abitur ohne abgeschlossene Berufsausbildung
Sozialversicherung:	AOK Hessen Elterneigenschaft: nicht nachgewiesen
Steuer:	ID-Nr.: 29903456877, konfessionslos, pLSt übernimmt AG
Arbeitszeit:	betriebsüblich
Gefahrentarifstelle:	550 - Güterkraftverkehr
Sonstiges:	Frau Pelzig ist verheiratet. Sie studiert an der FH Frankfurt Psychologie. Durch eine kurzfristige Änderungsanordnung eines Auftraggebers wurde der Einsatz einer zusätzlichen Arbeitskraft für den o.g. Zeitraum sofort erforderlich. Frau Pelzig hatte in diesem Jahr noch keine Beschäftigung.

Aufgabe 3:

- Erfassen Sie nachfolgende Bezüge und erstellen Sie die **Entgeltabrechnung** für **Januar**. Vergleichen Sie anschließend Ihre Auswertungen mit den Lösungsvorschlägen im Buch.

Personal-Nr., Name:	00100, Elisabeth Müller	
Bezüge:	Aushilfsgehalt	538,00 €
	Frau Müller erhält zudem einen monatlichen Zuschuss für die Fahrten von Ihrer Wohnung zur ersten Tätigkeitsstätte mit dem PKW von 27,50 € (Entfernung zwischen Wohnung und erster Tätigkeitsstätte 28 km). Hierfür sollen für Frau Müller keine weiteren Kosten bzw. Abzüge entstehen.	

Personal-Nr., Name:	00200, Rene Deltgen	
Bezüge:	Aushilfslohn	12,41 €/Std.
	Normalstunden	36,0 Std.

Personal-Nr., Name:	00300, Anna Maier	
Bezüge:	Lohn	12,82 €/Std.
	Normalstunden	16,0 Std.

Personal-Nr., Name:	00600, Senta Pelzig	
Bezüge:	Aushilfslohn	12,60 €/Std.
	Normalstunden	96,0 Std.

Lösungen zum 3. Fall

Hinweise:

In den Firmen- und Mitarbeiterstammdaten ist jeweils das Kennzeichen für **Sofortmeldung** zu setzen.

Als geeignete **Lohnarten** sind vorgesehen:

- 0005 Aushilfslohn kurzfristig (25 %) pauschal
- 0934 Aushilfslohn (Minijob)
- 0955 Aushilfsgehalt (Minijob)

Es wäre auch eine Abrechnung mit den Lohnarten 0001 Lohn oder 0002 Gehalt möglich. Sie beeinflussen damit nur eine mögliche differenziertere Auswertung im Lohnprogramm bzw. in den Konten der Buchhaltung.

00100 Elisabeth Müller

Minijob, da erste und einzige geringfügig entlohnte Beschäftigung ohne Hauptbeschäftigung.

Tätigkeitsschlüssel:	72213 3212
Personengruppe:	109
Krankenkasse:	Knappschaft-Bahn-See
Beitragsgruppenschlüssel:	6100
Steuer:	2 % Pauschalabgabe (oder St.-Kl. laut ELStAM)

00200 René Deltgen

Minijob, da erste und einzige geringfügig entlohnte Beschäftigung neben einer Hauptbeschäftigung.

Tätigkeitsschlüssel:	52182 4212
Personengruppe:	109
Krankenkasse:	Knappschaft-Bahn-See
Beitragsgruppenschlüssel:	0500 KV = 0, da private Krankenversicherung RV = 5, da Befreiungsantrag in RV
Steuer:	2 % Pauschalabgabe abgewälzt auf AN (oder St.-Kl. VI laut ELStAM)
Sonstiges:	Statuskennzeichen „Kind des AG" ist zu setzen

00300 Anna Maier

Kein Minijob, da zweite geringfügig entlohnte Beschäftigung neben einer Hauptbeschäftigung, somit steuer- und sv-pflichtig, aber AV-frei.

Tätigkeitsschlüssel:	54101 2112
Personengruppe:	101
Krankenkasse:	AOK
Beitragsgruppenschlüssel:	1101 AV = 0, da zweite geringf. entlohnte Beschäftigung neben Haupttätigkeit
Steuer:	20 % Pauschalsteuer (zzgl. KiSt an Finanzamt abzuführen) oder St.-Kl. VI laut ELStAM
Sonstiges:	Mehrfachbeschäftigung inkl. Angabe des Entgeltes aus der Hauptbeschäftigung, Übergangsbereich o. AV

00400 Senta Pelzig

Tätigkeitsschlüssel:	52182 4113
Personengruppe:	110
Krankenkasse:	Knappschaft-Bahn-See (für Anmeldung und Umlagen)
Beitragsgruppenschlüssel:	0000
Pauschale Steuer:	25 % Pauschalsteuer (zzgl. KiSt an Finanzamt abzuführen) oder St.-Kl. laut ELStAM (pauschale Versteuerung ist zulässig, da Verdienst- und Zeitgrenzen nicht überschritten sind)
Sonstiges:	keine U1, da die Beschäftigung weniger als 4 Wochen dauert

Abrechnung der Brutto-Netto-Bezüge

Januar 2024

Pers.-Nr.	00100	**Abteilung**		**Kst.-St.**		**SV-Nummer**	52100990H513	**Steuer ID Nr.**	25501346782		
Eintritt	01.01.2023	**Austritt**		**Geb.datum**	10.09.1990	**Kasse**	Knapp-B-S	**St.Kl. (Faktor) / Kinder**	P /		
				Personengruppe	109	**KV / AN-Beitrag KV**	/ 0,00%	**Konfession**			
						PV (Beitrag/AN/Zu.)	-/-/-	**Freibetrag mtl. / jährl.**			
						Übergangsbereich	nein	**MFB**	nein	**Hinzurech. mtl. / jährl.**	

	SV-Tage				St.-Tage
	KV	**RV**	**AV**	**PV**	
monatlich	30	30	0	0	30
kumuliert	30	30	0	0	30
BGR	6	1	0	0	

Urlaub Vorjahr	0,00	**Urlaub - monatlich genommen**	0,00
Urlaubsanspruch	0,00	**Resturlaub**	0,00

Kleintransporte
Beethovenstr. 71, 63179 Obersthausen

persönlich / vertraulich
Frau
Elisabeth Müller
Sandweg 32
63179 Obersthausen

Lohnart	Bezeichnung	bezahlte Menge	Faktor	%-Zuschlag	St*	SV*	GB*	Betrag
22	Fahrgeld pauschal (AG)				P	F	J	27,50 EUR
955	Aushilfsgehalt (Minijob)				L	L	J	538,00 EUR

Gesamtbrutto: 565,50 EUR

Steuer / Sozialversicherung

Steuer - Brutto	Lohnsteuer	Kirchensteuer	SolZ	KV - Brutto	PV - Brutto	Steuerrechtl. Abzüge
0,00 EUR	0,00 EUR	0,00 EUR	0,00 EUR	538,00 EUR	0,00 EUR	0,00 EUR
Σ 0,00 EUR	Σ 0,00 EUR	Σ 0,00 EUR	Σ 0,00 EUR	Σ 538,00 EUR	Σ 0,00 EUR	Σ 0,00 EUR
RV - Brutto	**AV - Brutto**	**KV - Beitrag**	**PV - Beitrag**	**RV - Beitrag**	**AV - Beitrag**	**SV - rechtl. Abzüge**
538,00 EUR	0,00 EUR	0,00 EUR	0,00 EUR	19,37 EUR	0,00 EUR	19,37 EUR
Σ 538,00 EUR	Σ 0,00 EUR	Σ 0,00 EUR	Σ 0,00 EUR	Σ 19,37 EUR	Σ 0,00 EUR	Σ 19,37 EUR

Σ Gesamtsumme

Nettoentgelt: 546,13 EUR

Aufgelaufene Jahreswerte	
Gesamtbrutto	Steuer - Brutto
565,50 EUR	0,00 EUR
Lohnsteuer	Kirchensteuer
0,00 EUR	0,00 EUR
SolZ	KV - Brutto
0,00 EUR	538,00 EUR
PV - Brutto	RV - Brutto
0,00 EUR	538,00 EUR
AV - Brutto	KV - Beitrag
0,00 EUR	0,00 EUR
PV - Beitrag	RV - Beitrag
0,00 EUR	19,37 EUR
AV - Beitrag	VWL - Gesamt
0,00 EUR	0,00 EUR
Betriebl. Altersversorgung	Auszahlungsbetrag
0,00 EUR	546,13 EUR

Nr.	Netto - Bezüge / Netto - Abzüge	

Summe Netto Be-/Abzüge: 0,00 EUR

IBAN: DE67 5069 0000 0010 0123 00
BIC: GENODEF1HUV
Bank: Frankfurter Volksbank

Auszahlungsbetrag: 546,13 EUR

1 Teilmonatsentgelt: Es wird die Tageslohnsteuertabelle angewandt und/oder die automatische Lohnartenkürzung durchgeführt.

* A=Abfindung, B=SV-Beiträge werden vom Arbeitgeber entrichtet, E=Einmalbezug, F=Frei, L=Laufender Bezug, M=Mehrjährige Versteuerung, P=Pauschale Versteuerung, S=Sonstiger Bezug, V=Vorjahr, GB=Gesamtbrutto, J=Mit Auswirkung auf das Gesamtbrutto, N=Ohne Auswirkung auf das Gesamtbrutto

Entgeltbescheinigung nach § 108 Absatz 3 Satz 1 der Gewerbeordnung

Lexware lohn + gehalt 28.01 1/2 05.01.2024

Abrechnung der Brutto-Netto-Bezüge

Januar 2024

Pers.-Nr. 00200	**Abteilung**	**Kst.-St.**		**SV-Nummer**	52240595D228	**Steuer ID Nr.**	30012456977
Eintritt 01.01.2024	**Austritt**	**Geb.datum**	24.05.1995	**Kasse**	Knapp-B-S (RV)	**St.Kl. (Faktor) / Kinder**	P /
		Personengruppe	109	**KV / AN-Beitrag KV**	/ 0,00%	**Konfession**	
				PV (Beitrag/AN/Zu.)	-/-/-	**Freibetrag mtl. / jährl.**	
				Übergangsbereich nein	**MFB** nein	**Hinzurech. mtl. / jährl.**	

	SV-Tage				St.-Tage
	KV	**RV**	**AV**	**PV**	
monatlich	0	30	0	0	30
kumuliert	0	30	0	0	30
BGR	0	5	0	0	

Urlaub Vorjahr	0,00	**Urlaub - monatlich genommen**	0,00
Urlaubsanspruch	0,00	**Resturlaub**	0,00

Kleintransporte
Beethovenstr. 71, 63179 Obersthausen

persönlich / vertraulich
Herrn
Rene Deltgen
Von-Behring-Straße 75
63165 Mühlheim

Lohnart	Bezeichnung	bezahlte Menge	Faktor	%-Zuschlag	St*	SV*	GB*	Betrag
934	Aushilfslohn (Minijob)	36,00	12,4100		L	L	J	446,76 EUR
9043	Einheitliche Pauschsteuer AN						J	-8,93 EUR

Steuer / Sozialversicherung

Gesamtbrutto: 437,83 EUR

Steuer - Brutto	Lohnsteuer	Kirchensteuer	SolZ	KV - Brutto	PV - Brutto	Steuerrechtl. Abzüge
0,00 EUR	0,00 EUR	0,00 EUR	0,00 EUR	0,00 EUR	0,00 EUR	0,00 EUR
Σ 0,00 EUR	Σ 0,00 EUR	Σ 0,00 EUR	Σ 0,00 EUR	Σ 0,00 EUR	Σ 0,00 EUR	Σ 0,00 EUR
RV - Brutto	**AV - Brutto**	**KV - Beitrag**	**PV - Beitrag**	**RV - Beitrag**	**AV - Beitrag**	**SV - rechtl. Abzüge**
446,76 EUR	0,00 EUR	0,00 EUR	0,00 EUR	0,00 EUR	0,00 EUR	0,00 EUR
Σ 446,76 EUR	Σ 0,00 EUR	Σ 0,00 EUR	Σ 0,00 EUR	Σ 0,00 EUR	Σ 0,00 EUR	Σ 0,00 EUR

Σ Gesamtsumme

Nettoentgelt: 437,83 EUR

Aufgelaufene Jahreswerte	
Gesamtbrutto	Steuer - Brutto
437,83 EUR	0,00 EUR
Lohnsteuer	Kirchensteuer
0,00 EUR	0,00 EUR
SolZ	KV - Brutto
0,00 EUR	0,00 EUR
PV - Brutto	RV - Brutto
0,00 EUR	446,76 EUR
AV - Brutto	KV - Beitrag
0,00 EUR	0,00 EUR
PV - Beitrag	RV - Beitrag
0,00 EUR	0,00 EUR
AV - Beitrag	VWL - Gesamt
0,00 EUR	0,00 EUR
Betriebl. Altersversorgung	Auszahlungsbetrag
0,00 EUR	437,83 EUR

Nr.	Netto - Bezüge / Netto - Abzüge	

Summe Netto Be-/Abzüge: 0,00 EUR

IBAN: DE47 5064 0015 1566 0600 00
BIC: COBADEFFXXX
Bank: Commerzbank Hanau Main

Auszahlungsbetrag: 437,83 EUR

1 Teilmonatsentgelt: Es wird die Tageslohnsteuertabelle angewandt und/oder die automatische Lohnartenkürzung durchgeführt.

* A=Abfindung, B=SV-Beiträge werden vom Arbeitgeber entrichtet, E=Einmalbezug, F=Frei, L=Laufender Bezug, M=Mehrjährige Versteuerung, P=Pauschale Versteuerung, S=Sonstiger Bezug, V=Vorjahr, GB=Gesamtbrutto, J=Mit Auswirkung auf das Gesamtbrutto, N=Ohne Auswirkung auf das Gesamtbrutto

Entgeltbescheinigung nach § 108 Absatz 3 Satz 1 der Gewerbeordnung | Pauschal besteuerte Bezüge nach §40a Abs.2 EStG: 446,76 EUR

Lexware lohn + gehalt 28.01 1/1 05.01.2024

Abrechnung der Brutto-Netto-Bezüge

Januar 2024

Pers.-Nr.	00300	**Abteilung**	**Kst.-St.**		**SV-Nummer**	52101080M505	**Steuer ID Nr.**	33012456875
Eintritt	01.01.2024	**Austritt**	**Geb.datum**	10.10.1980	**Kasse**	AOK Hessen	**St.Kl. (Faktor) / Kinder**	P /
			Personengruppe	101	**KV / AN-Beitrag KV**	14,60% / 8,10%	**Konfession**	
					PV (Beitrag/AN/Zu.)	3,40%/1,70%/0,60%	**Freibetrag mtl. / jährl.**	
					Übergangsbereich	ja **MFB** ja	**Hinzurech. mtl. / jährl.**	

Kleintransporte
Beethovenstr. 71, 63179 Obersthausen

persönlich / vertraulich
Frau
Anna Maier
Beethovenstraße 73
63179 Obertshausen

	SV-Tage KV	RV	AV	PV	St.-Tage
monatlich	30	30	0	30	30
kumuliert	30	30	0	30	30
BGR	1	1	0	1	

Urlaub Vorjahr	0,00	**Urlaub - monatlich genommen**	0,00
Urlaubsanspruch	0,00	**Resturlaub**	0,00

Lohnart	Bezeichnung	bezahlte Menge	Faktor	%-Zuschlag	St*	SV*	GB*	Betrag
1	Lohn	16,00	12,8200		L	L	J	205,12 EUR

Gesamtbrutto 205,12 EUR

Steuer / Sozialversicherung

Steuer - Brutto	Lohnsteuer	Kirchensteuer	SolZ	KV - Brutto	PV - Brutto	Steuerrechtl. Abzüge
0,00 EUR	0,00 EUR	0,00 EUR	0,00 EUR	198,31 EUR	198,31 EUR	0,00 EUR
Σ 0,00 EUR	Σ 0,00 EUR	Σ 0,00 EUR	Σ 0,00 EUR	Σ 198,31 EUR	Σ 198,31 EUR	Σ 0,00 EUR
RV - Brutto	**AV - Brutto**	**KV - Beitrag**	**PV - Beitrag**	**RV - Beitrag**	**AV - Beitrag**	**SV - rechtl. Abzüge**
198,31 EUR	0,00 EUR	14,87 EUR	4,31 EUR	17,07 EUR	0,00 EUR	36,25 EUR
Σ 198,31 EUR	Σ 0,00 EUR	Σ 14,87 EUR	Σ 4,31 EUR	Σ 17,07 EUR	Σ 0,00 EUR	Σ 36,25 EUR

Σ Gesamtsumme

Nettoentgelt 168,87 EUR

Aufgelaufene Jahreswerte	
Gesamtbrutto	Steuer - Brutto
205,12 EUR	0,00 EUR
Lohnsteuer	Kirchensteuer
0,00 EUR	0,00 EUR
SolZ	KV - Brutto
0,00 EUR	198,31 EUR
PV - Brutto	RV - Brutto
198,31 EUR	198,31 EUR
AV - Brutto	KV - Beitrag
0,00 EUR	14,87 EUR
PV - Beitrag	RV - Beitrag
4,31 EUR	17,07 EUR
AV - Beitrag	VWL - Gesamt
0,00 EUR	0,00 EUR
Betriebl. Altersversorgung	Auszahlungsbetrag
0,00 EUR	168,87 EUR

Nr.	Netto - Bezüge / Netto - Abzüge	

Summe Netto Be-/Abzüge 0,00 EUR

IBAN: DE44 5304 0012 0080 2050 70
BIC: COBADEFFXXX
Bank: Commerzbank Fulda

Auszahlungsbetrag 168,87 EUR

1 Teilmonatsentgelt: Es wird die Tageslohnsteuertabelle angewandt und/oder die automatische Lohnartenkürzung durchgeführt.

* A=Abfindung, B=SV-Beiträge werden vom Arbeitgeber entrichtet, E=Einmalbezug, F=Frei, L=Laufender Bezug, M=Mehrjährige Versteuerung, P=Pauschale Versteuerung, S=Sonstiger Bezug, V=Vorjahr, GB=Gesamtbrutto, J=Mit Auswirkung auf das Gesamtbrutto, N=Ohne Auswirkung auf das Gesamtbrutto

Entgeltbescheinigung nach § 108 Absatz 3 Satz 1 der Gewerbeordnung

Lexware lohn + gehalt 28.01 1/1 05.01.2024

Abrechnung der Brutto-Netto-Bezüge — Januar 2024

Pers.-Nr. 00600	**Abteilung**	**Kst.-St.**	**SV-Nummer** 12071196P515	**Steuer ID Nr.** 29903456877
Eintritt 04.01.2024	**Austritt** 19.01.2024	**Geb.datum** 07.11.1996	**Kasse** Knapp-B-S	**St.Kl. (Faktor) / Kinder** P /
		Personengruppe 110	**KV / AN-Beitrag KV** / 0,00%	**Konfession**
			PV (Beitrag/AN/Zu.) -/-/-	**Freibetrag mtl. / jährl.**
			Übergangsbereich nein **MFB** nein	**Hinzurech. mtl. / jährl.**

Kleintransporte
Beethovenstr. 71, 63179 Obersthausen

persönlich / vertraulich
Frau
Senta Pelzig
Bachweg 23
63179 Obertshausen

	SV-Tage KV	RV	AV	PV	St.-Tage
monatlich	0	0	0	0	16
kumuliert	0	0	0	0	16
BGR	0	0	0	0	

Urlaub Vorjahr	0,00	**Urlaub - monatlich genommen**	0,00
Urlaubsanspruch	0,00	**Resturlaub**	0,00

Lohnart	Bezeichnung	bezahlte Menge	Faktor	%-Zuschlag	St*	SV*	GB*	Betrag
5	Aushilfslohn kurzfristig (25%) pauschal	96,00	12,6000		P	F	J	1.209,60 EUR

Gesamtbrutto: 1.209,60 EUR

Steuer / Sozialversicherung

Steuer - Brutto	Lohnsteuer	Kirchensteuer	SolZ	KV - Brutto	PV - Brutto	Steuerrechtl. Abzüge
0,00 EUR	0,00 EUR[1]	0,00 EUR	0,00 EUR	0,00 EUR	0,00 EUR	0,00 EUR
Σ 0,00 EUR	Σ 0,00 EUR	Σ 0,00 EUR	Σ 0,00 EUR	Σ 0,00 EUR	Σ 0,00 EUR	Σ 0,00 EUR
RV - Brutto	**AV - Brutto**	**KV - Beitrag**	**PV - Beitrag**	**RV - Beitrag**	**AV - Beitrag**	**SV - rechtl. Abzüge**
0,00 EUR	0,00 EUR	0,00 EUR	0,00 EUR	0,00 EUR	0,00 EUR	0,00 EUR
Σ 0,00 EUR	Σ 0,00 EUR	Σ 0,00 EUR	Σ 0,00 EUR	Σ 0,00 EUR	Σ 0,00 EUR	Σ 0,00 EUR

Σ Gesamtsumme

Nettoentgelt: 1.209,60 EUR

Aufgelaufene Jahreswerte	
Gesamtbrutto	Steuer - Brutto
1.209,60 EUR	0,00 EUR
Lohnsteuer	Kirchensteuer
0,00 EUR	0,00 EUR
SolZ	KV - Brutto
0,00 EUR	0,00 EUR
PV - Brutto	RV - Brutto
0,00 EUR	0,00 EUR
AV - Brutto	KV - Beitrag
0,00 EUR	0,00 EUR
PV - Beitrag	RV - Beitrag
0,00 EUR	0,00 EUR
AV - Beitrag	VWL - Gesamt
0,00 EUR	0,00 EUR
Betriebl. Altersversorgung	Auszahlungsbetrag
0,00 EUR	1.209,60 EUR

Nr.	Netto - Bezüge / Netto - Abzüge	

Summe Netto Be-/Abzüge: 0,00 EUR

Auszahlungsbetrag: 1.209,60 EUR

IBAN: DE87 5001 0060 0500 8001 09
BIC: PBNKDEFFXXX
Bank: Postbank Ndl Deutsche Bank

1 Teilmonatsentgelt: Es wird die Tageslohnsteuertabelle angewandt und/oder die automatische Lohnartenkürzung durchgeführt.

* A=Abfindung, B=SV-Beiträge werden vom Arbeitgeber entrichtet, E=Einmalbezug, F=Frei, L=Laufender Bezug, M=Mehrjährige Versteuerung, P=Pauschale Versteuerung, S=Sonstiger Bezug, V=Vorjahr, GB=Gesamtbrutto, J=Mit Auswirkung auf das Gesamtbrutto, N=Ohne Auswirkung auf das Gesamtbrutto

Entgeltbescheinigung nach § 108 Absatz 3 Satz 1 der Gewerbeordnung

Lexware lohn + gehalt 28.01 — 1/2 — 05.01.2024

Kleintransporte

Lohnjournal

Januar 2024

Pers-Nr.	Name Zeitraum St.Kl.(Faktor)/Kinder/Konf.	KK KV Übergangsbereich BFD GV	RV AV PV MFB ST SV	Gesamt-Brutto Steuer-Brutto SV-Brutto	Lohn-steuer	Kirchen-steuer	SolZ		KV	RV	AV	PV	Netto-gehalt	pausch.St. AN Kammerbeitrag Vorschüsse	VWL Altersvors. BAV-Förd. sonst. Auszahlg.
00100	**Müller, Elisabeth**	Knapp 6	1 0 0	565,50	0,00	0,00	0,00	AN	0,00	19,37	0,00	0,00	546,13	-0,00	-0,00
	01.-31.01.2024	nein		0,00				AG	69,94	80,70	0,00	0,00		-0,00	-0,00
	Pauschal	0	0 30 30	538,00				AG Zuschuss						0,00	-0,00
	Pauschalen:			27,50	4,12	0,00	0,22	AG Überw.							0,00
	einheitliche Pauschsteuer:			538,00	10,76			U1	5,92						
	Pauschalen nach § 37b:							U2	1,29						
								InsG.Umlage	0,32						
															546,13
00200	**Deltgen, Rene**	Knapp 0	5 0 0	437,83	0,00	0,00	0,00	AN	0,00	0,00	0,00	0,00	437,83	-0,00	-0,00
	01.-31.01.2024	nein		0,00				AG	0,00	67,01	0,00	0,00		-0,00	-0,00
	Pauschal	0	0 30 30	446,76				AG Zuschuss						0,00	-0,00
	Pauschalen:							AG Überw.							0,00
	einheitliche Pauschsteuer:			446,76	8,93			U1	4,91						
	Pauschalen nach § 37b:							U2	1,07						
								InsG.Umlage	0,27						
															437,83
00300	**Maier, Anna**	AOK F 1	1 0 1	205,12	0,00	0,00	0,00	AN	14,87	17,07	0,00	4,31	168,87	-0,00	-0,00
	01.-31.01.2024	1	1 (1) 1	0,00				AG	17,27	19,81	0,00	3,62		-0,00	-0,00
	Pauschal	0	1 30 30	198,31				AG Zuschuss						0,00	-0,00
	Pauschalen:			205,12	41,02	0,00	2,25	AG Überw.							0,00
	Pauschalen nach § 37b:							U1	5,75						
								U2	0,93						
								InsG.Umlage	0,12						
															168,87
00600	**Pelzig, Senta**	Knapp 0	0 0 0	1.209,60	0,00	0,00	0,00	AN	0,00	0,00	0,00	0,00	1.209,60	-0,00	-0,00
	04.-19.01.2024	nein		0,00				AG	0,00	0,00	0,00	0,00		-0,00	-0,00
	Pauschal	0	0 16 0	0,00				AG Zuschuss						0,00	-0,00
	Pauschalen:			1.209,60	302,40	0,00	16,63	AG Überw.							0,00
	Pauschalen nach § 37b:							U1	0,00						
								U2	2,90						
								InsG.Umlage	0,73						
															1.209,60

Lexware lohn + gehalt 28.01 - 1 - 05.01.2024

Kleintransporte | **Lohnjournal** | **Januar 2024**

SV-Summen			KV	RV	AV	PV	InsG.Umlage	Summe
	SV-Brutto	AN	14,87	36,44	0,00	4,31		55,62
	1.183,07	AG	87,21	167,52	0,00	3,62	1,44	259,79
		AG Zuschuss	0,00	0,00		0,00		
		AG Überw.	0,00	0,00		0,00		0,00
		U1	16,58					
		U2	6,19				U1 + U2	22,77
SV Gesamt								**338,18**

Einheitliche Pauschalsteuer (Minijob-Zentrale) Steuerbrutto 984,76 Lohnsteuer 19,69

Steuer-Summen	Gesamt-brutto	Steuer-brutto	Lohn-steuer	Kirchen-steuer	Solidaritäts-zuschlag	Kammerbeitrag	Summe
Summe	2.418,05	0,00	0,00	0,00	0,00	0,00	0,00
Pauschalen		1.442,22	347,54	0,00	19,10		366,64
Pauschalen nach § 37b		0,00	0,00	0,00	0,00		0,00
Verbleiben			347,54	0,00	19,10		366,64
BAV-Förderbetrag			- 0,00				- 0,00
Steuer Gesamt			**347,54**	**0,00**	**19,10**	**0,00**	**366,64**

Gesamt-übersicht	Auszahlung	SV - Gesamt	Steuer - Gesamt	einheitliche Pauschalst.	VWL - Überweisung	Altersvorsorge Entgeltumwandlung	Summe
	2.362,43	338,18	366,64	19,69	0,00	0,00	3.086,94

Lexware lohn + gehalt 28.01 - 2 - 05.01.2024

4. Fall: Fliesenfachgeschäft

Übungsschwerpunkte

- freiwillige gesetzliche KV/PV
- Übergangsbereich
- Ermittlung des anteiligen Urlaubsanspruchs
- neue Lohnart anlegen

Hinweise

- Es bestehen keine weiteren Betriebsstätten.
- Die Auszahlung der Löhne und Gehälter ist zum Monatsletzten fällig.
- Der Betrieb ist weder tarifgebunden, noch besteht eine Betriebsvereinbarung.

Aufgaben

Aufgabe 1:

- Legen Sie eine neue Firma mit den nachstehend aufgeführten Stammdaten an. Die Entgeltabrechnung mit Lexware beginnt im **Februar 2024**.

Firmenstammdaten:

Firma:	Fliesenfachgeschäft „eigener Name"
Anschrift:	Schoettlestr. 6 74074 Heilbronn (Baden-Württemberg) E-Mail: fliesen@web.de
Finanzamt:	2865 - Heilbronn Steuernummer: 65 201 67407 ▪ Lohnsteueranmeldung: monatlich ▪ Zahlungsart: Lastschrift
Bankverbindung:	IBAN DE30 6205 0000 6655 4433 22 BIC HEISDE66XXX Kreissparkasse Heilbronn
Betriebsnummer:	695 393 45
Ansprechpartner: (für Firma und Entgeltabr.)	Herr Mustafa Özbek Tel.: 0175/102030 E-Mail: oezbek.fliesen@web.de
Berufsgenossenschaft:	BGHW (32064004) Mitgliedsnummer: 1234567810 PIN: 98765 / Unternehmensnummer: 123456789448001
Arbeitszeit:	44 Stunde pro Woche (Mo - Fr je 8 Std., Sa 4 Std.)
Krankenkassen:	AOK Baden-Württemberg

- Das Unternehmen ist U1-pflichtig und nutzt den allgemeinen Erstattungssatz.
- Die Zahlung an die Krankenkassen erfolgt per Lastschrifteinzug.
- U1/U2-Erstattungsbeträge werden auf das Bankkonto überweisen.
- Nachweis im Krankheitsfall ist nach 3 Kalendertagen erforderlich.

Aufgabe 2:

- Legen Sie die Mitarbeiter entsprechend nachfolgender Angaben an.

Mitarbeiterstammdaten:

- Die Zahlungen an die Mitarbeiter erfolgen per Überweisung.
- Bei pauschalierten Lohnarten wird die Kirchensteuer im Nachweisverfahren ermittelt.
- Für alle Mitarbeiter mit einer 6-Tage-Woche besteht ein Urlaubsanspruch von 30 Werktagen pro Kalenderjahr. Für Mitarbeiter, die keine 6-Tage-Woche haben, ist der Urlaub anteilig zu gewähren.
- Gefahrtarifstelle aller Mitarbeiter: 02 (Handel mit Textilien, ..., sanitären Einrichtungen, ...)
- Das Geburtsdatum entnehmen Sie der SV-Nummer.
- Entgeltfortzahlungen für Fehlzeiten werden mit dem jeweils gültigen Stundenlohn vergütet.

Personalnummer:	101
Name:	Mustafa Özbek
Anschrift:	Nordstr. 11 74076 Heilbronn (Baden-Württemberg)
Bankverbindung:	IBAN DE64 6004 0061 0040 5060 80 BIC COBADEFF097 Commerzbank Stuttgart
Eintritt:	01.11.2019
Bezüge:	Gehaltsempfänger
SV-Nummer:	23 040576 O 013
Tätigkeitsmerkmale:	Prokurist (ausschließlich kaufmännische Tätigkeit) Mittlere Reife mit nachfolgender Gesellen- und Meisterprüfung als Fliesenleger
Sozialversicherung:	seit 2019 freiwillig bei der AOK Baden-Württemberg Der Betrieb ist Firmenzahler. Elterneigenschaft: nachgewiesen, 3 Kinder unter 25 Jahren
Steuer:	ID-Nr.: 65498732210 ELStAM: III/3/-- Freibetrag 4.320,00 €/Jahr, 360,00 €/Monat
Arbeitszeit:	betriebsüblich

Vortagswerte aus bisheriger eigener Entgeltabrechnung:

Steuertage	30
Gesamt-/ Steuerbrutto	5.870,00 €
LSt	563,00 €
steuerfreier AG-Zuschuss freiw. KV	421,77 €
steuerfreier AG-Zuschuss freiw. PV	87,98 €
Auszahlbetrag	4.200,93 €
KV-/PV-Tage	0
KV-/PV-Entgelt und Betrag	0,00 €
RV-/AV-Tage[1]	30
RV-/AV-Entgelt[2]	5.870,00 €
RV-Beitrag AN	545,91 €
AV-Beitrag AN	76,31 €
Fehlzeiten	keine

1 gilt auch für Insolvenzgeldumlage
2 gilt auch für Insolvenzgeldumlage

Personalnummer:	102
Name:	Thorsten Masthof
Anschrift:	Kirschenweg 45 74211 Leingarten (Baden-Württemberg)
Bankverbindung:	IBAN DE20 6004 0061 0040 5060 96 BIC COBADEFFXXX Commerzbank CC Stuttgart
Eintritt:	01.02.2024
Bezüge:	Lohnempfänger
SV-Nummer:	65 110388 M 348
Tätigkeitsmerkmale:	Fachverkäufer Mittlere Reife mit anschließender Ausbildung zum Einzelhandelskaufman
Sozialversicherung:	AOK Baden-Württemberg Elterneigenschaft: nicht nachgewiesen
Steuermerkmale:	ID-Nr.: 32165498739 ELStAM: IV/0/-- Faktor: 0,833
Arbeitszeit:	39 Stunden (Mo - Fr je 7 Std., Sa 4 Std.)
Sonstiges:	Herr Masthof war im Januar arbeitssuchend
Urlaubsanspruch:	einzelvertraglich vereinbart 25 Tage

Personalnummer:	103
Name:	Anna Briest
Anschrift:	Marktplatz 6 74211 Leingarten (Baden-Württemberg)
Geboren:	07.02.2000 in Stuttgart
Bankverbindung:	IBAN DE17 6000 0000 0020 2040 50 BIC MARKDEF1600 BBK Stuttgart
Eintritt:	04.03.2024
Bezüge:	Lohnempfänger
SV-Nummer:	nicht vorhanden
Tätigkeitsmerkmale:	Schreibkraft Mittlere Reife; Sie sucht einen Ausbildungsplatz und hatte im aktuellen Jahr keine weiteren Beschäftigungsverhältnisse.
Sozialversicherung:	AOK Baden-Württemberg Elterneigenschaft: nicht nachgewiesen
Steuer:	ID-Nr.: 81250573468 ELStAM: I /0,0/rk
Arbeitszeit:	18 Stunden (Mo. - Mi. je 6 Std.)

Aufgabe 3:

- Richten Sie folgende Lohnart ein:
  - 2004 Privatfahrten PKW

Aufgabe 4:

- Erfassen Sie nachfolgende Bezüge und evtl. noch nicht erfasste Vorträge.
  Erstellen Sie die **Entgeltabrechnung** für **Februar**.
  Vergleichen Sie anschließend Ihre Auswertungen mit den Lösungsvorschlägen im Buch.

Personal-Nr., Name:	101, Mustafa Özbek	
Bezüge:	Gehalt	5.870,00 €
	Herrn Özbek steht ab 01.02. ein Firmenwagen zur Verfügung, den er für private Zwecke nutzen darf. Der Inlandsbruttolistenneuwagenpreis (kein Elektrofahrzeug) beträgt 24.045,00 €. Der Arbeitnehmer führt ein Fahrtenbuch und für das aktuelle Jahr wird ein geldwerter Vorteil von monatlich 320,00 € geschätzt.	

Personal-Nr., Name:	102, Thorsten Masthof	
Bezüge:	Stundenlohn	12,75 €
	Normalstunden	163 Std.
	Überstunden je 3 Std. am 03., 10. und 17.02.	
	davon mit 25 % Zuschlag	9 Std.

Aufgabe 5:

- Führen Sie den **Monatsabschluss** für **Februar** durch.
  Erfassen Sie folgende abweichende Bezüge und weitere Abrechnungsinformationen. Erstellen Sie die **Entgeltabrechnung** für **März**.
  Vergleichen Sie anschließend Ihre Auswertungen mit den Lösungsvorschlägen im Buch.

Personal-Nr., Name:	101, Mustafa Özbek
Sonstiges	Herr Özbek hat Anfang März 2024 einen Vorschuss in Höhe von 1.000,00 € bar erhalten, der mit der Entgeltabrechnung März verrechnet werden soll.

Personal-Nr., Name:	102, Thorsten Masthof	
Bezüge:	Stundenlohn ab März 2024	13,50 €
	Normalstunden	146 Std.
	Überstunden	3 Std.
	davon mit 25 % Zuschlag	3 Std.
	Herr Masthof hat im März an einer eintägigen betrieblichen Fortbildung teilgenommen (von 7.00 Uhr bis 17.00 Uhr). Er hat eine Reisekostenabrechnung eingereicht und bekommt folgende Beträge mit der Entgeltabrechnung ausgezahlt:	
	Verpflegungsmehraufwendungen	16,00 €
	andere Reisekosten (st-frei)	156,00 €
Fehlzeit:	Herr Masthof fehlt am 14. und 15. März wegen Krankheit.	

Personal-Nr., Name:	103, Anna Briest	
Bezüge:	Stundenlohn:	12,50 €
	Normalstunden:	72 Std.
	Frau Briest erhält eine Kilometergelderstattung für die Fahrten zwischen Wohnung und erster Tätigkeitsstätte mit dem privaten Pkw in Höhe von 15,00 €. Die Entfernung zwischen Wohnung und erster Tätigkeitsstätte beträgt 24 km. Der Arbeitgeber wälzt die pauschale Lohnsteuer auf die Arbeitnehmerin ab und kürzt im ersten Abrechnungsmonat nach 1/30stel Methode.	

Lösung zum 4. Fall

Hinweise:

101 Mustafa Özbek

Tätigkeitsschlüssel:	71104 3311
Beitragsgruppe:	Wählen Sie für die KV „9 freiw. Abzug/Zuschuss Hälfte aus Beitrag“ und für die PV analog „1 freiw. Abzug/Zuschuss Hälfte aus Beitrag". Lexware berechnet automatisch die AG-Zuschüsse und die Abzugsbeträge zur freiwilligen KV und PV.

102 Thorsten Masthof

Tätigkeitsschlüssel:	62262 3212

103 Anna Briest

Tätigkeitsschlüssel:	71432 3112

Die Entgeltkürzung bei der Lohnart 0023 Fahrgeld pauschal (AN) ist mit "Dreißigstel" voreingestellt.

Abrechnung der Brutto-Netto-Bezüge

Februar 2024

Pers.-Nr.	101	**Abteilung**		**Kst.-St.**		**SV-Nummer** 23040576O013	**Steuer ID Nr.** 65498732210
Eintritt	01.11.2019	**Austritt**		**Geb.datum**	04.05.1976	**Kasse** AOK Baden-Württemb.	**St.Kl. (Faktor) / Kinder** 3 / 3,0
				Personengruppe	101	**KV / AN-Beitrag KV** 14,60% / 8,15%	**Konfession** --
						PV (Beitrag/AN/Zu.) 2,90%/1,20%/-	**Freibetrag mtl. / jährl.** 360 / 4.320
						Übergangsbereich nein **MFB** nein	**Hinzurech. mtl. / jährl.**

Fliesenfachgeschäft
Schoettlestr. 6, 74074 Heilbronn

persönlich / vertraulich
Herrn
Mustafa Özbek
Nordstr. 11
74076 Heilbronn

	SV-Tage KV	RV	AV	PV	St.-Tage
monatlich	0	30	30	0	30
kumuliert	0	60	60	0	60
BGR	9	1	1	1	

Urlaub Vorjahr	0,00	**Urlaub - monatlich genommen**	0,00
Urlaubsanspruch	30,00	**Resturlaub**	30,00

Lohnart	Bezeichnung	bezahlte Menge	Faktor	%-Zuschlag	St*	SV*	GB*	Betrag
2	Gehalt				L	L	J	5.870,00 EUR
2004	Privatfahrten PKW				L	L	J	320,00 EUR

Gesamtbrutto: 6.190,00 EUR

Steuer / Sozialversicherung

Steuer - Brutto	Lohnsteuer	Kirchensteuer	SolZ	KV - Brutto	PV - Brutto	Steuerrechtl. Abzüge
6.190,00 EUR	643,16 EUR	0,00 EUR	0,00 EUR	0,00 EUR	0,00 EUR	643,16 EUR
Σ 6.190,00 EUR	Σ 643,16 EUR	Σ 0,00 EUR	Σ 0,00 EUR	Σ 0,00 EUR	Σ 0,00 EUR	Σ 643,16 EUR
RV - Brutto	**AV - Brutto**	**KV - Beitrag**	**PV - Beitrag**	**RV - Beitrag**	**AV - Beitrag**	**SV - rechtl. Abzüge**
6.190,00 EUR	6.190,00 EUR	0,00 EUR	0,00 EUR	575,67 EUR	80,47 EUR	656,14 EUR
Σ 6.190,00 EUR	Σ 6.190,00 EUR	Σ 0,00 EUR	Σ 0,00 EUR	Σ 575,67 EUR	Σ 80,47 EUR	Σ 656,14 EUR

Σ Gesamtsumme

Nettoentgelt: 4.890,70 EUR

Aufgelaufene Jahreswerte	
Gesamtbrutto	Steuer - Brutto
12.060,00 EUR	12.060,00 EUR
Lohnsteuer	Kirchensteuer
643,16 EUR	0,00 EUR
SolZ	KV - Brutto
0,00 EUR	0,00 EUR
PV - Brutto	RV - Brutto
0,00 EUR	12.060,00 EUR
AV - Brutto	KV - Beitrag
12.060,00 EUR	0,00 EUR
PV - Beitrag	RV - Beitrag
0,00 EUR	1.121,58 EUR
AV - Beitrag	VWL - Gesamt
156,78 EUR	0,00 EUR
Betriebl. Altersversorgung	Auszahlungsbetrag
0,00 EUR	8.287,78 EUR

Nr.	Netto - Bezüge / Netto - Abzüge	
2004	Privatfahrten PKW	-320,00 EUR
9073	AG-Zuschuss zur freiwilligen KV	421,77 EUR
9074	Abzug freiwillige KV	-843,53 EUR
9078	AG-Zuschuss zur freiwilligen PV	87,98 EUR
9079	Abzug freiwillige PV	-150,07 EUR

Summe Netto Be-/Abzüge: -803,85 EUR

IBAN: DE64 6004 0061 0040 5060 80
BIC: COBADEFFXXX
Bank: Commerzbank CC Stuttgart

Auszahlungsbetrag: 4.086,85 EUR

1 Teilmonatsentgelt: Es wird die Tageslohnsteuertabelle angewandt und/oder die automatische Lohnartenkürzung durchgeführt.

* A=Abfindung, B=SV-Beiträge werden vom Arbeitgeber entrichtet, E=Einmalbezug, F=Frei, L=Laufender Bezug, M=Mehrjährige Versteuerung, P=Pauschale Versteuerung, S=Sonstiger Bezug, V=Vorjahr, GB=Gesamtbrutto, J=Mit Auswirkung auf das Gesamtbrutto, N=Ohne Auswirkung auf das Gesamtbrutto

Entgeltbescheinigung nach § 108 Absatz 3 Satz 1 der Gewerbeordnung

Lexware lohn + gehalt 28.01 — 1/1 — 05.01.2024

Abrechnung der Brutto-Netto-Bezüge — Februar 2024

Pers.-Nr.	102	Abteilung		Kst.-St.		SV-Nummer	65110388M348
Eintritt	01.02.2024	Austritt		Geb.datum	11.03.1988	Kasse	AOK Baden-Württemb.
				Personengruppe	101	KV / AN-Beitrag KV	14,60% / 8,15%
						PV (Beitrag/AN/Zu.)	3,40%/1,70%/0,60%
						Übergangsbereich	nein MFB nein

Steuer ID Nr.	32165498739
St.Kl. (Faktor) / Kinder	4 (0,833) / 0,0
Konfession	--
Freibetrag mtl. / jährl.	
Hinzurech. mtl. / jährl.	

	SV-Tage KV	RV	AV	PV	St.-Tage
monatlich	30	30	30	30	30
kumuliert	30	30	30	30	30
BGR	1	1	1	1	

Urlaub Vorjahr	0,00	Urlaub - monatlich genommen	0,00
Urlaubsanspruch	25,00	Resturlaub	25,00

Fliesenfachgeschäft
Schoettlestr. 6, 74074 Heilbronn

persönlich / vertraulich
Herrn
Thorsten Masthof
Kirschenweg 45
74211 Leingarten

Lohnart	Bezeichnung	bezahlte Menge	Faktor	%-Zuschlag	St*	SV*	GB*	Betrag
1	Lohn	163,00	12,7500		L	L	J	2.078,25 EUR
9	Überstunden	9,00	12,7500		L	L	J	114,75 EUR
10	Überstundenzuschlag (25%)	9,00	3,1875	25,00	L	L	J	28,69 EUR

Gesamtbrutto: 2.221,69 EUR

Steuer / Sozialversicherung

Steuer - Brutto	Lohnsteuer	Kirchensteuer	SolZ	KV - Brutto	PV - Brutto	Steuerrechtl. Abzüge
2.221,69 EUR	125,66 EUR	0,00 EUR	0,00 EUR	2.221,69 EUR	2.221,69 EUR	125,66 EUR
Σ 2.221,69 EUR	Σ 125,66 EUR	Σ 0,00 EUR	Σ 0,00 EUR	Σ 2.221,69 EUR	Σ 2.221,69 EUR	Σ 125,66 EUR
RV - Brutto	**AV - Brutto**	**KV - Beitrag**	**PV - Beitrag**	**RV - Beitrag**	**AV - Beitrag**	**SV - rechtl. Abzüge**
2.221,69 EUR	2.221,69 EUR	181,06 EUR	51,10 EUR	206,62 EUR	28,88 EUR	467,66 EUR
Σ 2.221,69 EUR	Σ 2.221,69 EUR	Σ 181,06 EUR	Σ 51,10 EUR	Σ 206,62 EUR	Σ 28,88 EUR	Σ 467,66 EUR

Σ Gesamtsumme

Nettoentgelt: 1.628,37 EUR

Aufgelaufene Jahreswerte	
Gesamtbrutto	Steuer - Brutto
2.221,69 EUR	2.221,69 EUR
Lohnsteuer	Kirchensteuer
125,66 EUR	0,00 EUR
SolZ	KV - Brutto
0,00 EUR	2.221,69 EUR
PV - Brutto	RV - Brutto
2.221,69 EUR	2.221,69 EUR
AV - Brutto	KV - Beitrag
2.221,69 EUR	181,06 EUR
PV - Beitrag	RV - Beitrag
51,10 EUR	206,62 EUR
AV - Beitrag	VWL - Gesamt
28,88 EUR	0,00 EUR
Betriebl. Altersversorgung	Auszahlungsbetrag
0,00 EUR	1.628,37 EUR

Nr.	Netto - Bezüge / Netto - Abzüge	

Summe Netto Be-/Abzüge: 0,00 EUR

IBAN: DE20 6004 0061 0040 5060 96
BIC: COBADEFFXXX
Bank: Commerzbank CC Stuttgart

Auszahlungsbetrag: 1.628,37 EUR

1 Teilmonatsentgelt: Es wird die Tageslohnsteuertabelle angewandt und/oder die automatische Lohnartenkürzung durchgeführt.

* A=Abfindung, B=SV-Beiträge werden vom Arbeitgeber entrichtet, E=Einmalbezug, F=Frei, L=Laufender Bezug, M=Mehrjährige Versteuerung, P=Pauschale Versteuerung, S=Sonstiger Bezug, V=Vorjahr, GB=Gesamtbrutto, J=Mit Auswirkung auf das Gesamtbrutto, N=Ohne Auswirkung auf das Gesamtbrutto

Entgeltbescheinigung nach § 108 Absatz 3 Satz 1 der Gewerbeordnung

Lexware lohn + gehalt 28.01 | 1/1 | 05.01.2024

Fliesenfachgeschäft — **Lohnjournal** — **Februar 2024**

Pers-Nr.	Name / Zeitraum / St.Kl.(Faktor)/Kinder/Konf.	KK KV RV AV PV / Übergangsbereich / BFD GV MFB ST SV	Gesamt-Brutto / Steuer-Brutto / SV-Brutto	Lohn-steuer	Kirchen-steuer	SolZ		KV	RV	AV	PV	Netto-gehalt	pausch.St. AN / Kammerbeitrag / Vorschüsse	VWL / Altersvors. / BAV-Förd. / sonst. / Auszahlg.
101	**Özbek, Mustafa**	AOK E 9 1 1 1	6.190,00	643,16	0,00	0,00	AN	0,00	575,67	80,47	0,00	4.890,70	-0,00	-0,00
	01.-29.02.2024	nein	6.190,00				AG	0,00	575,67	80,47	0,00		-0,00	-0,00
	St.Kl.: 3 / 3,0 / --	0 0 30 30	6.190,00				AG Zuschuss	421,77			87,98		0,00	-0,00
	Freibetrag mtl./jährl.:	360,00/4.320,00					AG Überw.	843,53			150,07			-803,85
	Pauschalen:						U1	160,94						
	Pauschalen nach § 37b:						U2	36,52						
							InsG.Umlage	3,71						
														4.086,85
102	**Masthof, Thorsten**	AOK E 1 1 1 1	2.221,69	125,66	0,00	0,00	AN	181,06	206,62	28,88	51,10	1.628,37	-0,00	-0,00
	01.-29.02.2024	nein	2.221,69				AG	181,06	206,62	28,88	37,77		-0,00	-0,00
	St.Kl.: 4(0,833) / 0,0 / --	0 0 30 30	2.221,69				AG Zuschuss						0,00	-0,00
	Pauschalen:						AG Überw.							0,00
	Pauschalen nach § 37b:						U1	57,76						
							U2	13,11						
							InsG.Umlage	1,33						
														1.628,37

Lexware lohn + gehalt 28.01 — - 1 - — 05.01.2024

Fliesenfachgeschäft

Lohnjournal

Februar 2024

SV-Summen			KV	RV	AV	PV	InsG.Umlage	Summe
	SV-Brutto	AN	181,06	782,29	109,35	51,10		1.123,80
	8.411,69	AG	181,06	782,29	109,35	37,77	5,04	1.115,51
		AG Zuschuss	421,77	0,00		87,98		
		AG Überw.	843,53	0,00		150,07		993,60
		U1	218,70					
		U2	49,63				U1 + U2	268,33
SV Gesamt								**3.501,24**

Einheitliche Pauschalsteuer (Minijob-Zentrale) Steuerbrutto 0,00 Lohnsteuer 0,00

Steuer-Summen	Gesamt-brutto	Steuer-brutto	Lohn-steuer	Kirchen-steuer	Solidaritäts-zuschlag	Kammerbeitrag	Summe
Summe	8.411,69	8.411,69	768,82	0,00	0,00	0,00	768,82
Pauschalen		0,00	0,00	0,00	0,00		0,00
Pauschalen nach § 37b		0,00	0,00	0,00	0,00		0,00
Verbleiben			768,82	0,00	0,00		768,82
BAV-Förderbetrag			- 0,00				- 0,00
Steuer Gesamt			**768,82**	**0,00**	**0,00**	**0,00**	**768,82**

Gesamt-übersicht	Auszahlung	SV - Gesamt	Steuer - Gesamt	einheitliche Pauschalst.	VWL - Überweisung	Altersvorsorge Entgeltumwandlung	Summe
	5.715,22	3.501,24	768,82	0,00	0,00	0,00	9.985,28

Lexware lohn + gehalt 28.01 - 2 - 05.01.2024

Abrechnung der Brutto-Netto-Bezüge

März 2024

Pers.-Nr.	101	**Abteilung**		**Kst.-St.**		**SV-Nummer**	23040576O013	**Steuer ID Nr.**	65498732210
Eintritt	01.11.2019	**Austritt**		**Geb.datum**	04.05.1976	**Kasse**	AOK Baden-Württemb.	**St.Kl. (Faktor) / Kinder**	3 / 3,0
				Personengruppe	101	**KV / AN-Beitrag KV**	14,60% / 8,15%	**Konfession**	--
						PV (Beitrag/AN/Zu.)	2,90%/1,20%/-	**Freibetrag mtl. / jährl.**	360 / 4.320
						Übergangsbereich nein	**MFB** nein	**Hinzurech. mtl. / jährl.**	

Fliesenfachgeschäft
Schoettlestr. 6, 74074 Heilbronn

persönlich / vertraulich
Herrn
Mustafa Özbek
Nordstr. 11
74076 Heilbronn

	SV-Tage				**St.-Tage**
	KV	**RV**	**AV**	**PV**	
monatlich	0	30	30	0	30
kumuliert	0	90	90	0	90
BGR	9	1	1	1	

Urlaub Vorjahr	0,00	**Urlaub - monatlich genommen**	0,00
Urlaubsanspruch	30,00	**Resturlaub**	30,00

Lohnart	Bezeichnung	bezahlte Menge	Faktor	%-Zuschlag	St*	SV*	GB*	Betrag
2	Gehalt				L	L	J	5.870,00 EUR
2004	Privatfahrten PKW				L	L	J	320,00 EUR

Gesamtbrutto: 6.190,00 EUR

Steuer / Sozialversicherung

Steuer - Brutto	Lohnsteuer	Kirchensteuer	SolZ	KV - Brutto	PV - Brutto	Steuerrechtl. Abzüge
6.190,00 EUR	643,16 EUR	0,00 EUR	0,00 EUR	0,00 EUR	0,00 EUR	643,16 EUR
Σ 6.190,00 EUR	Σ 643,16 EUR	Σ 0,00 EUR	Σ 0,00 EUR	Σ 0,00 EUR	Σ 0,00 EUR	Σ 643,16 EUR
RV - Brutto	**AV - Brutto**	**KV - Beitrag**	**PV - Beitrag**	**RV - Beitrag**	**AV - Beitrag**	**SV - rechtl. Abzüge**
6.190,00 EUR	6.190,00 EUR	0,00 EUR	0,00 EUR	575,67 EUR	80,47 EUR	656,14 EUR
Σ 6.190,00 EUR	Σ 6.190,00 EUR	Σ 0,00 EUR	Σ 0,00 EUR	Σ 575,67 EUR	Σ 80,47 EUR	Σ 656,14 EUR

Σ Gesamtsumme

Nettoentgelt: 4.890,70 EUR

Aufgelaufene Jahreswerte	
Gesamtbrutto	Steuer - Brutto
18.250,00 EUR	18.250,00 EUR
Lohnsteuer	Kirchensteuer
1.286,32 EUR	0,00 EUR
SolZ	KV - Brutto
0,00 EUR	0,00 EUR
PV - Brutto	RV - Brutto
0,00 EUR	18.250,00 EUR
AV - Brutto	KV - Beitrag
18.250,00 EUR	0,00 EUR
PV - Beitrag	RV - Beitrag
0,00 EUR	1.697,25 EUR
AV - Beitrag	VWL - Gesamt
237,25 EUR	0,00 EUR
Betriebl. Altersversorgung	Auszahlungsbetrag
0,00 EUR	12.374,63 EUR

Nr.	Netto - Bezüge / Netto - Abzüge	
2004	Privatfahrten PKW	-320,00 EUR
6005	Vorschuss	-1.000,00 EUR
9073	AG-Zuschuss zur freiwilligen KV	421,77 EUR
9074	Abzug freiwillige KV	-843,53 EUR
9078	AG-Zuschuss zur freiwilligen PV	87,98 EUR
9079	Abzug freiwillige PV	-150,07 EUR

Summe Netto Be-/Abzüge: -1.803,85 EUR

IBAN: DE64 6004 0061 0040 5060 80
BIC: COBADEFFXXX
Bank: Commerzbank CC Stuttgart

Auszahlungsbetrag: 3.086,85 EUR

1 Teilmonatsentgelt: Es wird die Tageslohnsteuertabelle angewandt und/oder die automatische Lohnartenkürzung durchgeführt.

* A=Abfindung, B=SV-Beiträge werden vom Arbeitgeber entrichtet, E=Einmalbezug, F=Frei, L=Laufender Bezug, M=Mehrjährige Versteuerung, P=Pauschale Versteuerung, S=Sonstiger Bezug, V=Vorjahr, GB=Gesamtbrutto, J=Mit Auswirkung auf das Gesamtbrutto, N=Ohne Auswirkung auf das Gesamtbrutto

Entgeltbescheinigung nach § 108 Absatz 3 Satz 1 der Gewerbeordnung

Lexware lohn + gehalt 28.02 1/1 07.02.2024

Abrechnung der Brutto-Netto-Bezüge

März 2024

Pers.-Nr. 102	**Abteilung**	**Kst.-St.**		**SV-Nummer**	65110388M348	**Steuer ID Nr.**	32165498739
Eintritt 01.02.2024	**Austritt**	**Geb.datum**	11.03.1988	**Kasse**	AOK Baden-Württemb.	**St.Kl. (Faktor) / Kinder**	4 (0,833) / 0,0
		Personengruppe	101	**KV / AN-Beitrag KV**	14,60% / 8,15%	**Konfession**	--
				PV (Beitrag/AN/Zu.)	3,40%/1,70%/0,60%	**Freibetrag mtl. / jährl.**	
				Übergangsbereich nein	**MFB** nein	**Hinzurech. mtl. / jährl.**	

	SV-Tage KV	RV	AV	PV	St.-Tage
monatlich	30	30	30	30	30
kumuliert	60	60	60	60	60
BGR	1	1	1	1	

Urlaub Vorjahr	0,00	**Urlaub - monatlich genommen**	0,00
Urlaubsanspruch	25,00	**Resturlaub**	25,00

Fliesenfachgeschäft
Schoettlestr. 6, 74074 Heilbronn

persönlich / vertraulich
Herrn
Thorsten Masthof
Kirschenweg 45
74211 Leingarten

Lohnart	Bezeichnung	bezahlte Menge	Faktor	%-Zuschlag	St*	SV*	GB*	Betrag
1	Lohn	146,00	13,5000		L	L	J	1.971,00 EUR
7	Lohnfortzahlung Krank	14,00	13,5000	100,00	L	L	J	189,00 EUR
9	Überstunden	3,00	13,5000		L	L	J	40,50 EUR
10	Überstundenzuschlag (25%)	3,00	3,3750	25,00	L	L	J	10,13 EUR
15	Feiertagsstunden	7,00	13,5000		L	L	J	94,50 EUR

Gesamtbrutto: 2.305,13 EUR

Steuer / Sozialversicherung

Steuer - Brutto	Lohnsteuer	Kirchensteuer	SolZ	KV - Brutto	PV - Brutto	Steuerrechtl. Abzüge
2.305,13 EUR	139,83 EUR	0,00 EUR	0,00 EUR	2.305,13 EUR	2.305,13 EUR	139,83 EUR
Σ 2.305,13 EUR	Σ 139,83 EUR	Σ 0,00 EUR	Σ 0,00 EUR	Σ 2.305,13 EUR	Σ 2.305,13 EUR	Σ 139,83 EUR
RV - Brutto	**AV - Brutto**	**KV - Beitrag**	**PV - Beitrag**	**RV - Beitrag**	**AV - Beitrag**	**SV - rechtl. Abzüge**
2.305,13 EUR	2.305,13 EUR	187,86 EUR	53,02 EUR	214,38 EUR	29,97 EUR	485,23 EUR
Σ 2.305,13 EUR	Σ 2.305,13 EUR	Σ 187,86 EUR	Σ 53,02 EUR	Σ 214,38 EUR	Σ 29,97 EUR	Σ 485,23 EUR

Σ Gesamtsumme

Nettoentgelt: 1.680,07 EUR

Aufgelaufene Jahreswerte	
Gesamtbrutto	Steuer - Brutto
4.526,82 EUR	4.526,82 EUR
Lohnsteuer	Kirchensteuer
265,49 EUR	0,00 EUR
SolZ	KV - Brutto
0,00 EUR	4.526,82 EUR
PV - Brutto	RV - Brutto
4.526,82 EUR	4.526,82 EUR
AV - Brutto	KV - Beitrag
4.526,82 EUR	368,92 EUR
PV - Beitrag	RV - Beitrag
104,12 EUR	421,00 EUR
AV - Beitrag	VWL - Gesamt
58,85 EUR	0,00 EUR
Betriebl. Altersversorgung	Auszahlungsbetrag
0,00 EUR	3.480,44 EUR

Nr.	Netto - Bezüge / Netto - Abzüge	
6900	Reisekostenersatz St.frei	156,00 EUR
6914	Verpflegungszuschuss steuerfrei	16,00 EUR

Summe Netto Be-/Abzüge: 172,00 EUR

IBAN: DE20 6004 0061 0040 5060 96
BIC: COBADEFFXXX
Bank: Commerzbank CC Stuttgart

Auszahlungsbetrag: 1.852,07 EUR

1 Teilmonatsentgelt: Es wird die Tageslohnsteuertabelle angewandt und/oder die automatische Lohnartenkürzung durchgeführt.

* A=Abfindung, B=SV-Beiträge werden vom Arbeitgeber entrichtet, E=Einmalbezug, F=Frei, L=Laufender Bezug, M=Mehrjährige Versteuerung, P=Pauschale Versteuerung, S=Sonstiger Bezug, V=Vorjahr, GB=Gesamtbrutto, J=Mit Auswirkung auf das Gesamtbrutto, N=Ohne Auswirkung auf das Gesamtbrutto

Entgeltbescheinigung nach § 108 Absatz 3 Satz 1 der Gewerbeordnung

Lexware lohn + gehalt 28.02 1/1 07.02.2024

Abrechnung der Brutto-Netto-Bezüge

März 2024

Pers.-Nr. 103	**Abteilung**	**Kst.-St.**	**SV-Nummer**
Eintritt 04.03.2024	**Austritt**	**Geb.datum** 07.02.2000	**Kasse** AOK Baden-Württemb.
		Personengruppe 101	**KV / AN-Beitrag KV** 14,60% / 8,15%
			PV (Beitrag/AN/Zu.) 3,40%/1,70%/0,60%
			Übergangsbereich ja **MFB** nein

Steuer ID Nr.	81250573468
St.Kl. (Faktor) / Kinder	1 / 0,0
Konfession	rk
Freibetrag mtl. / jährl.	
Hinzurech. mtl. / jährl.	

Fliesenfachgeschäft
Schoettlestr. 6, 74074 Heilbronn

persönlich / vertraulich
Frau
Anna Briest
Marktplatz 6
74211 Leingarten

	SV-Tage				St.-Tage
	KV	RV	AV	PV	
monatlich	28	28	28	28	28
kumuliert	28	28	28	28	28
BGR	1	1	1	1	

Urlaub Vorjahr	0,00	**Urlaub - monatlich genommen**	0,00
Urlaubsanspruch	11,00	**Resturlaub**	11,00

Lohnart	Bezeichnung	bezahlte Menge	Faktor	%-Zuschlag	St*	SV*	GB*	Betrag
1	Lohn	72,00	12,5000		L	L	J	900,00 EUR
23	Fahrgeld pauschal (AN)				P	F	J	14,00 EUR[1]
9031	LSt. pauschal Arbeitnehmer						J	-2,10 EUR
9032	KiSt. pauschal Arbeitnehmer						J	-0,16 EUR
9033	SolZ. pauschal Arbeitnehmer						J	-0,11 EUR

Gesamtbrutto: 911,63 EUR

Steuer / Sozialversicherung

Steuer - Brutto	Lohnsteuer	Kirchensteuer	SolZ	KV - Brutto	PV - Brutto	Steuerrechtl. Abzüge
900,00 EUR	0,00 EUR[1]	0,00 EUR	0,00 EUR	787,81 EUR	787,81 EUR	0,00 EUR
Σ 900,00 EUR	Σ 0,00 EUR	Σ 0,00 EUR	Σ 0,00 EUR	Σ 787,81 EUR	Σ 787,81 EUR	Σ 0,00 EUR
RV - Brutto	**AV - Brutto**	**KV - Beitrag**	**PV - Beitrag**	**RV - Beitrag**	**AV - Beitrag**	**SV - rechtl. Abzüge**
787,81 EUR	787,81 EUR	44,36 EUR	13,98 EUR	50,62 EUR	7,08 EUR	116,04 EUR
Σ 787,81 EUR	Σ 787,81 EUR	Σ 44,36 EUR	Σ 13,98 EUR	Σ 50,62 EUR	Σ 7,08 EUR	Σ 116,04 EUR

Σ Gesamtsumme

Nettoentgelt: 795,59 EUR

Aufgelaufene Jahreswerte	
Gesamtbrutto	Steuer - Brutto
911,63 EUR	900,00 EUR
Lohnsteuer	Kirchensteuer
0,00 EUR	0,00 EUR
SolZ	KV - Brutto
0,00 EUR	787,81 EUR
PV - Brutto	RV - Brutto
787,81 EUR	787,81 EUR
AV - Brutto	KV - Beitrag
787,81 EUR	44,36 EUR
PV - Beitrag	RV - Beitrag
13,98 EUR	50,62 EUR
AV - Beitrag	VWL - Gesamt
7,08 EUR	0,00 EUR
Betriebl. Altersversorgung	Auszahlungsbetrag
0,00 EUR	795,59 EUR

Nr.	Netto - Bezüge / Netto - Abzüge	

Summe Netto Be-/Abzüge: 0,00 EUR

IBAN: DE17 6000 0000 0020 2040 50
BIC: MARKDEF1600
Bank: BBk Stuttgart

Auszahlungsbetrag: 795,59 EUR

1 Teilmonatsentgelt: Es wird die Tageslohnsteuertabelle angewandt und/oder die automatische Lohnartenkürzung durchgeführt.

* A=Abfindung, B=SV-Beiträge werden vom Arbeitgeber entrichtet, E=Einmalbezug, F=Frei, L=Laufender Bezug, M=Mehrjährige Versteuerung, P=Pauschale Versteuerung, S=Sonstiger Bezug, V=Vorjahr, GB=Gesamtbrutto, J=Mit Auswirkung auf das Gesamtbrutto, N=Ohne Auswirkung auf das Gesamtbrutto

Entgeltbescheinigung nach § 108 Absatz 3 Satz 1 der Gewerbeordnung

Lexware lohn + gehalt 28.02 1/2 07.02.2024

Fliesenfachgeschäft

Lohnjournal

März 2024

Pers-Nr.	Name / Zeitraum / St.Kl.(Faktor)/Kinder/Konf.	KK KV RV AV PV / Übergangsbereich / BFD GV MFB ST SV	Gesamt-Brutto / Steuer-Brutto / SV-Brutto	Lohnsteuer	Kirchensteuer	SolZ		KV	RV	AV	PV	Nettogehalt	pausch.St. AN / Kammerbeitrag / Vorschüsse	VWL / Altersvors. / BAV-Förd. / sonst. / Auszahlg.
101	**Özbek, Mustafa**	AOK E 9 1 1 1	6.190,00	643,16	0,00	0,00	AN	0,00	575,67	80,47	0,00	4.890,70	-0,00	-0,00
	01.-31.03.2024	nein	6.190,00				AG	0,00	575,67	80,47	0,00		-0,00	-0,00
	St.Kl.: 3 / 3,0 / --	0 0 30 30	6.190,00				AG Zuschuss	421,77			87,98		1.000,00	-0,00
	Freibetrag mtl./jährl.:	360,00/4.320,00					AG Überw.	843,53			150,07			-803,85
	Pauschalen:						U1	160,94						
	Pauschalen nach § 37b:						U2	36,52						
							InsG.Umlage	3,71						
														4.086,85
102	**Masthof, Thorsten**	AOK E 1 1 1 1	2.305,13	139,83	0,00	0,00	AN	187,86	214,38	29,97	53,02	1.680,07	-0,00	-0,00
	01.-31.03.2024	nein	2.305,13				AG	187,86	214,38	29,97	39,19		-0,00	-0,00
	St.Kl.: 4(0,833) / 0,0 / --	0 0 30 30	2.305,13				AG Zuschuss						0,00	-0,00
	Pauschalen:						AG Überw.							172,00
	Pauschalen nach § 37b:						U1	59,93						
							U2	13,60						
							InsG.Umlage	1,38						
														1.852,07
103	**Briest, Anna**	AOK E 1 1 1 1	911,63	0,00	0,00	0,00	AN	44,36	50,62	7,08	13,98	795,59	-2,37	-0,00
	04.-31.03.2024	ja	900,00				AG	84,06	95,92	13,40	17,53		-0,00	-0,00
	St.Kl.: 1 / 0,0 / rk	0 0 28 28	787,81				AG Zuschuss						0,00	-0,00
	Pauschalen:		14,00	2,10	0,16	0,11	AG Überw.							0,00
	Pauschalen nach § 37b:						U1	20,48						
							U2	4,65						
							InsG.Umlage	0,47						
														795,59

Lexware lohn + gehalt 28.02 - 1 - 07.02.2024

Fliesenfachgeschäft

Lohnjournal

März 2024

SV-Summen			KV	RV	AV	PV	InsG.Umlage	Summe
	SV-Brutto	AN	232,22	840,67	117,52	67,00		1.257,41
	9.282,94	AG	271,92	885,97	123,84	56,72	5,56	1.344,01
		AG Zuschuss	421,77	0,00		87,98		
		AG Überw.	843,53	0,00		150,07		993,60
		U1	241,35					
		U2	54,77				U1 + U2	296,12
SV Gesamt								**3.891,14**

Einheitliche Pauschalsteuer (Minijob-Zentrale) Steuerbrutto 0,00 Lohnsteuer 0,00

Steuer-Summen	Gesamt-brutto	Steuer-brutto	Lohn-steuer	Kirchen-steuer	Solidaritäts-zuschlag	Kammerbeitrag	Summe
Summe	9.406,76	9.395,13	782,99	0,00	0,00	0,00	782,99
Pauschalen		14,00	2,10	0,16	0,11		2,37
Pauschalen nach § 37b		0,00	0,00	0,00	0,00		0,00
Verbleiben			785,09	0,16	0,11		785,36
BAV-Förderbetrag			- 0,00				- 0,00
Steuer Gesamt			**785,09**	**0,16**	**0,11**	**0,00**	**785,36**

Gesamt-übersicht	Auszahlung	SV - Gesamt	Steuer - Gesamt	einheitliche Pauschalst.	VWL - Überweisung	Altersvorsorge Entgeltumwandlung	Summe
	6.734,51	3.891,14	785,36	0,00	0,00	0,00	11.411,01

Lexware lohn + gehalt 28.02 - 2 - 07.02.2024

5. Fall: Raumausstattung

Übungsschwerpunkte

- Korrekturmodus
- betriebliche Altersvorsorge
- private KV/PV
- Nutzung der Stundenerfassung

Hinweise

- Es bestehen keine weiteren Betriebsstätten.
- Die Auszahlung der Löhne und Gehälter ist zum Monatsletzten fällig.
- Der Betrieb ist weder tarifgebunden, noch besteht eine Betriebsvereinbarung.

Aufgaben

Aufgabe 1:

- Legen Sie eine neue Firma mit den nachstehend aufgeführten Stammdaten an. Die Entgeltabrechnung mit Lexware beginnt im **Januar 2024**.

Firmenstammdaten:

Firma:	Raumausstattung „eigener Name“
Anschrift:	Lindenallee 5 70771 Leinfelden-Echterdingen (Baden-Württemberg) E-Mail: info@raumausstattung.de
Finanzamt:	2893 - Stuttgart I Steuernummer: 93 044 01962 ■ Lohnsteueranmeldung: monatlich ■ Zahlungsart: Lastschrift
Bankverbindung:	IBAN DE06 6000 0000 0060 0015 05 BIC MARKDEF1600 BBK Stuttgart
Betriebsnummer:	668 752 12
Ansprechpartner: (für Firma und Entgeltabr.)	Peter Fichtelberg Tel.: 0711/2627-1819 E-Mail: peter.fichtelberg@raumausstattung.de
Berufsgenossenschaft:	BGHW (32064004) Mitgliedsnummer: 2236510020 PIN: 56789 / Unternehmensnummer: 123456789555001
Arbeitszeit:	37,5 Stunden pro Woche (Mo - Fr je 7,5 Std.)
Krankenkassen:	AOK Baden-Württemberg ■ Das Unternehmen ist U1-pflichtig und nutzt den allgemeinen Erstattungssatz. ■ Die Zahlung an die Krankenkassen erfolgt per Lastschrift. ■ U1/U2-Erstattungsbeträge werden auf das Bankkonto überwiesen. ■ Nachweis im Krankheitsfall ist nach 3 Kalendertagen erforderlich.

Aufgabe 2:

- Legen Sie die einzelnen Mitarbeiter entsprechend nachfolgender Angaben an.

Mitarbeiterstammdaten:

- Die Zahlungen an die Mitarbeiter erfolgen per Überweisung.
- Bei pauschalierten Lohnarten wird die Kirchensteuer im Vereinfachungsverfahren ermittelt.
- Gefahrtarifstelle aller Mitarbeiter: 03 (Handel mit Möbeln, Gemälden, Antiquitäten)
- Das Geburtsdatum entnehmen Sie der SV-Nummer.
- Entgeltfortzahlungen für Fehlzeiten werden mit dem jeweils gültigen Stundenlohn vergütet.

Personalnummer:	1
Name:	Peter Fichtelberg
Anschrift:	Raiffeisenstr. 5 70771 Leinfelden-Echterdingen (Baden-Württemberg)
Bankverbindung:	IBAN DE92 6009 0100 1002 0052 30 BIC VOBADESSXXX Stuttgarter Volksbank
Eintritt:	01.01.2010
Bezüge:	Gehaltsempfänger
SV-Nummer:	63 101076 H 424
Tätigkeitsmerkmale:	Dekorateurmeister Mittlere Reife mit abgeschlossener Ausbildung
Sozialversicherung:	seit 2018 privat versichert (Selbstzahler) Beitrag private KV: 845,00 € (Basisbeitrag KV: 669,71 €) Beitrag private PV: 107,01 € (Basisbeitrag PV: 107,01 €) Elterneigenschaft: nachgewiesen, 3 Kinder unter 25 Jahren
Steuer:	ID-Nr.: 56778901233 ELStAM: IV/3,0/ev/-, Faktor: 0,721
Arbeitszeit:	betriebsüblich
Urlaub:	30 Tage

Personalnummer:	2
Name:	Claudia Schnell
Anschrift:	Hauptstr. 5 70771 Leinfelden-Echterdingen (Baden-Württemberg)
Bankverbindung:	IBAN DE63 6115 0020 0010 6828 72 BIC ESSLDE66XXX Kr Spk Esslingen-Nürtingen
Eintritt:	01.11.2010
Bezüge:	Lohnempfänger
SV-Nummer:	64 210570 M 557
Tätigkeitsmerkmale:	Näherin für Gardinen (in Teilzeit) Hauptschule mit abgeschlossener Ausbildung
Sozialversicherung:	AOK Baden-Württemberg Elterneigenschaft: nachgewiesen, 1 Kind über 25 Jahren
Steuer:	ID-Nr.: 98765432114 ELStAM: V/0,0/--
Arbeitszeit:	25 Stunden (Mo - Fr je 5 Stunden; Regelarbeitszeit 8.00 - 11.00 und 11.30 - 13.30 Uhr)
Urlaub:	30 Tage

Aufgabe 3:

- Erfassen Sie nachfolgende Bezüge und erstellen Sie die **Entgeltabrechnung** für **Januar**.
  Nutzen Sie für Frau Schnell die Funktion **Stundenerfassung**.
  Vergleichen Sie anschließend Ihre Auswertungen mit den Lösungsvorschlägen im Buch.

Personal-Nr., Name:	1, Peter Fichtelberg	
Bezüge:	Gehalt	5.850,00 €
	Peter Fichtelberg fährt einen ab 01/2024 von der Firma geleasten Pkw (reines Elektrofahrzeug), den er auch für private Zwecke und Fahrten zur Arbeit nutzen darf. Der Bruttolistenpreis ist im Leasingvertrag mit 36.122,00 € inkl. USt angesetzt. Die Entfernung zwischen Wohnung und erster Tätigkeitsstätte beträgt 21 km. Der Arbeitgeber übernimmt die pauschalen Steuern für die Fahrten Wohnung - erste Tätigkeitsstätte.	
	Ferner hat Herr Fichtelberg bei der Bausparkasse Schwäbisch Hall (Vertragsnummer 022067122J01) einen Bausparvertrag (VWL) abgeschlossen. Zu dem monatlich fälligen Betrag in Höhe von 40,00 € erhält er einen Arbeitgeberzuschuss von 20,00 €. Der Beitrag wird per Lastschrift eingezogen.	

Personal-Nr., Name: 2, Claudia Schnell

Bezüge: Stundenlohn 12,50 €

Die geleisteten Stunden für den Monat Januar ergeben sich aus dem beigefügten Kalenderauszug. Jede Arbeitszeit über 5 Stunden täglich zählt lt. Arbeitsvertrag als Überstunde. Überstunden werden mit dem Normalstundensatz sowie einem Zuschlag von 25 % vergütet.

Tag	Datum	Std.	Datum	Std.	Datum	Std.	Datum	Std.	Datum	Std.
Mo	01.01.	F	08.01.	Urlaub	15.01.	5	22.01.	5	29.01.	krank
Di	02.01.	5	09.01.	Urlaub	16.01.	5	23.01.	5	30.01.	5
Mi	03.01.	5	10.01.	Urlaub	17.01.	5	24.01.	7	31.01.	5
Do	04.01.	5	11.01.	5	18.01.	6	25.01.	7		
Fr	05.01.	5	12.01.	5	19.01.	5	26.01.	krank		
Sa	06.01.		13.01.		20.01.		27.01.	krank		
So	07.01.		14.01.		21.01.		28.01.	krank		

Aufgabe 4:

- Führen Sie den **Monatsabschluss** für **Januar** durch.
  Erfassen Sie folgende abweichende Bezüge und weitere Abrechnungsinformationen. Erstellen Sie die **Entgeltabrechnung** für **Februar**.
  Vergleichen Sie anschließend Ihre Auswertungen mit den Lösungsvorschlägen im Buch.

Personal-Nr., Name: 1, Peter Fichtelberg

Stammdaten: Rückwirkend ab 01.01.2024 hat Herr Fichtelberg folgende Lohnsteuerabzugsmerkmale: IV/3,0/ev/-. Der Faktor entfällt (d. h. Faktor = 1,000). Somit ist eine Korrektur der Januarabrechnung erforderlich.

Reisekosten: Herr Fichtelberg hat im Februar an einer eintägigen betrieblichen Fortbildung teilgenommen, die der Arbeitgeber gebucht und bezahlt hat. Herr Fichtelberg verließ seine Wohnung dazu um 8:15 Uhr und kehrte um 15:45 Uhr nach Hause zurück. Die Gesamtkosten für die Fortbildung betragen 457,00 €; darin enthalten ist eine Tagespauschale von 46,00 € für ein Mittagessen und Getränke. Der Arbeitgeber möchte Herrn Fichtelberg nicht mit Kosten für die Fortbildung belasten.

Personal-Nr., Name: 2, Claudia Schnell

Bezüge: Die geleisteten Stunden für den Monat Februar ergeben sich aus dem beigefügten Kalenderauszug. Jede Arbeitszeit über 5 Stunden täglich zählt lt. Arbeitsvertrag als Überstunde. Überstunden werden mit dem Normalstundensatz sowie einem Zuschlag von 25 % vergütet

Tag	Datum	Std.	Datum	Std.	Datum	Std.	Datum	Std.	Datum	Std.
Mo			05.02.	5	12.02.	5	19.02.	5	26.02.	5
Di			06.02.	6	13.02.	6	20.02.	5	27.02.	5
Mi			07.02.	6	14.02.	6	21.02.	5	28.02.	5
Do	01.02.	5	08.02.	6	15.02.	5	22.02.	5	29.02.	5
Fr	02.02.	5	09.02.	5	16.02.	5	23.02.	5		
Sa	03.02.		10.02.		17.02.		24.02.			
So	04.02.		11.02.		18.02.		25.02.			

BAV: Ab dem 01.02.2024 hat der Arbeitgeber für Frau Schnell eine Rentenversicherung als Direktversicherung bei der Allianz (Vertrags-Nr. 08154711; per Lastschrift) abgeschlossen. Der Beitrag beträgt monatlich 100,00 € (steuerfrei). Davon gewährt der Arbeitgeber zusätzlich zum ohnehin geschuldeten Arbeitslohn 52,94 € als Zusatzleistung und 7,06 € als Pflichtzuschuss (15 %) auf die Entgeltumwandlung; den Rest erbringt Frau Schnell (Netto-Abzug)

Lösungen zum 5. Fall

Hinweise:

1 Peter Fichtelberg

Tätigkeitsschlüssel:	93293 3311
Krankenkasse:	AOK Baden-Württemberg für RV, AV und Umlagen Der maximal mögliche steuerfreie Zuschuss zur privaten Kranken- und Pflegeversicherung gemäß § 257 SGB V wird vom Programm anhand des Beitragsgruppenschlüssels und der dort einzusetzenden Prämie der PKV automatisch berechnet. Die steuermindernde Wirkung des Basisbeitrags zur KV und PV wird ebenfalls automatisch durchgeführt (*vgl. Seite 46*).
Reisekosten:	Die vom Arbeitgeber veranlasste Mahlzeit während der Fortbildung ist mit dem Sachbezugswert zu versteuern, da der Mitarbeiter keinen Anspruch auf Verpflegungsmehraufwendungen hat. Eine Pauschalversteuerung mit 25 % ist zulässig.

2 Claudia Schnell

Tätigkeitsschlüssel:	28232 2212
Hinweis:	Werden alle geleisteten Stunden in der Stundenerfassung eingetragen, kann Lexware nicht zwischen Normal- und Überstunden unterscheiden und ordnet alle erfassten Stunden der Lohnart „0001 Lohn" zu. Sie können in der Stundenerfassung auch nur die Normalstunden eintragen, müssen dann aber die Überstunden manuell mit LA „0009 Überstunden" erfassen. Werden bei Verwendung der Stundenerfassung auch Fehlzeiten (krank, Urlaub) eingegeben, werden die Abwesenheitsstunden automatisch in die zugehörigen Lohnarten "0014 Urlaubsstunden" und "0007 Lohnfortzahlung Krank" übernommen. Für Feiertage löschen Sie in der Stundenerfassung die Stunden und erfassen diese manuell mit Lohnart "0015 Feiertagsstunden". Sonst geht Lexware von Arbeit am Feiertag aus.

Abrechnung der Brutto-Netto-Bezüge

Januar 2024

Pers.-Nr. 1	Abteilung	Kst.-St.	SV-Nummer 63101076H424	Steuer ID Nr. 56778901233	
Eintritt 01.01.2010	Austritt	Geb.datum 10.10.1976	Kasse privat	St.Kl. (Faktor) / Kinder 4 (0,721) / 3,0	
		Personengruppe 101	KV / AN-Beitrag KV / 0,00%	Konfession ev	
			PV (Beitrag/AN/Zu.) -/-/-	Freibetrag mtl. / jährl.	
			Übergangsbereich nein MFB nein	Hinzurech. mtl. / jährl.	

	SV-Tage KV	RV	AV	PV	St.-Tage
monatlich	0	30	30	0	30
kumuliert	0	30	30	0	30
BGR	0	1	1	0	

Urlaub Vorjahr	0,00	Urlaub - monatlich genommen	0,00
Urlaubsanspruch	30,00	Resturlaub	30,00

Raumausstattung
Lindenallee 5, 70771 Leinfelden-Echterdingen

persönlich / vertraulich
Herrn
Peter Fichtelberg
Raiffeisenstraße 5
70771 Leinfelden-Echterdingen

Lohnart	Bezeichnung	bezahlte Menge	Faktor	%-Zuschlag	St*	SV*	GB*	Betrag
2	Gehalt				L	L	J	5.850,00 EUR
9021	VWL 1 Zuschuss				L	L	J	20,00 EUR
9111	Dienstfahrzeug				L	L	J	90,00 EUR
9115	Dienstfahrzeug KM pauschal AG				P	F	J	56,70 EUR

Gesamtbrutto 6.016,70 EUR

Steuer / Sozialversicherung

Steuer - Brutto	Lohnsteuer	Kirchensteuer	SolZ	KV - Brutto	PV - Brutto	Steuerrechtl. Abzüge
5.960,00 EUR	887,00 EUR	46,05 EUR	0,00 EUR	0,00 EUR	0,00 EUR	933,05 EUR
Σ 5.960,00 EUR	Σ 887,00 EUR	Σ 46,05 EUR	Σ 0,00 EUR	Σ 0,00 EUR	Σ 0,00 EUR	Σ 933,05 EUR
RV - Brutto	**AV - Brutto**	**KV - Beitrag**	**PV - Beitrag**	**RV - Beitrag**	**AV - Beitrag**	**SV - rechtl. Abzüge**
5.960,00 EUR	5.960,00 EUR	0,00 EUR	0,00 EUR	554,28 EUR	77,48 EUR	631,76 EUR
Σ 5.960,00 EUR	Σ 5.960,00 EUR	Σ 0,00 EUR	Σ 0,00 EUR	Σ 554,28 EUR	Σ 77,48 EUR	Σ 631,76 EUR

Σ Gesamtsumme

Nettoentgelt 4.451,89 EUR

Aufgelaufene Jahreswerte	
Gesamtbrutto	Steuer - Brutto
6.016,70 EUR	5.960,00 EUR
Lohnsteuer	Kirchensteuer
887,00 EUR	46,05 EUR
SolZ	KV - Brutto
0,00 EUR	0,00 EUR
PV - Brutto	RV - Brutto
0,00 EUR	5.960,00 EUR
AV - Brutto	KV - Beitrag
5.960,00 EUR	0,00 EUR
PV - Beitrag	RV - Beitrag
0,00 EUR	554,28 EUR
AV - Beitrag	VWL - Gesamt
77,48 EUR	40,00 EUR
Betriebl. Altersversorgung	Auszahlungsbetrag
0,00 EUR	4.740,47 EUR

Nr.	Netto - Bezüge / Netto - Abzüge	Betrag
9024	VWL 1 Überweisung	-40,00 EUR
9075	AG-Zuschuss zur privaten KV	421,77 EUR
9080	AG-Zuschuss zur privaten PV	53,51 EUR
9118	Dienstfahrzeug	-146,70 EUR

Summe Netto Be-/Abzüge 288,58 EUR

IBAN: DE92 6009 0100 1002 0052 30
BIC: VOBADESSXXX
Bank: Volksbank Stuttgart

Auszahlungsbetrag 4.740,47 EUR

1 Teilmonatsentgelt: Es wird die Tageslohnsteuertabelle angewandt und/oder die automatische Lohnartenkürzung durchgeführt.

* A=Abfindung, B=SV-Beiträge werden vom Arbeitgeber entrichtet, E=Einmalbezug, F=Frei, L=Laufender Bezug, M=Mehrjährige Versteuerung, P=Pauschale Versteuerung, S=Sonstiger Bezug, V=Vorjahr, GB=Gesamtbrutto, J=Mit Auswirkung auf das Gesamtbrutto, N=Ohne Auswirkung auf das Gesamtbrutto

Entgeltbescheinigung nach § 108 Absatz 3 Satz 1 der Gewerbeordnung

Lexware lohn + gehalt 28.01 1/2 06.01.2024

Abrechnung der Brutto-Netto-Bezüge

Januar 2024

Pers.-Nr. 2	**Abteilung**	**Kst.-St.**		**SV-Nummer**	64210570M557	**Steuer ID Nr.**	98765432114
Eintritt 01.11.2010	**Austritt**	**Geb.datum**	21.05.1970	**Kasse**	AOK Baden-Württemb.	**St.Kl. (Faktor) / Kinder**	5 / 0,0
		Personengruppe	101	**KV / AN-Beitrag KV**	14,60% / 8,15%	**Konfession**	--
				PV (Beitrag/AN/Zu.)	3,40%/1,70%/-	**Freibetrag mtl. / jährl.**	
				Übergangsbereich	ja **MFB** nein	**Hinzurech. mtl. / jährl.**	

Raumausstattung
Lindenallee 5, 70771 Leinfelden-Echterdingen

persönlich / vertraulich
Frau
Claudia Schnell
Hauptstr. 5
70771 Leinfelden-Echterdingen

	SV-Tage KV	RV	AV	PV	St.-Tage
monatlich	30	30	30	30	30
kumuliert	30	30	30	30	30
BGR	1	1	1	1	

Urlaub Vorjahr	0,00	**Urlaub - monatlich genommen**	3,00
Urlaubsanspruch	30,00	**Resturlaub**	27,00

Lohnart	Bezeichnung	bezahlte Menge	Faktor	%-Zuschlag	St*	SV*	GB*	Betrag
1	Lohn	85,00	12,5000		L	L	J	1.062,50 EUR
7	Lohnfortzahlung Krank	10,00	12,5000	100,00	L	L	J	125,00 EUR
9	Überstunden	5,00	12,5000		L	L	J	62,50 EUR
10	Überstundenzuschlag (25%)	5,00	3,1250	25,00	L	L	J	15,63 EUR
14	Urlaubsstunden	15,00	12,5000	100,00	L	L	J	187,50 EUR
15	Feiertagsstunden	8,00	12,5000		L	L	J	100,00 EUR

Gesamtbrutto: 1.553,13 EUR

Steuer / Sozialversicherung

Steuer - Brutto	Lohnsteuer	Kirchensteuer	SolZ	KV - Brutto	PV - Brutto	Steuerrechtl. Abzüge
1.553,13 EUR	170,91 EUR	0,00 EUR	0,00 EUR	1.501,26 EUR	1.501,26 EUR	170,91 EUR
Σ 1.553,13 EUR	Σ 170,91 EUR	Σ 0,00 EUR	Σ 0,00 EUR	Σ 1.501,26 EUR	Σ 1.501,26 EUR	Σ 170,91 EUR
RV - Brutto	**AV - Brutto**	**KV - Beitrag**	**PV - Beitrag**	**RV - Beitrag**	**AV - Beitrag**	**SV - rechtl. Abzüge**
1.501,26 EUR	1.501,26 EUR	113,17 EUR	23,61 EUR	129,15 EUR	18,05 EUR	283,98 EUR
Σ 1.501,26 EUR	Σ 1.501,26 EUR	Σ 113,17 EUR	Σ 23,61 EUR	Σ 129,15 EUR	Σ 18,05 EUR	Σ 283,98 EUR

Σ Gesamtsumme

Nettoentgelt: 1.098,24 EUR

Aufgelaufene Jahreswerte	
Gesamtbrutto	Steuer - Brutto
1.553,13 EUR	1.553,13 EUR
Lohnsteuer	Kirchensteuer
170,91 EUR	0,00 EUR
SolZ	KV - Brutto
0,00 EUR	1.501,26 EUR
PV - Brutto	RV - Brutto
1.501,26 EUR	1.501,26 EUR
AV - Brutto	KV - Beitrag
1.501,26 EUR	113,17 EUR
PV - Beitrag	RV - Beitrag
23,61 EUR	129,15 EUR
AV - Beitrag	VWL - Gesamt
18,05 EUR	0,00 EUR
Betriebl. Altersversorgung	Auszahlungsbetrag
0,00 EUR	1.098,24 EUR

Nr.	Netto - Bezüge / Netto - Abzüge	

Summe Netto Be-/Abzüge: 0,00 EUR

IBAN: DE63 6115 0020 0010 6828 72
BIC: ESSLDE66XXX
Bank: Kr Spk Esslingen-Nürtingen

Auszahlungsbetrag: 1.098,24 EUR

1 Teilmonatsentgelt: Es wird die Tageslohnsteuertabelle angewandt und/oder die automatische Lohnartenkürzung durchgeführt.

* A=Abfindung, B=SV-Beiträge werden vom Arbeitgeber entrichtet, E=Einmalbezug, F=Frei, L=Laufender Bezug, M=Mehrjährige Versteuerung, P=Pauschale Versteuerung, S=Sonstiger Bezug, V=Vorjahr, GB=Gesamtbrutto, J=Mit Auswirkung auf das Gesamtbrutto, N=Ohne Auswirkung auf das Gesamtbrutto

Entgeltbescheinigung nach § 108 Absatz 3 Satz 1 der Gewerbeordnung

Lexware lohn + gehalt 28.01 1/1 06.01.2024

Raumausstattung

Lohnjournal

Januar 2024

Pers.-Nr.	Name Zeitraum St.Kl.(Faktor)/Kinder/Konf.	KK Übergangs- BFD	KV bereich GV	RV MFB	AV ST	PV SV	Gesamt-Brutto Steuer-Brutto SV-Brutto	Lohn-steuer	Kirchen-steuer	SolZ		KV	RV	AV	PV	Netto-gehalt	pausch.St. AN Kammerbeitrag Vorschüsse	VWL Altersvors. BAV-Förd. sonst. Auszahlg.
1	**Fichtelberg, Peter**	privat	0	1	1	0	6.016,70	887,00	46,05	0,00	AN	0,00	554,28	77,48	0,00	4.451,89	-0,00	-40,00
	01.-31.01.2024		nein				5.960,00				AG	0,00	554,28	77,48	0,00		-0,00	-0,00
	St.Kl.: 4(0,721) / 3,0 / ev		0	0	30	30	5.960,00				AG Zuschuss	421,77			53,51		0,00	-0,00
	Pauschalen:						56,70	8,50	0,38	0,46	Basisbeitr.	669,71			107,01			
	Pauschalen nach § 37b:										AG Überw.							328,58
											U1	154,96						
											U2	35,16						
											InsG.Umlage	3,58						
																		4.740,47
2	**Schnell, Claudia**	AOK E	1	1	1	1	1.553,13	170,91	0,00	0,00	AN	113,17	129,15	18,05	23,61	1.098,24	-0,00	-0,00
	01.-31.01.2024		ja				1.553,13				AG	131,53	150,09	20,99	27,43		-0,00	-0,00
	St.Kl.: 5 / 0,0 / --		0	0	30	30	1.501,26				AG Zuschuss						0,00	-0,00
	Pauschalen:										AG Überw.							0,00
	Pauschalen nach § 37b:										U1	39,03						
											U2	8,86						
											InsG.Umlage	0,90						
																		1.098,24

Lexware lohn + gehalt 28.01 - 1 - 06.01.2024

Raumausstattung	Lohnjournal	Januar 2024

SV-Summen	SV-Brutto		KV	RV	AV	PV	InsG.Umlage	Summe
	7.461,26	AN	113,17	683,43	95,53	23,61		915,74
		AG	131,53	704,37	98,47	27,43	4,48	966,28
		AG Zuschuss	421,77	0,00		53,51		
		AG Überw.	0,00	0,00		0,00		0,00
		U1	193,99					
		U2	44,02				U1 + U2	238,01
SV Gesamt								**2.120,03**

Einheitliche Pauschalsteuer (Minijob-Zentrale) Steuerbrutto 0,00 Lohnsteuer 0,00

Steuer-Summen	Gesamt-brutto	Steuer-brutto	Lohn-steuer	Kirchen-steuer	Solidaritäts-zuschlag	Kammerbeitrag	Summe
Summe	7.569,83	7.513,13	1.057,91	46,05	0,00	0,00	1.103,96
Pauschalen		56,70	8,50	0,38	0,46		9,34
Pauschalen nach § 37b		0,00	0,00	0,00	0,00		0,00
Verbleiben			1.066,41	46,43	0,46		1.113,30
BAV-Förderbetrag			- 0,00				- 0,00
Steuer Gesamt			**1.066,41**	**46,43**	**0,46**	**0,00**	**1.113,30**

Gesamt-übersicht	Auszahlung	SV - Gesamt	Steuer - Gesamt	einheitliche Pauschalst.	VWL - Überweisung	Altersvorsorge Entgeltumwandlung	Summe
	5.838,71	2.120,03	1.113,30	0,00	40,00	0,00	9.112,04

Lexware lohn + gehalt 28.01 - 2 - 06.01.2024

Abrechnung der Brutto-Netto-Bezüge Februar 2024

Pers.-Nr.	1	Abteilung		Kst.-St.		SV-Nummer	63101076H424	Steuer ID Nr.	56778901233
Eintritt	01.01.2010	Austritt		Geb.datum	10.10.1976	Kasse	privat	St.Kl. (Faktor) / Kinder	4 (1,000) / 3,0
				Personengruppe	101	KV / AN-Beitrag KV	/ 0,00%	Konfession	ev
						PV (Beitrag/AN/Zu.)	-/-/-	Freibetrag mtl. / jährl.	
						Übergangsbereich nein	MFB nein	Hinzurech. mtl. / jährl.	

Raumausstattung
Lindenallee 5, 70771 Leinfelden-Echterdingen

persönlich / vertraulich
Herrn
Peter Fichtelberg
Raiffeisenstraße 5
70771 Leinfelden-Echterdingen

	SV-Tage KV	RV	AV	PV	St.-Tage
monatlich	0	30	30	0	30
kumuliert	0	60	60	0	60
BGR	0	1	1	0	

Urlaub Vorjahr	0,00	Urlaub - monatlich genommen	0,00
Urlaubsanspruch	30,00	Resturlaub	30,00

Lohnart	Bezeichnung	bezahlte Menge	Faktor	%-Zuschlag	St*	SV*	GB*	Betrag
2	Gehalt				L	L	J	5.850,00 EUR
2004	Mahlzeiten pauschal versteuert				P	F	J	4,13 EUR
9021	VWL 1 Zuschuss				L	L	J	20,00 EUR
9111	Dienstfahrzeug				L	L	J	90,00 EUR
9115	Dienstfahrzeug KM pauschal AG				P	F	J	56,70 EUR

Gesamtbrutto: 6.020,83 EUR

Steuer / Sozialversicherung

Steuer - Brutto	Lohnsteuer	Kirchensteuer	SolZ	KV - Brutto	PV - Brutto	Steuerrechtl. Abzüge
5.960,00 EUR	1.230,33 EUR	63,88 EUR	0,00 EUR	0,00 EUR	0,00 EUR	1.294,21 EUR
Σ 5.960,00 EUR	Σ 1.230,33 EUR	Σ 63,88 EUR	Σ 0,00 EUR	Σ 0,00 EUR	Σ 0,00 EUR	Σ 1.294,21 EUR
RV - Brutto	**AV - Brutto**	**KV - Beitrag**	**PV - Beitrag**	**RV - Beitrag**	**AV - Beitrag**	**SV - rechtl. Abzüge**
5.960,00 EUR	5.960,00 EUR	0,00 EUR	0,00 EUR	554,28 EUR	77,48 EUR	631,76 EUR
Σ 5.960,00 EUR	Σ 5.960,00 EUR	Σ 0,00 EUR	Σ 0,00 EUR	Σ 554,28 EUR	Σ 77,48 EUR	Σ 631,76 EUR

Σ Gesamtsumme

Nettoentgelt: 4.094,86 EUR

Aufgelaufene Jahreswerte	
Gesamtbrutto	Steuer - Brutto
12.037,53 EUR	11.920,00 EUR
Lohnsteuer	Kirchensteuer
2.460,66 EUR	127,76 EUR
SolZ	KV - Brutto
0,00 EUR	0,00 EUR
PV - Brutto	RV - Brutto
0,00 EUR	11.920,00 EUR
AV - Brutto	KV - Beitrag
11.920,00 EUR	0,00 EUR
PV - Beitrag	RV - Beitrag
0,00 EUR	1.108,56 EUR
AV - Beitrag	VWL - Gesamt
154,96 EUR	80,00 EUR
Betriebl. Altersversorgung	Auszahlungsbetrag
0,00 EUR	8.758,62 EUR

Nr.	Netto - Bezüge / Netto - Abzüge	
2004	Mahlzeiten pauschal versteuert	-4,13 EUR
9024	VWL 1 Überweisung	-40,00 EUR
9075	AG-Zuschuss zur privaten KV	421,77 EUR
9080	AG-Zuschuss zur privaten PV	53,51 EUR
9081	Korrektur aus Januar	-361,16 EUR
9118	Dienstfahrzeug	-146,70 EUR

Summe Netto Be-/Abzüge: -76,71 EUR

IBAN: DE92 6009 0100 1002 0052 30
BIC: VOBADESSXXX
Bank: Volksbank Stuttgart

Auszahlungsbetrag: 4.018,15 EUR

1 Teilmonatsentgelt: Es wird die Tageslohnsteuertabelle angewandt und/oder die automatische Lohnartenkürzung durchgeführt.

* A=Abfindung, B=SV-Beiträge werden vom Arbeitgeber entrichtet, E=Einmalbezug, F=Frei, L=Laufender Bezug, M=Mehrjährige Versteuerung, P=Pauschale Versteuerung, S=Sonstiger Bezug, V=Vorjahr, GB=Gesamtbrutto, J=Mit Auswirkung auf das Gesamtbrutto, N=Ohne Auswirkung auf das Gesamtbrutto

Entgeltbescheinigung nach § 108 Absatz 3 Satz 1 der Gewerbeordnung

Lexware lohn + gehalt 28.02 1/2 07.02.2024

Abrechnung der Brutto-Netto-Bezüge

Korrekturausdruck, Januar 2024

Pers.-Nr. 1	**Abteilung**	**Kst.-St.**		**SV-Nummer**	63101076H424	**Steuer ID Nr.**	56778901233
Eintritt 01.01.2010	**Austritt**	**Geb.datum**	10.10.1976	**Kasse**	privat	**St.Kl. (Faktor) / Kinder**	4 (1,000) / 3,0
		Personengruppe	101	**KV / AN-Beitrag KV**	/ 0,00%	**Konfession**	ev
				PV (Beitrag/AN/Zu.)	-/-/-	**Freibetrag mtl. / jährl.**	
				Übergangsbereich nein	**MFB** nein	**Hinzurech. mtl. / jährl.**	

Raumausstattung
Lindenallee 5, 70771 Leinfelden-Echterdingen

persönlich / vertraulich
Herrn
Peter Fichtelberg
Raiffeisenstraße 5
70771 Leinfelden-Echterdingen

	SV-Tage KV	RV	AV	PV	St.-Tage
monatlich	0	30	30	0	30
kumuliert	0	30	30	0	30
BGR	0	1	1	0	

Urlaub Vorjahr	0,00	**Urlaub - monatlich genommen**	0,00
Urlaubsanspruch	30,00	**Resturlaub**	30,00

Lohnart	Bezeichnung	bezahlte Menge	Faktor	%-Zuschlag	St*	SV*	GB*	Betrag
2	Gehalt				L	L	J	5.850,00 EUR
9021	VWL 1 Zuschuss				L	L	J	20,00 EUR
9111	Dienstfahrzeug				L	L	J	90,00 EUR
9115	Dienstfahrzeug KM pauschal AG				P	F	J	56,70 EUR

Gesamtbrutto: 6.016,70 EUR

Steuer / Sozialversicherung

Steuer - Brutto	Lohnsteuer	Kirchensteuer	SolZ	KV - Brutto	PV - Brutto	Steuerrechtl. Abzüge
5.960,00 EUR	1.230,33 EUR	63,88 EUR	0,00 EUR	0,00 EUR	0,00 EUR	1.294,21 EUR
Σ 5.960,00 EUR	Σ 1.230,33 EUR	Σ 63,88 EUR	Σ 0,00 EUR	Σ 0,00 EUR	Σ 0,00 EUR	Σ 1.294,21 EUR
RV - Brutto	**AV - Brutto**	**KV - Beitrag**	**PV - Beitrag**	**RV - Beitrag**	**AV - Beitrag**	**SV - rechtl. Abzüge**
5.960,00 EUR	5.960,00 EUR	0,00 EUR	0,00 EUR	554,28 EUR	77,48 EUR	631,76 EUR
Σ 5.960,00 EUR	Σ 5.960,00 EUR	Σ 0,00 EUR	Σ 0,00 EUR	Σ 554,28 EUR	Σ 77,48 EUR	Σ 631,76 EUR

Σ Gesamtsumme

Nettoentgelt: 4.090,73 EUR

Aufgelaufene Jahreswerte	
Gesamtbrutto	Steuer - Brutto
6.016,70 EUR	5.960,00 EUR
Lohnsteuer	Kirchensteuer
1.230,33 EUR	63,88 EUR
SolZ	KV - Brutto
0,00 EUR	0,00 EUR
PV - Brutto	RV - Brutto
0,00 EUR	5.960,00 EUR
AV - Brutto	KV - Beitrag
5.960,00 EUR	0,00 EUR
PV - Beitrag	RV - Beitrag
0,00 EUR	554,28 EUR
AV - Beitrag	VWL - Gesamt
77,48 EUR	40,00 EUR
Betriebl. Altersversorgung	Auszahlungsbetrag
0,00 EUR	4.379,31 EUR

Nr.	Netto - Bezüge / Netto - Abzüge	
9024	VWL 1 Überweisung	-40,00 EUR
9075	AG-Zuschuss zur privaten KV	421,77 EUR
9080	AG-Zuschuss zur privaten PV	53,51 EUR
9118	Dienstfahrzeug	-146,70 EUR

Summe Netto Be-/Abzüge: 288,58 EUR

IBAN: DE92 6009 0100 1002 0052 30
BIC: VOBADESSXXX
Bank: Volksbank Stuttgart

Auszahlungsbetrag: 4.379,31 EUR

1 Teilmonatsentgelt: Es wird die Tageslohnsteuertabelle angewandt und/oder die automatische Lohnartenkürzung durchgeführt.

* A=Abfindung, B=SV-Beiträge werden vom Arbeitgeber entrichtet, E=Einmalbezug, F=Frei, L=Laufender Bezug, M=Mehrjährige Versteuerung, P=Pauschale Versteuerung, S=Sonstiger Bezug, V=Vorjahr, GB=Gesamtbrutto, J=Mit Auswirkung auf das Gesamtbrutto, N=Ohne Auswirkung auf das Gesamtbrutto

Entgeltbescheinigung nach § 108 Absatz 3 Satz 1 der Gewerbeordnung

Lexware lohn + gehalt 28.02 1/2 07.02.2024

Abrechnung der Brutto-Netto-Bezüge

Februar 2024

Pers.-Nr. 2	Abteilung	Kst.-St.	SV-Nummer 64210570M557	Steuer ID Nr. 98765432114
Eintritt 01.11.2010	Austritt	Geb.datum 21.05.1970	Kasse AOK Baden-Württemb.	St.Kl. (Faktor) / Kinder 5 / 0,0
		Personengruppe 101	KV / AN-Beitrag KV 14,60% / 8,15%	Konfession --
			PV (Beitrag/AN/Zu.) 3,40%/1,70%/-	Freibetrag mtl. / jährl.
			Übergangsbereich ja MFB nein	Hinzurech. mtl. / jährl.

Raumausstattung
Lindenallee 5, 70771 Leinfelden-Echterdingen

persönlich / vertraulich
Frau
Claudia Schnell
Hauptstr. 5
70771 Leinfelden-Echterdingen

	SV-Tage KV	RV	AV	PV	St.-Tage
monatlich	30	30	30	30	30
kumuliert	60	60	60	60	60
BGR	1	1	1	1	

Urlaub Vorjahr	0,00	Urlaub - monatlich genommen	0,00
Urlaubsanspruch	30,00	Resturlaub	27,00

Lohnart	Bezeichnung	bezahlte Menge	Faktor	%-Zuschlag	St*	SV*	GB*	Betrag
1	Lohn	105,00	12,5000		L	L	J	1.312,50 EUR
9	Überstunden	5,00	12,5000		L	L	J	62,50 EUR
10	Überstundenzuschlag (25%)	5,00	3,1250	25,00	L	L	J	15,63 EUR
920	Altersvorsorge Zusatzleistung				F	F	N	52,94 EUR
925	Kürzung aus Altersvorsorge				L	L	N	-40,00 EUR
926	Altersvorsorge Barlohnumwandlung				F	F	N	40,00 EUR
993	bAV Pflichtzuschuss				F	F	N	7,06 EUR

Gesamtbrutto 1.390,63 EUR

Steuer / Sozialversicherung

Steuer - Brutto	Lohnsteuer	Kirchensteuer	SolZ	KV - Brutto	PV - Brutto	Steuerrechtl. Abzüge
1.350,63 EUR	134,50 EUR	0,00 EUR	0,00 EUR	1.275,26 EUR	1.275,26 EUR	134,50 EUR
Σ 1.350,63 EUR	Σ 134,50 EUR	Σ 0,00 EUR	Σ 0,00 EUR	Σ 1.275,26 EUR	Σ 1.275,26 EUR	Σ 134,50 EUR
RV - Brutto	**AV - Brutto**	**KV - Beitrag**	**PV - Beitrag**	**RV - Beitrag**	**AV - Beitrag**	**SV - rechtl. Abzüge**
1.275,26 EUR	1.275,26 EUR	90,60 EUR	18,90 EUR	103,39 EUR	14,45 EUR	227,34 EUR
Σ 1.275,26 EUR	Σ 1.275,26 EUR	Σ 90,60 EUR	Σ 18,90 EUR	Σ 103,39 EUR	Σ 14,45 EUR	Σ 227,34 EUR

Σ Gesamtsumme

Nettoentgelt 1.028,79 EUR

Aufgelaufene Jahreswerte	
Gesamtbrutto	Steuer - Brutto
2.943,76 EUR	2.903,76 EUR
Lohnsteuer	Kirchensteuer
305,41 EUR	0,00 EUR
SolZ	KV - Brutto
0,00 EUR	2.776,52 EUR
PV - Brutto	RV - Brutto
2.776,52 EUR	2.776,52 EUR
AV - Brutto	KV - Beitrag
2.776,52 EUR	203,77 EUR
PV - Beitrag	RV - Beitrag
42,51 EUR	232,54 EUR
AV - Beitrag	VWL - Gesamt
32,50 EUR	0,00 EUR
Betriebl. Altersversorgung	Auszahlungsbetrag
100,00 EUR	2.087,03 EUR

Nr.	Netto - Bezüge / Netto - Abzüge	
6902	Altersvorsorge Vertrag 1	-40,00 EUR

Summe Netto Be-/Abzüge -40,00 EUR

IBAN: DE63 6115 0020 0010 6828 72
BIC: ESSLDE66XXX
Bank: Kr Spk Esslingen-Nürtingen

Auszahlungsbetrag 988,79 EUR

1 Teilmonatsentgelt: Es wird die Tageslohnsteuertabelle angewandt und/oder die automatische Lohnartenkürzung durchgeführt.

* A=Abfindung, B=SV-Beiträge werden vom Arbeitgeber entrichtet, E=Einmalbezug, F=Frei, L=Laufender Bezug, M=Mehrjährige Versteuerung, P=Pauschale Versteuerung, S=Sonstiger Bezug, V=Vorjahr, GB=Gesamtbrutto, J=Mit Auswirkung auf das Gesamtbrutto, N=Ohne Auswirkung auf das Gesamtbrutto

Entgeltbescheinigung nach § 108 Absatz 3 Satz 1 der Gewerbeordnung

Lexware lohn + gehalt 28.02 1/1 07.02.2024

Raumausstattung			Lohnjournal											Februar 2024
Pers-Nr.	Name Zeitraum St.Kl.(Faktor)/Kinder/Konf.	KK KV RV AV PV Übergangsbereich BFD GV MFB ST SV	Gesamt-Brutto Steuer-Brutto SV-Brutto	Lohn-steuer	Kirchen-steuer	SolZ		KV	RV	AV	PV	Netto-gehalt	pausch.St. AN Kammerbeitrag Vorschüsse	VWL Altersvors. BAV-Förd. sonst. Auszahlg.
1	**Fichtelberg, Peter**	privat 0 1 1 0	6.020,83	1.230,33	63,88	0,00	AN	0,00	554,28	77,48	0,00	4.094,86	-0,00	-40,00
	01.-29.02.2024	nein	5.960,00				AG	0,00	554,28	77,48	0,00		-0,00	-0,00
	St.Kl.: 4(1,000) / 3,0 / ev	0 0 30 30	5.960,00				AG Zuschuss	421,77			53,51		0,00	-0,00
	Pauschalen:		60,83	9,53	0,42	0,51	Basisbeitr.	669,71			107,01			
	Pauschalen nach § 37b:						AG Überw.							-36,71
							U1	154,96						
							U2	35,16						
							InsG.Umlage	3,58						
														4.018,15
2	**Schnell, Claudia**	AOK E 1 1 1 1	1.390,63	134,50	0,00	0,00	AN	90,60	103,39	14,45	18,90	1.028,79	-0,00	-0,00
	01.-29.02.2024	ja	1.350,63				AG	117,26	133,81	18,71	24,46		-0,00	-40,00
	St.Kl.: 5 / 0,0 / --	0 0 30 30	1.275,26				AG Zuschuss						0,00	-0,00
	Pauschalen:						AG Überw.							0,00
	Pauschalen nach § 37b:						U1	33,16						
							U2	7,52						
							InsG.Umlage	0,77						
														988,79

Lexware lohn + gehalt 28.02   - 1 -   07.02.2024

Raumausstattung — **Lohnjournal** — **Februar 2024**

SV-Summen			KV	RV	AV	PV	InsG.Umlage	Summe
	SV-Brutto 7.235,26	AN	90,60	657,67	91,93	18,90		859,10
		AG	117,26	688,09	96,19	24,46	4,35	930,35
		AG Zuschuss	421,77	0,00		53,51		
		AG Überw.	0,00	0,00		0,00		0,00
		U1	188,12					
		U2	42,68				U1 + U2	230,80
SV Gesamt								**2.020,25**

Einheitliche Pauschalsteuer (Minijob-Zentrale) Steuerbrutto 0,00 Lohnsteuer 0,00

Steuer-Summen	Gesamt-brutto	Steuer-brutto	Lohn-steuer	Kirchen-steuer	Solidaritäts-zuschlag	Kammerbeitrag	Summe
Summe	7.411,46	7.310,63	1.364,83	63,88	0,00	0,00	1.428,71
Pauschalen		60,83	9,53	0,42	0,51		10,46
Pauschalen nach § 37b		0,00	0,00	0,00	0,00		0,00
Verbleiben			1.374,36	64,30	0,51		1.439,17
BAV-Förderbetrag			- 0,00				- 0,00
Steuer Gesamt			**1.374,36**	**64,30**	**0,51**	**0,00**	**1.439,17**

Gesamt-übersicht	Auszahlung	SV - Gesamt	Steuer - Gesamt	einheitliche Pauschalst.	VWL - Überweisung	Altersvorsorge Entgeltumwandlung	Summe
	5.006,94	2.020,25	1.439,17	0,00	40,00	40,00	8.546,36

Lexware lohn + gehalt 28.02 - 2 - 07.02.2024

6. Fall: Elektrofachgeschäft

Übungsschwerpunkte

- Jahreswechsel
- Lohnsteuerjahresausgleich
- Betriebliche Altersvorsorge

Hinweise

- Es bestehen keine weiteren Betriebsstätten.
- Die Auszahlung der Löhne und Gehälter ist zum Monatsletzten fällig.
- Der Betrieb ist weder tarifgebunden, noch besteht eine Betriebsvereinbarung.

Aufgaben

Aufgabe 1:

- Legen Sie eine neue Firma mit den nachstehend aufgeführten Stammdaten an. Die Entgeltabrechnung mit Lexware abgerechneten Gehälter beginnt im **Dezember 2023**.

Firmenstammdaten:

Firma:	Elektrofachgeschäft GmbH „kombiniert mit dem eigenen Namen“
Anschrift:	Würzburger Str. 6 63073 Offenbach (Hessen) E-Mail: info@elekt-fg.de
Finanzamt:	2635 - Offenbach am Main I Steuernummer: 035 123 45678 ■ Lohnsteueranmeldung: monatlich ■ Zahlungsart: Lastschrift
Bank:	IBAN DE32 5008 0000 6060 6066 00 BIC DRESDEFFXXX Commerzbank Frankfurt
Betriebsnummer:	529 603 18
Ansprechpartner: (für Firma und Entgeltabr.)	Ernst List Tel.: 069/2736405 E-Mail: list@elekt-fg.de
Berufsgenossenschaft:	BGETEM Hauptverwaltung 37916971) Mitgliedsnummer: 22334898 PIN: 56421 / Unternehmensnummer: 123456789662001
Arbeitszeit:	46 Stunden pro Woche (Mo - Fr je 8 Std., Sa 6 Std.)
Krankenkassen:	AOK Hessen ■ Das Unternehmen ist U1-pflichtig und nutzt den allgemeinen Erstattungssatz. ■ Die Zahlung an die Krankenkassen erfolgt per Lastschrift. ■ U1/U2-Erstattungsbeträge werden auf das Bankkonto überwiesen. ■ Nachweis im Krankheitsfall ist nach 3 Kalendertagen erforderlich.

Aufgabe 2:

- Legen Sie die Mitarbeiter entsprechend nachfolgender Angaben an.

Mitarbeiterstammdaten:

- Die Zahlungen an die Mitarbeiter erfolgen per Überweisung.
- Bei pauschalierten Lohnarten wird die Kirchensteuer im Nachweisverfahren ermittelt.
- Gefahrtarifstelle aller Mitarbeiter: 2009 (Handel mit Elektrogeräten einschl. Lampen, Leuchten ...)
- Das Geburtsdatum entnehmen Sie der SV-Nummer.
- Für alle Mitarbeiter mit einer 6-Tage-Woche haben einen Urlaubsanspruch von 30 Werktagen pro Kalenderjahr. Für Mitarbeiter, die keine 6-Tage-Woche haben, ist der anteilige Urlaub zu gewähren.
- Entgeltfortzahlungen für Fehlzeiten werden mit dem jeweils gültigen Stundenlohn vergütet.

Personalnummer:	1
Name:	Martin Jakubasch
Anschrift:	Melzergasse 6 63303 Dreieich (Hessen)
Bankverbindung:	IBAN DE28 5057 0018 0088 8888 88 BIC DEUTDEFF505 Deutsche Bank Offenbach
Eintritt:	01.12.2023
Bezüge:	Gehaltsempfänger
SV-Nummer:	25 020467 J 017
Tätigkeitsmerkmale:	Elektriker Hauptschule mit abgeschlossener Elektrikerausbildung
Sozialversicherung:	AOK Hessen Elterneigenschaft: nachgewiesen, 2 Kinder über 25 Jahren
Steuer:	ID-Nr.: 45567890120 ELStAM: III/0,0/ev/rk Freibetrag 3.744,00 €/Jahr, 312,00 €/Monat
Arbeitszeit:	betriebsüblich
Sonstiges:	Die Verdienstangaben aus dem vorherigen Arbeitsverhältnis sind nicht bekannt.

Personalnummer:	2
Name:	Erna Berneaud
Anschrift:	Kleinertgasse 6 63225 Langen (Hessen)
Bankverbindung:	IBAN DE63 5005 0201 0000 2004 76 BIC HELADEF1822 Frankfurter Sparkasse
Eintritt:	01.12.2023
Bezüge:	Gehaltsempfänger
SV-Nummer:	11 101080 A 556
Tätigkeitsmerkmale:	Lagerdisponent Hauptschule mit abgeschlossener Ausbildung
Sozialversicherung:	AOK Hessen Elterneigenschaft: nicht nachgewiesen
Steuer:	ID-Nr.: 67789012347 ELStAM: IV/0,0/--
Arbeitszeit:	41 Stunden (Mo - Fr je 7 Std., Sa 6 Std.)
Sonstiges:	Die Verdienstangaben aus dem vorherigen Arbeitsverhältnis sind nicht bekannt.

Personalnummer:	3
Name:	Ernst List
Anschrift:	Müllerweg 6 65894 Wiesbaden (Hessen)
Bankverbindung:	IBAN DE02 5109 0000 0000 8888 88 BIC WIBADE5WXXX Wiesbadener Volksbank
Eintritt:	01.01.2015
Bezüge:	Gehaltsempfänger
SV-Nummer:	52 230664 M 227
Tätigkeitsmerkmale:	Geschäftsführer (ohne Beteiligung an der GmbH) Abitur mit abgeschlossener Berufsausbildung
Sozialversicherung:	seit 2015 privat versichert (Selbstzahler) Beitrag private KV: 770,00 €, Basisbeitrag: 610,27 € Beitrag private PV: 148,00 €, Basisbeitrag 148,00 € Elterneigenschaft: nachgewiesen, 1 Kind über 25 Jahren
Steuer:	ID-Nr.: 90112345677 I/0/ev
Arbeitszeit:	betriebsüblich
Urlaub	noch 15 Tage für aktuelles Jahr

Vortragswerte aus bisheriger eigener Entgeltabrechnung

Steuertage	330
Gesamt-/Steuerbrutto	70.566,76 €
LSt	15.940,00 €
Soli-Zuschlag	0,00 €
KiSt	1.469,60 €
steuerfreier AG-Zuschuss priv. KV	4.235,00 €
steuerfreier AG-Zuschuss priv. PV	814,00 €
Auszahlbetrag	46.583,79 €
KV-/PV-Tage	0
KV-/PV-Entgelt und Beitrag	0,00 €
RV-/AV-Tage[1]	330
RV-/AV-Entgelt[2]	70.566,96 €
RV-Beitrag AN	6.562,71 €
AV-Beitrag AN	917,40 €
Fehlzeiten	keine

1 gilt auch für Insolvenzgeldumlage
2 gilt auch für Insolvenzgeldumlage

Personalnummer:	4
Name:	Ewa Poszdzich
Anschrift:	Grenzstr. 6 63150 Heusenstamm (Hessen)
Geboren:	31.12.2005 in Biella / Polen
Staatsangehörigkeit:	Polen
Bankverbindung:	IBAN DE18 5109 0000 0000 0777 77 BIC WIBADE5WXXX Wiesbadener Volksbank
Eintritt:	01.12.2023 als Auszubildende voraussichtliches Ausbildungsende: 30.11.2026
Bezüge:	Gehaltsempfänger
SV-Nummer:	liegt noch nicht vor
Tätigkeitsmerkmale:	Verkäuferin für Elektroartikel Abitur
Sozialversicherung:	AOK Hessen Elterneigenschaft: nicht nachgewiesen
Steuer:	ID-Nr.: 65432198712 ELStAM: I/0,0/-
Arbeitszeit:	40 Stunden (Mo - Fr je 8 Std.)

Aufgabe 3:

- Richten Sie folgende Lohnarten ein:
  - Abzug Zuzahlung PKW
  - Abzug Miete Werkswohnung

Aufgabe 4:

- Erfassen Sie nachfolgende Bezüge und evtl. noch nicht erfasste Vorträge.
  Führen Sie für Ernst List einen Lohnsteuerjahresausgleich durch.
  Erstellen Sie die **Entgeltabrechnung** für **Dezember**.
  Vergleichen Sie anschließend Ihre Auswertungen mit den Lösungsvorschlägen im Buch.

Personal-Nr., Name:	1, Martin Jakubasch	
Bezüge:	Gehalt	2.875,00 €

Personal-Nr., Name:	2, Erna Berneaud	
Bezüge:	Gehalt	2.350,00 €
BAV:	Frau Berneaud hat 2004 eine Direktversicherung abgeschlossen. Es werden monatlich 50,00 € für Vertrag Nr. 3040 im Lastschriftverfahren an die Allianz Versicherung gezahlt. Den Beitrag und die darauf entfallende pauschale Steuer trägt Frau Berneaud selbst.	

Personal-Nr., Name:	3, Ernst List	
Bezüge:	Geschäftsführergehalt	5.850,00 €
	Herrn List steht ab Dezember ein Firmenwagen zur Verfügung, den er auch für private Zwecke nutzen darf. Der Inlandsbruttolistenneuwagenpreis (kein Elektrofahrzeug) beträgt 41.369,00 €. Herr List fährt täglich von zu Hause ins Büro. Die Entfernung zwischen Wohnung und ersten Tätigkeitsstätte beträgt 64 km. Es erfolgt eine Pauschalversteuerung (Arbeitgeber trägt Pauschalsteuern). Herr List leistet eine monatliche Zuzahlung in Höhe von 100,00 € durch direkten Lohnabzug.	

Personal-Nr., Name:	4, Ewa Poszdzich	
Bezüge:	Auszubildendenvergütung	620,00 €
	Zuschuss zur Fahrkarte	40,00 €
	Der Zuschuss zur Fahrkarte wird nachweisbar für die Benutzung der öffentlichen Verkehrsmittel gezahlt, mit denen Frau Poszdzich täglich von ihrer Wohnung zur ersten Tätigkeitsstätte fährt.	

Aufgabe 5:

- Führen Sie den **Monatsabschluss** für **Dezember** durch.
  Für alle Arbeitnehmer muss der Jahresurlaub für 2024 eingetragen werden.
  Erfassen Sie folgende abweichende Bezüge und weitere Abrechnungsinformationen. Erstellen Sie die **Entgeltabrechnung** für **Januar**.
  Vergleichen Sie anschließend Ihre Auswertungen mit den Lösungsvorschlägen im Buch.

Personal-Nr., Name:	1, Martin Jakubasch
Stammdaten:	Der Freibetrag aus dem Vorjahr gilt noch bis Ende 2024.
Bezüge:	Herr Jakubasch bewohnt ab 01/2024 eine Werkswohnung (Dreieichstraße 16, 63073 Offenbach), deren ortsübliche Warmmiete 800,00 € beträgt, Herr Jakubasch zahlt 400,00 € Miete durch direkten Lohnabzug. Die ortsübliche Kaltmiete liegt bei 20,00 € pro m^2.

Personal-Nr., Name:	2, Erna Berneaud
Stammdaten:	ELStAM Änderungsmitteilung: IV/0/--, Faktor 0,745 gültig ab 01/2024

Personal-Nr., Name:	3, Ernst List
Stammdaten:	Das Finanzamt hat Herrn List ab 01.01. folgenden Freibetrag gewährt: jährlich 7.500 € monatlich 625 €
Reisekosten:	Herr List war vom 11. bis 12. Januar auf einer Messe, um die Firma zu repräsentieren. Die Fahrt führte er mit seinem Dienstwagen durch. Er legt eine nicht zu beanstandende Reisekostenabrechnung über Tankkosten in Höhe von 67,50 € und Übernachtungskosten in Höhe von 110,00 € vor. Die Hotelrechnung lautet auf die Firma und beinhaltet ein Frühstück in Höhe von 18,90 €. Der Arbeitgeber erstattet die höchstmöglichen steuerfreien Beträge über die Entgeltabrechnung.

Personal-Nr., Name:	4, Ewa Poszdzich	
Stammdaten:	Ewa Poszdzich teilt Ihnen Ihre SV-Nummer mit: 52 311205 P 789	
Bezüge:	Zuschuss zur Fahrkarte	60,00 €

Lösung zum 6. Fall

Hinweise zur Lösung:

1 Martin Jakubasch

Tätigkeitsschlüssel:	26212 2211	
Werkswohnnung:	ortsübliche Warmmiete	800,00 €
	- 1/3 Abschlag	-266,66 €
	- Zuzahlung AN	-400,00 €
	= geldwerter Vorteil	133,33 €

2 Erna Berneaud

Tätigkeitsschlüssel: 51312 2211

BAV: Wegen der Vererbbarkeit der Leistungen aus der Direktversicherung ist diese steuerpflichtig und kann pauschal versteuert werden.

3 Ernst List

Tätigkeitsschlüssel: 71104 4211

Reisekosten: Übernachtungs- und Tankkosten in Höhe von insgesamt 177,50 € können steuerfrei erstattet werden. Die Verpflegungspauschalen in Höhe von 32,00 € müssen wegen des Frühstücks um 20 % vom Tagessatz gekürzt werden, sodass 25,60 € steuerfrei erstattet werden können. Wegen des Ausweises in Zeile 20 der Lohnsteuerbescheinigung sind sie separat in der Lohnart 6914 aufzuführen.

4 Ewa Poszdzich

Tätigkeitsschlüssel: 62262 4113

Als Jahresmeldungen sind zu erstellen (nicht als Lösung abgedruckt):

- Im Dezember 2023
  Jahreslohnjournal, Lohnkonten, 4 Lohnsteuerbescheinigungen
- Im Januar 2024
  Jahresarbeitsentgeltmeldung für Sozialversicherungsträger, Unfallversicherungs-Jahresmeldung

Abrechnung der Brutto-Netto-Bezüge

Dezember 2023

Pers.-Nr.	1	Abteilung		Kst.-St.		SV-Nummer	25020467J017	Steuer ID Nr.	45567890120
Eintritt	01.12.2023	Austritt		Geb.datum	02.04.1967	Kasse	AOK Hessen	St.Kl. (Faktor) / Kinder	3 / 0,0
				Personengruppe	101	KV / AN-Beitrag KV	14,60% / 8,10%	Konfession	ev / rk
						PV (Beitrag/AN/Zu.)	3,40%/1,70%/-	Freibetrag mtl. / jährl.	312 / 3.744
						Übergangsbereich	nein MFB nein	Hinzurech. mtl. / jährl.	

Elektrofachgeschäft GmbH
Würzburger Str. 6, 63073 Offenbach

persönlich / vertraulich
Herrn
Martin Jakubasch
Melzergasse 6
63303 Dreieich

	SV-Tage KV	RV	AV	PV	St.-Tage
monatlich	30	30	30	30	30
kumuliert	30	30	30	30	30
BGR	1	1	1	1	

Urlaub Vorjahr	0,00	Urlaub - monatlich genommen	0,00
Urlaubsanspruch	3,00	Resturlaub	3,00

Lohnart	Bezeichnung	bezahlte Menge	Faktor	%-Zuschlag	St*	SV*	GB*	Betrag
2	Gehalt				L	L	J	2.875,00 EUR

Gesamtbrutto: 2.875,00 EUR

Steuer / Sozialversicherung

Steuer - Brutto	Lohnsteuer	Kirchensteuer	SolZ	KV - Brutto	PV - Brutto	Steuerrechtl. Abzüge
2.875,00 EUR	14,33 EUR	1,28 EUR	0,00 EUR	2.875,00 EUR	2.875,00 EUR	15,61 EUR
Σ 2.875,00 EUR	Σ 14,33 EUR	Σ 1,28 EUR	Σ 0,00 EUR	Σ 2.875,00 EUR	Σ 2.875,00 EUR	Σ 15,61 EUR
RV - Brutto	**AV - Brutto**	**KV - Beitrag**	**PV - Beitrag**	**RV - Beitrag**	**AV - Beitrag**	**SV - rechtl. Abzüge**
2.875,00 EUR	2.875,00 EUR	232,88 EUR	48,88 EUR	267,38 EUR	37,38 EUR	586,52 EUR
Σ 2.875,00 EUR	Σ 2.875,00 EUR	Σ 232,88 EUR	Σ 48,88 EUR	Σ 267,38 EUR	Σ 37,38 EUR	Σ 586,52 EUR

Σ Gesamtsumme

Nettoentgelt: 2.272,87 EUR

Aufgelaufene Jahreswerte	
Gesamtbrutto	Steuer - Brutto
2.875,00 EUR	2.875,00 EUR
Lohnsteuer	Kirchensteuer
14,33 EUR	1,28 EUR
SolZ	KV - Brutto
0,00 EUR	2.875,00 EUR
PV - Brutto	RV - Brutto
2.875,00 EUR	2.875,00 EUR
AV - Brutto	KV - Beitrag
2.875,00 EUR	232,88 EUR
PV - Beitrag	RV - Beitrag
48,88 EUR	267,38 EUR
AV - Beitrag	VWL - Gesamt
37,38 EUR	0,00 EUR
Betriebl. Altersversorgung	Auszahlungsbetrag
0,00 EUR	2.272,87 EUR

Nr.	Netto - Bezüge / Netto - Abzüge

Summe Netto Be-/Abzüge: 0,00 EUR

IBAN: DE28 5057 0018 0088 8888 88
BIC: DEUTDEFF505
Bank: Deutsche Bank

Auszahlungsbetrag: 2.272,87 EUR

1 Teilmonatsentgelt: Es wird die Tageslohnsteuertabelle angewandt und/oder die automatische Lohnartenkürzung durchgeführt.

* A=Abfindung, B=SV-Beiträge werden vom Arbeitgeber entrichtet, E=Einmalbezug, F=Frei, L=Laufender Bezug, M=Mehrjährige Versteuerung, P=Pauschale Versteuerung, S=Sonstiger Bezug, V=Vorjahr, GB=Gesamtbrutto, J=Mit Auswirkung auf das Gesamtbrutto, N=Ohne Auswirkung auf das Gesamtbrutto

Entgeltbescheinigung nach § 108 Absatz 3 Satz 1 der Gewerbeordnung

Lexware lohn + gehalt 28.02 1/1 07.02.2024

Abrechnung der Brutto-Netto-Bezüge — Dezember 2023

Pers.-Nr.	2	**Abteilung**		**Kst.-St.**		**SV-Nummer**	11101080A556		**Steuer ID Nr.**	67789012347	
Eintritt	01.12.2023	**Austritt**		**Geb.datum**	10.10.1980	**Kasse**	AOK Hessen		**St.Kl. (Faktor) / Kinder**	4 (1,000) / 0,0	
				Personengruppe	101	**KV / AN-Beitrag KV**	14,60% / 8,10%		**Konfession**	--	
						PV (Beitrag/AN/Zu.)	3,40%/1,70%/0,60%		**Freibetrag mtl. / jährl.**		
						Übergangsbereich	nein	**MFB** nein	**Hinzurech. mtl. / jährl.**		

Elektrofachgeschäft GmbH
Würzburger Str. 6, 63073 Offenbach

persönlich / vertraulich
Frau
Erna Berneaud
Kleinertgasse 6
63225 Langen

	SV-Tage KV	SV-Tage RV	SV-Tage AV	SV-Tage PV	St.-Tage
monatlich	30	30	30	30	30
kumuliert	30	30	30	30	30
BGR	1	1	1	1	

Urlaub Vorjahr	0,00	**Urlaub - monatlich genommen**	0,00
Urlaubsanspruch	3,00	**Resturlaub**	3,00

Lohnart	Bezeichnung	bezahlte Menge	Faktor	%-Zuschlag	St*	SV*	GB*	Betrag
2	Gehalt				L	L	J	2.350,00 EUR
925	Kürzung aus Altersvorsorge				L	L	N	-50,00 EUR
933	Altersvorsorge Barlohnumwandlung pauschal (AN)				P	L	N	50,00 EUR
9031	LSt. pauschal Arbeitnehmer						J	-10,00 EUR
9033	SolZ. pauschal Arbeitnehmer						J	-0,55 EUR

Gesamtbrutto: 2.339,45 EUR

Steuer / Sozialversicherung

Steuer - Brutto	Lohnsteuer	Kirchensteuer	SolZ	KV - Brutto	PV - Brutto	Steuerrechtl. Abzüge
2.300,00 EUR	183,91 EUR	0,00 EUR	0,00 EUR	2.350,00 EUR	2.350,00 EUR	183,91 EUR
Σ 2.300,00 EUR	Σ 183,91 EUR	Σ 0,00 EUR	Σ 0,00 EUR	Σ 2.350,00 EUR	Σ 2.350,00 EUR	Σ 183,91 EUR
RV - Brutto	**AV - Brutto**	**KV - Beitrag**	**PV - Beitrag**	**RV - Beitrag**	**AV - Beitrag**	**SV - rechtl. Abzüge**
2.350,00 EUR	2.350,00 EUR	190,35 EUR	54,05 EUR	218,55 EUR	30,55 EUR	493,50 EUR
Σ 2.350,00 EUR	Σ 2.350,00 EUR	Σ 190,35 EUR	Σ 54,05 EUR	Σ 218,55 EUR	Σ 30,55 EUR	Σ 493,50 EUR

Σ Gesamtsumme

Nettoentgelt: 1.662,04 EUR

Aufgelaufene Jahreswerte	
Gesamtbrutto	Steuer - Brutto
2.339,45 EUR	2.300,00 EUR
Lohnsteuer	Kirchensteuer
183,91 EUR	0,00 EUR
SolZ	KV - Brutto
0,00 EUR	2.350,00 EUR
PV - Brutto	RV - Brutto
2.350,00 EUR	2.350,00 EUR
AV - Brutto	KV - Beitrag
2.350,00 EUR	190,35 EUR
PV - Beitrag	RV - Beitrag
54,05 EUR	218,55 EUR
AV - Beitrag	VWL - Gesamt
30,55 EUR	0,00 EUR
Betriebl. Altersversorgung	Auszahlungsbetrag
50,00 EUR	1.612,04 EUR

Nr.	Netto - Bezüge / Netto - Abzüge	
6902	Altersvorsorge Vertrag 1	-50,00 EUR

Summe Netto Be-/Abzüge: -50,00 EUR

IBAN: DE63 5005 0201 0000 2004 76
BIC: HELADEF1822
Bank: Frankfurter Spk Frankfurt

Auszahlungsbetrag: 1.612,04 EUR

1 Teilmonatsentgelt: Es wird die Tageslohnsteuertabelle angewandt und/oder die automatische Lohnartenkürzung durchgeführt.

* A=Abfindung, B=SV-Beiträge werden vom Arbeitgeber entrichtet, E=Einmalbezug, F=Frei, L=Laufender Bezug, M=Mehrjährige Versteuerung, P=Pauschale Versteuerung, S=Sonstiger Bezug, V=Vorjahr, GB=Gesamtbrutto, J=Mit Auswirkung auf das Gesamtbrutto, N=Ohne Auswirkung auf das Gesamtbrutto

Entgeltbescheinigung nach § 108 Absatz 3 Satz 1 der Gewerbeordnung

Lexware lohn + gehalt 28.02 — 1/2 — 07.02.2024

Abrechnung der Brutto-Netto-Bezüge

Dezember 2023

Pers.-Nr. 3	Abteilung	Kst.-St.	SV-Nummer 52230664M227	Steuer ID Nr. 90112345677
Eintritt 01.01.2015	Austritt	Geb.datum 23.06.1964	Kasse privat	St.Kl. (Faktor) / Kinder 1 / 0,0
		Personengruppe 101	KV / AN-Beitrag KV / 0,00%	Konfession ev
			PV (Beitrag/AN/Zu.) -/-/-	Freibetrag mtl. / jährl.
			Übergangsbereich nein MFB nein	Hinzurech. mtl. / jährl.

	SV-Tage KV	RV	AV	PV	St.-Tage
monatlich	0	30	30	0	30
kumuliert	0	360	360	0	360
BGR	0	1	1	0	

Urlaub Vorjahr	0,00	Urlaub - monatlich genommen	15,00
Urlaubsanspruch	30,00	Resturlaub	15,00

Elektrofachgeschäft GmbH
Würzburger Str. 6, 63073 Offenbach

persönlich / vertraulich
Herrn
Ernst List
Müllerweg 6
65894 Wiesbaden

Lohnart	Bezeichnung	bezahlte Menge	Faktor	%-Zuschlag	St*	SV*	GB*	Betrag
986	Geschäftsführergehalt				L	L	J	5.850,00 EUR
9111	Dienstfahrzeug				L	L	J	413,00 EUR
9112	Dienstfahrzeug (KM)				L	L	J	452,16 EUR
9114	Dienstfahrzeug Eigenanteil Mitarbeiter				L	L	J	-100,00 EUR
9115	Dienstfahrzeug KM pauschal AG				P	F	J	340,80 EUR

Gesamtbrutto: 6.955,96 EUR

Steuer / Sozialversicherung

Der Lohnsteuer-Jahresausgleich wurde durchgeführt.

Steuer - Brutto	Lohnsteuer	Kirchensteuer	SolZ	KV - Brutto	PV - Brutto	Steuerrechtl. Abzüge
6.615,16 EUR	1.500,00 EUR	100,00 EUR	0,00 EUR	0,00 EUR	0,00 EUR	1.600,00 EUR
Σ 6.615,16 EUR	Σ 1.500,00 EUR	Σ 100,00 EUR	Σ 0,00 EUR	Σ 0,00 EUR	Σ 0,00 EUR	Σ 1.600,00 EUR
RV - Brutto	**AV - Brutto**	**KV - Beitrag**	**PV - Beitrag**	**RV - Beitrag**	**AV - Beitrag**	**SV - rechtl. Abzüge**
6.615,16 EUR	6.615,16 EUR	0,00 EUR	0,00 EUR	615,21 EUR	86,00 EUR	701,21 EUR
Σ 6.615,16 EUR	Σ 6.615,16 EUR	Σ 0,00 EUR	Σ 0,00 EUR	Σ 615,21 EUR	Σ 86,00 EUR	Σ 701,21 EUR

Σ Gesamtsumme

Nettoentgelt: 4.654,75 EUR

Aufgelaufene Jahreswerte	
Gesamtbrutto	Steuer - Brutto
77.522,72 EUR	77.181,92 EUR
Lohnsteuer	Kirchensteuer
17.440,00 EUR	1.569,60 EUR
SolZ	KV - Brutto
0,00 EUR	0,00 EUR
PV - Brutto	RV - Brutto
0,00 EUR	77.181,92 EUR
AV - Brutto	KV - Beitrag
77.181,92 EUR	0,00 EUR
PV - Beitrag	RV - Beitrag
0,00 EUR	7.177,92 EUR
AV - Beitrag	VWL - Gesamt
1.003,40 EUR	0,00 EUR
Betriebl. Altersversorgung	Auszahlungsbetrag
0,00 EUR	54.726,47 EUR

Nr.	Netto - Bezüge / Netto - Abzüge	
6920	Verrechnung Eigenanteil Dienstfahrzeuge	-100,00 EUR
9075	AG-Zuschuss zur privaten KV	385,00 EUR
9080	AG-Zuschuss zur privaten PV	74,00 EUR
9118	Dienstfahrzeug	-1.105,96 EUR

Summe Netto Be-/Abzüge: -746,96 EUR

IBAN: DE02 5109 0000 0000 8888 88
BIC: WIBADE5WXXX
Bank: Wiesbadener Volksbank

Auszahlungsbetrag: 3.907,79 EUR

1 Teilmonatsentgelt: Es wird die Tageslohnsteuertabelle angewandt und/oder die automatische Lohnartenkürzung durchgeführt.

* A=Abfindung, B=SV-Beiträge werden vom Arbeitgeber entrichtet, E=Einmalbezug, F=Frei, L=Laufender Bezug, M=Mehrjährige Versteuerung, P=Pauschale Versteuerung, S=Sonstiger Bezug, V=Vorjahr, GB=Gesamtbrutto, J=Mit Auswirkung auf das Gesamtbrutto, N=Ohne Auswirkung auf das Gesamtbrutto

Entgeltbescheinigung nach § 108 Absatz 3 Satz 1 der Gewerbeordnung

Lexware lohn + gehalt 28.02 1/2 07.02.2024

Abrechnung der Brutto-Netto-Bezüge

Dezember 2023

Pers.-Nr.	4	Abteilung		Kst.-St.		SV-Nummer	
Eintritt	01.12.2023	Austritt	30.11.2026	Geb.datum	31.12.2005	Kasse	AOK Hessen
				Personengruppe	102	KV / AN-Beitrag KV	14,60% / 8,10%
						PV (Beitrag/AN/Zu.)	3,40%/1,70%/-
						Übergangsbereich	nein MFB nein

Steuer ID Nr.	65432198712
St.Kl. (Faktor) / Kinder	1 / 0,0
Konfession	--
Freibetrag mtl. / jährl.	
Hinzurech. mtl. / jährl.	

Elektrofachgeschäft GmbH
Würzburger Str. 6, 63073 Offenbach

persönlich / vertraulich
Frau
Ewa Poszdzich
Grenzstr. 6
63150 Heusenstamm

	SV-Tage				St.-Tage
	KV	RV	AV	PV	
monatlich	30	30	30	30	30
kumuliert	30	30	30	30	30
BGR	1	1	1	1	

Urlaub Vorjahr	0,00	Urlaub - monatlich genommen	0,00
Urlaubsanspruch	2,00	Resturlaub	2,00

Lohnart	Bezeichnung	bezahlte Menge	Faktor	%-Zuschlag	St*	SV*	GB*	Betrag
3	Auszubildendenvergütung				L	L	J	620,00 EUR
21	Fahrgeld steuerfrei				F	F	J	40,00 EUR

Gesamtbrutto: 660,00 EUR

Steuer / Sozialversicherung

Steuer - Brutto	Lohnsteuer	Kirchensteuer	SolZ	KV - Brutto	PV - Brutto	Steuerrechtl. Abzüge
620,00 EUR	0,00 EUR	0,00 EUR	0,00 EUR	620,00 EUR	620,00 EUR	0,00 EUR
Σ 620,00 EUR	Σ 0,00 EUR	Σ 0,00 EUR	Σ 0,00 EUR	Σ 620,00 EUR	Σ 620,00 EUR	Σ 0,00 EUR
RV - Brutto	**AV - Brutto**	**KV - Beitrag**	**PV - Beitrag**	**RV - Beitrag**	**AV - Beitrag**	**SV - rechtl. Abzüge**
620,00 EUR	620,00 EUR	50,22 EUR	10,54 EUR	57,66 EUR	8,06 EUR	126,48 EUR
Σ 620,00 EUR	Σ 620,00 EUR	Σ 50,22 EUR	Σ 10,54 EUR	Σ 57,66 EUR	Σ 8,06 EUR	Σ 126,48 EUR

Σ Gesamtsumme

Nettoentgelt: 533,52 EUR

Aufgelaufene Jahreswerte	
Gesamtbrutto	Steuer - Brutto
660,00 EUR	620,00 EUR
Lohnsteuer	Kirchensteuer
0,00 EUR	0,00 EUR
SolZ	KV - Brutto
0,00 EUR	620,00 EUR
PV - Brutto	RV - Brutto
620,00 EUR	620,00 EUR
AV - Brutto	KV - Beitrag
620,00 EUR	50,22 EUR
PV - Beitrag	RV - Beitrag
10,54 EUR	57,66 EUR
AV - Beitrag	VWL - Gesamt
8,06 EUR	0,00 EUR
Betriebl. Altersversorgung	Auszahlungsbetrag
0,00 EUR	533,52 EUR

Nr.	Netto - Bezüge / Netto - Abzüge

Summe Netto Be-/Abzüge: 0,00 EUR

IBAN: DE18 5109 0000 0000 0777 77
BIC: WIBADE5WXXX
Bank: Wiesbadener Volksbank

Auszahlungsbetrag: 533,52 EUR

1 Teilmonatsentgelt: Es wird die Tageslohnsteuertabelle angewandt und/oder die automatische Lohnartenkürzung durchgeführt.

* A=Abfindung, B=SV-Beiträge werden vom Arbeitgeber entrichtet, E=Einmalbezug, F=Frei, L=Laufender Bezug, M=Mehrjährige Versteuerung, P=Pauschale Versteuerung, S=Sonstiger Bezug, V=Vorjahr, GB=Gesamtbrutto, J=Mit Auswirkung auf das Gesamtbrutto, N=Ohne Auswirkung auf das Gesamtbrutto

Entgeltbescheinigung nach § 108 Absatz 3 Satz 1 der Gewerbeordnung

Lexware lohn + gehalt 28.02 1/1 07.02.2024

Elektrofachgeschäft GmbH

Lohnjournal

Dezember 2023

Pers-Nr.	Name / Zeitraum / St.Kl.(Faktor)/Kinder/Konf.	KK KV RV AV PV / Übergangsbereich / BFD GV MFB ST SV	Gesamt-Brutto / Steuer-Brutto / SV-Brutto	Lohnsteuer	Kirchensteuer	SolZ		KV	RV	AV	PV	Nettogehalt	pausch.St. AN / Kammerbeitrag / Vorschüsse	VWL / Altersvors. / BAV-Förd. / sonst. / Auszahlg.
1	**Jakubasch, Martin**	AOK ⊦ 1 1 1 1	2.875,00	14,33	1,28	0,00	AN	232,88	267,38	37,38	48,88	2.272,87	-0,00	-0,00
	01.-31.12.2023	nein	2.875,00				AG	232,88	267,38	37,38	48,88		-0,00	-0,00
	St.Kl.: 3 / 0,0 / ev / rk	0 0 30 30	2.875,00				AG Zuschuss						0,00	-0,00
	Freibetrag mtl./jährl.:	312,00/3.744,00					AG Überw.							0,00
	Pauschalen:						U1	97,75						
	Pauschalen nach § 37b:						U2	17,25						
							InsG.Umlage	1,73						
														2.272,87
2	**Berneaud, Erna**	AOK ⊦ 1 1 1 1	2.339,45	183,91	0,00	0,00	AN	190,35	218,55	30,55	54,05	1.662,04	-10,55	-0,00
	01.-31.12.2023	nein	2.300,00				AG	190,35	218,55	30,55	39,95		-0,00	-50,00
	St.Kl.: 4(1,000) / 0,0 / --	0 0 30 30	2.350,00				AG Zuschuss						0,00	-0,00
	Pauschalen:		50,00	10,00	0,00	0,55	AG Überw.							0,00
	Pauschalen nach § 37b:						U1	79,90						
							U2	14,10						
							InsG.Umlage	1,41						
														1.612,04
3	**List, Ernst**	privat 0 1 1 0	6.955,96	1.500,00	100,00	0,00	AN	0,00	615,21	86,00	0,00	4.654,75	-0,00	-0,00
	01.-31.12.2023	nein	6.615,16				AG	0,00	615,21	86,00	0,00		-0,00	-0,00
	St.Kl.: 1 / 0,0 / ev	0 0 30 30	6.615,16				AG Zuschuss	385,00			74,00		0,00	-0,00
	Pauschalen:		340,80	51,12	4,60	2,81	Basisbeitr.	610,27			148,00			
	Pauschalen nach § 37b:						AG Überw.							-746,96
							U1	224,92						
							U2	39,69						
							InsG.Umlage	3,97						
														3.907,79
4	**Poszdzich, Ewa**	AOK ⊦ 1 1 1 1	660,00	0,00	0,00	0,00	AN	50,22	57,66	8,06	10,54	533,52	-0,00	-0,00
	01.-31.12.2023	nein	620,00				AG	50,22	57,66	8,06	10,54		-0,00	-0,00
	St.Kl.: 1 / 0,0 / --	0 0 30 30	620,00				AG Zuschuss						0,00	-0,00
	Pauschalen:						AG Überw.							0,00
	Pauschalen nach § 37b:						U1	21,08						
							U2	3,72						
							InsG.Umlage	0,37						
														533,52

Lexware lohn + gehalt 28.02 - 1 - 07.02.2024

Elektrofachgeschäft GmbH

Lohnjournal

Dezember 2023

SV-Summen			KV	RV	AV	PV	InsG.Umlage	Summe
	SV-Brutto	AN	473,45	1.158,80	161,99	113,47		1.907,71
	12.460,16	AG	473,45	1.158,80	161,99	99,37	7,48	1.901,09
		AG Zuschuss	385,00	0,00		74,00		
		AG Überw.	0,00	0,00		0,00		0,00
		U1	423,65					
		U2	74,76				U1 + U2	498,41
SV Gesamt								**4.307,21**

Einheitliche Pauschalsteuer (Minijob-Zentrale) Steuerbrutto 0,00 Lohnsteuer 0,00

Steuer-Summen	Gesamt-brutto	Steuer-brutto	Lohn-steuer	Kirchen-steuer	Solidaritäts-zuschlag	Kammerbeitrag	Summe
Summe	12.830,41	12.410,16	1.698,24	101,28	0,00	0,00	1.799,52
Pauschalen		390,80	61,12	4,60	3,36		69,08
Pauschalen nach § 37b		0,00	0,00	0,00	0,00		0,00
Verbleiben			1.759,36	105,88	3,36		1.868,60
BAV-Förderbetrag			- 0,00				- 0,00
Steuer Gesamt			**1.759,36**	**105,88**	**3,36**	**0,00**	**1.868,60**

Gesamt-übersicht	Auszahlung	SV - Gesamt	Steuer - Gesamt	einheitliche Pauschalst.	VWL - Überweisung	Altersvorsorge Entgeltumwandlung	Summe
	8.326,22	4.307,21	1.868,60	0,00	0,00	50,00	14.552,03

Lexware lohn + gehalt 28.02 - 2 - 07.02.2024

Abrechnung der Brutto-Netto-Bezüge

Januar 2024

Pers.-Nr.	1	**Abteilung**		**Kst.-St.**		**SV-Nummer**	25020467J017
Eintritt	01.12.2023	**Austritt**		**Geb.datum**	02.04.1967	**Kasse**	AOK Hessen
				Personengruppe	101	**KV / AN-Beitrag KV**	14,60% / 8,10%

Steuer ID Nr.	45567890120		
St.Kl. (Faktor) / Kinder	3 / 0,0		
Konfession	ev / rk		
PV (Beitrag/AN/Zu.)	3,40%/1,70%/-	**Freibetrag mtl. / jährl.**	312 / 3.744
Übergangsbereich	nein **MFB** nein	**Hinzurech. mtl. / jährl.**	

Elektrofachgeschäft GmbH
Würzburger Str. 6, 63073 Offenbach

persönlich / vertraulich
Herrn
Martin Jakubasch
Melzergasse 6
63303 Dreieich

	SV-Tage KV	RV	AV	PV	St.-Tage
monatlich	30	30	30	30	30
kumuliert	30	30	30	30	30
BGR	1	1	1	1	

Urlaub Vorjahr	3,00	**Urlaub - monatlich genommen**	0,00
Urlaubsanspruch	30,00	**Resturlaub**	33,00

Lohnart	Bezeichnung	bezahlte Menge	Faktor	%-Zuschlag	St*	SV*	GB*	Betrag
2	Gehalt				L	L	J	2.875,00 EUR
2002	Freie Wohnung				L	L	J	133,33 EUR

Gesamtbrutto: 3.008,33 EUR

Steuer / Sozialversicherung

Steuer - Brutto	Lohnsteuer	Kirchensteuer	SolZ	KV - Brutto	PV - Brutto	Steuerrechtl. Abzüge
3.008,33 EUR	13,16 EUR	1,18 EUR	0,00 EUR	3.008,33 EUR	3.008,33 EUR	14,34 EUR
Σ 3.008,33 EUR	Σ 13,16 EUR	Σ 1,18 EUR	Σ 0,00 EUR	Σ 3.008,33 EUR	Σ 3.008,33 EUR	Σ 14,34 EUR
RV - Brutto	**AV - Brutto**	**KV - Beitrag**	**PV - Beitrag**	**RV - Beitrag**	**AV - Beitrag**	**SV - rechtl. Abzüge**
3.008,33 EUR	3.008,33 EUR	243,68 EUR	51,14 EUR	279,77 EUR	39,11 EUR	613,70 EUR
Σ 3.008,33 EUR	Σ 3.008,33 EUR	Σ 243,68 EUR	Σ 51,14 EUR	Σ 279,77 EUR	Σ 39,11 EUR	Σ 613,70 EUR

Σ Gesamtsumme

Nettoentgelt: 2.380,29 EUR

Aufgelaufene Jahreswerte	
Gesamtbrutto	Steuer - Brutto
3.008,33 EUR	3.008,33 EUR
Lohnsteuer	Kirchensteuer
13,16 EUR	1,18 EUR
SolZ	KV - Brutto
0,00 EUR	3.008,33 EUR
PV - Brutto	RV - Brutto
3.008,33 EUR	3.008,33 EUR
AV - Brutto	KV - Beitrag
3.008,33 EUR	243,68 EUR
PV - Beitrag	RV - Beitrag
51,14 EUR	279,77 EUR
AV - Beitrag	VWL - Gesamt
39,11 EUR	0,00 EUR
Betriebl. Altersversorgung	Auszahlungsbetrag
0,00 EUR	1.846,96 EUR

Nr.	Netto - Bezüge / Netto - Abzüge	
2002	Freie Wohnung	-133,33 EUR
6006	Abzug Miete Werkswohnung	-400,00 EUR

Summe Netto Be-/Abzüge: -533,33 EUR

IBAN: DE28 5057 0018 0088 8888 88
BIC: DEUTDEFF505
Bank: Deutsche Bank

Auszahlungsbetrag: 1.846,96 EUR

1 Teilmonatsentgelt: Es wird die Tageslohnsteuertabelle angewandt und/oder die automatische Lohnartenkürzung durchgeführt.

* A=Abfindung, B=SV-Beiträge werden vom Arbeitgeber entrichtet, E=Einmalbezug, F=Frei, L=Laufender Bezug, M=Mehrjährige Versteuerung, P=Pauschale Versteuerung, S=Sonstiger Bezug, V=Vorjahr, GB=Gesamtbrutto, J=Mit Auswirkung auf das Gesamtbrutto, N=Ohne Auswirkung auf das Gesamtbrutto

Entgeltbescheinigung nach § 108 Absatz 3 Satz 1 der Gewerbeordnung

Lexware lohn + gehalt 28.02 1/1 07.02.2024

Abrechnung der Brutto-Netto-Bezüge

Januar 2024

Pers.-Nr. 2	Abteilung	Kst.-St.		SV-Nummer	11101080A556	Steuer ID Nr.	67789012347
Eintritt 01.12.2023	Austritt	Geb.datum	10.10.1980	Kasse	AOK Hessen	St.Kl. (Faktor) / Kinder	4 (0,745) / 0,0
		Personengruppe	101	KV / AN-Beitrag KV	14,60% / 8,10%	Konfession	--
				PV (Beitrag/AN/Zu.)	3,40%/1,70%/0,60%	Freibetrag mtl. / jährl.	
				Übergangsbereich nein	MFB nein	Hinzurech. mtl. / jährl.	

Elektrofachgeschäft GmbH
Würzburger Str. 6, 63073 Offenbach

persönlich / vertraulich
Frau
Erna Berneaud
Kleinertgasse 6
63225 Langen

	SV-Tage KV	RV	AV	PV	St.-Tage
monatlich	30	30	30	30	30
kumuliert	30	30	30	30	30
BGR	1	1	1	1	

Urlaub Vorjahr	3,00	Urlaub - monatlich genommen	0,00
Urlaubsanspruch	30,00	Resturlaub	33,00

Lohnart	Bezeichnung	bezahlte Menge	Faktor	%-Zuschlag	St*	SV*	GB*	Betrag
2	Gehalt				L	L	J	2.350,00 EUR
925	Kürzung aus Altersvorsorge				L	L	N	-50,00 EUR
933	Altersvorsorge Barlohnumwandlung pauschal (AN)				P	L	N	50,00 EUR
9031	LSt. pauschal Arbeitnehmer						J	-10,00 EUR
9033	SolZ. pauschal Arbeitnehmer						J	-0,55 EUR

Gesamtbrutto
2.339,45 EUR

Steuer / Sozialversicherung

Steuer - Brutto	Lohnsteuer	Kirchensteuer	SolZ	KV - Brutto	PV - Brutto	Steuerrechtl. Abzüge
2.300,00 EUR	124,50 EUR	0,00 EUR	0,00 EUR	2.350,00 EUR	2.350,00 EUR	124,50 EUR
Σ 2.300,00 EUR	Σ 124,50 EUR	Σ 0,00 EUR	Σ 0,00 EUR	Σ 2.350,00 EUR	Σ 2.350,00 EUR	Σ 124,50 EUR
RV - Brutto	**AV - Brutto**	**KV - Beitrag**	**PV - Beitrag**	**RV - Beitrag**	**AV - Beitrag**	**SV - rechtl. Abzüge**
2.350,00 EUR	2.350,00 EUR	190,35 EUR	54,05 EUR	218,55 EUR	30,55 EUR	493,50 EUR
Σ 2.350,00 EUR	Σ 2.350,00 EUR	Σ 190,35 EUR	Σ 54,05 EUR	Σ 218,55 EUR	Σ 30,55 EUR	Σ 493,50 EUR

Σ Gesamtsumme

Nettoentgelt
1.721,45 EUR

Aufgelaufene Jahreswerte	
Gesamtbrutto	Steuer - Brutto
2.339,45 EUR	2.300,00 EUR
Lohnsteuer	Kirchensteuer
124,50 EUR	0,00 EUR
SolZ	KV - Brutto
0,00 EUR	2.350,00 EUR
PV - Brutto	RV - Brutto
2.350,00 EUR	2.350,00 EUR
AV - Brutto	KV - Beitrag
2.350,00 EUR	190,35 EUR
PV - Beitrag	RV - Beitrag
54,05 EUR	218,55 EUR
AV - Beitrag	VWL - Gesamt
30,55 EUR	0,00 EUR
Betriebl. Altersversorgung	Auszahlungsbetrag
50,00 EUR	1.671,45 EUR

Nr.	Netto - Bezüge / Netto - Abzüge	
6902	Altersvorsorge Vertrag 1	-50,00 EUR

Summe Netto Be-/Abzüge
-50,00 EUR

IBAN: DE63 5005 0201 0000 2004 76
BIC: HELADEF1822
Bank: Frankfurter Spk Frankfurt

Auszahlungsbetrag
1.671,45 EUR

1 Teilmonatsentgelt: Es wird die Tageslohnsteuertabelle angewandt und/oder die automatische Lohnartenkürzung durchgeführt.

* A=Abfindung, B=SV-Beiträge werden vom Arbeitgeber entrichtet, E=Einmalbezug, F=Frei, L=Laufender Bezug, M=Mehrjährige Versteuerung, P=Pauschale Versteuerung, S=Sonstiger Bezug, V=Vorjahr, GB=Gesamtbrutto, J=Mit Auswirkung auf das Gesamtbrutto, N=Ohne Auswirkung auf das Gesamtbrutto

Entgeltbescheinigung nach § 108 Absatz 3 Satz 1 der Gewerbeordnung

Lexware lohn + gehalt 28.02 — 1/2 — 07.02.2024

Abrechnung der Brutto-Netto-Bezüge

Januar 2024

Pers.-Nr.	3	**Abteilung**		**Kst.-St.**		**SV-Nummer**	52230664M227			**Steuer ID Nr.**	90112345677
Eintritt	01.01.2015	**Austritt**		**Geb.datum**	23.06.1964	**Kasse**	privat			**St.Kl. (Faktor) / Kinder**	1 / 0,0
				Personengruppe	101	**KV / AN-Beitrag KV**	/ 0,00%			**Konfession**	ev
						PV (Beitrag/AN/Zu.)	-/-/-			**Freibetrag mtl. / jährl.**	625 / 7.500
						Übergangsbereich	nein	**MFB**	nein	**Hinzurech. mtl. / jährl.**	

Elektrofachgeschäft GmbH
Würzburger Str. 6, 63073 Offenbach

persönlich / vertraulich

Herrn
Ernst List
Müllerweg 6
65894 Wiesbaden

	SV-Tage				St.-Tage
	KV	**RV**	**AV**	**PV**	
monatlich	0	30	30	0	30
kumuliert	0	30	30	0	30
BGR	0	1	1	0	

Urlaub Vorjahr	15,00	**Urlaub - monatlich genommen**	0,00
Urlaubsanspruch	30,00	**Resturlaub**	45,00

Lohnart	Bezeichnung	bezahlte Menge	Faktor	%-Zuschlag	St*	SV*	GB*	Betrag
986	Geschäftsführergehalt				L	L	J	5.850,00 EUR
9111	Dienstfahrzeug				L	L	J	413,00 EUR
9112	Dienstfahrzeug (KM)				L	L	J	452,16 EUR
9114	Dienstfahrzeug Eigenanteil Mitarbeiter				L	L	J	-100,00 EUR
9115	Dienstfahrzeug KM pauschal AG				P	F	J	340,80 EUR

Gesamtbrutto
6.955,96 EUR

Steuer / Sozialversicherung

Steuer - Brutto	Lohnsteuer	Kirchensteuer	SolZ	KV - Brutto	PV - Brutto	Steuerrechtl. Abzüge
6.615,16 EUR	1.225,41 EUR	110,28 EUR	0,00 EUR	0,00 EUR	0,00 EUR	1.335,69 EUR
Σ 6.615,16 EUR	Σ 1.225,41 EUR	Σ 110,28 EUR	Σ 0,00 EUR	Σ 0,00 EUR	Σ 0,00 EUR	Σ 1.335,69 EUR
RV - Brutto	**AV - Brutto**	**KV - Beitrag**	**PV - Beitrag**	**RV - Beitrag**	**AV - Beitrag**	**SV - rechtl. Abzüge**
6.615,16 EUR	6.615,16 EUR	0,00 EUR	0,00 EUR	615,21 EUR	86,00 EUR	701,21 EUR
Σ 6.615,16 EUR	Σ 6.615,16 EUR	Σ 0,00 EUR	Σ 0,00 EUR	Σ 615,21 EUR	Σ 86,00 EUR	Σ 701,21 EUR

Σ Gesamtsumme

Nettoentgelt
4.919,06 EUR

Aufgelaufene Jahreswerte	
Gesamtbrutto	Steuer - Brutto
6.955,96 EUR	6.615,16 EUR
Lohnsteuer	Kirchensteuer
1.225,41 EUR	110,28 EUR
SolZ	KV - Brutto
0,00 EUR	0,00 EUR
PV - Brutto	RV - Brutto
0,00 EUR	6.615,16 EUR
AV - Brutto	KV - Beitrag
6.615,16 EUR	0,00 EUR
PV - Beitrag	RV - Beitrag
0,00 EUR	615,21 EUR
AV - Beitrag	VWL - Gesamt
86,00 EUR	0,00 EUR
Betriebl. Altersversorgung	Auszahlungsbetrag
0,00 EUR	4.375,20 EUR

Nr.	Netto - Bezüge / Netto - Abzüge	Betrag
6914	Verpflegungszuschuss steuerfrei	25,60 EUR
6916	Fahrtkosten Auswärtstätigkeit, steuerfrei	67,50 EUR
6917	Übernachtungsmehraufwand, steuerfrei	110,00 EUR
6920	Verrechnung Eigenanteil Dienstfahrzeuge	-100,00 EUR
9075	AG-Zuschuss zur privaten KV	385,00 EUR
9080	AG-Zuschuss zur privaten PV	74,00 EUR
9118	Dienstfahrzeug	-1.105,96 EUR

Summe Netto Be-/Abzüge
-543,86 EUR

IBAN: DE02 5109 0000 0000 8888 88
BIC: WIBADE5WXXX
Bank: Wiesbadener Volksbank

Auszahlungsbetrag
4.375,20 EUR

1 Teilmonatsentgelt: Es wird die Tageslohnsteuertabelle angewandt und/oder die automatische Lohnartenkürzung durchgeführt.

* A=Abfindung, B=SV-Beiträge werden vom Arbeitgeber entrichtet, E=Einmalbezug, F=Frei, L=Laufender Bezug, M=Mehrjährige Versteuerung, P=Pauschale Versteuerung, S=Sonstiger Bezug, V=Vorjahr, GB=Gesamtbrutto, J=Mit Auswirkung auf das Gesamtbrutto, N=Ohne Auswirkung auf das Gesamtbrutto

Entgeltbescheinigung nach § 108 Absatz 3 Satz 1 der Gewerbeordnung

Lexware lohn + gehalt 28.02 1/2 07.02.2024

Abrechnung der Brutto-Netto-Bezüge

Januar 2024

Pers.-Nr.	4	**Abteilung**		**Kst.-St.**		**SV-Nummer**	52311205P789	**Steuer ID Nr.**	65432198712
Eintritt	01.12.2023	**Austritt**	30.11.2026	**Geb.datum**	31.12.2005	**Kasse**	AOK Hessen	**St.Kl. (Faktor) / Kinder**	1 / 0,0
				Personengruppe	102	**KV / AN-Beitrag KV**	14,60% / 8,10%	**Konfession**	--
						PV (Beitrag/AN/Zu.)	3,40%/1,70%/-	**Freibetrag mtl. / jährl.**	
						Übergangsbereich nein	**MFB** nein	**Hinzurech. mtl. / jährl.**	

Elektrofachgeschäft GmbH
Würzburger Str. 6, 63073 Offenbach

persönlich / vertraulich
Frau
Ewa Poszdzich
Grenzstr. 6
63150 Heusenstamm

	SV-Tage KV	SV-Tage RV	SV-Tage AV	SV-Tage PV	St.-Tage
monatlich	30	30	30	30	30
kumuliert	30	30	30	30	30
BGR	1	1	1	1	

Urlaub Vorjahr	2,00	**Urlaub - monatlich genommen**	0,00
Urlaubsanspruch	25,00	**Resturlaub**	27,00

Lohnart	Bezeichnung	bezahlte Menge	Faktor	%-Zuschlag	St*	SV*	GB*	Betrag
3	Auszubildendenvergütung				L	L	J	620,00 EUR
21	Fahrgeld steuerfrei				F	F	J	60,00 EUR

Steuer / Sozialversicherung

Gesamtbrutto: 680,00 EUR

Steuer - Brutto	Lohnsteuer	Kirchensteuer	SolZ	KV - Brutto	PV - Brutto	Steuerrechtl. Abzüge
620,00 EUR	0,00 EUR	0,00 EUR	0,00 EUR	620,00 EUR	620,00 EUR	0,00 EUR
Σ 620,00 EUR	Σ 0,00 EUR	Σ 0,00 EUR	Σ 0,00 EUR	Σ 620,00 EUR	Σ 620,00 EUR	Σ 0,00 EUR
RV - Brutto	**AV - Brutto**	**KV - Beitrag**	**PV - Beitrag**	**RV - Beitrag**	**AV - Beitrag**	**SV - rechtl. Abzüge**
620,00 EUR	620,00 EUR	50,22 EUR	10,54 EUR	57,66 EUR	8,06 EUR	126,48 EUR
Σ 620,00 EUR	Σ 620,00 EUR	Σ 50,22 EUR	Σ 10,54 EUR	Σ 57,66 EUR	Σ 8,06 EUR	Σ 126,48 EUR

Σ Gesamtsumme

Nettoentgelt: 553,52 EUR

Aufgelaufene Jahreswerte	
Gesamtbrutto	Steuer - Brutto
680,00 EUR	620,00 EUR
Lohnsteuer	Kirchensteuer
0,00 EUR	0,00 EUR
SolZ	KV - Brutto
0,00 EUR	620,00 EUR
PV - Brutto	RV - Brutto
620,00 EUR	620,00 EUR
AV - Brutto	KV - Beitrag
620,00 EUR	50,22 EUR
PV - Beitrag	RV - Beitrag
10,54 EUR	57,66 EUR
AV - Beitrag	VWL - Gesamt
8,06 EUR	0,00 EUR
Betriebl. Altersversorgung	Auszahlungsbetrag
0,00 EUR	553,52 EUR

Nr.	Netto - Bezüge / Netto - Abzüge	

Summe Netto Be-/Abzüge: 0,00 EUR

IBAN: DE18 5109 0000 0000 0777 77
BIC: WIBADE5WXXX
Bank: Wiesbadener Volksbank

Auszahlungsbetrag: 553,52 EUR

1 Teilmonatsentgelt: Es wird die Tageslohnsteuertabelle angewandt und/oder die automatische Lohnartenkürzung durchgeführt.

* A=Abfindung, B=SV-Beiträge werden vom Arbeitgeber entrichtet, E=Einmalbezug, F=Frei, L=Laufender Bezug, M=Mehrjährige Versteuerung, P=Pauschale Versteuerung, S=Sonstiger Bezug, V=Vorjahr, GB=Gesamtbrutto, J=Mit Auswirkung auf das Gesamtbrutto, N=Ohne Auswirkung auf das Gesamtbrutto

Entgeltbescheinigung nach § 108 Absatz 3 Satz 1 der Gewerbeordnung

Lexware lohn + gehalt 28.02 1/1 07.02.2024

Elektrofachgeschäft GmbH

Lohnjournal

Januar 2024

Pers-Nr.	Name / Zeitraum / St.Kl.(Faktor)/Kinder/Konf.	KK KV RV AV PV / Übergangsbereich / BFD GV MFB ST SV	Gesamt-Brutto / Steuer-Brutto / SV-Brutto	Lohn-steuer	Kirchen-steuer	SolZ		KV	RV	AV	PV	Netto-gehalt	pausch.St. AN / Kammerbeitrag / Vorschüsse	VWL / Altersvors. / BAV-Förd. / sonst. / Auszahlg.
1	**Jakubasch, Martin**	AOK I- 1 1 1 1	3.008,33	13,16	1,18	0,00	AN	243,68	279,77	39,11	51,14	2.380,29	-0,00	-0,00
	01.-31.01.2024	nein	3.008,33				AG	243,68	279,77	39,11	51,14		-0,00	-0,00
	St.Kl.: 3 / 0,0 / ev / rk	0 0 30 30	3.008,33				AG Zuschuss						0,00	-0,00
	Freibetrag mtl./jährl.:	312,00/3.744,00					AG Überw.							-533,33
	Pauschalen:						U1	87,24						
	Pauschalen nach § 37b:						U2	14,14						
							InsG.Umlage	1,81						
														1.846,96
2	**Berneaud, Erna**	AOK I- 1 1 1 1	2.339,45	124,50	0,00	0,00	AN	190,35	218,55	30,55	54,05	1.721,45	-10,55	-0,00
	01.-31.01.2024	nein	2.300,00				AG	190,35	218,55	30,55	39,95		-0,00	-50,00
	St.Kl.: 4(0,745) / 0,0 / --	0 0 30 30	2.350,00				AG Zuschuss						0,00	-0,00
	Pauschalen:		50,00	10,00	0,00	0,55	AG Überw.							0,00
	Pauschalen nach § 37b:						U1	68,15						
							U2	11,05						
							InsG.Umlage	1,41						
														1.671,45
3	**List, Ernst**	privat 0 1 1 0	6.955,96	1.225,41	110,28	0,00	AN	0,00	615,21	86,00	0,00	4.919,06	-0,00	-0,00
	01.-31.01.2024	nein	6.615,16				AG	0,00	615,21	86,00	0,00		-0,00	-0,00
	St.Kl.: 1 / 0,0 / ev	0 0 30 30	6.615,16				AG Zuschuss	385,00			74,00		0,00	-0,00
	Freibetrag mtl./jährl.:	625,00/7.500,00					Basisbeitr.	610,27			148,00			
	Pauschalen:		340,80	51,12	4,60	2,81	AG Überw.							-543,86
	Pauschalen nach § 37b:						U1	191,84						
							U2	31,09						
							InsG.Umlage	3,97						
														4.375,20
4	**Poszdzich, Ewa**	AOK I- 1 1 1 1	680,00	0,00	0,00	0,00	AN	50,22	57,66	8,06	10,54	553,52	-0,00	-0,00
	01.-31.01.2024	nein	620,00				AG	50,22	57,66	8,06	10,54		-0,00	-0,00
	St.Kl.: 1 / 0,0 / --	0 0 30 30	620,00				AG Zuschuss						0,00	-0,00
	Pauschalen:						AG Überw.							0,00
	Pauschalen nach § 37b:						U1	17,98						
							U2	2,91						
							InsG.Umlage	0,37						
														553,52

Lexware lohn + gehalt 28.02 - 1 - 07.02.2024

Elektrofachgeschäft GmbH

Lohnjournal

Januar 2024

SV-Summen			KV	RV	AV	PV	InsG.Umlage	Summe
	SV-Brutto	AN	484,25	1.171,19	163,72	115,73		1.934,89
	12.593,49	AG	484,25	1.171,19	163,72	101,63	7,56	1.928,35
		AG Zuschuss	385,00	0,00		74,00		
		AG Überw.	0,00	0,00		0,00		0,00
		U1	365,21					
		U2	59,19				U1 + U2	424,40
SV Gesamt								**4.287,64**

Einheitliche Pauschalsteuer (Minijob-Zentrale) Steuerbrutto 0,00 Lohnsteuer 0,00

Steuer-Summen	Gesamt-brutto	Steuer-brutto	Lohn-steuer	Kirchen-steuer	Solidaritäts-zuschlag	Kammerbeitrag	Summe
Summe	12.983,74	12.543,49	1.363,07	111,46	0,00	0,00	1.474,53
Pauschalen		390,80	61,12	4,60	3,36		69,08
Pauschalen nach § 37b		0,00	0,00	0,00	0,00		0,00
Verbleiben			1.424,19	116,06	3,36		1.543,61
BAV-Förderbetrag			- 0,00				- 0,00
Steuer Gesamt			**1.424,19**	**116,06**	**3,36**	**0,00**	**1.543,61**

Gesamt-übersicht	Auszahlung	SV - Gesamt	Steuer - Gesamt	einheitliche Pauschalst.	VWL - Überweisung	Altersvorsorge Entgeltumwandlung	Summe
	8.447,13	4.287,64	1.543,61	0,00	0,00	50,00	14.328,38

Lexware lohn + gehalt 28.02 - 2 - 07.02.2024

3

Musterprüfungen

Im folgenden Abschnitt finden Sie drei Musterprüfungen als zusätzliches Übungsmaterial. Damit können Sie ein Gefühl für den Schwierigkeitsgrad und den zeitlichen Rahmen einer Prüfung entwickeln.

Inhalt

- Musterprüfungsfall „Fensterverglasung“
- Musterprüfungsfall „Computerfachgeschäft“
- Musterprüfungsfall „Immobilien GmbH“
- Musterprüfungsfall „Möbelhandlung“

Hinweis:
Auch für die Musterprüfungen sind hier als Lösungen die Lohnabrechnungen sowie das Lohnjournal abgedruckt.
Damit Sie den Zeitaufwand einer „echten“ Prüfung nachvollziehen können, bedenken Sie bitte, dass die Prüfung nur anhand der von Ihnen gefertigten Ausdrucke korrigiert und benotet wird.
Daher müssen üblicherweise neben den Lohnabrechnungen und dem Lohnjournal weitere Ausdrucke erstellt werden, z.B.:

- Firmenstammblatt
- Personalstammblätter
- Krankenkassenlisten
- Lohnkonten
- Beitragsnachweise
- Lohnsteuer-Anmeldung
- Fehlzeiten-Übersicht
- Lohnnachweis für die Berufsgenossenschaft
- SV-Meldungen

1. Musterprüfung

Aufgaben

Aufgabe 1:

- Legen Sie eine neue Firma mit den nachstehend aufgeführten Stammdaten an. Die mit Lexware abgerechneten Gehälter beginnen im Januar 2024.

Firmenstammdaten:

Firma/Anschrift:	Fensterverglasung „kombiniert mit dem eigenen Namen" Conrad-Heby-Straße 27, 78048 Villingen-Schwenningen (Baden-Württemberg) Telefon: +49 7721 88480-0, Fax: +49 7721 88480-10 E-Mail: info@vs-fenster.de
Bankverbindung:	Sparkasse Schwarzwald-Baar IBAN DE49 6945 0065 0000 0642 20 BIC SOLADES1VSS
Finanzamt:	Villingen-Schwenningen (BW) FA-Nr. 2822; Steuernummer: 22 190 04105 ▪ Dem Finanzamt wurde ein Lastschriftauftrag erteilt. ▪ Der Anmeldezeitraum ist monatlich.
Betriebsnummer:	604 193 18
Ansprechpartner:	„eigener Name" Tel.: +49 7721 88480-23, Mail: buero@vs-fenster.de
Berufsgenossenschaft:	BG BAU (Berufsgenossenschaft der Bauwirtschaft); Betriebsnummer: 14066582; Mitgliedsnummer: MM 10.111.222.111; PIN: 12345; Unternehmensnummer: 123456789886001 Gefahrenklasse: 200 Bauausbau und Fertigteilherstellung
Krankenkassen:	AOK Baden-Württemberg; Audi BKK; Knappschaft Bahn-See ▪ Das Unternehmen ist umlagepflichtig. ▪ Die Firma hat bei allen Krankenkassen den allgemeinen Beitragssatz in der U1 gewählt. ▪ Den Einzugsstellen der Sozialversicherungsträger wurde Lastschriftauftrag erteilt. ▪ Erstattungsbeträge nach dem AAG sollen auf das Konto der Firma überwiesen werden. ▪ Nachweis im Krankheitsfall ist nach 3 Kalendertagen erforderlich.

Allgemeine Angaben:

- Es bestehen keine weiteren Betriebsstätten.
- Die Entgeltzahlungen an die Mitarbeiter werden zum Monatsletzten fällig.
- Alle Zahlungen erfolgen, soweit nichts anderes angegeben ist, per Scheck.
- Soweit möglich werden Bezüge vom Arbeitgeber pauschal versteuert. Die Pauschalsteuer trägt der Betrieb, sofern nichts anderes angegeben ist. Bei pauschalversteuerten Bezügen wird die Kirchensteuer im Nachweisverfahren ermittelt.
- Für alle Arbeitnehmer mit einer 5-Tage-Woche besteht ein Urlaubsanspruch von 30 Arbeitstagen pro Kalenderjahr. Für die Arbeitnehmer, die keine 5 Tage-Woche haben, ist der Urlaub anteilig zu gewähren. Die Urlaubsansprüche für den jeweiligen Arbeitnehmer sind entsprechend zu berechnen. Der Urlaubsanspruch soll auf der Lohnabrechnung ausgegeben werden.
- Die betriebsübliche Arbeitszeit beträgt 40 Std. (Mo - Fr je 7:00 - 12:00 Uhr und 13:00 -16:00 Uhr).
- Teillohnzahlungszeiträume sind nach der Dreißigstel-Methode (Betrag x zu bezahlende Kalendertage/30) zu berechnen. Sachbezüge werden jedoch nicht gekürzt.
- Entgeltfortzahlungen an Feiertagen und bei Krankheit werden mit dem Normalstundensatz vergütet.
- Alle Angaben auf den Mitarbeiterbögen sind durch die entsprechenden Unterlagen (wie ELStAM oder Ersatzbescheinigungen, SV-Ausweise, Arbeitsverträge) nachgewiesen. Die Unterlagen liegen vor und alle Nachweise sind erbracht. Die Firma unterliegt der **Sofortmeldepflicht**.

Aufgabe 2:

- Legen Sie die einzelnen Mitarbeiter entsprechend den Mitarbeiterstammblättern an.

Mitarbeiterstammdaten:

Personalnummer:	0100
Name/Anschrift:	Benno Bach; Hans-Sachs-Str. 68; 78054 Villingen-Schwenningen
Staatsangehörigkeit:	Deutschland
Beschäftigt als:	Glasermeister seit 01.01.2019
SV-Nummer:	13 150670 B 381
Elterneigenschaft:	nachgewiesen, 1 Kind unter 25 Jahren
Ausbildung:	Abitur mit nachfolgender Gesellen- und Meisterprüfung zum Glasermeister
Krankenkasse:	freiwillig versichert bei der Audi BKK (Firmenzahler)
Lohnsteuerabzugs-merkmale:	II/1,0/rk Identifikationsnummer: 56778901233 (Finanzamt Villingen) Freibetrag jährlich 2.400,00 € Freibetrag monatlich 200,00 €
Wochenarbeitszeit:	betriebsüblich
Urlaubsansrpuch:	betriebsüblich, noch 5 Tage Resturlaub aus dem Vorjahr
Feste Bezüge:	Gehalt monatlich 5.800,00 €

Personalnummer:	0200
Name/Anschrift:	Kerstin Doberlug, Arenbergstraße 17; 78086 Brigachtal
Staatsangehörigkeit:	Deutschland
Beschäftigt als:	Bürokauffrau seit 01.04.2020
SV-Nummer:	52 111288 H 514
Elterneigenschaft:	nachgewiesen, 2 Kinder unter 25 Jahren
Ausbildung:	Realschulabschluss, abgeschlossene Ausbildung zur Bürokauffrau
Krankenkasse:	AOK Hessen Baden-Württemberg
Lohnsteuerabzugs-merkmale:	V/0,0/ev Identifikationsnummer 78990123456 (Finanzamt Villingen)
Wochenarbeitszeit:	5 Stunden täglich von 7:00 - 12:00 Uhr
Urlaubsanspruch:	betriebsüblich, noch 5 Tage Resturlaub aus dem Vorjahr
Feste Bezüge:	Gehalt monatlich 2.200,00 €

Frau Doberlug befindet sich ab dem 26.01.2024 in Mutterschutz. Der voraussichtliche Tag der Entbindung ist der 08.03.2024.

Verdienstangaben:

Monat	Brutto	Netto	Tage
12.2023	2.200,00 €	1.329,00 €	30
11.2023	2.200,00 €	1.329,00 €	30
10.2023	2.200,00 €	1.329,00 €	30

Personalnummer:	0300
Name/Anschrift:	Carola Garten; Karlstraße 128; 78073 Bad Dürrheim
Staatsangehörigkeit:	Frankreich
Beschäftigt als:	Auszubildende zur Glaserin (Fenster- und Glasfassadenbau) seit 01.09.2023
SV-Nummer:	53 010803 G 837
Elterneigenschaft:	nicht nachgewiesen
Ausbildung:	Realschulabschluss, abgebrochene Lehre zur Restaurantfachfrau
Krankenkasse:	AOK Baden-Württemberg
Lohnsteuerabzugsmerkmale:	I/0,0/ev Identifikationsnummer 17702349860 (Finanzamt Villingen)
Wochenarbeitszeit:	betriebsüblich
Urlaubsanspruch:	betriebsüblich
Feste Bezüge:	Ausbildungsvergütung 900,00 € mtl. Frau Garten spart insgesamt 40,00 € monatlich ab 09/2023 vermögenswirksam in einen Sparfonds. Hierzu erhält sie vom Arbeitgeber einen monatlichen Zuschuss von 20,00 €. Die Zahlung in den Vertrag Nr. 386574259 an die Bank Sparfix erfolgt per SEPA-Lastschrift.
Sonstige Angaben:	Das Beschäftigungsverhältnis ist bis zum Ende der Ausbildung am 31.08.2026 befristet.

Personalnummer:	0400
Name/Anschrift:	Anton Scheibe, Fohrenstraße 2; 78120 Furtwangen im Schwarzwald
Staatsangehörigkeit:	Österreich
Beschäftigt als:	Fensterbauer seit 01.01.2022
SV-Nummer:	56 140479 S 077
Elterneigenschaft:	nachgewiesen, 2 Kinder unter 25 Jahren
Ausbildung:	Realschulabschluss mit nachfolgender Gesellenprüfung zum Fensterbauer - Glas
Krankenkasse:	Audi BKK
Lohnsteuerabzugsmerkmale:	IV/2,0/rk/ev, Faktor 0,875 Identifikationsnummer 87654321915 (Finanzamt Villingen)
Wochenarbeitszeit:	betriebsüblich
Urlaubsanspruch:	betriebsüblich
Feste Bezüge:	Stundenlohn 17,50 €/Stunde Für den Mitarbeiter wurde am 01.01.2022 (Zeitpunkt der Versorgungszusage) eine Versicherung für eine Pensionskasse abgeschlossen. Der monatliche Beitrag beträgt 110,00 €. Davon zahlt der Arbeitgeber zusätzlich zum Lohn 50,00 €. Den Rest erbringt Herr Scheibe aus Entgeltverzicht. Der Versicherungsgesellschaft Lebensende AG (Versicherungsnummer 33278) wurde ein SEPA-Lastschriftmandat erteilt.
Sonstige Angaben:	Herr Scheibe erhält am 18.01.2024 in bar einen Vorschuss in Höhe von 1.000,00 €, der mit der Januarabrechnung verrechnet wird.

Personalnummer:	0500
Name/Anschrift:	Susanne Glitzer; Spittelstraße 31; 78056 Villingen-Schwenningen
Staatsangehörigkeit:	Deutschland
Beschäftigt als:	Reinigungskraft seit 01.01.2024
SV-Nummer:	56 250764 G 555
Elterneigenschaft:	nachgewiesen
Ausbildung:	Hauptschulabschluss, abgeschlossene Berufsausbildung zur Verkäuferin
Krankenkasse:	Frau Glitzer ist über ihren Ehemann bei der AOK Baden-Württemberg gesetzlich krankenversichert
Lohnsteuerabzugsmerkmale:	ELStAM wird nicht abgerufen, jedoch hat Frau Glitzer schriftlich erklärt, keiner Konfession anzugehören. Identifikationsnummer: 11235467896 Eventuell anfallende Pauschalsteuer wird abgewälzt.
Wochenarbeitszeit:	Dienstag und Donnerstag jeweils 4 Stunden
Urlaubsanspruch:	betriebsüblich, anteilig
Feste Bezüge:	Stundenlohn beträgt 12,45 €/Stunde Die Auszahlung des Lohns erfolgt bar.
Sonstige Angaben:	Sie übt keine weitere Beschäftigung aus. Sie hat mit Beschäftigungsaufnahme schriftlich einen Antrag auf Befreiung von der Rentenversicherungspflicht

Aufgabe 3:

- Nutzen Sie für die Entgeltabrechnung die Standardlohnarten. Sollten für einige Bezüge keine Lohnarten vorhanden sein, so legen Sie diese bitte selbständig an.

Aufgabe 4:

- Erstellen Sie die Lohn- / Gehaltsabrechnungen für den Monat Januar 2024 unter Berücksichtigung nachfolgender Angaben.

Angaben zu den Bezügen der einzelnen Arbeitnehmer für Januar 2024

Personal-Nr., Name:	0100, Benno Bach
Bezüge:	Herr Bach erhält ab Januar einen neuen Firmenwagen (kein Elektrofahrzeug), der zum Listenpreis von 35.000,00 € inkl. USt. angeschafft wurde. Die Entfernung zwischen Wohnung und erster Tätigkeitsstätte beträgt 10 km. Es besteht ein Nutzungsverbot für private Fahrten, ausgenommen sind die Fahrten zwischen Wohnung und erster Tätigkeitsstätte. Es wird die Vereinfachungsregelung mit 15 Tagen angewandt.

Personal-Nr., Name:	0200, Kerstin Doberlug
Bezüge:	Vom 19.01. bis 25.01. hat Frau Doberlug Urlaub. Frau Doberlug erhält von ihrem Arbeitgeber zur bevorstehenden Geburt ihres Kindes einen Gutschein in Höhe von 30,00 € für das Kindermodengeschäft in Villingen-Schwenningen. Eine Barauszahlung des Wertes ist nicht möglich.

Personal-Nr., Name:	0300, Carola Garten
Bezüge:	Frau Garten erhält monatlich eine Monatskarte im Wert von 47,50 € für die öffentlichen Verkehrsmittel. Sie erhält ansonsten keine weiteren Sachbezüge.

Personal-Nr., Name:	0400, Anton Scheibe
Bezüge:	Herr Scheibe hat neben seiner normalen Arbeitszeit auch am 13.01. und 20.01. jeweils von 07.00 Uhr bis 13.00 Uhr gearbeitet (30 Minuten Pause von 9.00 -9.30 Uhr, unbezahlt). Der Arbeitgeber zahlt ihm je geleisteter Überstunde den normalen Stundenlohn und einen Zuschlag von 25 %. Vom 24.01. bis 26.01. hat Herr Scheibe Urlaub.

Personal-Nr., Name:	0500, Susanne Glitzer
Bezüge:	Der Arbeitgeber zahlt ihr monatlich einen Kindergartenzuschuss in Höhe von 50,00 € für das noch nicht schulpflichtige Kind. Frau Glitzer erhält vom Arbeitgeber einen monatlichen Zuschuss für die Fahrten zwischen Wohnung und erster Tätigkeitsstätte in Höhe von 30,00 €. Die einfache Entfernung beträgt 15 km. Hierfür sollen für Frau Glitzer keine Abzüge entstehen.

Abrechnung der Brutto-Netto-Bezüge — Januar 2024

Pers.-Nr. 0100	**Abteilung**	**Kst.-St.**		**SV-Nummer**	13150670B381	**Steuer ID Nr.**	56778901233
Eintritt 01.01.2019	**Austritt**	**Geb.datum**	15.06.1970	**Kasse**	Audi BKK	**St.Kl. (Faktor) / Kinder**	2 / 1,0
		Personengruppe	101	**KV / AN-Beitrag KV**	14,60% / 7,80%	**Konfession**	rk
				PV (Beitrag/AN/Zu.)	3,40%/1,70%/-	**Freibetrag mtl. / jährl.**	200 / 2.400
				Übergangsbereich	nein **MFB** nein	**Hinzurech. mtl. / jährl.**	

Fensterverglasung
Conrad-Heby-Straße 27, 78048 Villingen-Schwenningen

persönlich / vertraulich
Herrn
Benno Bach
Hans-Sachs-Straße 68
78054 Villingen-Schwenningen

	SV-Tage KV	SV-Tage RV	SV-Tage AV	SV-Tage PV	St.-Tage
monatlich	0	30	30	0	30
kumuliert	0	30	30	0	30
BGR	9	1	1	1	

Urlaub Vorjahr	5,00	**Urlaub - monatlich genommen**	0,00
Urlaubsanspruch	30,00	**Resturlaub**	35,00

Lohnart	Bezeichnung	bezahlte Menge	Faktor	%-Zuschlag	St*	SV*	GB*	Betrag
2	Gehalt				L	L	J	5.800,00 EUR
9112	Dienstfahrzeug (KM)				L	L	J	60,00 EUR
9115	Dienstfahrzeug KM pauschal AG				P	F	J	45,00 EUR

Gesamtbrutto: 5.905,00 EUR

Steuer / Sozialversicherung

Steuer - Brutto	Lohnsteuer	Kirchensteuer	SolZ	KV - Brutto	PV - Brutto	Steuerrechtl. Abzüge
5.860,00 EUR	913,08 EUR	51,76 EUR	0,00 EUR	0,00 EUR	0,00 EUR	964,84 EUR
Σ 5.860,00 EUR	Σ 913,08 EUR	Σ 51,76 EUR	Σ 0,00 EUR	Σ 0,00 EUR	Σ 0,00 EUR	Σ 964,84 EUR
RV - Brutto	**AV - Brutto**	**KV - Beitrag**	**PV - Beitrag**	**RV - Beitrag**	**AV - Beitrag**	**SV - rechtl. Abzüge**
5.860,00 EUR	5.860,00 EUR	0,00 EUR	0,00 EUR	544,98 EUR	76,18 EUR	621,16 EUR
Σ 5.860,00 EUR	Σ 5.860,00 EUR	Σ 0,00 EUR	Σ 0,00 EUR	Σ 544,98 EUR	Σ 76,18 EUR	Σ 621,16 EUR

Σ Gesamtsumme

Nettoentgelt: 4.319,00 EUR

Aufgelaufene Jahreswerte	
Gesamtbrutto	Steuer - Brutto
5.905,00 EUR	5.860,00 EUR
Lohnsteuer	Kirchensteuer
913,08 EUR	51,76 EUR
SolZ	KV - Brutto
0,00 EUR	0,00 EUR
PV - Brutto	RV - Brutto
0,00 EUR	5.860,00 EUR
AV - Brutto	KV - Beitrag
5.860,00 EUR	0,00 EUR
PV - Beitrag	RV - Beitrag
0,00 EUR	544,98 EUR
AV - Beitrag	VWL - Gesamt
76,18 EUR	0,00 EUR
Betriebl. Altersversorgung	Auszahlungsbetrag
0,00 EUR	3.722,39 EUR

Nr.	Netto - Bezüge / Netto - Abzüge	
9073	AG-Zuschuss zur freiwilligen KV	403,66 EUR
9074	Abzug freiwillige KV	-807,30 EUR
9078	AG-Zuschuss zur freiwilligen PV	87,98 EUR
9079	Abzug freiwillige PV	-175,95 EUR
9118	Dienstfahrzeug	-105,00 EUR

Summe Netto Be-/Abzüge: -596,61 EUR

IBAN:
BIC:
Bank:

Auszahlungsbetrag: 3.722,39 EUR

1 Teilmonatsentgelt: Es wird die Tageslohnsteuertabelle angewandt und/oder die automatische Lohnartenkürzung durchgeführt.

* A=Abfindung, B=SV-Beiträge werden vom Arbeitgeber entrichtet, E=Einmalbezug, F=Frei, L=Laufender Bezug, M=Mehrjährige Versteuerung, P=Pauschale Versteuerung, S=Sonstiger Bezug, V=Vorjahr, GB=Gesamtbrutto, J=Mit Auswirkung auf das Gesamtbrutto, N=Ohne Auswirkung auf das Gesamtbrutto

Entgeltbescheinigung nach § 108 Absatz 3 Satz 1 der Gewerbeordnung

Lexware lohn + gehalt 28.02 — 1/2 — 08.02.2024

Abrechnung der Brutto-Netto-Bezüge

Januar 2024

Pers.-Nr. 0200	**Abteilung**	**Kst.-St.**		**SV-Nummer**	52111288H514	**Steuer ID Nr.**	78990123456
Eintritt 01.04.2020	**Austritt**	**Geb.datum**	11.12.1988	**Kasse**	AOK Baden-Württemb.	**St.Kl. (Faktor) / Kinder**	5 / 0,0
		Personengruppe	101	**KV / AN-Beitrag KV**	14,60% / 8,15%	**Konfession**	ev
				PV (Beitrag/AN/Zu.)	3,15%/1,45%/-	**Freibetrag mtl. / jährl.**	
				Übergangsbereich nein	**MFB** nein	**Hinzurech. mtl. / jährl.**	

Fensterverglasung
Conrad-Heby-Straße 27, 78048 Villingen-Schwenningen

persönlich / vertraulich
Frau
Kerstin Doberlug
Arenbergstraße 17
78086 Brigachtal

	SV-Tage				St.-Tage
	KV	**RV**	**AV**	**PV**	
monatlich	25	25	25	25	30
kumuliert	25	25	25	25	30
BGR	1	1	1	1	

Urlaub Vorjahr	5,00	**Urlaub - monatlich genommen**	5,00
Urlaubsanspruch	30,00	**Resturlaub**	30,00

Lohnart	Bezeichnung	bezahlte Menge	Faktor	%-Zuschlag	St*	SV*	GB*	Betrag
2	Gehalt				L	L	J	1.833,33 EUR[1]
28	Zuschuss zum Mutterschaftsgeld				F	F	J	187,80 EUR
2906	Sonstiger Sachbezug st.-frei - 50,00 EUR Freigrenze				F	F	J	30,00 EUR

Gesamtbrutto: 2.051,13 EUR

Steuer / Sozialversicherung

Steuer - Brutto	Lohnsteuer	Kirchensteuer	SolZ	KV - Brutto	PV - Brutto	Steuerrechtl. Abzüge
1.833,33 EUR	270,58 EUR	21,64 EUR	0,00 EUR	1.833,33 EUR	1.833,33 EUR	292,22 EUR
Σ 1.833,33 EUR	Σ 270,58 EUR	Σ 21,64 EUR	Σ 0,00 EUR	Σ 1.833,33 EUR	Σ 1.833,33 EUR	Σ 292,22 EUR
RV - Brutto	**AV - Brutto**	**KV - Beitrag**	**PV - Beitrag**	**RV - Beitrag**	**AV - Beitrag**	**SV - rechtl. Abzüge**
1.833,33 EUR	1.833,33 EUR	149,41 EUR	26,59 EUR	170,50 EUR	23,83 EUR	370,33 EUR
Σ 1.833,33 EUR	Σ 1.833,33 EUR	Σ 149,41 EUR	Σ 26,59 EUR	Σ 170,50 EUR	Σ 23,83 EUR	Σ 370,33 EUR

Σ Gesamtsumme

Nettoentgelt: 1.388,58 EUR

Aufgelaufene Jahreswerte	
Gesamtbrutto	Steuer - Brutto
2.051,13 EUR	1.833,33 EUR
Lohnsteuer	Kirchensteuer
270,58 EUR	21,64 EUR
SolZ	KV - Brutto
0,00 EUR	1.833,33 EUR
PV - Brutto	RV - Brutto
1.833,33 EUR	1.833,33 EUR
AV - Brutto	KV - Beitrag
1.833,33 EUR	149,41 EUR
PV - Beitrag	RV - Beitrag
26,59 EUR	170,50 EUR
AV - Beitrag	VWL - Gesamt
23,83 EUR	0,00 EUR
Betriebl. Altersversorgung	Auszahlungsbetrag
0,00 EUR	1.358,58 EUR

Nr.	Netto - Bezüge / Netto - Abzüge	
2906	Sonstiger Sachbezug st.-frei - 50,00 EUR Freigrenze	-30,00 EUR

Summe Netto Be-/Abzüge: -30,00 EUR

IBAN:
BIC:
Bank:

Auszahlungsbetrag: 1.358,58 EUR

1 Teilmonatsentgelt: Es wird die Tageslohnsteuertabelle angewandt und/oder die automatische Lohnartenkürzung durchgeführt.

* A=Abfindung, B=SV-Beiträge werden vom Arbeitgeber entrichtet, E=Einmalbezug, F=Frei, L=Laufender Bezug, M=Mehrjährige Versteuerung, P=Pauschale Versteuerung, S=Sonstiger Bezug, V=Vorjahr, GB=Gesamtbrutto, J=Mit Auswirkung auf das Gesamtbrutto, N=Ohne Auswirkung auf das Gesamtbrutto

Entgeltbescheinigung nach § 108 Absatz 3 Satz 1 der Gewerbeordnung

Lexware lohn + gehalt 28.02 | 1/1 | 08.02.2024

Abrechnung der Brutto-Netto-Bezüge

Januar 2024

Pers.-Nr.	0300	**Abteilung**		**Kst.-St.**		**SV-Nummer**	53010803G837		**Steuer ID Nr.**	17702349860	
Eintritt	01.09.2023	**Austritt**	31.08.2026	**Geb.datum**	01.08.2003	**Kasse**	AOK Baden-Württemb.		**St.Kl. (Faktor) / Kinder**	1 / 0,0	
				Personengruppe	102	**KV / AN-Beitrag KV**	14,60% / 8,15%		**Konfession**	ev	
						PV (Beitrag/AN/Zu.)	3,40%/1,70%/-		**Freibetrag mtl. / jährl.**		
						Übergangsbereich	nein	**MFB** nein	**Hinzurech. mtl. / jährl.**		

Fensterverglasung
Conrad-Heby-Straße 27, 78048 Villingen-Schwenningen

persönlich / vertraulich
Frau
Carola Garten
Karlstraße 128
78073 Bad Dürrheim

	SV-Tage KV	RV	AV	PV	St.-Tage
monatlich	30	30	30	30	30
kumuliert	30	30	30	30	30
BGR	1	1	1	1	

Urlaub Vorjahr	0,00	**Urlaub - monatlich genommen**	0,00
Urlaubsanspruch	30,00	**Resturlaub**	30,00

Lohnart	Bezeichnung	bezahlte Menge	Faktor	%-Zuschlag	St*	SV*	GB*	Betrag
3	Auszubildendenvergütung				L	L	J	900,00 EUR
2902	Job-Ticket steuerfrei				F	F	J	47,50 EUR
9021	VWL 1 Zuschuss				L	L	J	20,00 EUR

Gesamtbrutto: 967,50 EUR

Steuer / Sozialversicherung

Steuer - Brutto	Lohnsteuer	Kirchensteuer	SolZ	KV - Brutto	PV - Brutto	Steuerrechtl. Abzüge
920,00 EUR	0,00 EUR	0,00 EUR	0,00 EUR	920,00 EUR	920,00 EUR	0,00 EUR
Σ 920,00 EUR	Σ 0,00 EUR	Σ 0,00 EUR	Σ 0,00 EUR	Σ 920,00 EUR	Σ 920,00 EUR	Σ 0,00 EUR
RV - Brutto	**AV - Brutto**	**KV - Beitrag**	**PV - Beitrag**	**RV - Beitrag**	**AV - Beitrag**	**SV - rechtl. Abzüge**
920,00 EUR	920,00 EUR	74,98 EUR	15,64 EUR	85,56 EUR	11,96 EUR	188,14 EUR
Σ 920,00 EUR	Σ 920,00 EUR	Σ 74,98 EUR	Σ 15,64 EUR	Σ 85,56 EUR	Σ 11,96 EUR	Σ 188,14 EUR

Σ Gesamtsumme

Nettoentgelt: 779,36 EUR

Aufgelaufene Jahreswerte	
Gesamtbrutto	Steuer - Brutto
967,50 EUR	920,00 EUR
Lohnsteuer	Kirchensteuer
0,00 EUR	0,00 EUR
SolZ	KV - Brutto
0,00 EUR	920,00 EUR
PV - Brutto	RV - Brutto
920,00 EUR	920,00 EUR
AV - Brutto	KV - Beitrag
920,00 EUR	74,98 EUR
PV - Beitrag	RV - Beitrag
15,64 EUR	85,56 EUR
AV - Beitrag	VWL - Gesamt
11,96 EUR	40,00 EUR
Betriebl. Altersversorgung	Auszahlungsbetrag
0,00 EUR	691,86 EUR

Nr.	Netto - Bezüge / Netto - Abzüge	
2902	Job-Ticket steuerfrei	-47,50 EUR
9024	VWL 1 Überweisung	-40,00 EUR
	Summe Netto Be-/Abzüge	-87,50 EUR
	Auszahlungsbetrag	691,86 EUR

IBAN:
BIC:
Bank:

1 Teilmonatsentgelt: Es wird die Tageslohnsteuertabelle angewandt und/oder die automatische Lohnartenkürzung durchgeführt.

* A=Abfindung, B=SV-Beiträge werden vom Arbeitgeber entrichtet, E=Einmalbezug, F=Frei, L=Laufender Bezug, M=Mehrjährige Versteuerung, P=Pauschale Versteuerung, S=Sonstiger Bezug, V=Vorjahr, GB=Gesamtbrutto, J=Mit Auswirkung auf das Gesamtbrutto, N=Ohne Auswirkung auf das Gesamtbrutto

Entgeltbescheinigung nach § 108 Absatz 3 Satz 1 der Gewerbeordnung

Lexware lohn + gehalt 28.02 1/1 08.02.2024

Abrechnung der Brutto-Netto-Bezüge

Januar 2024

Pers.-Nr. 0400	Abteilung	Kst.-St.	SV-Nummer	56140479S077	Steuer ID Nr.	87654321915
Eintritt 01.01.2022	Austritt	Geb.datum 14.04.1979	Kasse	Audi BKK	St.Kl. (Faktor) / Kinder	4 (0,875) / 2,0
		Personengruppe 101	KV / AN-Beitrag KV	14,60% / 7,80%	Konfession	rk / ev
			PV (Beitrag/AN/Zu.)	3,15%/1,45%/-	Freibetrag mtl. / jährl.	
			Übergangsbereich nein	MFB nein	Hinzurech. mtl. / jährl.	

Fensterverglasung
Conrad-Heby-Straße 27, 78048 Villingen-Schwenningen

persönlich / vertraulich
Herrn
Anton Scheibe
Fohrenstraße 2
78120 Furtwangen im Schwarzwald

	SV-Tage				St.-Tage
	KV	RV	AV	PV	
monatlich	30	30	30	30	30
kumuliert	30	30	30	30	30
BGR	1	1	1	1	

Urlaub Vorjahr	0,00	Urlaub - monatlich genommen	3,00
Urlaubsanspruch	30,00	Resturlaub	27,00

Lohnart	Bezeichnung	bezahlte Menge	Faktor	%-Zuschlag	St*	SV*	GB*	Betrag
1	Lohn	152,00	17,5000		L	L	J	2.660,00 EUR
9	Überstunden	11,00	17,5000		L	L	J	192,50 EUR
10	Überstundenzuschlag (25%)	11,00	4,3750	25,00	L	L	J	48,13 EUR
14	Urlaubsstunden	24,00	17,5000	100,00	L	L	J	420,00 EUR
15	Feiertagsstunden	8,00	17,5000		L	L	J	140,00 EUR
920	Altersvorsorge Zusatzleistung				F	F	N	50,00 EUR
925	Kürzung aus Altersvorsorge				L	L	N	-60,00 EUR
926	Altersvorsorge Barlohnumwandlung				F	F	N	60,00 EUR

Gesamtbrutto 3.460,63 EUR

Steuer / Sozialversicherung

Steuer - Brutto	Lohnsteuer	Kirchensteuer	SolZ	KV - Brutto	PV - Brutto	Steuerrechtl. Abzüge
3.400,63 EUR	366,33 EUR	14,24 EUR	0,00 EUR	3.400,63 EUR	3.400,63 EUR	380,57 EUR
Σ 3.400,63 EUR	Σ 366,33 EUR	Σ 14,24 EUR	Σ 0,00 EUR	Σ 3.400,63 EUR	Σ 3.400,63 EUR	Σ 380,57 EUR
RV - Brutto	**AV - Brutto**	**KV - Beitrag**	**PV - Beitrag**	**RV - Beitrag**	**AV - Beitrag**	**SV - rechtl. Abzüge**
3.400,63 EUR	3.400,63 EUR	265,25 EUR	49,31 EUR	316,26 EUR	44,21 EUR	675,03 EUR
Σ 3.400,63 EUR	Σ 3.400,63 EUR	Σ 265,25 EUR	Σ 49,31 EUR	Σ 316,26 EUR	Σ 44,21 EUR	Σ 675,03 EUR

Σ Gesamtsumme

Nettoentgelt 2.405,03 EUR

Aufgelaufene Jahreswerte	
Gesamtbrutto	Steuer - Brutto
3.460,63 EUR	3.400,63 EUR
Lohnsteuer	Kirchensteuer
366,33 EUR	14,24 EUR
SolZ	KV - Brutto
0,00 EUR	3.400,63 EUR
PV - Brutto	RV - Brutto
3.400,63 EUR	3.400,63 EUR
AV - Brutto	KV - Beitrag
3.400,63 EUR	265,25 EUR
PV - Beitrag	RV - Beitrag
49,31 EUR	316,26 EUR
AV - Beitrag	VWL - Gesamt
44,21 EUR	0,00 EUR
Betriebl. Altersversorgung	Auszahlungsbetrag
110,00 EUR	2.345,03 EUR

Nr.	Netto - Bezüge / Netto - Abzüge	
6005	Vorschuss	-1.000,00 EUR
6902	Altersvorsorge Vertrag 1	-60,00 EUR

Summe Netto Be-/Abzüge -1.060,00 EUR

IBAN:
BIC:
Bank:

Auszahlungsbetrag 1.345,03 EUR

1 Teilmonatsentgelt: Es wird die Tageslohnsteuertabelle angewandt und/oder die automatische Lohnartenkürzung durchgeführt.

* A=Abfindung, B=SV-Beiträge werden vom Arbeitgeber entrichtet, E=Einmalbezug, F=Frei, L=Laufender Bezug, M=Mehrjährige Versteuerung, P=Pauschale Versteuerung, S=Sonstiger Bezug, V=Vorjahr, GB=Gesamtbrutto, J=Mit Auswirkung auf das Gesamtbrutto, N=Ohne Auswirkung auf das Gesamtbrutto

Entgeltbescheinigung nach § 108 Absatz 3 Satz 1 der Gewerbeordnung

Lexware lohn + gehalt 28.02 1/1 08.02.2024

Abrechnung der Brutto-Netto-Bezüge

Januar 2024

Pers.-Nr.	0500	Abteilung	Kst.-St.		SV-Nummer	56250764G555		Steuer ID Nr.	11235467896	
Eintritt	01.01.2024	Austritt	Geb.datum	25.07.1964	Kasse	Knapp-B-S		St.Kl. (Faktor) / Kinder	P /	
			Personengruppe	109	KV / AN-Beitrag KV	/ 0,00%		Konfession		
					PV (Beitrag/AN/Zu.)	-/-/-		Freibetrag mtl. / jährl.		
					Übergangsbereich	nein	MFB nein	Hinzurech. mtl. / jährl.		

	SV-Tage KV	RV	AV	PV	St.-Tage
monatlich	30	30	0	0	30
kumuliert	30	30	0	0	30
BGR	6	5	0	0	

Urlaub Vorjahr	0,00	Urlaub - monatlich genommen	0,00
Urlaubsanspruch	12,00	Resturlaub	12,00

Fensterverglasung
Conrad-Heby-Straße 27, 78048 Villingen-Schwenningen

persönlich / vertraulich
Frau
Susanne Glitzer
Spittelstr. 31
78056 Villingen-Schwenningen

Lohnart	Bezeichnung	bezahlte Menge	Faktor	%-Zuschlag	St*	SV*	GB*	Betrag
22	Fahrgeld pauschal (AG)				P	F	J	30,00 EUR
934	Aushilfslohn (Minijob)	36,00	12,4500		L	L	J	448,20 EUR
9043	Einheitliche Pauschsteuer AN						J	-8,96 EUR

Gesamtbrutto 469,24 EUR

Steuer / Sozialversicherung

Steuer - Brutto	Lohnsteuer	Kirchensteuer	SolZ	KV - Brutto	PV - Brutto	Steuerrechtl. Abzüge
0,00 EUR	0,00 EUR	0,00 EUR	0,00 EUR	448,20 EUR	0,00 EUR	0,00 EUR
Σ 0,00 EUR	Σ 0,00 EUR	Σ 0,00 EUR	Σ 0,00 EUR	Σ 448,20 EUR	Σ 0,00 EUR	Σ 0,00 EUR
RV - Brutto	**AV - Brutto**	**KV - Beitrag**	**PV - Beitrag**	**RV - Beitrag**	**AV - Beitrag**	**SV - rechtl. Abzüge**
448,20 EUR	0,00 EUR	0,00 EUR	0,00 EUR	0,00 EUR	0,00 EUR	0,00 EUR
Σ 448,20 EUR	Σ 0,00 EUR	Σ 0,00 EUR	Σ 0,00 EUR	Σ 0,00 EUR	Σ 0,00 EUR	Σ 0,00 EUR

Σ Gesamtsumme

Nettoentgelt 469,24 EUR

Aufgelaufene Jahreswerte	
Gesamtbrutto	Steuer - Brutto
469,24 EUR	0,00 EUR
Lohnsteuer	Kirchensteuer
0,00 EUR	0,00 EUR
SolZ	KV - Brutto
0,00 EUR	448,20 EUR
PV - Brutto	RV - Brutto
0,00 EUR	448,20 EUR
AV - Brutto	KV - Beitrag
0,00 EUR	0,00 EUR
PV - Beitrag	RV - Beitrag
0,00 EUR	0,00 EUR
AV - Beitrag	VWL - Gesamt
0,00 EUR	0,00 EUR
Betriebl. Altersversorgung	Auszahlungsbetrag
0,00 EUR	519,24 EUR

Nr.	Netto - Bezüge / Netto - Abzüge	
6003	Kindergartenzuschuss	50,00 EUR

Summe Netto Be-/Abzüge 50,00 EUR

IBAN:
BIC:
Bank:

Auszahlungsbetrag 519,24 EUR

1 Teilmonatsentgelt: Es wird die Tageslohnsteuertabelle angewandt und/oder die automatische Lohnartenkürzung durchgeführt.

* A=Abfindung, B=SV-Beiträge werden vom Arbeitgeber entrichtet, E=Einmalbezug, F=Frei, L=Laufender Bezug, M=Mehrjährige Versteuerung, P=Pauschale Versteuerung, S=Sonstiger Bezug, V=Vorjahr, GB=Gesamtbrutto, J=Mit Auswirkung auf das Gesamtbrutto, N=Ohne Auswirkung auf das Gesamtbrutto

Entgeltbescheinigung nach § 108 Absatz 3 Satz 1 der Gewerbeordnung

Lexware lohn + gehalt 28.02 1/2 08.02.2024

Fensterverglasung — **Lohnjournal** — **Januar 2024**

Pers-Nr.	Name / Zeitraum / St.Kl.(Faktor)/Kinder/Konf.	KK KV RV AV PV / Übergangsbereich / BFD GV MFB ST SV	Gesamt-Brutto / Steuer-Brutto / SV-Brutto	Lohn-steuer	Kirchen-steuer	SolZ		KV	RV	AV	PV	Netto-gehalt	pausch.St. AN / Kammerbeitrag / Vorschüsse	VWL / Altersvors. / BAV-Förd. / sonst. / Auszahlg.
0100	**Bach, Benno**	Audi B 9 1 1 1	5.905,00	913,08	51,76	0,00	AN	0,00	544,98	76,18	0,00	4.319,00	-0,00	-0,00
	01.-31.01.2024	nein	5.860,00				AG	0,00	544,98	76,18	0,00		-0,00	-0,00
	St.Kl.: 2 / 1,0 / rk	0 0 30 30	5.860,00				AG Zuschuss	403,66			87,98		0,00	-0,00
	Freibetrag mtl./jährl.:	200,00/2.400,00					AG Überw.	807,30			175,95			-596,61
	Pauschalen:		45,00	6,75	0,54	0,37	U1	205,10						
	Pauschalen nach § 37b:						U2	23,44						
							InsG.Umlage	3,52						
														3.722,39
0200	**Doberlug, Kerstin**	AOK E 1 1 1 1	2.051,13	270,58	21,64	0,00	AN	149,41	170,50	23,83	26,59	1.388,58	-0,00	-0,00
	01.-31.01.2024	nein	1.833,33				AG	149,41	170,50	23,83	31,17		-0,00	-0,00
	St.Kl.: 5 / 0,0 / ev	0 0 30 25	1.833,33				AG Zuschuss						0,00	-0,00
	Pauschalen:						AG Überw.							-30,00
	Pauschalen nach § 37b:						U1	47,67						
							U2	10,82						
							InsG.Umlage	1,10						
														1.358,58
0300	**Garten, Carola**	AOK E 1 1 1 1	967,50	0,00	0,00	0,00	AN	74,98	85,56	11,96	15,64	779,36	-0,00	-40,00
	01.-31.01.2024	nein	920,00				AG	74,98	85,56	11,96	15,64		-0,00	-0,00
	St.Kl.: 1 / 0,0 / ev	0 0 30 30	920,00				AG Zuschuss						0,00	-0,00
	Pauschalen:						AG Überw.							-47,50
	Pauschalen nach § 37b:						U1	23,92						
							U2	5,43						
							InsG.Umlage	0,55						
														691,86
0400	**Scheibe, Anton**	Audi B 1 1 1 1	3.460,63	366,33	14,24	0,00	AN	265,25	316,26	44,21	49,31	2.405,03	-0,00	-0,00
	01.-31.01.2024	nein	3.400,63				AG	265,25	316,26	44,21	57,81		-0,00	-60,00
	St.Kl.: 4(0,875) / 2,0 / rk / ev	0 0 30 30	3.400,63				AG Zuschuss						1.000,00	-0,00
	Pauschalen:						AG Überw.							0,00
	Pauschalen nach § 37b:						U1	119,02						
							U2	13,60						
							InsG.Umlage	2,04						
														2.345,03

Lexware lohn + gehalt 28.02 - 1 - 08.02.2024

Fensterverglasung

Lohnjournal

Januar 2024

Pers-Nr.	Name Zeitraum St.Kl.(Faktor)/Kinder/Konf.	KK KV RV AV PV Übergangsbereich BFD GV MFB ST SV	Gesamt-Brutto Steuer-Brutto SV-Brutto	Lohn-steuer	Kirchen-steuer	SolZ		KV	RV	AV	PV	Netto-gehalt	pausch.St. AN Kammerbeitrag Vorschüsse	VWL Altersvors. BAV-Förd. sonst. Auszahlg.
0500	**Glitzer, Susanne**	Knapp 6 5 0 0	469,24	0,00	0,00	0,00	AN	0,00	0,00	0,00	0,00	469,24	-0,00	-0,00
	01.-31.01.2024	nein	0,00				AG	58,27	67,23	0,00	0,00		-0,00	-0,00
	Pauschal	0 0 30 30	448,20				AG Zuschuss						0,00	-0,00
	Pauschalen:		30,00	4,50	0,00	0,24	AG Überw.							50,00
	einheitliche Pauschsteuer:		448,20	8,96			U1	4,93						
	Pauschalen nach § 37b:						U2	1,08						
							InsG.Umlage	0,27						
														519,24

Lexware lohn + gehalt 28.02 - 2 - 08.02.2024

Fensterverglasung | **Lohnjournal** | **Januar 2024**

SV-Summen			KV	RV	AV	PV	InsG.Umlage	Summe
	SV-Brutto	AN	489,64	1.117,30	156,18	91,54		1.854,66
	12.462,16	AG	547,91	1.184,53	156,18	104,62	7,48	2.000,72
		AG Zuschuss	403,66	0,00		87,98		
		AG Überw.	807,30	0,00		175,95		983,25
		U1	400,64					
		U2	54,37				U1 + U2	455,01
SV Gesamt								**5.293,64**

Einheitliche Pauschalsteuer (Minijob-Zentrale) Steuerbrutto 448,20 Lohnsteuer 8,96

Steuer-Summen	Gesamt-brutto	Steuer-brutto	Lohn-steuer	Kirchen-steuer	Solidaritäts-zuschlag	Kammerbeitrag	Summe
Summe	12.853,50	12.013,96	1.549,99	87,64	0,00	0,00	1.637,63
Pauschalen		75,00	11,25	0,54	0,61		12,40
Pauschalen nach § 37b		0,00	0,00	0,00	0,00		0,00
Verbleiben			1.561,24	88,18	0,61		1.650,03
BAV-Förderbetrag			- 0,00				- 0,00
Steuer Gesamt			**1.561,24**	**88,18**	**0,61**	**0,00**	**1.650,03**

Gesamt-übersicht	Auszahlung	SV - Gesamt	Steuer - Gesamt	einheitliche Pauschalst.	VWL - Überweisung	Altersvorsorge Entgeltumwandlung	Summe
	8.637,10	5.293,64	1.650,03	8,96	40,00	60,00	15.689,73

Lexware lohn + gehalt 28.02 - 3 - 08.02.2024

2. Musterprüfung

Aufgaben

Aufgabe 1:

◆ Legen Sie eine neue Firma mit den nachstehend aufgeführten Stammdaten an. Die mit Lexware abgerechneten Gehälter beginnen im Januar 2024.

Firmenstammdaten:

Firma/Anschrift:	Computerfachgeschäft „kombiniert mit dem eigenen Namen“ Beethovenstr. 71; 63500 Seligenstadt (Hessen) E-Mail: info@cofa.de
Bankverbindung:	Sparkasse Langen-Seligenstadt IBAN DE91 5065 2124 0000 5555 55 BIC HELADEF1SLS
Finanzamt:	Offenbach a. M. II; Nr.2644; Steuernummer: 044 812 75241 ■ Die Lohnsteueranmeldung erfolgt monatlich. ■ Dem Finanzamt wurde Lastschriftauftrag erteilt.
Betriebsnummer:	492 705 51
Ansprechpartner:	Peter Dermann, Tel.: 06182/102030, Mail: dermann@cofa.de
Berufsgenossenschaft:	BGHW; Betriebsnummer: 32064004; Mitgliedsnummer: 405 78 12800; PIN 78945; Unternehmensnummer 123456789662001 Gefahrentarifstelle für alle Mitarbeiter: 04
Krankenkassen:	AOK Hessen; KKH; R+V BKK ■ Die Zahlung an die Krankenkassen erfolgt per Einzugsverfahren. ■ Das Unternehmen ist umlagepflichtig. ■ Es kommen die allgemeinen Sätze zur Anwendung. ■ Nachweis im Krankheitsfall ist nach 3 Kalendertagen erforderlich.
Allgemeine Angaben:	■ Es bestehen keine weiteren Betriebsstätten. ■ Die Auszahlung der Löhne und Gehälter ist zum Monatsletzten fällig. ■ Der Betrieb ist nicht tarifgebunden; betriebliche Arbeitszeit: Mo - Fr 8.00 - 16.30 Uhr, Pause 12.00 - 12.30 Uhr. ■ Die Zahlungen an die Mitarbeiter erfolgen per Überweisung. ■ Der jährliche Urlaubsanspruch der Mitarbeiter beträgt 30 Tage. Bei unterjährigen Einstellungen oder Teilzeit-Beschäftigung wird der Anspruch entsprechend umgerechnet, wobei der Betrieb immer auf ganze Urlaubstage aufrundet. ■ Wenn bei den Mitarbeiterdaten keine anderslautenden Angaben vorhanden sind, führt der Arbeitgeber in allen zulässigen Fällen eine Pauschalversteuerung zu Lasten des Betriebes durch. Die Ermittlung der Kirchensteuer in Pauschalierungsfällen erfolgt im Nachweisverfahren.

Aufgabe 2:

◆ Legen Sie die einzelnen Mitarbeiter entsprechend den Mitarbeiterstammblättern an.

Mitarbeiterstammdaten:

Personalnummer:	01
Name/Anschrift:	Peter Dermann; Neckarstr. 34; 63179 Obertshausen (Hessen)
Geboren:	10.09.1961
Staatsangehörigkeit:	Schweden
Beschäftigt als:	Filialleiter der Verkaufsstelle seit 01.02.2014
SV-Nummer:	11 100961 D 035
Elterneigenschaft:	nachgewiesen, 1 Kind über 25 Jahren
Bankverbindung:	Sparkasse Hanau IBAN DE42 5065 0023 0000 8888 88 BIC HELADEF1HAN
Ausbildung:	Abitur mit abgeschlossenem Studium als Diplomkaufmann
Krankenkasse:	gesetzlich bei der KKH
Lohnsteuerabzugs-merkmale:	IV/0/ev-rk Freibetrag jährlich 6.000,00 € Freibetrag monatlich 500,00 € Identifikationsnummer 78890123450
Wochenarbeitszeit:	betriebsüblich

Personalnummer:	02
Name/Anschrift:	Erich Jürgensen, In den Obergärten 56; 63329 Egelsbach (Hessen)
Geboren:	02.04.1970
Staatsangehörigkeit:	Deutschland
Beschäftigt als:	EDV-Techniker seit 01.01.2012
SV-Nummer:	25 020470 J 012
Elterneigenschaft:	nicht nachgewiesen
Bankverbindung:	Frankfurter Volksbank IBAN DE62 5066 2669 0000 4444 44 BIC RBMFDEF1XXX
Ausbildung:	Hauptschule mit einer Ausbildung zum Elektriker
Krankenkasse:	gesetzlich bei der AOK Hessen
Lohnsteuerabzugs-merkmale:	I/0/- Identifikationsnummer 74185296314
Wochenarbeitszeit:	40 Stunden (manchmal erfordern dringende Kundenaufträge auch Tätigkeiten nachmittags oder abends)

Personalnummer:	03
Name/Anschrift:	René Teubert; Darmstädter Str. 3; 63303 Dreieich (Hessen)
Geboren:	10.01.1983
Staatsangehörigkeit:	Deutschland
Beschäftigt als:	Auslieferungsfahrer von Waren ab dem 01.01.2024
SV-Nummer:	38 100183 T 001
Elterneigenschaft:	nicht nachgewiesen
Bankverbindung:	Deutsche Bank PGK Hanau IBAN DE34 5067 0024 0055 5555 55 BIC DEUTDEDB506
Ausbildung:	Hauptschule mit abgeschlossener Ausbildung zum Kfz-Mechaniker
Krankenkasse:	gesetzlich bei der R+V BKK
Lohnsteuerabzugs-merkmale:	I/0/- Identifikationsnummer 14725836919
Wochenarbeitszeit:	30 Stunden (5 Tage je 6 Stunden)

Personalnummer:	04
Name/Anschrift:	Said Minwer, Schillerstr. 10; 63512 Hainburg (Hessen)
Geboren:	04.11.1992
Staatsangehörigkeit:	Frankreich
Beschäftigt als:	EDV-Techniker seit 01.01.2024
SV-Nummer:	12 041192 M 102
Elterneigenschaft:	nachgewiesen, 2 Kinder unter 25 Jahren
Bankverbindung:	Frankfurter Sparkasse IBAN DE62 5005 0201 0000 2222 22 BIC HELADEF1822
Ausbildung:	unbekannt
Krankenkasse:	gesetzlich bei der AOK Hessen
Lohnsteuerabzugs-merkmale:	III/2/-- Identifikationsnummer 20013456978
Wochenarbeitszeit:	betriebsüblich

Personalnummer:	05
Name/Anschrift:	Erna Müntgen; Dietesheimer Str. 40; 63073 Offenbach a.M. (Hessen)
Geboren:	21.12.1957
Staatsangehörigkeit:	Deutschland
Beschäftigt als:	Bürohilfe ab dem 01.01.2024
SV-Nummer:	12 211257 M 517
Elterneigenschaft:	nachgewiesen, 2 Kinder über 25 Jahren
Bankverbindung:	Frankfurter Fondsbank IBAN DE63 5002 1100 0000 9999 99 BIC FFBKDEFFXXX
Ausbildung:	Abitur mit abgeschlossenem Maschinenbaustudium (Diplom) an der Universität
Krankenversicherung:	Als Altersvollrentnerin bei der AOK Hessen versichert
Lohnsteuerabzugs-merkmale:	I/0/- Identifikationsnummer 90112345677
Wochenarbeitszeit:	16 Stunden (Mo. - Do. je 4 Stunden)

Aufgabe 3:

- Nutzen Sie für die Entgeltabrechnungen die Standardlohnarten des Programms. Sollten für gewisse Vorgänge keine Lohnarten vorhanden sein, legen Sie diese bitte selbstständig an.

Aufgabe 4:

- Erstellen Sie die Entgeltabrechnungen für den Monat Januar unter Berücksichtigung der nachstehend aufgeführten Angaben.

Angaben zu den Bezügen der einzelnen Arbeitnehmer für Januar 2024

Personal-Nr., Name:	01, Peter Dermann	
Bezüge:	Gehalt	3.500,00 €
	genommener Urlaub	10.01. bis einschl. 19.01.2024

Ab Januar 2024 steht Herrn Dermann ein Firmenwagen zur Verfügung, den er auch für Privatfahrten nutzen darf. Der Inlandsbruttolistenneuwagenpreis (kein Elektrofahrzeug) des Fahrzeugs beträgt 23.560,00 € inklusive der eingebauten Sonderausstattung. Die Entfernung zwischen Wohnung und ersten Tätigkeitsstätte beträgt 14,3 km.

Zum bevorstehenden Dienstjubiläum erhält Herr Dermann im Januar eine Jubiläumszahlung in Höhe von 1.000,00 €.

Am 5. Januar besuchte Herr Dermann im Auftrag des Betriebes eine Fortbildung. Die Kosten der Fortbildung einschließlich des dort gereichten Mittagessens hatte der Arbeitgeber im Voraus bezahlt (der Veranstalter der Fortbildung hatte für das Essen sowie Kaffee/Getränke einen Pauschalbetrag von 56,00 € angesetzt). Abwesenheitszeit 8.30 Uhr bis 15.40 Uhr.

Das gesamte Vorjahr war Herr Dermann bei der AOK Hessen versichert. Sein sv- und umlagepflichtiges Entgelt betrug 42.140,00 €. Fehlzeiten sind nicht zu erfassen.

Personal-Nr., Name: 02, Erich Jürgensen

Bezüge:

Stundenlohn	12,90 €
Durchschnittslohn der letzten 3 Monate	12,90 €
Urlaubsgeld	700,00 €

Die geleisteten Stunden für den Monat Januar ergeben sich aus dem beigefügten Kalenderauszug.

Tag	Datum	Std.	Datum	Std.	Datum	Std.	Datum	Std.	Datum	Std.
Mo	01.01.	F	08.01.	08:00-16:30	15.01.	15:00-23:30	22.01.	08:00-16:30	29.01.	krank
Di	02.01.	Urlaub	09.01.	08:00-16:30	16.01.	15:00-23:30	23.01.	08:00-16:30	30.01.	krank
Mi	03.01.	Urlaub	10.01.	08:00-17:00	17.01.	15:00-24:00	24.01.	08:00-16:30	31.01.	krank
Do	04.01.	Urlaub	11.01.	07:45-16:15	18.01.	15:00-23:45	25.01.	krank		
Fr	05.01.	Urlaub	12.01.	08:00-16:30	19.01.	15:00-23:30	26.01.	krank		
Sa										
So	Pause	12:00-12:30	Pause	12:00-12:30	Pause	19:00-19:30	Pause	12:00-12:30		

Hinweise:

- U = Urlaub, F = Feiertag, K = Krank
- Die täglichen Pausenzeiten werden nicht mit bezahlt.
- Alle Arbeitsstunden, die über 8 tägliche Stunden hinausgehen, gelten als Überstunden. Sie werden zusätzlich zur Grundvergütung mit einem Zuschlag von 30 % vergütet.
- Für Nachtarbeit im Sinne des § 3b EStG wird der maximal nach EStG mögliche Zuschlag zusätzlich gewährt.

Herr Jürgensen hat 2003 eine Direktversicherung bei der Allianz-Versicherung (Vertrag Nr. 0816-5) abgeschlossen. Von seinem Urlaubsgeld werden 400,00 € für diese Direktversicherung verwendet. Die Zahlung erfolgt per Lastschrift. Der Arbeitgeber zahlt 60,00 € Zuschuss zur bAV, welcher den Überweisungsbetrag auf 460,00 € erhöht. Die Direktversicherung wird zulässigerweise pauschalversteuert.

Personal-Nr., Namen: 03, René Teubert

Bezüge: Gehalt 1.900,00 €

Herrn Teubert steht ab 12. Januar dauerhaft ein Firmenwagen zur Verfügung, den er jedoch ausschließlich für Fahrten zwischen Wohnung und erster Tätigkeitsstätte nutzen darf. Der Inlandsbruttolistenneuwagenpreis (kein Elektrofahrzeug) des Fahrzeugs beträgt 12.460,00 € inklusive der eingebauten Sonderausstattung. Die Entfernung zwischen Wohnung und erster Tätigkeitsstätte im Betrieb beträgt 36 km. Eine Pauschalversteuerung wird in diesem Fall nicht durchgeführt.

Personal-Nr., Name:	04, Said Minwer
Bezüge:	Stundenlohn (gleichz. Durchschnittslohn) 14,50 €
	Die geleisteten Stunden für den Monat Januar ergeben sich aus dem beigefügten Kalenderauszug.

Tag	Datum	Std.	Datum	Std.	Datum	Std.	Datum	Std.	Datum	Std.
Mo	01.01.	F	08.01.	08:00-17:30	15.01.	Urlaub	22.01.	08:00-17:30	29.01.	08:00-16:30
Di	02.01.	08:00-16:30	09.01.	krank	16.01.	Urlaub	23.01.	08:00-17:30	30.01.	08:00-16:30
Mi	03.01.	08:00-17:00	10.01.	krank	17.01.	08:00-17:00	24.01.	08:00-17:30	31.01.	08:00-16:30
Do	04.01.	08:00-17:30	11.01.	krank	18.01.	08:00-16:30	25.01.	08:00-17:00		
Fr	05.01.	08:00-16:30	12.01.	krank	19.01.	08:00-16:30	26.01.	08:00-16:30		
So	Pause	12:00-12:30	Pause	12:00-12:30	Pause	12:00-12:30	Pause	12:00-12:30	Pause	12:00-12:30

Hinweis:

Für die Vergütung gelten die gleichen Regelungen wie bei Erich Jürgensen (siehe Hinweise).

Ferner hat Herr Minwer einen Betrag von 26,00 € vermögenswirksam in einem Bausparvertrag bei der LBS angelegt. Die Vertrag Nr. lautet: 0815-4711-M-001. Er erhält keinen Zuschuss. Die Zahlung der VWL erfolgt per Lastschrifteinzug.

Personal-Nr., Name:	05, Erna Müntgen	
Bezüge:	Gehalt	980,00 €

Frau Müntgen hat nicht auf ihre Rentenversicherungsfreiheit verzichtet.

Lösung zur 2. Musterprüfung

Hinweise zur Lösung:

01 Dermann, Peter

Tätigkeitsschlüssel: 62194 4511

Sonstiges: Da Herr Dermann für die Teilnahme an seiner Fortbildung weniger als 8 Stunden von Wohnung und erster Tätigkeitsstätte abwesend ist, muss die vom Arbeitgeber veranlasste Mahlzeit mit dem Sachbezugswert versteuert werden. Eine Pauschalversteuerung ist möglich und wird lt. Aufgabenstellung in dieser Firma durchgeführt.

02 Jürgensen, Erich

Tätigkeitsschlüssel: 43103 2211

Sonstiges: Fällt der 01.01. auf einen Arbeitstag, müssen Sie die Lohnfortzahlung in LA 0015 eintragen. Für die Krankheitstage erfassen Sie eine Fehlzeit (Krankheit mit Entgeltfortzahlung). Die Lohnfortzahlung geben Sie in LA 0007 mit dem Durchschnittslohnsatz der letzten drei Monate ein. Auch die Urlaubstage werden zuerst in den Fehlzeit erfasst und anschließend muss die Lohnfortzahlung in LA 0014 eingegeben werden. Für den Überstundenzuschlag 30 % benötigen Sie eine neue Lohnart.

Wenn Sie die Stundenerfassung nutzen, erkennt Lexware automatisch die Lohnfortzahlung für Krank und Urlaub und übernimmt diese in die entsprechenden Lohnarten. Die Überstunden werden nicht separat ausgewiesen, sondern mit in LA 0001 eingerechnet.

Hinweis: Für die Beispiellösungen wurde die Stundenerfassung genutzt.

03 Teubert, René
Tätigkeitsschlüssel: 52182 2212

04 Minwer, Said
Tätigkeitsschlüssel: 43103 9911
Sonstiges: Wegen der 4-Wochen-Frist bei Neueinstellung besteht für den Arbeitgeber keine Pflicht zur Entgeltfortzahlung während der Krankheit.
Erfassen Sie als Fehlzeit "Krank mit Krankengeld". Fällt der 01.01. auf einen Arbeitstag, müssen Sie die Lohnfortzahlung in LA 0015 eintragen.

05 Müntgen, Erna
Tätigkeitsschlüssel: 71401 4512
Personengruppe: 119
Urlaubsanspruch: 24 Tage (da 4-Tage-Woche)
Sonstiges: Da Frau Müntgen eine Altersrente bezieht und ihre persönliche Regelaltersgrenze überschritten hat, gelten bei der Sozialversicherung Besonderheiten: Bei der Krankenversicherung ist der ermäßigte Beitrag, bei der Rentenversicherung der halbe Beitrag einzugeben. Die Pflegeversicherung wird voll bezahlt, Arbeitslosenversicherung entfällt für die Arbeitnehmerin, jedoch nicht für den Arbeitgeber.

Abrechnung der Brutto-Netto-Bezüge

Januar 2024

Pers.-Nr. 01	**Abteilung**	**Kst.-St.**	**SV-Nummer** 11100961D035	**Steuer ID Nr.** 78890123450	
Eintritt 01.02.2014	**Austritt**	**Geb.datum** 10.09.1961	**Kasse** KKH Kaufmännische	**St.Kl. (Faktor) / Kinder** 4 (1,000) / 0,0	
		Personengruppe 101	**KV / AN-Beitrag KV** 14,60% / 8,29%	**Konfession** ev / rk	
			PV (Beitrag/AN/Zu.) 3,40%/1,70%/-	**Freibetrag mtl. / jährl.** 500 / 6.000	
			Übergangsbereich nein **MFB** nein	**Hinzurech. mtl. / jährl.**	

Computerfachgeschäft
Beethovenstraße 71, 63500 Seligenstadt

persönlich / vertraulich
Herrn
Peter Dermann
Neckarstr. 34
63179 Obertshausen

	SV-Tage				St.-Tage
	KV	**RV**	**AV**	**PV**	
monatlich	30	30	30	30	30
kumuliert	30	30	30	30	30
BGR	1	1	1	1	

Urlaub Vorjahr	0,00	**Urlaub - monatlich genommen**	8,00
Urlaubsanspruch	30,00	**Resturlaub**	22,00

Lohnart	Bezeichnung	bezahlte Menge	Faktor	%-Zuschlag	St*	SV*	GB*	Betrag
2	Gehalt				L	L	J	3.500,00 EUR
1939	Jubiläumszuwendung				M	E	J	1.000,00 EUR
2004	Mahlzeiten pauschal (25%)				P	F	J	4,13 EUR
9111	Dienstfahrzeug				L	L	J	235,00 EUR
9112	Dienstfahrzeug (KM)				L	L	J	35,70 EUR
9115	Dienstfahrzeug KM pauschal AG				P	F	J	63,00 EUR

Steuer / Sozialversicherung

Gesamtbrutto: 4.837,83 EUR

Steuer - Brutto	Lohnsteuer	Kirchensteuer	SolZ	KV - Brutto	PV - Brutto	Steuerrechtl. Abzüge
3.770,70 EUR	355,91 EUR	32,03 EUR	0,00 EUR	3.770,70 EUR	3.770,70 EUR	387,94 EUR
1.000,00 EUR	231,00 EUR	20,79 EUR	0,00 EUR	1.000,00 EUR	1.000,00 EUR	251,79 EUR
Σ 4.770,70 EUR	Σ 586,91 EUR	Σ 52,82 EUR	Σ 0,00 EUR	Σ 4.770,70 EUR	Σ 4.770,70 EUR	Σ 639,73 EUR
RV - Brutto	**AV - Brutto**	**KV - Beitrag**	**PV - Beitrag**	**RV - Beitrag**	**AV - Beitrag**	**SV - rechtl. Abzüge**
3.770,70 EUR	3.770,70 EUR	312,59 EUR	64,10 EUR	350,68 EUR	49,02 EUR	776,39 EUR
1.000,00 EUR	1.000,00 EUR	82,90 EUR	17,00 EUR	93,00 EUR	13,00 EUR	205,90 EUR
Σ 4.770,70 EUR	Σ 4.770,70 EUR	Σ 395,49 EUR	Σ 81,10 EUR	Σ 443,68 EUR	Σ 62,02 EUR	Σ 982,29 EUR

Σ Gesamtsumme

Nettoentgelt: 3.215,81 EUR

Aufgelaufene Jahreswerte	
Gesamtbrutto	Steuer - Brutto
4.837,83 EUR	4.770,70 EUR
Lohnsteuer	Kirchensteuer
586,91 EUR	52,82 EUR
SolZ	KV - Brutto
0,00 EUR	4.770,70 EUR
PV - Brutto	RV - Brutto
4.770,70 EUR	4.770,70 EUR
AV - Brutto	KV - Beitrag
4.770,70 EUR	395,49 EUR
PV - Beitrag	RV - Beitrag
81,10 EUR	443,68 EUR
AV - Beitrag	VWL - Gesamt
62,02 EUR	0,00 EUR
Betriebl. Altersversorgung	Auszahlungsbetrag
0,00 EUR	2.877,98 EUR

Nr.	Netto - Bezüge / Netto - Abzüge	
2004	Mahlzeiten pauschal (25%)	-4,13 EUR
9118	Dienstfahrzeug	-333,70 EUR

Summe Netto Be-/Abzüge: -337,83 EUR

IBAN: DE42 5065 0023 0000 8888 88
BIC: HELADEF1HAN
Bank: SPARKASSE HANAU

Auszahlungsbetrag: 2.877,98 EUR

1 Teilmonatsentgelt: Es wird die Tageslohnsteuertabelle angewandt und/oder die automatische Lohnartenkürzung durchgeführt.

* A=Abfindung, B=SV-Beiträge werden vom Arbeitgeber entrichtet, E=Einmalbezug, F=Frei, L=Laufender Bezug, M=Mehrjährige Versteuerung, P=Pauschale Versteuerung, S=Sonstiger Bezug, V=Vorjahr, GB=Gesamtbrutto, J=Mit Auswirkung auf das Gesamtbrutto, N=Ohne Auswirkung auf das Gesamtbrutto

Entgeltbescheinigung nach § 108 Absatz 3 Satz 1 der Gewerbeordnung

Lexware lohn + gehalt 28.02 — 1/2 — 08.02.2024

Abrechnung der Brutto-Netto-Bezüge

Januar 2024

Pers.-Nr.	02	**Abteilung**		**Kst.-St.**		**SV-Nummer** 25020470J012	**Steuer ID Nr.** 74185296314
Eintritt	01.01.2012	**Austritt**		**Geb.datum**	02.04.1970	**Kasse** AOK Hessen	**St.Kl. (Faktor) / Kinder** 1 / 0,0
				Personengruppe	101	**KV / AN-Beitrag KV** 14,60% / 8,10%	**Konfession** --
						PV (Beitrag/AN/Zu.) 3,40%/1,70%/0,60%	**Freibetrag mtl. / jährl.**
						Übergangsbereich nein **MFB** nein	**Hinzurech. mtl. / jährl.**

Computerfachgeschäft
Beethovenstraße 71, 63500 Seligenstadt

persönlich / vertraulich
Herrn
Erich Jürgensen
In den Obergärten 56
63329 Egelsbach

	SV-Tage KV	RV	AV	PV	St.-Tage
monatlich	30	30	30	30	30
kumuliert	30	30	30	30	30
BGR	1	1	1	1	

Urlaub Vorjahr	0,00	**Urlaub - monatlich genommen**	4,00
Urlaubsanspruch	30,00	**Resturlaub**	26,00

Lohnart	Bezeichnung	bezahlte Menge	Faktor	%-Zuschlag	St*	SV*	GB*	Betrag
1	Lohn	106,25	12,9000		L	L	J	1.370,63 EUR
7	Lohnfortzahlung Krank	40,00	12,9000	100,00	L	L	J	516,00 EUR
11	Nachtzuschlag (25%) steuerfrei	18,25	3,2250	25,00	F	F	J	58,86 EUR
14	Urlaubsstunden	32,00	12,9000	100,00	L	L	J	412,80 EUR
15	Feiertagsstunden	8,00	12,9000		L	L	J	103,20 EUR
30	Überstundenzuschlag (30%)	1,25	3,8700	30,00	L	L	J	4,84 EUR
1001	Urlaubsgeld				S	E	J	700,00 EUR
1921	Kürzung aus Altersvorsorge				S	E	N	-400,00 EUR
1926	Altersvorsorge aus Einmalzahlung pauschal (AG)				P	F	N	400,00 EUR

Gesamtbrutto

Steuer / Sozialversicherung

Steuer - Brutto	Lohnsteuer	Kirchensteuer	SolZ	KV - Brutto	PV - Brutto	Steuerrechtl. Abzüge
RV - Brutto	**AV - Brutto**	**KV - Beitrag**	**PV - Beitrag**	**RV - Beitrag**	**AV - Beitrag**	**SV - rechtl. Abzüge**

Σ Gesamtsumme

Nettoentgelt

Aufgelaufene Jahreswerte	
Gesamtbrutto	Steuer - Brutto
Lohnsteuer	Kirchensteuer
SolZ	KV - Brutto
PV - Brutto	RV - Brutto
AV - Brutto	KV - Beitrag
PV - Beitrag	RV - Beitrag
AV - Beitrag	VWL - Gesamt
Betriebl. Altersversorgung	Auszahlungsbetrag

Nr.	Netto - Bezüge / Netto - Abzüge	
6902	Altersvorsorge Vertrag 1	-400,00 EUR

Summe Netto Be-/Abzüge

Auszahlungsbetrag

1 Teilmonatsentgelt: Es wird die Tageslohnsteuertabelle angewandt und/oder die automatische Lohnartenkürzung durchgeführt.

* A=Abfindung, B=SV-Beiträge werden vom Arbeitgeber entrichtet, E=Einmalbezug, F=Frei, L=Laufender Bezug, M=Mehrjährige Versteuerung, P=Pauschale Versteuerung, S=Sonstiger Bezug, V=Vorjahr, GB=Gesamtbrutto, J=Mit Auswirkung auf das Gesamtbrutto, N=Ohne Auswirkung auf das Gesamtbrutto

Entgeltbescheinigung nach § 108 Absatz 3 Satz 1 der Gewerbeordnung

Lexware lohn + gehalt 28.02 1/3 08.02.2024

Abrechnung der Brutto-Netto-Bezüge

Januar 2024

Pers.-Nr.	03	**Abteilung**	**Kst.-St.**		**SV-Nummer**	38100183T001	**Steuer ID Nr.**	14725836919
Eintritt	01.01.2024	**Austritt**	**Geb.datum**	10.01.1983	**Kasse**	R+V BKK	**St.Kl. (Faktor) / Kinder**	1 / 0,0
			Personengruppe	101	**KV / AN-Beitrag KV**	14,60% / 8,00%	**Konfession**	--
					PV (Beitrag/AN/Zu.)	3,40%/1,70%/0,60%	**Freibetrag mtl. / jährl.**	
					Übergangsbereich nein **MFB** nein		**Hinzurech. mtl. / jährl.**	

	SV-Tage				St.-Tage
	KV	**RV**	**AV**	**PV**	
monatlich	30	30	30	30	30
kumuliert	30	30	30	30	30
BGR	1	1	1	1	

Urlaub Vorjahr	0,00	**Urlaub - monatlich genommen**	0,00
Urlaubsanspruch	30,00	**Resturlaub**	30,00

Computerfachgeschäft
Beethovenstraße 71, 63500 Seligenstadt

persönlich / vertraulich

Herrn
René Teubert
Darmstädter Straße 3
63303 Dreieich

Lohnart	Bezeichnung	bezahlte Menge	Faktor	%-Zuschlag	St*	SV*	GB*	Betrag
2	Gehalt				L	L	J	1.900,00 EUR
9112	Dienstfahrzeug (KM)				L	L	J	133,92 EUR

Steuer / Sozialversicherung

Gesamtbrutto: 2.033,92 EUR

Steuer - Brutto	Lohnsteuer	Kirchensteuer	SolZ	KV - Brutto	PV - Brutto	Steuerrechtl. Abzüge
2.033,92 EUR	114,16 EUR	0,00 EUR	0,00 EUR	2.033,92 EUR	2.033,92 EUR	114,16 EUR
Σ 2.033,92 EUR	Σ 114,16 EUR	Σ 0,00 EUR	Σ 0,00 EUR	Σ 2.033,92 EUR	Σ 2.033,92 EUR	Σ 114,16 EUR
RV - Brutto	**AV - Brutto**	**KV - Beitrag**	**PV - Beitrag**	**RV - Beitrag**	**AV - Beitrag**	**SV - rechtl. Abzüge**
2.033,92 EUR	2.033,92 EUR	162,72 EUR	46,78 EUR	189,15 EUR	26,44 EUR	425,09 EUR
Σ 2.033,92 EUR	Σ 2.033,92 EUR	Σ 162,72 EUR	Σ 46,78 EUR	Σ 189,15 EUR	Σ 26,44 EUR	Σ 425,09 EUR

Σ Gesamtsumme

Nettoentgelt: 1.494,67 EUR

Aufgelaufene Jahreswerte	
Gesamtbrutto	Steuer - Brutto
2.033,92 EUR	2.033,92 EUR
Lohnsteuer	Kirchensteuer
114,16 EUR	0,00 EUR
SolZ	KV - Brutto
0,00 EUR	2.033,92 EUR
PV - Brutto	RV - Brutto
2.033,92 EUR	2.033,92 EUR
AV - Brutto	KV - Beitrag
2.033,92 EUR	162,72 EUR
PV - Beitrag	RV - Beitrag
46,78 EUR	189,15 EUR
AV - Beitrag	VWL - Gesamt
26,44 EUR	0,00 EUR
Betriebl. Altersversorgung	Auszahlungsbetrag
0,00 EUR	1.360,75 EUR

Nr.	Netto - Bezüge / Netto - Abzüge	
9118	Dienstfahrzeug	-133,92 EUR

Summe Netto Be-/Abzüge: -133,92 EUR

IBAN: DE34 5067 0024 0055 5555 55
BIC: DEUTDEDB506
Bank: Deutsche Bank

Auszahlungsbetrag: 1.360,75 EUR

1 Teilmonatsentgelt: Es wird die Tageslohnsteuertabelle angewandt und/oder die automatische Lohnartenkürzung durchgeführt.

* A=Abfindung, B=SV-Beiträge werden vom Arbeitgeber entrichtet, E=Einmalbezug, F=Frei, L=Laufender Bezug, M=Mehrjährige Versteuerung, P=Pauschale Versteuerung, S=Sonstiger Bezug, V=Vorjahr, GB=Gesamtbrutto, J=Mit Auswirkung auf das Gesamtbrutto, N=Ohne Auswirkung auf das Gesamtbrutto

Entgeltbescheinigung nach § 108 Absatz 3 Satz 1 der Gewerbeordnung

Lexware lohn + gehalt 28.02 1/1 08.02.2024

Abrechnung der Brutto-Netto-Bezüge — Januar 2024

Pers.-Nr. 04	Abteilung	Kst.-St.	SV-Nummer 12041192M102	Steuer ID Nr. 20013456978	
Eintritt 01.01.2024	Austritt	Geb.datum 04.11.1992	Kasse AOK Hessen	St.Kl. (Faktor) / Kinder 3 / 2,0	
		Personengruppe 101	KV / AN-Beitrag KV 14,60% / 8,10%	Konfession --	
			PV (Beitrag/AN/Zu.) 3,15%/1,45%/-	Freibetrag mtl. / jährl.	
			Übergangsbereich nein MFB nein	Hinzurech. mtl. / jährl.	

Computerfachgeschäft
Beethovenstraße 71, 63500 Seligenstadt

persönlich / vertraulich
Herrn
Said Minwer
Schillerstraße 10
63512 Hainburg

	SV-Tage KV	RV	AV	PV	St.-Tage
monatlich	27	27	27	27	30
kumuliert	27	27	27	27	30
BGR	1	1	1	1	

Urlaub Vorjahr	0,00	Urlaub - monatlich genommen	2,00
Urlaubsanspruch	30,00	Resturlaub	28,00

Lohnart	Bezeichnung	bezahlte Menge	Faktor	%-Zuschlag	St*	SV*	GB*	Betrag
1	Lohn	134,50	14,5000		L	L	J	1.950,25 EUR
14	Urlaubsstunden	16,00	14,5000	100,00	L	L	J	232,00 EUR
15	Feiertagsstunden	8,00	14,5000		L	L	J	116,00 EUR
30	Überstundenzuschlag (30%)	6,50	4,3500	30,00	L	L	J	28,28 EUR

Gesamtbrutto: 2.326,53 EUR

Steuer / Sozialversicherung

Steuer - Brutto	Lohnsteuer	Kirchensteuer	SolZ	KV - Brutto	PV - Brutto	Steuerrechtl. Abzüge
2.326,53 EUR	0,00 EUR	0,00 EUR	0,00 EUR	2.326,53 EUR	2.326,53 EUR	0,00 EUR
Σ 2.326,53 EUR	Σ 0,00 EUR	Σ 0,00 EUR	Σ 0,00 EUR	Σ 2.326,53 EUR	Σ 2.326,53 EUR	Σ 0,00 EUR
RV - Brutto	**AV - Brutto**	**KV - Beitrag**	**PV - Beitrag**	**RV - Beitrag**	**AV - Beitrag**	**SV - rechtl. Abzüge**
2.326,53 EUR	2.326,53 EUR	188,45 EUR	33,73 EUR	216,37 EUR	30,24 EUR	468,79 EUR
Σ 2.326,53 EUR	Σ 2.326,53 EUR	Σ 188,45 EUR	Σ 33,73 EUR	Σ 216,37 EUR	Σ 30,24 EUR	Σ 468,79 EUR

Σ Gesamtsumme

Nettoentgelt: 1.857,74 EUR

Aufgelaufene Jahreswerte	
Gesamtbrutto	Steuer - Brutto
2.326,53 EUR	2.326,53 EUR
Lohnsteuer	Kirchensteuer
0,00 EUR	0,00 EUR
SolZ	KV - Brutto
0,00 EUR	2.326,53 EUR
PV - Brutto	RV - Brutto
2.326,53 EUR	2.326,53 EUR
AV - Brutto	KV - Beitrag
2.326,53 EUR	188,45 EUR
PV - Beitrag	RV - Beitrag
33,73 EUR	216,37 EUR
AV - Beitrag	VWL - Gesamt
30,24 EUR	26,00 EUR
Betriebl. Altersversorgung	Auszahlungsbetrag
0,00 EUR	1.831,74 EUR

Nr.	Netto - Bezüge / Netto - Abzüge	
9024	VWL 1 Überweisung	-26,00 EUR

Summe Netto Be-/Abzüge: -26,00 EUR

IBAN: DE62 5005 0201 0000 2222 22
BIC: HELADEF1822
Bank: Frankfurter Spk Frankfurt

Auszahlungsbetrag: 1.831,74 EUR

1 Teilmonatsentgelt: Es wird die Tageslohnsteuertabelle angewandt und/oder die automatische Lohnartenkürzung durchgeführt.

* A=Abfindung, B=SV-Beiträge werden vom Arbeitgeber entrichtet, E=Einmalbezug, F=Frei, L=Laufender Bezug, M=Mehrjährige Versteuerung, P=Pauschale Versteuerung, S=Sonstiger Bezug, V=Vorjahr, GB=Gesamtbrutto, J=Mit Auswirkung auf das Gesamtbrutto, N=Ohne Auswirkung auf das Gesamtbrutto

Entgeltbescheinigung nach § 108 Absatz 3 Satz 1 der Gewerbeordnung

Lexware lohn + gehalt 28.02 — 1/1 — 08.02.2024

Abrechnung der Brutto-Netto-Bezüge

Januar 2024

Pers.-Nr.	05	Abteilung		Kst.-St.		SV-Nummer	12211257M517	Steuer ID Nr.	90112345677
Eintritt	01.01.2024	Austritt		Geb.datum	21.12.1957	Kasse	AOK Hessen	St.Kl. (Faktor) / Kinder	1 / 0,0
				Personengruppe	119	KV / AN-Beitrag KV	14,00% / 7,80%	Konfession	--
						PV (Beitrag/AN/Zu.)	3,40%/1,70%/-	Freibetrag mtl. / jährl.	
						Übergangsbereich	ja MFB nein	Hinzurech. mtl. / jährl.	

Computerfachgeschäft
Beethovenstraße 71, 63500 Seligenstadt

persönlich / vertraulich
Frau
Erna Müntgen
Dietesheimer Straße 40
63073 Offenbach

	SV-Tage KV	RV	AV	PV	St.-Tage
monatlich	30	30	30	30	30
kumuliert	30	30	30	30	30
BGR	3	3	2	1	

Urlaub Vorjahr	0,00	Urlaub - monatlich genommen	0,00
Urlaubsanspruch	24,00	Resturlaub	24,00

Lohnart	Bezeichnung	bezahlte Menge	Faktor	%-Zuschlag	St*	SV*	GB*	Betrag
2	Gehalt				L	L	J	980,00 EUR

Gesamtbrutto
980,00 EUR

Steuer / Sozialversicherung

Steuer - Brutto	Lohnsteuer	Kirchensteuer	SolZ	KV - Brutto	PV - Brutto	Steuerrechtl. Abzüge
980,00 EUR	0,00 EUR	0,00 EUR	0,00 EUR	861,61 EUR	861,61 EUR	0,00 EUR
Σ 980,00 EUR	Σ 0,00 EUR	Σ 0,00 EUR	Σ 0,00 EUR	Σ 861,61 EUR	Σ 861,61 EUR	Σ 0,00 EUR
RV - Brutto	**AV - Brutto**	**KV - Beitrag**	**PV - Beitrag**	**RV - Beitrag**	**AV - Beitrag**	**SV - rechtl. Abzüge**
861,61 EUR	861,61 EUR	47,17 EUR	10,28 EUR	0,00 EUR	0,00 EUR	57,45 EUR
Σ 861,61 EUR	Σ 861,61 EUR	Σ 47,17 EUR	Σ 10,28 EUR	Σ 0,00 EUR	Σ 0,00 EUR	Σ 57,45 EUR

Σ Gesamtsumme

Nettoentgelt
922,55 EUR

Aufgelaufene Jahreswerte	
Gesamtbrutto	Steuer - Brutto
980,00 EUR	980,00 EUR
Lohnsteuer	Kirchensteuer
0,00 EUR	0,00 EUR
SolZ	KV - Brutto
0,00 EUR	861,61 EUR
PV - Brutto	RV - Brutto
861,61 EUR	861,61 EUR
AV - Brutto	KV - Beitrag
861,61 EUR	47,17 EUR
PV - Beitrag	RV - Beitrag
10,28 EUR	0,00 EUR
AV - Beitrag	VWL - Gesamt
0,00 EUR	0,00 EUR
Betriebl. Altersversorgung	Auszahlungsbetrag
0,00 EUR	922,55 EUR

Nr.	Netto - Bezüge / Netto - Abzüge	

Summe Netto Be-/Abzüge
0,00 EUR

IBAN: DE63 5002 1100 0000 9999 99
BIC: FFBKDEFFKRN
Bank: FIL Fondsbank Frankfurt

Auszahlungsbetrag
922,55 EUR

1 Teilmonatsentgelt: Es wird die Tageslohnsteuertabelle angewandt und/oder die automatische Lohnartenkürzung durchgeführt.

* A=Abfindung, B=SV-Beiträge werden vom Arbeitgeber entrichtet, E=Einmalbezug, F=Frei, L=Laufender Bezug, M=Mehrjährige Versteuerung, P=Pauschale Versteuerung, S=Sonstiger Bezug, V=Vorjahr, GB=Gesamtbrutto, J=Mit Auswirkung auf das Gesamtbrutto, N=Ohne Auswirkung auf das Gesamtbrutto

Entgeltbescheinigung nach § 108 Absatz 3 Satz 1 der Gewerbeordnung

Lexware lohn + gehalt 28.02 1/1 08.02.2024

Computerfachgeschäft

Lohnjournal

Januar 2024

Pers-Nr.	Name / Zeitraum / St.Kl.(Faktor)/Kinder/Konf.	KK / Übergangsbereich / BFD	KV / GV	RV / MFB	AV / ST	PV / SV	Gesamt-Brutto / Steuer-Brutto / SV-Brutto	Lohnsteuer	Kirchensteuer	SolZ		KV	RV	AV	PV	Nettogehalt	pausch.St. AN / Kammerbeitrag / Vorschüsse	VWL / Altersvors. / BAV-Förd. / sonst. / Auszahlg.
01	**Dermann, Peter**	KKH K	1	1	1	1	4.837,83	586,91	52,82	0,00	AN	395,49	443,68	62,02	81,10	3.215,81	-0,00	-0,00
	01.-31.01.2024	nein					4.770,70				AG	395,49	443,68	62,02	81,10		-0,00	-0,00
	St.Kl.: 4(1,000) / 0,0 / ev / rk		0	0	30	30	4.770,70				AG Zuschuss						0,00	-0,00
	Freibetrag mtl./jährl.:	500,00/6.000,00									AG Überw.							-337,83
	Pauschalen:						67,13	10,48	0,94	0,56	U1	109,35						
	Pauschalen nach § 37b:										U2	12,82						
											InsG.Umlage	2,86						
																		2.877,98
02	**Jürgensen, Erich**	AOK H	1	1	1	1	3.166,33	252,33	0,00	0,00	AN	219,31	251,79	35,20	62,27	2.345,43	-0,00	-0,00
	01.-31.01.2024	nein					2.707,47				AG	219,31	251,79	35,20	46,03		-0,00	-400,00
	St.Kl.: 1 / 0,0 / --		0	0	30	30	2.707,47				AG Zuschuss						0,00	-0,00
	Pauschalen:						460,00	92,00	0,00	5,06	AG Überw.							0,00
	Pauschalen nach § 37b:										U1	69,82						
											U2	11,32						
											InsG.Umlage	1,62						
																		1.945,43
03	**Teubert, René**	R+V B	1	1	1	1	2.033,92	114,16	0,00	0,00	AN	162,72	189,15	26,44	46,78	1.494,67	-0,00	-0,00
	01.-31.01.2024	nein					2.033,92				AG	162,72	189,15	26,44	34,58		-0,00	-0,00
	St.Kl.: 1 / 0,0 / --		0	0	30	30	2.033,92				AG Zuschuss						0,00	-0,00
	Pauschalen:										AG Überw.							-133,92
	Pauschalen nach § 37b:										U1	46,78						
											U2	9,15						
											InsG.Umlage	1,22						
																		1.360,75
04	**Minwer, Said**	AOK H	1	1	1	1	2.326,53	0,00	0,00	0,00	AN	188,45	216,37	30,24	33,73	1.857,74	-0,00	-26,00
	01.-31.01.2024	nein					2.326,53				AG	188,45	216,37	30,24	39,55		-0,00	-0,00
	St.Kl.: 3 / 2,0 / --		0	0	30	27	2.326,53				AG Zuschuss						0,00	-0,00
	Pauschalen:										AG Überw.							0,00
	Pauschalen nach § 37b:										U1	67,47						
											U2	10,93						
											InsG.Umlage	1,40						
																		1.831,74

Lexware lohn + gehalt 28.02 - 1 - 08.02.2024

Computerfachgeschäft | **Lohnjournal** | **Januar 2024**

Pers-Nr.	Name Zeitraum St.Kl.(Faktor)/Kinder/Konf.	KK KV RV AV PV Übergangsbereich BFD GV MFB ST SV	Gesamt-Brutto Steuer-Brutto SV-Brutto	Lohn-steuer	Kirchen-steuer	SolZ		KV	RV	AV	PV	Netto-gehalt	pausch.St. AN Kammerbeitrag Vorschüsse	VWL Altersvors. BAV-Förd. sonst. Auszahlg.
05	**Müntgen, Erna**	AOK H 3 3 2 1	980,00	0,00	0,00	0,00	AN	47,17	0,00	0,00	10,28	922,55	-0,00	-0,00
	01.-31.01.2024	ja	980,00				AG	87,23	80,13	11,20	19,02		-0,00	-0,00
	St.Kl.: 1 / 0,0 / --	0 0 30 30	861,61				AG Zuschuss						0,00	-0,00
	Pauschalen:						AG Überw.							0,00
	Pauschalen nach § 37b:						U1	24,99						
							U2	4,05						
							InsG.Umlage	0,52						
														922,55

Lexware lohn + gehalt 28.02 | - 2 - | 08.02.2024

Computerfachgeschäft | **Lohnjournal** | **Januar 2024**

SV-Summen			KV	RV	AV	PV	InsG.Umlage	Summe
	SV-Brutto	AN	1.013,14	1.100,99	153,90	234,16		2.502,19
	12.700,23	AG	1.053,20	1.181,12	165,10	220,28	7,62	2.627,32
		AG Zuschuss	0,00	0,00		0,00		
		AG Überw.	0,00	0,00		0,00		0,00
		U1	318,41					
		U2	48,27				U1 + U2	366,68
SV Gesamt								**5.496,19**

Einheitliche Pauschalsteuer (Minijob-Zentrale) Steuerbrutto 0,00 Lohnsteuer 0,00

Steuer-Summen	Gesamt-brutto	Steuer-brutto	Lohn-steuer	Kirchen-steuer	Solidaritäts-zuschlag	Kammerbeitrag	Summe
Summe	13.344,61	12.818,62	953,40	52,82	0,00	0,00	1.006,22
Pauschalen		527,13	102,48	0,94	5,62		109,04
Pauschalen nach § 37b		0,00	0,00	0,00	0,00		0,00
Verbleiben			1.055,88	53,76	5,62		1.115,26
BAV-Förderbetrag			- 0,00				- 0,00
Steuer Gesamt			**1.055,88**	**53,76**	**5,62**	**0,00**	**1.115,26**

Gesamt-übersicht	Auszahlung	SV - Gesamt	Steuer - Gesamt	einheitliche Pauschalst.	VWL - Überweisung	Altersvorsorge Entgeltumwandlung	Summe
	8.938,45	5.496,19	1.115,26	0,00	26,00	400,00	15.975,90

Lexware lohn + gehalt 28.02 - 3 - 08.02.2024

3. Musterprüfung

Aufgaben

Aufgabe 1:

- Legen Sie eine neue Firma mit den nachstehend aufgeführten Stammdaten an. Die mit Lexware abgerechneten Gehälter beginnen im Januar 2024.

Firmenstammdaten:

Firma/Anschrift:	Immobilien GmbH „kombiniert mit dem eigenen Namen" Neckarstr. 15; 63110 Rodgau (Hessen) E-Mail: doeller@immo.de
Bankverbindung:	Volksbank Maingau IBAN DE38 5056 1315 0000 8888 88 BIC GENODE51OBH
Finanzamt:	Offenbach a. M. I; Nr. 2635; Steuernummer: 035 241 58973 ■ Die Lohnsteueranmeldung erfolgt monatlich. ■ Dem Finanzamt wurde Lastschriftauftrag erteilt.
Betriebsnummer:	222 222 20
Ansprechpartner:	Erwin Döller Tel.: 06106/700-030, Fax: 06106/700-001, Mail: doeller@immo.de
Berufsgenossenschaft:	VBG; Betriebsnummer: 152 500 94; Mitgliedsnummer: 405 781 2300; PIN 65421; Unternehmensnummer: 123456789886001 Gefahrentarifstelle für alle unfallversicherungspflichtigen Mitarbeiter: 0064
Krankenkassen:	AOK Hessen; Karl Mayer BKK, Knappschaft-Bahn-See ■ Die Zahlung an die Krankenkassen erfolgt per Einzugsverfahren. ■ Das Unternehmen ist umlagepflichtig. ■ Es kommen die allgemeinen Sätze zur Anwendung. ■ Nachweis im Krankheitsfall ist nach 3 Kalendertagen erforderlich.
Allgemein:	■ Es bestehen keine weiteren Betriebsstätten. ■ Die Auszahlung der Löhne und Gehälter ist zum Monatsletzten fällig. ■ Der Betrieb ist nicht tarifgebunden; betriebliche Arbeitszeit: wöchentlich 40 Stunden (Montag bis Freitag). ■ Die Zahlungen an die Mitarbeiter erfolgen per Scheck. ■ Alle ganzjährig Beschäftigten in Vollzeit haben einen Urlaubsanspruch von 24 Tagen pro Jahr. Bei unterjährigem Eintritt oder Teilzeitbeschäftigung wird der Urlaub anteilig gekürzt, wobei der Betrieb immer auf ganze Tage aufrundet. ■ Die Ermittlung der Kirchensteuer in Pauschalierungsfällen erfolgt im Nachweisverfahren.

Aufgabe 2:

◆ Legen Sie die einzelnen Mitarbeiter entsprechend den Mitarbeiterstammblättern an.

Mitarbeiterstammdaten:

Personalnummer:	100
Name/Anschrift:	Erwin Döller; Rabestr. 4; 63165 Mühlheim (Hessen)
Staatsangehörigkeit:	Deutschland
Beschäftigt als:	Geschäftsführer seit dem 01.01.2020. Er ist kein Gesellschafter der GmbH.
SV-Nummer:	52 240565 D 006
Elterneigenschaft:	nachgewiesen, 2 Kinder über 25 Jahren
Ausbildung:	Abgeschlossenes Fachhochschulstudium als Diplom-Betriebswirt
Krankenkasse:	Freiwillig versichert bei der Karl Mayer BKK. (Selbstzahler)
Lohnsteuerabzugs-merkmale:	III / 0 / rk/- Identifikationsnummer 98765432114
Wochenarbeitszeit:	betriebsüblich
Urlaubsanspruch:	Aus dem Vorjahr besteht noch ein Restanspruch von 11 Tagen, die direkt nach dem 01.01. alle genommen werden.

Personalnummer:	200
Name/Anschrift:	Renate Edelmann, Robert-Stolz-Str. 4; 63179 Obertshausen (Hessen)
Staatsangehörigkeit:	Österreicher
Beschäftigt als:	Immobilienmaklerin seit dem 01.01.2014
SV-Nummer:	52 100972 H 511
Elterneigenschaft:	nachgewiesen, 1 Kind über 25 Jahren
Ausbildung:	Nach dem Abitur schloss Frau Edelmann eine Ausbildung zur Immobilienkauffrau ab. Vor 15 Jahren erwarb sie die Zusatzqualifikation als Immobilienfachwirtin.
Krankenkasse:	gesetzlich bei der AOK Hessen
Lohnsteuerabzugs-merkmale:	IV / 0 / ev/-; Faktor 0,842 Identifikationsnummer 11234567890
Wochenarbeitszeit:	ab 01/2024 nur noch 30 Std./Woche, Mo - Fr je 6 Std.
Urlaubsanspruch:	Aus dem Vorjahr stehen ihr noch 3 Tage zu. Diese nimmt sie an den letzten 3 Arbeitstagen im Januar.
Vorjahresbezüge:	Im Vorjahr bestand KV-Pflicht bei der AOK Hessen; sv- und umlagepflichtiges Entgelt 59.850,00 €; 360 SV-Tage; Fehlzeiten sind nicht zu erfassen

Personalnummer:	300
Name/Anschrift:	Alexander Hübenbecker; Weinbergstr. 7; 63110 Rodgau (Hessen)
Staatsangehörigkeit:	Deutschland
Beschäftigt als:	Auszubildender zum Immobilienberater seit dem 01.09.2022; voraussichtliches Ende der Ausbildung am 31.08.2025
SV-Nummer:	52 170802 H 001
Ausbildung:	Abitur, Studium Betriebswirtschaft abgebrochen
Krankenversicherung:	gesetzlich bei der Karl Mayer BKK
Lohnsteuerabzugs-merkmale:	I / 0 / - Identifikationsnummer 65498732164
Wochenarbeitszeit:	40 Stunden

Personalnummer:	400
Name/Anschrift:	Barbara Kaufmann; Münzgasse 17; 63150 Heusenstamm (Hessen)
Staatsangehörigkeit:	Deutschland
Beschäftigt als:	Bürokauffrau in Teilzeit ab 01.02.2024
SV-Nummer:	16 120496 K 504
Elterneigenschaft:	nachgewiesen
Ausbildung:	Mittlere Reife mit abgeschlossener Berufsausbildung
Krankenversicherung:	familienversichert bei der AOK Hessen
Lohnsteuerabzugs-merkmale:	ohne - Frau Kaufmann hat schriftlich erklärt, der evangelischen Religionsgemeinschaft anzugehören. Steuer-ID: 29903456877 Der Betrieb führt eine Pauschalversteuerung zu eigenen Lasten durch.
Wochenarbeitszeit:	8 Stunden (Montag + Donnerstag je 4 Stunden)
Sonstige Angaben:	Frau Kaufmann ist Hausfrau.

Aufgabe 3:

- Nutzen Sie für die Entgeltabrechnungen die Standardlohnarten des Programms. Sollten für einige Vorgänge keine Lohnarten vorhanden sein, so legen Sie diese bitte selbständig an.

Aufgabe 4:

- Erstellen Sie die Lohn- / Gehaltsabrechnungen für den Monat Januar 2024 unter Berücksichtigung der Vorträge aus der manuellen Abrechnung und der nachstehend aufgeführten Angaben.

Angaben zu den Bezügen der einzelnen Arbeitnehmer für Januar 2024

Personal-Nr., Name:	100, Erwin Döller	
Bezüge:	Gehalt	5.950,00 €
	Herrn Döller steht ein Firmenwagen zur Verfügung, den er auch für Privatfahrten nutzen darf. Der Inlandsbruttolistenneuwagenpreis (reines Elektrofahrzeug, angeschafft 12/2023) des Fahrzeugs beträgt 49.475,28 € inklusive der eingebauten Sonderausstattung. Die Entfernung zwischen Wohnung und erster Tätigkeitsstätte beträgt 8 km. Der Arbeitgeber pauschaliert zu eigenen Lasten. Herr Döller zahlt die Beiträge zur Krankenversicherung und zur Pflegeversicherung selbst. Er erhält von der Firma einen Zuschuss zu beiden Versicherungen in der gesetzlich festgelegten Höhe. Mit der Januarabrechung werden 265,00 € für eine nicht zu beanstandende Reisekostenabrechnung ausgezahlt.	

Personal-Nr., Name:	200, Renate Edelmann	
Bezüge:	Gehalt	2.200,00 €
	Zusätzlich erhält Frau Edelmann eine Umsatzprovision in Höhe von 3,5 % ihrer Umsätze. Die Abrechnung erfolgt immer für den laufenden Monat. Im Monat Januar erzielte sie Umsätze in Höhe von 128.500,00 €. Ferner hat Frau Edelmann einen Betrag von 40,00 € vermögenswirksam in einem Bausparvertrag bei der LBS angelegt. Die Vertragsnummer lautet: 23458-J-2212. Sie erhält einen Zuschuss in Höhe von 40,00 €. Der LBS wurde Einzugsermächtigung gegeben. Weiterhin verzichtet Frau Edelmann seit 01.08.2023 monatlich auf 146,00 € ihres laufenden Gehaltes und wandelt diese in Beiträge zu einer Pensionskasse bei der Pensionator AG um. Eine Riesterförderung ist nicht vorgesehen. Die Vertragsnummer lautet: 123-9854. Auch der Pensionator AG wurde Einzugsermächtigung erteilt. Der Arbeitgeber zahlt ab 01.01.2022 einen Pflichtzuschuss in Höhe von 21,90 € zur bAV. Dieser Zuschuss erhöht den Überweisungsbetrag. Zum 10-jährigen Firmenjubiläum in 2024 erhält Frau Edelmann im Januar 2024 eine Jubiläumszahlung von 5.600,00 €.	

Personal-Nr., Name:	300, Alexander Hübenbecker	
Bezüge:	Auszubildendenvergütung	975,00 €
	Da Herrn Hübenbecker den Weg von seiner Wohnung zur ersten Tätigkeitsstätte im Betrieb mit eigenem PKW zurücklegt, erhält er einen Zuschuss zu den Fahrkosten in Höhe von monatlich 80,00 € (Entfernung 16 km). Soweit eine Pauschalversteuerung zulässig ist, übernimmt der Arbeitgeber die Steuern (es wird mit 15 Tagen gerechnet).	

Aufgabe 5:

- Führen Sie den Monatswechsel zum Februar 2024 durch.

Angaben zu den Bezügen der einzelnen Arbeitnehmer für Februar 2024

Personal-Nr., Name:	100, Erwin Döller	
Bezüge:	Gehalt	keine Veränderung
	PKW	keine Veränderung
	KV / PV	keine Veränderung
	Mit der Februarabrechung wird der höchstmögliche steuerfreie Betrag für Reisekosten ausgezahlt. Herr Döller war vom 15. bis 16. Februar mit dem Dienstwagen auf einer Auswärtstätigkeit in Stuttgart, wo er bei Freunden übernachtete. Er tankte für 158,00 € und zahlte mit seiner privaten Kreditkarte.	

Personal-Nr., Name:	200, Renate Edelmann	
	Monatliche Umsätze	84.200,00 €

Personal-Nr., Name:	300, Alexander Hübenbecker	
Bezüge:	Auszubildendenvergütung	1.005,00 €
	Am 2. Februar 2024 erhielt Herr Hübenbecker einen Vorschuss in Höhe von 150,00 € bar, der mit der Februarabrechnung verrechnet wird.	

Personal-Nr., Name:	400, Barbara Kaufmann	
Bezüge:	Gehalt	510,00 €
	Frau Kaufmann erhält zusätzlich jeden Monat eine Fahrkarte im Wert von 92,00 € für den öffentlichen Personennahverkehr für die Fahrt von der Wohnung zur ersten Tätigkeitsstätte im Betrieb. Die Arbeitnehmerin leistet eine monatliche Zuzahlung von 40,00 €, die bei der Entgeltabrechnung einbehalten wird.	

Lösung zur 3. Musterprüfung

Hinweise zur Lösung:

1 Döller, Erwin
Tätigkeitsschlüssel: 71104 4511

Die Reisekostenerstattung stellt einen Nettobezug dar.
Im Februar können 158,00 € Tanken, 20,00 € Übernachtungspauschale sowie 32,00 € Verpflegungspauschalen (16,00 € für An- und Abreisetag geplant) steuerfrei gezahlt werden.
Für reine Elektrofahrzeuge (ohne jeglichen CO2-Ausstoß) vermindert sich die Bemessungsgrundlage zur Ermittlung des geldwerten Vorteils um 75 %. Es sind also 25 % des BLP anzusetzen.

2 Edelmann, Renate
Tätigkeitsschlüssel: 61313 4311

Die Jubiläumszahlung löst die Märzklausel aus, die von Lexware automatisch berücksichtigt wird. Deshalb sind auch die Vortragswerte für das Vorjahr zu erfassen. In der Januar-Lohnabrechnung ist die Zuordnung der Einmalzahlung zum Vorjahr am Buchstaben „V“ in der Spalte „SV“ und beim KV-, RV-, AV- und PV-Brutto gut erkennbar.

3 Hübenbecker, Alexander
Tätigkeitsschlüssel: 61313 4113

Da die Pauschalversteuerung der Fahrtkosten nur für 72,00 € zulässig ist, muss der übersteigende Betrag von 8,00 € individualversteuert werden; dafür ist eine entsprechende Lohnart anzulegen.

4 Kaufmann, Barbara
Tätigkeitsschlüssel: 71402 3212

Für die Zuzahlung zur Fahrkarte ist eine entsprechende Lohnart anzulegen.

Abrechnung der Brutto-Netto-Bezüge **Januar 2024**

Pers.-Nr.	100	**Abteilung**		**Kst.-St.**		**SV-Nummer**	52240565D006	**Steuer ID Nr.**	98765432114
Eintritt	01.01.2020	**Austritt**		**Geb.datum**	24.05.1965	**Kasse**	KARL MAYER BKK	**St.Kl. (Faktor) / Kinder**	3 / 0,0
				Personengruppe	101	**KV / AN-Beitrag KV**	/ 0,00%	**Konfession**	rk
						PV (Beitrag/AN/Zu.)	3,40%/1,70%/-	**Freibetrag mtl. / jährl.**	
						Übergangsbereich	nein **MFB** nein	**Hinzurech. mtl. / jährl.**	

Immobilien GmbH
Neckarstraße 15, 63110 Rodgau

persönlich / vertraulich
Herrn
Erwin Döller
Rabestr. 4
63165 Mühlheim

	SV-Tage				St.-Tage
	KV	**RV**	**AV**	**PV**	
monatlich	0	30	30	0	30
kumuliert	0	30	30	0	30
BGR	0	1	1	1	

Urlaub Vorjahr	11,00	**Urlaub - monatlich genommen**	11,00
Urlaubsanspruch	24,00	**Resturlaub**	24,00

Lohnart	Bezeichnung	bezahlte Menge	Faktor	%-Zuschlag	St*	SV*	GB*	Betrag
986	Geschäftsführergehalt				L	L	J	5.950,00 EUR
9111	Dienstfahrzeug				L	L	J	123,00 EUR
9115	Dienstfahrzeug KM pauschal AG				P	F	J	29,52 EUR

Gesamtbrutto
6.102,52 EUR

Steuer / Sozialversicherung

Steuer - Brutto	Lohnsteuer	Kirchensteuer	SolZ	KV - Brutto	PV - Brutto	Steuerrechtl. Abzüge
6.073,00 EUR	710,33 EUR	63,92 EUR	0,00 EUR	0,00 EUR	0,00 EUR	774,25 EUR
Σ 6.073,00 EUR	Σ 710,33 EUR	Σ 63,92 EUR	Σ 0,00 EUR	Σ 0,00 EUR	Σ 0,00 EUR	Σ 774,25 EUR
RV - Brutto	**AV - Brutto**	**KV - Beitrag**	**PV - Beitrag**	**RV - Beitrag**	**AV - Beitrag**	**SV - rechtl. Abzüge**
6.073,00 EUR	6.073,00 EUR	0,00 EUR	0,00 EUR	564,79 EUR	78,95 EUR	643,74 EUR
Σ 6.073,00 EUR	Σ 6.073,00 EUR	Σ 0,00 EUR	Σ 0,00 EUR	Σ 564,79 EUR	Σ 78,95 EUR	Σ 643,74 EUR

Σ Gesamtsumme

Nettoentgelt
4.684,53 EUR

Aufgelaufene Jahreswerte	
Gesamtbrutto	Steuer - Brutto
6.102,52 EUR	6.073,00 EUR
Lohnsteuer	Kirchensteuer
710,33 EUR	63,92 EUR
SolZ	KV - Brutto
0,00 EUR	0,00 EUR
PV - Brutto	RV - Brutto
0,00 EUR	6.073,00 EUR
AV - Brutto	KV - Beitrag
6.073,00 EUR	0,00 EUR
PV - Beitrag	RV - Beitrag
0,00 EUR	564,79 EUR
AV - Beitrag	VWL - Gesamt
78,95 EUR	0,00 EUR
Betriebl. Altersversorgung	Auszahlungsbetrag
0,00 EUR	5.322,28 EUR

Nr.	Netto - Bezüge / Netto - Abzüge	
6900	Reisekostenersatz St.frei	265,00 EUR
9073	AG-Zuschuss zur freiwilligen KV	437,29 EUR
9078	AG-Zuschuss zur freiwilligen PV	87,98 EUR
9118	Dienstfahrzeug	-152,52 EUR

Summe Netto Be-/Abzüge
637,75 EUR
Auszahlungsbetrag
5.322,28 EUR

IBAN:
BIC:
Bank:

1 Teilmonatsentgelt: Es wird die Tageslohnsteuertabelle angewandt und/oder die automatische Lohnartenkürzung durchgeführt.

* A=Abfindung, B=SV-Beiträge werden vom Arbeitgeber entrichtet, E=Einmalbezug, F=Frei, L=Laufender Bezug, M=Mehrjährige Versteuerung, P=Pauschale Versteuerung, S=Sonstiger Bezug, V=Vorjahr, GB=Gesamtbrutto, J=Mit Auswirkung auf das Gesamtbrutto, N=Ohne Auswirkung auf das Gesamtbrutto

Entgeltbescheinigung nach § 108 Absatz 3 Satz 1 der Gewerbeordnung

Lexware lohn + gehalt 28.02 1/2 08.02.2024

Abrechnung der Brutto-Netto-Bezüge

Januar 2024

Pers.-Nr.	200	**Abteilung**		**Kst.-St.**		**SV-Nummer**	52100972H511	**Steuer ID Nr.**	11234567890
Eintritt	01.01.2014	**Austritt**		**Geb.datum**	10.09.1972	**Kasse**	AOK Hessen	**St.Kl. (Faktor) / Kinder**	4 (0,842) / 0,0
				Personengruppe	101	**KV / AN-Beitrag KV**	14,60% / 8,10%	**Konfession**	ev
						PV (Beitrag/AN/Zu.)	3,40%/1,70%/-	**Freibetrag mtl. / jährl.**	
						Übergangsbereich	nein **MFB** nein	**Hinzurech. mtl. / jährl.**	

	SV-Tage				St.-Tage
	KV	**RV**	**AV**	**PV**	
monatlich	30	30	30	30	30
kumuliert	30	30	30	30	30
BGR	1	1	1	1	

Urlaub Vorjahr	3,00	**Urlaub - monatlich genommen**	3,00
Urlaubsanspruch	24,00	**Resturlaub**	24,00

Immobilien GmbH
Neckarstraße 15, 63110 Rodgau

persönlich / vertraulich
Frau
Renate Edelmann
Robert-Stolz-Str. 4
63179 Obertshausen

Lohnart	Bezeichnung	bezahlte Menge	Faktor	%-Zuschlag	St*	SV*	GB*	Betrag
2	Gehalt				L	L	J	2.200,00 EUR
30	lfd. Umsatzprovision				L	L	J	4.497,50 EUR
925	Kürzung aus Altersvorsorge				L	L	N	-146,00 EUR
926	Altersvorsorge Barlohnumwandlung				F	F	N	146,00 EUR
993	bAV Pflichtzuschuss				F	F	N	21,90 EUR
1939	Jubiläumszuwendung				M	V	J	5.600,00 EUR
9021	VWL 1 Zuschuss				L	L	J	40,00 EUR

Gesamtbrutto: 12.337,50 EUR

Steuer / Sozialversicherung

Steuer - Brutto	Lohnsteuer	Kirchensteuer	SolZ	KV - Brutto	PV - Brutto	Steuerrechtl. Abzüge
6.591,50 EUR	1.159,66 EUR	104,36 EUR	0,00 EUR	5.175,00 EUR	5.175,00 EUR	1.264,02 EUR
5.600,00 EUR	1.760,00 EUR	158,40 EUR	0,00 EUR	V0,00 EUR	V0,00 EUR	1.918,40 EUR
Σ 12.191,50 EUR	Σ 2.919,66 EUR	Σ 262,76 EUR	Σ 0,00 EUR	Σ 5.175,00 EUR	Σ 5.175,00 EUR	Σ 3.182,42 EUR
RV - Brutto	**AV - Brutto**	**KV - Beitrag**	**PV - Beitrag**	**RV - Beitrag**	**AV - Beitrag**	**SV - rechtl. Abzüge**
6.591,50 EUR	6.591,50 EUR	419,18 EUR	87,98 EUR	613,01 EUR	85,69 EUR	1.205,86 EUR
V5.600,00 EUR	V5.600,00 EUR	0,00 EUR	0,00 EUR	520,80 EUR	72,80 EUR	593,60 EUR
Σ 12.191,50 EUR	Σ 12.191,50 EUR	Σ 419,18 EUR	Σ 87,98 EUR	Σ 1.133,81 EUR	Σ 158,49 EUR	Σ 1.799,46 EUR

Σ Gesamtsumme

Nettoentgelt: 7.355,62 EUR

Aufgelaufene Jahreswerte	
Gesamtbrutto	Steuer - Brutto
12.337,50 EUR	12.191,50 EUR
Lohnsteuer	Kirchensteuer
2.919,66 EUR	262,76 EUR
SolZ	KV - Brutto
0,00 EUR	5.175,00 EUR
PV - Brutto	RV - Brutto
5.175,00 EUR	12.191,50 EUR
AV - Brutto	KV - Beitrag
12.191,50 EUR	419,18 EUR
PV - Beitrag	RV - Beitrag
87,98 EUR	1.133,81 EUR
AV - Beitrag	VWL - Gesamt
158,49 EUR	40,00 EUR
Betriebl. Altersversorgung	Auszahlungsbetrag
167,90 EUR	7.169,62 EUR

Nr.	Netto - Bezüge / Netto - Abzüge	
6902	Altersvorsorge Vertrag 1	-146,00 EUR
9024	VWL 1 Überweisung	-40,00 EUR

Summe Netto Be-/Abzüge: -186,00 EUR

IBAN:
BIC:
Bank:

Auszahlungsbetrag: 7.169,62 EUR

1 Teilmonatsentgelt: Es wird die Tageslohnsteuertabelle angewandt und/oder die automatische Lohnartenkürzung durchgeführt.

* A=Abfindung, B=SV-Beiträge werden vom Arbeitgeber entrichtet, E=Einmalbezug, F=Frei, L=Laufender Bezug, M=Mehrjährige Versteuerung, P=Pauschale Versteuerung, S=Sonstiger Bezug, V=Vorjahr, GB=Gesamtbrutto, J=Mit Auswirkung auf das Gesamtbrutto, N=Ohne Auswirkung auf das Gesamtbrutto

Entgeltbescheinigung nach § 108 Absatz 3 Satz 1 der Gewerbeordnung

Lexware lohn + gehalt 28.02 1/1 08.02.2024

Abrechnung der Brutto-Netto-Bezüge

Januar 2024

Pers.-Nr.	300	Abteilung		Kst.-St.		SV-Nummer	52170802H001	Steuer ID Nr.	65498732164
Eintritt	01.09.2022	Austritt	31.08.2025	Geb.datum	17.08.2002	Kasse	KARL MAYER BKK	St.Kl. (Faktor) / Kinder	1 / 0,0
				Personengruppe	102	KV / AN-Beitrag KV	14,60% / 8,45%	Konfession	--
						PV (Beitrag/AN/Zu.)	3,40%/1,70%/-	Freibetrag mtl. / jährl.	
						Übergangsbereich nein	MFB nein	Hinzurech. mtl. / jährl.	

	SV-Tage KV	RV	AV	PV	St.-Tage
monatlich	30	30	30	30	30
kumuliert	30	30	30	30	30
BGR	1	1	1	1	

Urlaub Vorjahr	0,00	Urlaub - monatlich genommen	0,00
Urlaubsanspruch	24,00	Resturlaub	24,00

Immobilien GmbH
Neckarstraße 15, 63110 Rodgau

persönlich / vertraulich
Herrn
Alexander Hübenbecker
Weinbergstraße 7
63110 Rodgau

Lohnart	Bezeichnung	bezahlte Menge	Faktor	%-Zuschlag	St*	SV*	GB*	Betrag
3	Auszubildendenvergütung				L	L	J	975,00 EUR
22	Fahrgeld pauschal (AG)				P	F	J	72,00 EUR
31	Fahrgeld steuerpflichtig				L	L	J	8,00 EUR

Gesamtbrutto: 1.055,00 EUR

Steuer / Sozialversicherung

Steuer - Brutto	Lohnsteuer	Kirchensteuer	SolZ	KV - Brutto	PV - Brutto	Steuerrechtl. Abzüge
983,00 EUR	0,00 EUR	0,00 EUR	0,00 EUR	983,00 EUR	983,00 EUR	0,00 EUR
Σ 983,00 EUR	Σ 0,00 EUR	Σ 0,00 EUR	Σ 0,00 EUR	Σ 983,00 EUR	Σ 983,00 EUR	Σ 0,00 EUR
RV - Brutto	**AV - Brutto**	**KV - Beitrag**	**PV - Beitrag**	**RV - Beitrag**	**AV - Beitrag**	**SV - rechtl. Abzüge**
983,00 EUR	983,00 EUR	83,06 EUR	16,71 EUR	91,42 EUR	12,78 EUR	203,97 EUR
Σ 983,00 EUR	Σ 983,00 EUR	Σ 83,06 EUR	Σ 16,71 EUR	Σ 91,42 EUR	Σ 12,78 EUR	Σ 203,97 EUR

Σ Gesamtsumme

Nettoentgelt: 851,03 EUR

Aufgelaufene Jahreswerte	
Gesamtbrutto	Steuer - Brutto
1.055,00 EUR	983,00 EUR
Lohnsteuer	Kirchensteuer
0,00 EUR	0,00 EUR
SolZ	KV - Brutto
0,00 EUR	983,00 EUR
PV - Brutto	RV - Brutto
983,00 EUR	983,00 EUR
AV - Brutto	KV - Beitrag
983,00 EUR	83,06 EUR
PV - Beitrag	RV - Beitrag
16,71 EUR	91,42 EUR
AV - Beitrag	VWL - Gesamt
12,78 EUR	0,00 EUR
Betriebl. Altersversorgung	Auszahlungsbetrag
0,00 EUR	851,03 EUR

Nr.	Netto - Bezüge / Netto - Abzüge	

Summe Netto Be-/Abzüge: 0,00 EUR

IBAN:
BIC:
Bank:

Auszahlungsbetrag: 851,03 EUR

1 Teilmonatsentgelt: Es wird die Tageslohnsteuertabelle angewandt und/oder die automatische Lohnartenkürzung durchgeführt.

* A=Abfindung, B=SV-Beiträge werden vom Arbeitgeber entrichtet, E=Einmalbezug, F=Frei, L=Laufender Bezug, M=Mehrjährige Versteuerung, P=Pauschale Versteuerung, S=Sonstiger Bezug, V=Vorjahr, GB=Gesamtbrutto, J=Mit Auswirkung auf das Gesamtbrutto, N=Ohne Auswirkung auf das Gesamtbrutto

Entgeltbescheinigung nach § 108 Absatz 3 Satz 1 der Gewerbeordnung

Lexware lohn + gehalt 28.02 1/2 08.02.2024

Immobilien GmbH | **Lohnjournal** | **Januar 2024**

Pers-Nr.	Name / Zeitraum / St.Kl.(Faktor)/Kinder/Konf.	KK / Übergangsbereich / BFD	KV / GV	RV / MFB	AV / ST	PV / SV	Gesamt-Brutto / Steuer-Brutto / SV-Brutto	Lohnsteuer	Kirchensteuer	SolZ		KV	RV	AV	PV	Nettogehalt	pausch.St. AN / Kammerbeitrag / Vorschüsse	VWL / Altersvors. / BAV-Förd. / sonst. / Auszahlg.
100	**Döller, Erwin**	KARL	0	1	1	1	6.102,52	710,33	63,92	0,00	AN	0,00	564,79	78,95	0,00	4.684,53	-0,00	-0,00
	01.-31.01.2024		nein				6.073,00				AG	0,00	564,79	78,95	0,00		-0,00	-0,00
	St.Kl.: 3 / 0,0 / rk		0	0	30	30	6.073,00				AG Zuschuss	437,29			87,98		0,00	-0,00
	Pauschalen:						29,52	4,42	0,39	0,24	AG Überw.							637,75
	Pauschalen nach § 37b:										U1	145,75						
											U2	12,15						
											InsG.Umlage	3,64						
																		5.322,28
200	**Edelmann, Renate**	AOK F	1	1	1	1	12.337,50	2.919,66	262,76	0,00	AN	419,18	1.133,81	158,49	87,98	7.355,62	-0,00	-40,00
	01.-31.01.2024		nein				12.191,50				AG	419,18	1.133,81	158,49	87,98		-0,00	-146,00
	St.Kl.: 4(0,842) / 0,0 / ev		0	0	30	30	6.591,50				AG Zuschuss						0,00	-0,00
	Pauschalen:										AG Überw.							0,00
	Pauschalen nach § 37b:										U1	191,15						
											U2	30,98						
											InsG.Umlage	7,31						
																		7.169,62
300	**Hübenbecker, Alexan**	KARL	1	1	1	1	1.055,00	0,00	0,00	0,00	AN	83,06	91,42	12,78	16,71	851,03	-0,00	-0,00
	01.-31.01.2024		nein				983,00				AG	83,06	91,42	12,78	16,71		-0,00	-0,00
	St.Kl.: 1 / 0,0 / --		0	0	30	30	983,00				AG Zuschuss						0,00	-0,00
	Pauschalen:						72,00	10,80	0,00	0,59	AG Überw.							0,00
	Pauschalen nach § 37b:										U1	23,59						
											U2	1,97						
											InsG.Umlage	0,59						
																		851,03

Lexware lohn + gehalt 28.02 | - 1 - | 08.02.2024

Immobilien GmbH

Lohnjournal

Januar 2024

SV-Summen			KV	RV	AV	PV	InsG.Umlage	Summe
	SV-Brutto	AN	502,24	1.790,02	250,22	104,69		2.647,17
	13.647,50	AG	502,24	1.790,02	250,22	104,69	11,54	2.658,71
		AG Zuschuss	437,29	0,00		87,98		
		AG Überw.	0,00	0,00		0,00		0,00
		U1	360,49					
		U2	45,10				U1 + U2	405,59
SV Gesamt								**5.711,47**

Einheitliche Pauschalsteuer (Minijob-Zentrale) Steuerbrutto 0,00 Lohnsteuer 0,00

Steuer-Summen	Gesamt-brutto	Steuer-brutto	Lohn-steuer	Kirchen-steuer	Solidaritäts-zuschlag	Kammerbeitrag	Summe
Summe	19.495,02	19.247,50	3.629,99	326,68	0,00	0,00	3.956,67
Pauschalen		101,52	15,22	0,39	0,83		16,44
Pauschalen nach § 37b		0,00	0,00	0,00	0,00		0,00
Verbleiben			3.645,21	327,07	0,83		3.973,11
BAV-Förderbetrag			- 0,00				- 0,00
Steuer Gesamt			**3.645,21**	**327,07**	**0,83**	**0,00**	**3.973,11**

Gesamt-übersicht	Auszahlung	SV - Gesamt	Steuer - Gesamt	einheitliche Pauschalst.	VWL - Überweisung	Altersvorsorge Entgeltumwandlung	Summe
	13.342,93	5.711,47	3.973,11	0,00	40,00	146,00	23.213,51

Lexware lohn + gehalt 28.02 - 2 - 08.02.2024

Abrechnung der Brutto-Netto-Bezüge

Februar 2024

Pers.-Nr. 100	**Abteilung**	**Kst.-St.**		**SV-Nummer**	52240565D006	**Steuer ID Nr.**	98765432114
Eintritt 01.01.2020	**Austritt**	**Geb.datum**	24.05.1965	**Kasse**	KARL MAYER BKK	**St.Kl. (Faktor) / Kinder**	3 / 0,0
		Personengruppe	101	**KV / AN-Beitrag KV**	/ 0,00%	**Konfession**	rk
				PV (Beitrag/AN/Zu.)	3,40%/1,70%/-	**Freibetrag mtl. / jährl.**	
				Übergangsbereich nein	**MFB** nein	**Hinzurech. mtl. / jährl.**	

Immobilien GmbH
Neckarstraße 15, 63110 Rodgau

persönlich / vertraulich
Herrn
Erwin Döller
Rabestr. 4
63165 Mühlheim

	SV-Tage KV	RV	AV	PV	St.-Tage
monatlich	0	30	30	0	30
kumuliert	0	60	60	0	60
BGR	0	1	1	1	

Urlaub Vorjahr	11,00	**Urlaub - monatlich genommen**	0,00
Urlaubsanspruch	24,00	**Resturlaub**	24,00

Lohnart	Bezeichnung	bezahlte Menge	Faktor	%-Zuschlag	St*	SV*	GB*	Betrag
986	Geschäftsführergehalt				L	L	J	5.950,00 EUR
9111	Dienstfahrzeug				L	L	J	123,00 EUR
9115	Dienstfahrzeug KM pauschal AG				P	F	J	29,52 EUR

Gesamtbrutto: 6.102,52 EUR

Steuer / Sozialversicherung

Steuer - Brutto	Lohnsteuer	Kirchensteuer	SolZ	KV - Brutto	PV - Brutto	Steuerrechtl. Abzüge
6.073,00 EUR	710,33 EUR	63,92 EUR	0,00 EUR	0,00 EUR	0,00 EUR	774,25 EUR
Σ 6.073,00 EUR	Σ 710,33 EUR	Σ 63,92 EUR	Σ 0,00 EUR	Σ 0,00 EUR	Σ 0,00 EUR	Σ 774,25 EUR
RV - Brutto	**AV - Brutto**	**KV - Beitrag**	**PV - Beitrag**	**RV - Beitrag**	**AV - Beitrag**	**SV - rechtl. Abzüge**
6.073,00 EUR	6.073,00 EUR	0,00 EUR	0,00 EUR	564,79 EUR	78,95 EUR	643,74 EUR
Σ 6.073,00 EUR	Σ 6.073,00 EUR	Σ 0,00 EUR	Σ 0,00 EUR	Σ 564,79 EUR	Σ 78,95 EUR	Σ 643,74 EUR

Σ Gesamtsumme

Nettoentgelt: 4.684,53 EUR

Aufgelaufene Jahreswerte	
Gesamtbrutto	Steuer - Brutto
12.205,04 EUR	12.146,00 EUR
Lohnsteuer	Kirchensteuer
1.420,66 EUR	127,84 EUR
SolZ	KV - Brutto
0,00 EUR	0,00 EUR
PV - Brutto	RV - Brutto
0,00 EUR	12.146,00 EUR
AV - Brutto	KV - Beitrag
12.146,00 EUR	0,00 EUR
PV - Beitrag	RV - Beitrag
0,00 EUR	1.129,58 EUR
AV - Beitrag	VWL - Gesamt
157,90 EUR	0,00 EUR
Betriebl. Altersversorgung	Auszahlungsbetrag
0,00 EUR	10.589,56 EUR

Nr.	Netto - Bezüge / Netto - Abzüge	
6914	Verpflegungszuschuss steuerfrei	32,00 EUR
6916	Fahrtkosten Auswärtstätigkeit, steuerfrei	158,00 EUR
6917	Übernachtungsmehraufwand, steuerfrei	20,00 EUR
9073	AG-Zuschuss zur freiwilligen KV	437,29 EUR
9078	AG-Zuschuss zur freiwilligen PV	87,98 EUR
9118	Dienstfahrzeug	-152,52 EUR

Summe Netto Be-/Abzüge: 582,75 EUR

IBAN:
BIC:
Bank:

Auszahlungsbetrag: 5.267,28 EUR

1 Teilmonatsentgelt: Es wird die Tageslohnsteuertabelle angewandt und/oder die automatische Lohnartenkürzung durchgeführt.

* A=Abfindung, B=SV-Beiträge werden vom Arbeitgeber entrichtet, E=Einmalbezug, F=Frei, L=Laufender Bezug, M=Mehrjährige Versteuerung, P=Pauschale Versteuerung, S=Sonstiger Bezug, V=Vorjahr, GB=Gesamtbrutto, J=Mit Auswirkung auf das Gesamtbrutto, N=Ohne Auswirkung auf das Gesamtbrutto

Entgeltbescheinigung nach § 108 Absatz 3 Satz 1 der Gewerbeordnung

Lexware lohn + gehalt 28.02 1/2 08.02.2024

Abrechnung der Brutto-Netto-Bezüge — Februar 2024

Pers.-Nr.	200	**Abteilung**		**Kst.-St.**		**SV-Nummer**	52100972H511	**Steuer ID Nr.**	11234567890
Eintritt	01.01.2014	**Austritt**		**Geb.datum**	10.09.1972	**Kasse**	AOK Hessen	**St.Kl. (Faktor) / Kinder**	4 (0,842) / 0,0
				Personengruppe	101	**KV / AN-Beitrag KV**	14,60% / 8,10%	**Konfession**	ev
						PV (Beitrag/AN/Zu.)	3,40%/1,70%/-	**Freibetrag mtl. / jährl.**	
						Übergangsbereich nein	**MFB** nein	**Hinzurech. mtl. / jährl.**	

Immobilien GmbH
Neckarstraße 15, 63110 Rodgau

persönlich / vertraulich
Frau
Renate Edelmann
Robert-Stolz-Str. 4
63179 Obertshausen

	SV-Tage KV	SV-Tage RV	SV-Tage AV	SV-Tage PV	St.-Tage
monatlich	30	30	30	30	30
kumuliert	60	60	60	60	60
BGR	1	1	1	1	

Urlaub Vorjahr	3,00	**Urlaub - monatlich genommen**	0,00
Urlaubsanspruch	24,00	**Resturlaub**	24,00

Lohnart	Bezeichnung	bezahlte Menge	Faktor	%-Zuschlag	St*	SV*	GB*	Betrag
2	Gehalt				L	L	J	2.200,00 EUR
30	lfd. Umsatzprovision				L	L	J	2.947,00 EUR
925	Kürzung aus Altersvorsorge				L	L	N	-146,00 EUR
926	Altersvorsorge Barlohnumwandlung				F	F	N	146,00 EUR
993	bAV Pflichtzuschuss				F	F	N	21,90 EUR
9021	VWL 1 Zuschuss				L	L	J	40,00 EUR

Gesamtbrutto: 5.187,00 EUR

Steuer / Sozialversicherung

Steuer - Brutto	Lohnsteuer	Kirchensteuer	SolZ	KV - Brutto	PV - Brutto	Steuerrechtl. Abzüge
5.041,00 EUR	711,66 EUR	64,04 EUR	0,00 EUR	5.041,00 EUR	5.041,00 EUR	775,70 EUR
Σ 5.041,00 EUR	Σ 711,66 EUR	Σ 64,04 EUR	Σ 0,00 EUR	Σ 5.041,00 EUR	Σ 5.041,00 EUR	Σ 775,70 EUR
RV - Brutto	**AV - Brutto**	**KV - Beitrag**	**PV - Beitrag**	**RV - Beitrag**	**AV - Beitrag**	**SV - rechtl. Abzüge**
5.041,00 EUR	5.041,00 EUR	408,32 EUR	85,70 EUR	468,81 EUR	65,53 EUR	1.028,36 EUR
Σ 5.041,00 EUR	Σ 5.041,00 EUR	Σ 408,32 EUR	Σ 85,70 EUR	Σ 468,81 EUR	Σ 65,53 EUR	Σ 1.028,36 EUR

Σ Gesamtsumme

Nettoentgelt: 3.382,94 EUR

Aufgelaufene Jahreswerte	
Gesamtbrutto	Steuer - Brutto
17.524,50 EUR	17.232,50 EUR
Lohnsteuer	Kirchensteuer
3.631,32 EUR	326,80 EUR
SolZ	KV - Brutto
0,00 EUR	10.216,00 EUR
PV - Brutto	RV - Brutto
10.216,00 EUR	17.232,50 EUR
AV - Brutto	KV - Beitrag
17.232,50 EUR	827,50 EUR
PV - Beitrag	RV - Beitrag
173,68 EUR	1.602,62 EUR
AV - Beitrag	VWL - Gesamt
224,02 EUR	80,00 EUR
Betriebl. Altersversorgung	Auszahlungsbetrag
335,80 EUR	10.366,56 EUR

Nr.	Netto - Bezüge / Netto - Abzüge	
6902	Altersvorsorge Vertrag 1	-146,00 EUR
9024	VWL 1 Überweisung	-40,00 EUR

Summe Netto Be-/Abzüge: -186,00 EUR

IBAN:
BIC:
Bank:

Auszahlungsbetrag: 3.196,94 EUR

1 Teilmonatsentgelt: Es wird die Tageslohnsteuertabelle angewandt und/oder die automatische Lohnartenkürzung durchgeführt.

* A=Abfindung, B=SV-Beiträge werden vom Arbeitgeber entrichtet, E=Einmalbezug, F=Frei, L=Laufender Bezug, M=Mehrjährige Versteuerung, P=Pauschale Versteuerung, S=Sonstiger Bezug, V=Vorjahr, GB=Gesamtbrutto, J=Mit Auswirkung auf das Gesamtbrutto, N=Ohne Auswirkung auf das Gesamtbrutto

Entgeltbescheinigung nach § 108 Absatz 3 Satz 1 der Gewerbeordnung

Lexware lohn + gehalt 28.02 — 1/1 — 08.02.2024

Abrechnung der Brutto-Netto-Bezüge

Februar 2024

Pers.-Nr.	300	**Abteilung**		**Kst.-St.**		**SV-Nummer**	52170802H001		**Steuer ID Nr.**	65498732164
Eintritt	01.09.2022	**Austritt**	31.08.2025	**Geb.datum**	17.08.2002	**Kasse**	KARL MAYER BKK		**St.Kl. (Faktor) / Kinder**	1 / 0,0
				Personengruppe	102	**KV / AN-Beitrag KV**	14,60% / 8,45%		**Konfession**	--
						PV (Beitrag/AN/Zu.)	3,40%/1,70%/-		**Freibetrag mtl. / jährl.**	
						Übergangsbereich	nein	**MFB** nein	**Hinzurech. mtl. / jährl.**	

	SV-Tage				St.-Tage
	KV	**RV**	**AV**	**PV**	
monatlich	30	30	30	30	30
kumuliert	60	60	60	60	60
BGR	1	1	1	1	

Urlaub Vorjahr	0,00	**Urlaub - monatlich genommen**	0,00
Urlaubsanspruch	24,00	**Resturlaub**	24,00

Immobilien GmbH
Neckarstraße 15, 63110 Rodgau

persönlich / vertraulich
Herrn
Alexander Hübenbecker
Weinbergstraße 7
63110 Rodgau

Lohnart	Bezeichnung	bezahlte Menge	Faktor	%-Zuschlag	St*	SV*	GB*	Betrag
3	Auszubildendenvergütung				L	L	J	1.005,00 EUR
22	Fahrgeld pauschal (AG)				P	F	J	72,00 EUR
31	Fahrgeld steuerpflichtig				L	L	J	8,00 EUR

Gesamtbrutto
1.085,00 EUR

Steuer / Sozialversicherung

Steuer - Brutto	Lohnsteuer	Kirchensteuer	SolZ	KV - Brutto	PV - Brutto	Steuerrechtl. Abzüge
1.013,00 EUR	0,00 EUR	0,00 EUR	0,00 EUR	1.013,00 EUR	1.013,00 EUR	0,00 EUR
Σ 1.013,00 EUR	Σ 0,00 EUR	Σ 0,00 EUR	Σ 0,00 EUR	Σ 1.013,00 EUR	Σ 1.013,00 EUR	Σ 0,00 EUR
RV - Brutto	**AV - Brutto**	**KV - Beitrag**	**PV - Beitrag**	**RV - Beitrag**	**AV - Beitrag**	**SV - rechtl. Abzüge**
1.013,00 EUR	1.013,00 EUR	85,60 EUR	17,22 EUR	94,21 EUR	13,17 EUR	210,20 EUR
Σ 1.013,00 EUR	Σ 1.013,00 EUR	Σ 85,60 EUR	Σ 17,22 EUR	Σ 94,21 EUR	Σ 13,17 EUR	Σ 210,20 EUR

Σ Gesamtsumme

Nettoentgelt
874,80 EUR

Aufgelaufene Jahreswerte	
Gesamtbrutto	Steuer - Brutto
2.140,00 EUR	1.996,00 EUR
Lohnsteuer	Kirchensteuer
0,00 EUR	0,00 EUR
SolZ	KV - Brutto
0,00 EUR	1.996,00 EUR
PV - Brutto	RV - Brutto
1.996,00 EUR	1.996,00 EUR
AV - Brutto	KV - Beitrag
1.996,00 EUR	168,66 EUR
PV - Beitrag	RV - Beitrag
33,93 EUR	185,63 EUR
AV - Beitrag	VWL - Gesamt
25,95 EUR	0,00 EUR
Betriebl. Altersversorgung	Auszahlungsbetrag
0,00 EUR	1.725,83 EUR

Nr.	Netto - Bezüge / Netto - Abzüge	
6005	Vorschuss	-150,00 EUR

Summe Netto Be-/Abzüge
-150,00 EUR

IBAN:
BIC:
Bank:

Auszahlungsbetrag
724,80 EUR

1 Teilmonatsentgelt: Es wird die Tageslohnsteuertabelle angewandt und/oder die automatische Lohnartenkürzung durchgeführt.

* A=Abfindung, B=SV-Beiträge werden vom Arbeitgeber entrichtet, E=Einmalbezug, F=Frei, L=Laufender Bezug, M=Mehrjährige Versteuerung, P=Pauschale Versteuerung, S=Sonstiger Bezug, V=Vorjahr, GB=Gesamtbrutto, J=Mit Auswirkung auf das Gesamtbrutto, N=Ohne Auswirkung auf das Gesamtbrutto

Entgeltbescheinigung nach § 108 Absatz 3 Satz 1 der Gewerbeordnung

Lexware lohn + gehalt 28.02 1/2 08.02.2024

Abrechnung der Brutto-Netto-Bezüge — Februar 2024

Pers.-Nr.	400	Abteilung	Kst.-St.		SV-Nummer	16120496K504	Steuer ID Nr.	29903456877
Eintritt	01.02.2024	Austritt	Geb.datum	12.04.1996	Kasse	Knapp-B-S	St.Kl. (Faktor) / Kinder	P /
			Personengruppe	109	KV / AN-Beitrag KV	/ 0,00%	Konfession	
					PV (Beitrag/AN/Zu.)	-/-/-	Freibetrag mtl. / jährl.	
					Übergangsbereich nein / MFB nein		Hinzurech. mtl. / jährl.	

Immobilien GmbH
Neckarstraße 15, 63110 Rodgau

persönlich / vertraulich
Frau
Barbara Kaufmann
Münzgasse 17
63150 Heusenstamm

	SV-Tage KV	RV	AV	PV	St.-Tage
monatlich	30	30	0	0	30
kumuliert	30	30	0	0	30
BGR	6	1	0	0	

Urlaub Vorjahr	0,00	Urlaub - monatlich genommen	0,00
Urlaubsanspruch	9,00	Resturlaub	9,00

Lohnart	Bezeichnung	bezahlte Menge	Faktor	%-Zuschlag	St*	SV*	GB*	Betrag
955	Aushilfsgehalt (Minijob)				L	L	J	510,00 EUR
2902	Job-Ticket steuerfrei				F	F	J	52,00 EUR

Gesamtbrutto: 562,00 EUR

Steuer / Sozialversicherung

Steuer - Brutto	Lohnsteuer	Kirchensteuer	SolZ	KV - Brutto	PV - Brutto	Steuerrechtl. Abzüge
0,00 EUR	0,00 EUR	0,00 EUR	0,00 EUR	510,00 EUR	0,00 EUR	0,00 EUR
Σ 0,00 EUR	Σ 0,00 EUR	Σ 0,00 EUR	Σ 0,00 EUR	Σ 510,00 EUR	Σ 0,00 EUR	Σ 0,00 EUR
RV - Brutto	**AV - Brutto**	**KV - Beitrag**	**PV - Beitrag**	**RV - Beitrag**	**AV - Beitrag**	**SV - rechtl. Abzüge**
510,00 EUR	0,00 EUR	0,00 EUR	0,00 EUR	18,36 EUR	0,00 EUR	18,36 EUR
Σ 510,00 EUR	Σ 0,00 EUR	Σ 0,00 EUR	Σ 0,00 EUR	Σ 18,36 EUR	Σ 0,00 EUR	Σ 18,36 EUR

Σ Gesamtsumme

Nettoentgelt: 543,64 EUR

Aufgelaufene Jahreswerte	
Gesamtbrutto	Steuer - Brutto
562,00 EUR	0,00 EUR
Lohnsteuer	Kirchensteuer
0,00 EUR	0,00 EUR
SolZ	KV - Brutto
0,00 EUR	510,00 EUR
PV - Brutto	RV - Brutto
0,00 EUR	510,00 EUR
AV - Brutto	KV - Beitrag
0,00 EUR	0,00 EUR
PV - Beitrag	RV - Beitrag
0,00 EUR	18,36 EUR
AV - Beitrag	VWL - Gesamt
0,00 EUR	0,00 EUR
Betriebl. Altersversorgung	Auszahlungsbetrag
0,00 EUR	451,64 EUR

Nr.	Netto - Bezüge / Netto - Abzüge	
2902	Job-Ticket steuerfrei	-52,00 EUR
6006	Zuzahlung Fahrkarte	-40,00 EUR

Summe Netto Be-/Abzüge: -92,00 EUR

IBAN:
BIC:
Bank:

Auszahlungsbetrag: 451,64 EUR

1 Teilmonatsentgelt: Es wird die Tageslohnsteuertabelle angewandt und/oder die automatische Lohnartenkürzung durchgeführt.

* A=Abfindung, B=SV-Beiträge werden vom Arbeitgeber entrichtet, E=Einmalbezug, F=Frei, L=Laufender Bezug, M=Mehrjährige Versteuerung, P=Pauschale Versteuerung, S=Sonstiger Bezug, V=Vorjahr, GB=Gesamtbrutto, J=Mit Auswirkung auf das Gesamtbrutto, N=Ohne Auswirkung auf das Gesamtbrutto

Entgeltbescheinigung nach § 108 Absatz 3 Satz 1 der Gewerbeordnung | Pauschal besteuerte Bezüge nach §40a Abs.2 EStG: 510,00 EUR

Lexware lohn + gehalt 28.02 — 1/1 — 08.02.2024

Immobilien GmbH

Lohnjournal

Februar 2024

Pers.-Nr.	Name Zeitraum St.Kl.(Faktor)/Kinder/Konf.	KK KV Übergangsbereich BFD GV	RV AV PV MFB ST SV	Gesamt-Brutto Steuer-Brutto SV-Brutto	Lohn-steuer	Kirchen-steuer	SolZ		KV	RV	AV	PV	Netto-gehalt	pausch.St. AN Kammerbeitrag Vorschüsse	VWL Altersvors. BAV-Förd. sonst. Auszahlg.
100	**Döller, Erwin**	KARL 0	1 1 1	6.102,52	710,33	63,92	0,00	AN	0,00	564,79	78,95	0,00	4.684,53	-0,00	-0,00
	01.-29.02.2024	nein		6.073,00				AG	0,00	564,79	78,95	0,00		-0,00	-0,00
	St.Kl.: 3 / 0,0 / rk	0	0 30 30	6.073,00				AG Zuschuss	437,29			87,98		0,00	-0,00
	Pauschalen:			29,52	4,42	0,39	0,24	AG Überw.							582,75
	Pauschalen nach § 37b:							U1	145,75						
								U2	12,15						
								InsG.Umlage	3,64						
															5.267,28
200	**Edelmann, Renate**	AOK F 1	1 1 1	5.187,00	711,66	64,04	0,00	AN	408,32	468,81	65,53	85,70	3.382,94	-0,00	-40,00
	01.-29.02.2024	nein		5.041,00				AG	408,32	468,81	65,53	85,70		-0,00	-146,00
	St.Kl.: 4(0,842) / 0,0 / ev	0	0 30 30	5.041,00				AG Zuschuss						0,00	-0,00
	Pauschalen:							AG Überw.							0,00
	Pauschalen nach § 37b:							U1	146,19						
								U2	23,69						
								InsG.Umlage	3,02						
															3.196,94
300	**Hübenbecker, Alexanc**	KARL 1	1 1 1	1.085,00	0,00	0,00	0,00	AN	85,60	94,21	13,17	17,22	874,80	-0,00	-0,00
	01.-29.02.2024	nein		1.013,00				AG	85,60	94,21	13,17	17,22		-0,00	-0,00
	St.Kl.: 1 / 0,0 / --	0	0 30 30	1.013,00				AG Zuschuss						150,00	-0,00
	Pauschalen:			72,00	10,80	0,00	0,59	AG Überw.							0,00
	Pauschalen nach § 37b:							U1	24,31						
								U2	2,03						
								InsG.Umlage	0,61						
															874,80
400	**Kaufmann, Barbara**	Knapp 6	1 0 0	562,00	0,00	0,00	0,00	AN	0,00	18,36	0,00	0,00	543,64	-0,00	-0,00
	01.-29.02.2024	nein		0,00				AG	66,30	76,50	0,00	0,00		-0,00	-0,00
	Pauschal	0	0 30 30	510,00				AG Zuschuss						0,00	-0,00
	Pauschalen:							AG Überw.							-92,00
	einheitliche Pauschsteuer:			510,00	10,20			U1	5,61						
	Pauschalen nach § 37b:							U2	1,22						
								InsG.Umlage	0,31						
															451,64

Lexware lohn + gehalt 28.02 - 1 - 08.02.2024

Immobilien GmbH

Lohnjournal

Februar 2024

SV-Summen			KV	RV	AV	PV	InsG.Umlage	Summe
	SV-Brutto	AN	493,92	1.146,17	157,65	102,92		1.900,66
	12.637,00	AG	560,22	1.204,31	157,65	102,92	7,58	2.032,68
		AG Zuschuss	437,29	0,00		87,98		
		AG Überw.	0,00	0,00		0,00		0,00
		U1	321,86					
		U2	39,09				U1 + U2	360,95
SV Gesamt								**4.294,29**

Einheitliche Pauschalsteuer (Minijob-Zentrale) Steuerbrutto 510,00 Lohnsteuer 10,20

Steuer-Summen	Gesamt-brutto	Steuer-brutto	Lohn-steuer	Kirchen-steuer	Solidaritäts-zuschlag	Kammerbeitrag	Summe
Summe	12.936,52	12.127,00	1.421,99	127,96	0,00	0,00	1.549,95
Pauschalen		101,52	15,22	0,39	0,83		16,44
Pauschalen nach § 37b		0,00	0,00	0,00	0,00		0,00
Verbleiben			1.437,21	128,35	0,83		1.566,39
BAV-Förderbetrag			- 0,00				- 0,00
Steuer Gesamt			**1.437,21**	**128,35**	**0,83**	**0,00**	**1.566,39**

Gesamt-übersicht	Auszahlung	SV - Gesamt	Steuer - Gesamt	einheitliche Pauschalst.	VWL - Überweisung	Altersvorsorge Entgeltumwandlung	Summe
	9.790,66	4.294,29	1.566,39	10,20	40,00	146,00	15.847,54

Lexware lohn + gehalt 28.02 - 2 - 08.02.2024

4. Musterprüfung

Aufgaben

Aufgabe 1:

◆ Legen Sie eine neue Firma mit den nachstehend aufgeführten Stammdaten an. Die mit Lexware abgerechneten Entgelte beginnen im Januar 2024.

Firmenstammdaten:

Firma/Anschrift:	Möbelhandel „kombiniert mit dem eigenen Namen" Karolingerstr. 43; 63303 Dreieich (Hessen) E-Mail: info@moebelhandel.de
Bankverbindung:	Sparkasse Langen-Seligenstadt IBAN DE53 5065 2124 0000 3333 33 BIC HELADEF1SLS
Finanzamt:	Langen (Hessen); Nr. 2628; Steuernummer: 028 841 93742 ■ Die Lohnsteueranmeldung erfolgt monatlich. ■ Dem Finanzamt wurde Lastschriftauftrag erteilt.
Betriebsnummer:	492 705 51
Ansprechpartner:	Anna Doll, Tel.: 06103/1234567, Mail: anna.doll@moebelhandel.de
Berufsgenossenschaft:	BGHW; Betriebsnummer: 320 640 04; Mitgliedsnummer: 2132142150; PIN 65454; Unternehmensnummer: 123456789993001 Gefahrentarifstelle für alle Mitarbeiter: 03
Krankenkassen:	AOK Hessen; KKH; Knappschaft-Bahn-See ■ Die Zahlungen an die Krankenkassen erfolgen per Lastschrift. ■ Das Unternehmen ist umlagepflichtig. ■ Die Firma hat den allgemeinen Satz für die Umlage gewählt. ■ Nachweis im Krankheitsfall ist nach 3 Kalendertagen erforderlich.
Allgemein:	■ Die Entgeltzahlungen an die Mitarbeiter werden am Monatsletzten fällig. ■ Die Zahlungen an die Mitarbeiter erfolgen per Scheck. ■ Die betriebliche Wochenarbeitszeit beträgt 40 Stunden (Mo - Fr je 8 Stunden). Alle Arbeitnehmer in Vollzeit haben einen Anspruch von 26 Arbeitstagen Erholungsurlaub im Jahr; bei Teilzeit ist anteiliger Urlaub zu gewähren. ■ Die Kirchensteuer wird bei der Pauschalierung der Lohnsteuer in allen Fällen im Nachweisverfahren berechnet und abgeführt. ■ Alle Angaben auf den Mitarbeiterbogen sind durch die entsprechenden Unterlagen (ELStAM bzw. Ersatzbescheinigungen, SV-Ausweise, Arbeitsverträge) nachgewiesen. Die Unterlagen liegen vor, und alle Nachweise sind erbracht.

Aufgabe 2:

◆ Legen Sie die einzelnen Mitarbeiter entsprechend den Mitarbeiterstammblättern an.

Mitarbeiterstammdaten:

Personalnummer:	1
Name/Anschrift:	Egon Bäcker; Saarstr. 15; 63179 Obertshausen
Beschäftigt als:	Verkäufer seit dem 01.01.2015
SV-Nummer:	52 220669 B 008
Elterneigenschaft:	nachgewiesen, 2 Kinder unter 25 Jahren
Ausbildung:	Realschulabschluss, abgeschlossene Ausbildung zum Einzelhandelskaufmann
Krankenkasse:	gesetzlich bei der AOK Hessen
Lohnsteuerabzugsmerkmale:	III / 2,0 / ev/- Freibetrag monatlich 800 € / jährlich 9.600 €; Identifikationsnummer: 98765432114
Wochenarbeitszeit:	betriebsübliche Arbeitszeit
Sonstige Angaben:	Herr Bäcker ist deutscher Staatsbürger. Er ist Schwerbehinderter im Sinne des Schwerbehindertengesetzes. Sein Grad der Behinderung ist 70.

Angaben zu den festen Bezügen:

Herr Bäcker erhält als Verkäufer ein monatliches Fixgehalt in Höhe von 2.200,00 €. Zusätzlich hat er Anspruch auf eine monatliche Provision, die sich am Umsatz orientiert.

Weiterhin erhält Herr Bäcker einen Zuschuss in Höhe von 20,00 € zur Vermögensbildung. Seinen VWL-Vertrag hat er bei der LBS unter der Vertragsnummer 121598 abgeschlossen. Seine monatliche Sparrate beträgt 40,00 €. Auch hier erfolgt die Zahlung per Lastschrift.

Personalnummer:	2
Name/Anschrift:	Otto Peters, Harrasweg 7; 63165 Mühlheim/M.
Beschäftigt als:	Lagerist seit dem 01.07.2017
SV-Nummer:	52 240577 D 328
Elterneigenschaft:	nicht nachgewiesen
Ausbildung:	Hauptschulabschluss ohne abgeschlossene Ausbildung
Krankenkasse:	gesetzlich bei der AOK Hessen
Lohnsteuerabzugs-merkmale:	I/0/- Identifikationsnummer: 36925814758
Wochenarbeitszeit:	betriebsüblich
Sonstige Angaben:	Herr Peters ist deutscher Staatsbürger.

Angaben zu den festen Bezügen:

Der Stundenlohn beträgt 12,82 € und entspricht gleichzeitig dem Durchschnittslohn der letzten drei Monate.

Der Arbeitgeber zahlt für den Arbeitnehmer seit 1. Januar 2022 einen Beitrag von 100,00 € steuerfrei in eine Pensionskasse (Sparkassen-Pensionskasse,Vertragsnummer 8795633) als Zusatzleistung. Die Abführung erfolgt per Lastschrift.

Personalnummer:	3
Name/Anschrift:	Sandra Bader, Roseggerstraße 13; 63073 Offenbach/M.
Beschäftigt als:	Auszubildende zur Verkäuferin seit dem 01.01.2024; voraussichtliches Ende der Ausbildung am 31.08.2027
SV-Nummer:	muss beantragt werden. Frau Bader wurde am 16.01.2007 in Odense/ Dänemark geboren; der Geburtsname ist Bader.
Elterneigenschaft:	nicht nachgewiesen
Ausbildung:	Hauptschulabschluss ohne abgeschlossene Ausbildung
Krankenkasse:	gesetzlich bei der AOK Hessen
Lohnsteuerabzugs-merkmale:	I / 0 / rk Identifikationsnummer: 14725836994
Wochenarbeitszeit:	40 Stunden
Sonstige Angaben:	Frau Bader hat die dänische Staatsbürgerschaft.

Angaben zu den festen Bezügen:

Die Ausbildungsvergütung für Frau Bader beträgt monatlich 649,00 €.

Personalnummer:	4
Name/Anschrift:	Anna Doll, Karlsbader Str. 4; 63110 Rodgau
Beschäftigt als:	Teilzeitbuchhalterin seit dem 01.01.2024
SV-Nummer:	52 100991 H 514
Elterneigenschaft:	nicht nachgewiesen
Ausbildung:	Abitur mit abgeschlossener Ausbildung als Steuerfachassistentin
Krankenkasse:	gesetzlich bei der KKH
Lohnsteuerabzugs-merkmale:	V / 0 / rk/rk Identifikationsnummer: 11234567890
Wochenarbeitszeit:	15 Stunden (Mo., Mi., Fr. je 5 Stunden)
Sonstige Angaben:	Frau Doll ist dänische Staatsbürgerin. Sie ist die Ehefrau des Firmeninhabers. Der Arbeitsvertrag ist steuerrechtlich nicht zu beanstanden.
Angaben zu den festen Bezügen: Das monatliche Gehalt beträgt 860,00 €.	

Personalnummer:	5
Name/Anschrift:	Elsbeth Behrends; Offenbacher Str. 51; 63128 Dietzenbach (Hessen)
Nationalität:	deutsch
Beschäftigt als:	Reinigungskraft seit 01.01.2024
SV-Nummer:	52 301162 W 522
Elterneigenschaft:	nachgewiesen, 2 Kinder über 25 Jahren
Ausbildung:	Realschule mit abgeschlossener Ausbildung als Krankenschwester
Krankenversicherung:	Frau Behrends ist über ihren Ehemann als Familienmitglied bei der AOK Hessen versichert. Sie beantragt schriftlich die RV-Freiheit.
Wochenarbeitszeit:	9 Std. (Mi + Sa je 4,5 Std.).
Sonstiges:	Lohnsteuerabzugsmerkmale werden nicht abgerufen, jedoch hat Frau Behrends schriftlich erklärt, nicht konfessionsgebunden zu sein. Die pauschale Lohnsteuer wird auf die Arbeitnehmerin abgewälzt. Steuer-ID: 76543219815

Aufgabe 3:

- Es sind die vom Programm vorgegebenen Lohnarten zu verwenden. Sollten für einige Vorgänge keine Lohnarten vorhanden sein, so legen Sie diese bitte an.

Aufgabe 4:

- Erstellen Sie die Lohn- / Gehaltsabrechnungen für den Monat Januar 2024 unter Berücksichtigung der folgenden Angaben.

Angaben zu den Bezügen der einzelnen Arbeitnehmer für Januar 2024

Personal-Nr., Name:	1, Egon Bäcker
Provisionsanspruch für Januar: 2.955,00 €	

Personal-Nr., Name:	2, Otto Peters
geleistete Stunden im Januar:	136
Urlaub:	vom 08. - 12. Januar

Personal-Nr., Name: 3, Sandra Bader

Frau Bader erhält einen monatlichen Fahrtkostenzuschuss von 48,60 € für die Fahrt von ihrer Wohnung zur ersten Tätigkeitsstätte mit den öffentlichen Verkehrsmitteln.

Personal-Nr., Name:	4, Anna Doll
keine zusätzlichen Bezüge	

Personalnummer:	5, Elsbeth Behrends	
Bezüge:	Gehalt	538,00 € / Monat

Aufgabe 5:

- Führen Sie den Monatswechsel in den Februar 2024 durch. Erstellen Sie danach die Lohn-/ Gehaltsabrechnungen Februar 2024 unter Berücksichtigung der folgenden Angaben:

Angaben zu den Bezügen der einzelnen Arbeitnehmer für Februar 2024

Personal-Nr., Name: 1, Egon Bäcker

Festbezüge gemäß Arbeitnehmerstammblatt, Provision 3.065,00 €.

Personal-Nr., Name: 2, Otto Peters

Herr Peters erhält eine rückwirkende Lohnerhöhung ab 01.01.2024 auf nunmehr 13,10 €.
Bitte korrigieren Sie den Januar mittels des Korrekturmodus.

geleistete Stunden im Februar 168

Personal-Nr., Name: 3, Sandra Bader

Als Belohnung für gute Berufsschulnoten erhielt Frau Bader einen Buchgutschein für ein Buch ihrer Wahl, den sie bei der Buchhandlung „Leselust“ einlösen kann. Der Sachbezugswert des Gutscheins wurde mit 45,00 € ermittelt; eine Barauszahlung des Wertes ist nicht möglich.

Die SV-Nr. von Frau Bader wurde inzwischen mitgeteilt: 65 160107 B 979.

Personal-Nr., Name:	4, Anna Doll

Ab 01. Februar erledigt Frau Doll einen Großteil ihrer Arbeiten als Buchhalterin (Mo + Mi) im Home-Office. Zu den Aufwendungen für den privaten Internetanschluss hier zahlt der Arbeitgeber einen Barzuschuss in Höhe von 40,00 €. Dieser soll weitgehend pauschal versteuert werden. Eine Erklärung der Frau Doll zu den Aufwendungen für die laufende Internetnutzung liegt vor.

Personalnummer:	5, Elsbeth Behrends
Bezüge:	unverändert

Frau Behrends hat ab 1. Februar eine weitere Beschäftigung als Zeitungsausträgerin aufgenommen, bei der sie ein Gehalt von 175,00 € erhält. Die Firma Möbelhandel möchte weiterhin eine Pauschalversteuerung durchführen, sofern dies gesetzlich zulässig ist.

Lösung zur 4. Musterprüfung

Hinweise zur Lösung:

1 Bäcker, Egon
Tätigkeitsschlüssel: 62252 3211
Als Schwerbehinderter hat Herr Bäcker Anspruch auf 5 Tage Zusatzurlaub.
Die Erfassung des Grad der Schwerbehinderung ebenso wie die Ermittlung von Schwerbehindertenabgabe ist in Lexware financial office basis nicht möglich.

2 Peters, Otto
Tätigkeitsschlüssel: 51312 2111

3 Bader, Sandra
Tätigkeitsschlüssel: 62252 2113
Urlaubsanspruch: Frau Bader ist am 01.01.2024 noch nicht 17 Jahre alt, daher hat sie nach § 19 JArbSchG Anspruch auf 27 Werktage Urlaub im Jahr - das entspricht bei einer 5-Tage-Woche einem Urlaubsanspruch von 23 Tagen.

4 Doll, Anna
Tätigkeitsschlüssel: 72213 4212
Als Ehepartnerin des Firmeninhabers erhält sie das entsprechende Statuskennzeichen.
Anteiliger Urlaubsanspruch: 12 Tage
Zum Internetanschluss siehe § 40 Abs. 2 Satz 1 Nr. 5 EStG.

5 Behrends, Elsbeth
Tätigkeitsschlüssel: 54101 3212
Personengruppe: 109 im Januar, 101 ab Februar
Krankenkasse: Knappschaft-Bahn-See im Januar; AOK Hessen ab Februar
anteiliger Urlaubsanspruch: 8 Tage

Ab Februar besteht eine Mehrfachbeschäftigung. Durch Aufnahme der zweiten Beschäftigung wird die Geringfügigkeitsgrenze überschritten, Frau Behrends wird sozialversicherungspflichtig und muss bei der AOK Hessen gemeldet werden. Da die Übergangsregelungsgrenze durch beide Beschäftigungen nicht überschritten ist, wird Frau Behrends ab Februar nach den Übergangsregelungen abgerechnet.

Abrechnung der Brutto-Netto-Bezüge

Januar 2024

Pers.-Nr. 1	**Abteilung**	**Kst.-St.**	**SV-Nummer** 52220669B008	**Steuer ID Nr.** 98765432114
Eintritt 01.01.2015	**Austritt**	**Geb.datum** 22.06.1969	**Kasse** AOK Hessen	**St.Kl. (Faktor) / Kinder** 3 / 2,0
		Personengruppe 101	**KV / AN-Beitrag KV** 14,60% / 8,10%	**Konfession** ev
			PV (Beitrag/AN/Zu.) 3,15%/1,45%/-	**Freibetrag mtl. / jährl.** 800 / 9.600
			Übergangsbereich nein **MFB** nein	**Hinzurech. mtl. / jährl.**

Möbelhandel
Karolingerstr. 43, 63303 Dreieich

persönlich / vertraulich
Herrn
Egon Bäcker
Saarstr. 15
63179 Obertshausen

	SV-Tage KV	RV	AV	PV	St.-Tage
monatlich	30	30	30	30	30
kumuliert	30	30	30	30	30
BGR	1	1	1	1	

Urlaub Vorjahr	0,00	**Urlaub - monatlich genommen**	0,00
Urlaubsanspruch	31,00	**Resturlaub**	31,00

Lohnart	Bezeichnung	bezahlte Menge	Faktor	%-Zuschlag	St*	SV*	GB*	Betrag
2	Gehalt				L	L	J	2.200,00 EUR
30	lfd. Provision				L	L	J	2.955,00 EUR
9021	VWL 1 Zuschuss				L	L	J	20,00 EUR

Gesamtbrutto: 5.175,00 EUR

Steuer / Sozialversicherung

Steuer - Brutto	Lohnsteuer	Kirchensteuer	SolZ	KV - Brutto	PV - Brutto	Steuerrechtl. Abzüge
5.175,00 EUR	284,00 EUR	0,00 EUR	0,00 EUR	5.175,00 EUR	5.175,00 EUR	284,00 EUR
Σ 5.175,00 EUR	Σ 284,00 EUR	Σ 0,00 EUR	Σ 0,00 EUR	Σ 5.175,00 EUR	Σ 5.175,00 EUR	Σ 284,00 EUR
RV - Brutto	**AV - Brutto**	**KV - Beitrag**	**PV - Beitrag**	**RV - Beitrag**	**AV - Beitrag**	**SV - rechtl. Abzüge**
5.175,00 EUR	5.175,00 EUR	419,18 EUR	75,04 EUR	481,28 EUR	67,28 EUR	1.042,78 EUR
Σ 5.175,00 EUR	Σ 5.175,00 EUR	Σ 419,18 EUR	Σ 75,04 EUR	Σ 481,28 EUR	Σ 67,28 EUR	Σ 1.042,78 EUR

Σ Gesamtsumme

Nettoentgelt: 3.848,22 EUR

Aufgelaufene Jahreswerte	
Gesamtbrutto	Steuer - Brutto
5.175,00 EUR	5.175,00 EUR
Lohnsteuer	Kirchensteuer
284,00 EUR	0,00 EUR
SolZ	KV - Brutto
0,00 EUR	5.175,00 EUR
PV - Brutto	RV - Brutto
5.175,00 EUR	5.175,00 EUR
AV - Brutto	KV - Beitrag
5.175,00 EUR	419,18 EUR
PV - Beitrag	RV - Beitrag
75,04 EUR	481,28 EUR
AV - Beitrag	VWL - Gesamt
67,28 EUR	40,00 EUR
Betriebl. Altersversorgung	Auszahlungsbetrag
0,00 EUR	3.808,22 EUR

Nr.	Netto - Bezüge / Netto - Abzüge	
9024	VWL 1 Überweisung	-40,00 EUR

Summe Netto Be-/Abzüge: -40,00 EUR

IBAN:
BIC:
Bank:

Auszahlungsbetrag: 3.808,22 EUR

1 Teilmonatsentgelt: Es wird die Tageslohnsteuertabelle angewandt und/oder die automatische Lohnartenkürzung durchgeführt.

* A=Abfindung, B=SV-Beiträge werden vom Arbeitgeber entrichtet, E=Einmalbezug, F=Frei, L=Laufender Bezug, M=Mehrjährige Versteuerung, P=Pauschale Versteuerung, S=Sonstiger Bezug, V=Vorjahr, GB=Gesamtbrutto, J=Mit Auswirkung auf das Gesamtbrutto, N=Ohne Auswirkung auf das Gesamtbrutto

Entgeltbescheinigung nach § 108 Absatz 3 Satz 1 der Gewerbeordnung

Lexware lohn + gehalt 28.02 1/1 08.02.2024

Abrechnung der Brutto-Netto-Bezüge

Januar 2024

Pers.-Nr. 2	**Abteilung**	**Kst.-St.**	**SV-Nummer** 52240577D328	**Steuer ID Nr.** 36925814758
Eintritt 01.07.2017	**Austritt**	**Geb.datum** 24.05.1977	**Kasse** AOK Hessen	**St.Kl. (Faktor) / Kinder** 1 / 0,0
		Personengruppe 101	**KV / AN-Beitrag KV** 14,60% / 8,10%	**Konfession** --
			PV (Beitrag/AN/Zu.) 3,40%/1,70%/0,60%	**Freibetrag mtl. / jährl.**
			Übergangsbereich nein **MFB** nein	**Hinzurech. mtl. / jährl.**

	SV-Tage				St.-Tage
	KV	RV	AV	PV	
monatlich	30	30	30	30	30
kumuliert	30	30	30	30	30
BGR	1	1	1	1	

Urlaub Vorjahr	0,00	**Urlaub - monatlich genommen**	5,00
Urlaubsanspruch	26,00	**Resturlaub**	21,00

Möbelhandel
Karolingerstr. 43, 63303 Dreieich

persönlich / vertraulich
Herrn
Otto Peters
Harrasweg 7
63165 Mühlheim

Lohnart	Bezeichnung	bezahlte Menge	Faktor	%-Zuschlag	St*	SV*	GB*	Betrag
1	Lohn	136,00	12,8200		L	L	J	1.743,52 EUR
14	Urlaubsstunden	40,00	12,8200	100,00	L	L	J	512,80 EUR
15	Feiertagsstunden	8,00	12,8200		L	L	J	102,56 EUR
920	Altersvorsorge Zusatzleistung				F	F	N	100,00 EUR

Gesamtbrutto: 2.358,88 EUR

Steuer / Sozialversicherung

Steuer - Brutto	Lohnsteuer	Kirchensteuer	SolZ	KV - Brutto	PV - Brutto	Steuerrechtl. Abzüge
2.358,88 EUR	179,25 EUR	0,00 EUR	0,00 EUR	2.358,88 EUR	2.358,88 EUR	179,25 EUR
Σ 2.358,88 EUR	Σ 179,25 EUR	Σ 0,00 EUR	Σ 0,00 EUR	Σ 2.358,88 EUR	Σ 2.358,88 EUR	Σ 179,25 EUR
RV - Brutto	**AV - Brutto**	**KV - Beitrag**	**PV - Beitrag**	**RV - Beitrag**	**AV - Beitrag**	**SV - rechtl. Abzüge**
2.358,88 EUR	2.358,88 EUR	191,07 EUR	54,25 EUR	219,38 EUR	30,67 EUR	495,37 EUR
Σ 2.358,88 EUR	Σ 2.358,88 EUR	Σ 191,07 EUR	Σ 54,25 EUR	Σ 219,38 EUR	Σ 30,67 EUR	Σ 495,37 EUR

Σ Gesamtsumme

Nettoentgelt: 1.684,26 EUR

Aufgelaufene Jahreswerte	
Gesamtbrutto	Steuer - Brutto
2.358,88 EUR	2.358,88 EUR
Lohnsteuer	Kirchensteuer
179,25 EUR	0,00 EUR
SolZ	KV - Brutto
0,00 EUR	2.358,88 EUR
PV - Brutto	RV - Brutto
2.358,88 EUR	2.358,88 EUR
AV - Brutto	KV - Beitrag
2.358,88 EUR	191,07 EUR
PV - Beitrag	RV - Beitrag
54,25 EUR	219,38 EUR
AV - Beitrag	VWL - Gesamt
30,67 EUR	0,00 EUR
Betriebl. Altersversorgung	Auszahlungsbetrag
100,00 EUR	1.684,26 EUR

Nr.	Netto - Bezüge / Netto - Abzüge

Summe Netto Be-/Abzüge: 0,00 EUR

IBAN:
BIC:
Bank:

Auszahlungsbetrag: 1.684,26 EUR

1 Teilmonatsentgelt: Es wird die Tageslohnsteuertabelle angewandt und/oder die automatische Lohnartenkürzung durchgeführt.

* A=Abfindung, B=SV-Beiträge werden vom Arbeitgeber entrichtet, E=Einmalbezug, F=Frei, L=Laufender Bezug, M=Mehrjährige Versteuerung, P=Pauschale Versteuerung, S=Sonstiger Bezug, V=Vorjahr, GB=Gesamtbrutto, J=Mit Auswirkung auf das Gesamtbrutto, N=Ohne Auswirkung auf das Gesamtbrutto

Entgeltbescheinigung nach § 108 Absatz 3 Satz 1 der Gewerbeordnung

Lexware lohn + gehalt 28.02 1/1 08.02.2024

Abrechnung der Brutto-Netto-Bezüge

Januar 2024

Pers.-Nr.	3	**Abteilung**		**Kst.-St.**		**SV-Nummer**		**Steuer ID Nr.**	14725836994
Eintritt	01.01.2024	**Austritt**	31.08.2027	**Geb.datum**	16.01.2007	**Kasse**	AOK Hessen	**St.Kl. (Faktor) / Kinder**	1 / 0,0
				Personengruppe	102	**KV / AN-Beitrag KV**	14,60% / 8,10%	**Konfession**	rk
						PV (Beitrag/AN/Zu.)	3,40%/1,70%/-	**Freibetrag mtl. / jährl.**	
						Übergangsbereich	nein **MFB** nein	**Hinzurech. mtl. / jährl.**	

Möbelhandel
Karolingerstr. 43, 63303 Dreieich

persönlich / vertraulich
Frau
Sandra Bader
Roseggerstraße 13
63073 Offenbach

	SV-Tage				St.-Tage
	KV	**RV**	**AV**	**PV**	
monatlich	30	30	30	30	30
kumuliert	30	30	30	30	30
BGR	1	1	1	1	

Urlaub Vorjahr	0,00	**Urlaub - monatlich genommen**	0,00
Urlaubsanspruch	26,00	**Resturlaub**	26,00

Lohnart	Bezeichnung	bezahlte Menge	Faktor	%-Zuschlag	St*	SV*	GB*	Betrag
3	Auszubildendenvergütung				L	L	J	649,00 EUR
21	Fahrgeld steuerfrei				F	F	J	48,60 EUR

Steuer / Sozialversicherung

Gesamtbrutto: 697,60 EUR

Steuer - Brutto	Lohnsteuer	Kirchensteuer	SolZ	KV - Brutto	PV - Brutto	Steuerrechtl. Abzüge
649,00 EUR	0,00 EUR	0,00 EUR	0,00 EUR	649,00 EUR	649,00 EUR	0,00 EUR
Σ 649,00 EUR	Σ 0,00 EUR	Σ 0,00 EUR	Σ 0,00 EUR	Σ 649,00 EUR	Σ 649,00 EUR	Σ 0,00 EUR
RV - Brutto	**AV - Brutto**	**KV - Beitrag**	**PV - Beitrag**	**RV - Beitrag**	**AV - Beitrag**	**SV - rechtl. Abzüge**
649,00 EUR	649,00 EUR	52,57 EUR	11,03 EUR	60,36 EUR	8,44 EUR	132,40 EUR
Σ 649,00 EUR	Σ 649,00 EUR	Σ 52,57 EUR	Σ 11,03 EUR	Σ 60,36 EUR	Σ 8,44 EUR	Σ 132,40 EUR

Σ Gesamtsumme

Nettoentgelt: 565,20 EUR

Aufgelaufene Jahreswerte	
Gesamtbrutto	Steuer - Brutto
697,60 EUR	649,00 EUR
Lohnsteuer	Kirchensteuer
0,00 EUR	0,00 EUR
SolZ	KV - Brutto
0,00 EUR	649,00 EUR
PV - Brutto	RV - Brutto
649,00 EUR	649,00 EUR
AV - Brutto	KV - Beitrag
649,00 EUR	52,57 EUR
PV - Beitrag	RV - Beitrag
11,03 EUR	60,36 EUR
AV - Beitrag	VWL - Gesamt
8,44 EUR	0,00 EUR
Betriebl. Altersversorgung	Auszahlungsbetrag
0,00 EUR	565,20 EUR

Nr.	Netto - Bezüge / Netto - Abzüge

Summe Netto Be-/Abzüge: 0,00 EUR

IBAN:
BIC:
Bank:

Auszahlungsbetrag: 565,20 EUR

1 Teilmonatsentgelt: Es wird die Tageslohnsteuertabelle angewandt und/oder die automatische Lohnartenkürzung durchgeführt.

* A=Abfindung, B=SV-Beiträge werden vom Arbeitgeber entrichtet, E=Einmalbezug, F=Frei, L=Laufender Bezug, M=Mehrjährige Versteuerung, P=Pauschale Versteuerung, S=Sonstiger Bezug, V=Vorjahr, GB=Gesamtbrutto, J=Mit Auswirkung auf das Gesamtbrutto, N=Ohne Auswirkung auf das Gesamtbrutto

Entgeltbescheinigung nach § 108 Absatz 3 Satz 1 der Gewerbeordnung

Lexware lohn + gehalt 28.02 1/1 08.02.2024

Abrechnung der Brutto-Netto-Bezüge

Januar 2024

Pers.-Nr.	4	**Abteilung**		**Kst.-St.**		**SV-Nummer** 52100991H514	**Steuer ID Nr.** 11234567890
Eintritt	01.01.2024	**Austritt**		**Geb.datum**	10.09.1991	**Kasse** KKH Kaufmännische	**St.Kl. (Faktor) / Kinder** 5 / 0,0
				Personengruppe	101	**KV / AN-Beitrag KV** 14,60% / 8,29%	**Konfession** rk
						PV (Beitrag/AN/Zu.) 3,40%/1,70%/0,60%	**Freibetrag mtl. / jährl.**
						Übergangsbereich ja **MFB** nein	**Hinzurech. mtl. / jährl.**

Möbelhandel
Karolingerstr. 43, 63303 Dreieich

persönlich / vertraulich
Frau
Anna Doll
Karlsbader Str. 4
63110 Rodgau

	SV-Tage				St.-Tage
	KV	**RV**	**AV**	**PV**	
monatlich	30	30	30	30	30
kumuliert	30	30	30	30	30
BGR	1	1	1	1	

Urlaub Vorjahr	0,00	**Urlaub - monatlich genommen**	0,00
Urlaubsanspruch	16,00	**Resturlaub**	16,00

Lohnart	Bezeichnung	bezahlte Menge	Faktor	%-Zuschlag	St*	SV*	GB*	Betrag
2	Gehalt				L	L	J	860,00 EUR

Gesamtbrutto
860,00 EUR

Steuer / Sozialversicherung

Steuer - Brutto	Lohnsteuer	Kirchensteuer	SolZ	KV - Brutto	PV - Brutto	Steuerrechtl. Abzüge
860,00 EUR	79,91 EUR	7,19 EUR	0,00 EUR	727,69 EUR	727,69 EUR	87,10 EUR
Σ 860,00 EUR	Σ 79,91 EUR	Σ 7,19 EUR	Σ 0,00 EUR	Σ 727,69 EUR	Σ 727,69 EUR	Σ 87,10 EUR
RV - Brutto	**AV - Brutto**	**KV - Beitrag**	**PV - Beitrag**	**RV - Beitrag**	**AV - Beitrag**	**SV - rechtl. Abzüge**
727,69 EUR	727,69 EUR	36,52 EUR	11,86 EUR	40,97 EUR	5,73 EUR	95,08 EUR
Σ 727,69 EUR	Σ 727,69 EUR	Σ 36,52 EUR	Σ 11,86 EUR	Σ 40,97 EUR	Σ 5,73 EUR	Σ 95,08 EUR

Σ Gesamtsumme

Nettoentgelt
677,82 EUR

Aufgelaufene Jahreswerte	
Gesamtbrutto	Steuer - Brutto
860,00 EUR	860,00 EUR
Lohnsteuer	Kirchensteuer
79,91 EUR	7,19 EUR
SolZ	KV - Brutto
0,00 EUR	727,69 EUR
PV - Brutto	RV - Brutto
727,69 EUR	727,69 EUR
AV - Brutto	KV - Beitrag
727,69 EUR	36,52 EUR
PV - Beitrag	RV - Beitrag
11,86 EUR	40,97 EUR
AV - Beitrag	VWL - Gesamt
5,73 EUR	0,00 EUR
Betriebl. Altersversorgung	Auszahlungsbetrag
0,00 EUR	677,82 EUR

Nr.	Netto - Bezüge / Netto - Abzüge

Summe Netto Be-/Abzüge
0,00 EUR
Auszahlungsbetrag
677,82 EUR

IBAN:
BIC:
Bank:

1 Teilmonatsentgelt: Es wird die Tageslohnsteuertabelle angewandt und/oder die automatische Lohnartenkürzung durchgeführt.

* A=Abfindung, B=SV-Beiträge werden vom Arbeitgeber entrichtet, E=Einmalbezug, F=Frei, L=Laufender Bezug, M=Mehrjährige Versteuerung, P=Pauschale Versteuerung, S=Sonstiger Bezug, V=Vorjahr, GB=Gesamtbrutto, J=Mit Auswirkung auf das Gesamtbrutto, N=Ohne Auswirkung auf das Gesamtbrutto

Entgeltbescheinigung nach § 108 Absatz 3 Satz 1 der Gewerbeordnung

Lexware lohn + gehalt 28.02 1/1 08.02.2024

Abrechnung der Brutto-Netto-Bezüge

Januar 2024

Pers.-Nr.	5	**Abteilung**		**Kst.-St.**		**SV-Nummer**	52301162W522	**Steuer ID Nr.**	76543219815
Eintritt	01.01.2024	**Austritt**		**Geb.datum**	30.11.1962	**Kasse**	Knapp-B-S	**St.Kl. (Faktor) / Kinder**	P /
				Personengruppe	109	**KV / AN-Beitrag KV**	/ 0,00%	**Konfession**	
						PV (Beitrag/AN/Zu.)	-/-/-	**Freibetrag mtl. / jährl.**	
						Übergangsbereich nein	**MFB** nein	**Hinzurech. mtl. / jährl.**	

	SV-Tage				St.-Tage
	KV	**RV**	**AV**	**PV**	
monatlich	30	30	0	0	30
kumuliert	30	30	0	0	30
BGR	6	5	0	0	

Urlaub Vorjahr	0,00	**Urlaub - monatlich genommen**	0,00
Urlaubsanspruch	10,00	**Resturlaub**	10,00

Möbelhandel
Karolingerstr. 43, 63303 Dreieich

persönlich / vertraulich

Frau
Elsbeth Behrends
Offenbacher Str. 51
63128 Dietzenbach

Lohnart	Bezeichnung	bezahlte Menge	Faktor	%-Zuschlag	St*	SV*	GB*	Betrag
955	Aushilfsgehalt (Minijob)				L	L	J	538,00 EUR
9043	Einheitliche Pauschsteuer AN						J	-10,76 EUR

Gesamtbrutto: 527,24 EUR

Steuer / Sozialversicherung

Steuer - Brutto	Lohnsteuer	Kirchensteuer	SolZ	KV - Brutto	PV - Brutto	Steuerrechtl. Abzüge
0,00 EUR	0,00 EUR	0,00 EUR	0,00 EUR	538,00 EUR	0,00 EUR	0,00 EUR
Σ 0,00 EUR	Σ 0,00 EUR	Σ 0,00 EUR	Σ 0,00 EUR	Σ 538,00 EUR	Σ 0,00 EUR	Σ 0,00 EUR
RV - Brutto	**AV - Brutto**	**KV - Beitrag**	**PV - Beitrag**	**RV - Beitrag**	**AV - Beitrag**	**SV - rechtl. Abzüge**
538,00 EUR	0,00 EUR	0,00 EUR	0,00 EUR	0,00 EUR	0,00 EUR	0,00 EUR
Σ 538,00 EUR	Σ 0,00 EUR	Σ 0,00 EUR	Σ 0,00 EUR	Σ 0,00 EUR	Σ 0,00 EUR	Σ 0,00 EUR

Σ Gesamtsumme

Nettoentgelt: 527,24 EUR

Aufgelaufene Jahreswerte	
Gesamtbrutto	Steuer - Brutto
527,24 EUR	0,00 EUR
Lohnsteuer	Kirchensteuer
0,00 EUR	0,00 EUR
SolZ	KV - Brutto
0,00 EUR	538,00 EUR
PV - Brutto	RV - Brutto
0,00 EUR	538,00 EUR
AV - Brutto	KV - Beitrag
0,00 EUR	0,00 EUR
PV - Beitrag	RV - Beitrag
0,00 EUR	0,00 EUR
AV - Beitrag	VWL - Gesamt
0,00 EUR	0,00 EUR
Betriebl. Altersversorgung	Auszahlungsbetrag
0,00 EUR	527,24 EUR

Nr.	Netto - Bezüge / Netto - Abzüge	

Summe Netto Be-/Abzüge: 0,00 EUR

IBAN:
BIC:
Bank:

Auszahlungsbetrag: 527,24 EUR

1 Teilmonatsentgelt: Es wird die Tageslohnsteuertabelle angewandt und/oder die automatische Lohnartenkürzung durchgeführt.

* A=Abfindung, B=SV-Beiträge werden vom Arbeitgeber entrichtet, E=Einmalbezug, F=Frei, L=Laufender Bezug, M=Mehrjährige Versteuerung, P=Pauschale Versteuerung, S=Sonstiger Bezug, V=Vorjahr, GB=Gesamtbrutto, J=Mit Auswirkung auf das Gesamtbrutto, N=Ohne Auswirkung auf das Gesamtbrutto

Entgeltbescheinigung nach § 108 Absatz 3 Satz 1 der Gewerbeordnung | Pauschal besteuerte Bezüge nach §40a Abs.2 EStG: 538,00 EUR

Lexware lohn + gehalt 28.02 1/1 08.02.2024

Möbelhandel | **Lohnjournal** | **Januar 2024**

Pers-Nr.	Name Zeitraum St.Kl.(Faktor)/Kinder/Konf.	KK KV RV AV PV Übergangsbereich BFD GV MFB ST SV	Gesamt-Brutto Steuer-Brutto SV-Brutto	Lohn-steuer	Kirchen-steuer	SolZ		KV	RV	AV	PV	Netto-gehalt	pausch.St. AN Kammerbeitrag Vorschüsse	VWL Altersvors. BAV-Förd. sonst. Auszahlg.
1	**Bäcker, Egon** 01.-31.01.2024 St.Kl.: 3 / 2,0 / ev Freibetrag mtl./jährl.: Pauschalen: Pauschalen nach § 37b:	AOK F 1 1 1 1 nein 0 0 30 30 800,00/9.600,00	5.175,00 5.175,00 5.175,00	284,00	0,00	0,00	AN AG AG Zuschuss AG Überw. U1 U2 InsG.Umlage	419,18 419,18 150,08 24,32 3,11	481,28 481,28	67,28 67,28	75,04 87,98	3.848,22	-0,00 -0,00 0,00	-40,00 -0,00 -0,00 0,00 3.808,22
2	**Peters, Otto** 01.-31.01.2024 St.Kl.: 1 / 0,0 / -- Pauschalen: Pauschalen nach § 37b:	AOK F 1 1 1 1 nein 0 0 30 30	2.358,88 2.358,88 2.358,88	179,25	0,00	0,00	AN AG AG Zuschuss AG Überw. U1 U2 InsG.Umlage	191,07 191,07 68,41 11,09 1,42	219,38 219,38	30,67 30,67	54,25 40,10	1.684,26	-0,00 -0,00 0,00	-0,00 -0,00 -0,00 0,00 1.684,26
3	**Bader, Sandra** 01.-31.01.2024 St.Kl.: 1 / 0,0 / rk Pauschalen: Pauschalen nach § 37b:	AOK F 1 1 1 1 nein 0 0 30 30	697,60 649,00 649,00	0,00	0,00	0,00	AN AG AG Zuschuss AG Überw. U1 U2 InsG.Umlage	52,57 52,57 18,82 3,05 0,39	60,36 60,36	8,44 8,44	11,03 11,03	565,20	-0,00 -0,00 0,00	-0,00 -0,00 -0,00 0,00 565,20
4	**Doll, Anna** 01.-31.01.2024 St.Kl.: 5 / 0,0 / rk Pauschalen: Pauschalen nach § 37b:	KKH K 1 1 1 1 ja 0 0 30 30	860,00 860,00 727,69	79,91	7,19	0,00	AN AG AG Zuschuss AG Überw. U1 U2 InsG.Umlage	36,52 84,12 21,10 2,47 0,44	40,97 94,39	5,73 13,19	11,86 17,25	677,82	-0,00 -0,00 0,00	-0,00 -0,00 -0,00 0,00 677,82

Lexware lohn + gehalt 28.02 | - 1 - | 08.02.2024

Möbelhandel | **Lohnjournal** | **Januar 2024**

Pers-Nr.	Name Zeitraum St.Kl.(Faktor)/Kinder/Konf.	KK KV RV AV PV Übergangsbereich BFD GV MFB ST SV	Gesamt-Brutto Steuer-Brutto SV-Brutto	Lohn-steuer	Kirchen-steuer	SolZ		KV	RV	AV	PV	Netto-gehalt	pausch.St. AN Kammerbeitrag Vorschüsse	VWL Altersvors. BAV-Förd. sonst. Auszahlg.
5	**Behrends, Elsbeth**	Knapp 6 5 0 0	527,24	0,00	0,00	0,00	AN	0,00	0,00	0,00	0,00	527,24	-0,00	-0,00
	01.-31.01.2024	nein	0,00				AG	69,94	80,70	0,00	0,00		-0,00	-0,00
	Pauschal	0 0 30 30	538,00				AG Zuschuss						0,00	-0,00
	Pauschalen:						AG Überw.							0,00
	einheitliche Pauschsteuer:		538,00	10,76			U1	5,92						
	Pauschalen nach § 37b:						U2	1,29						
							InsG.Umlage	0,32						
														527,24

Lexware lohn + gehalt 28.02 | - 2 - | 08.02.2024

Möbelhandel

Lohnjournal

Januar 2024

SV-Summen			**KV**	**RV**	**AV**	**PV**	**InsG.Umlage**	**Summe**
	SV-Brutto	AN	699,34	801,99	112,12	152,18		1.765,63
	9.448,57	AG	816,88	936,11	119,58	156,36	5,68	2.034,61
		AG Zuschuss	0,00	0,00		0,00		
		AG Überw.	0,00	0,00		0,00		0,00
		U1	264,33					
		U2	42,22				U1 + U2	306,55
SV Gesamt								**4.106,79**

Einheitliche Pauschalsteuer (Minijob-Zentrale) Steuerbrutto 538,00 Lohnsteuer 10,76

Steuer-Summen	**Gesamt-brutto**	**Steuer-brutto**	**Lohn-steuer**	**Kirchen-steuer**	**Solidaritäts-zuschlag**	**Kammerbeitrag**	**Summe**
Summe	9.618,72	9.042,88	543,16	7,19	0,00	0,00	550,35
Pauschalen		0,00	0,00	0,00	0,00		0,00
Pauschalen nach § 37b		0,00	0,00	0,00	0,00		0,00
Verbleiben			543,16	7,19	0,00		550,35
BAV-Förderbetrag			- 0,00				- 0,00
Steuer Gesamt			**543,16**	**7,19**	**0,00**	**0,00**	**550,35**

Gesamt-übersicht	Auszahlung	SV - Gesamt	Steuer - Gesamt	einheitliche Pauschalst.	VWL - Überweisung	Altersvorsorge Entgeltumwandlung	Summe
	7.262,74	4.106,79	550,35	10,76	40,00	0,00	11.970,64

Lexware lohn + gehalt 28.02 - 3 - 08.02.2024

Abrechnung der Brutto-Netto-Bezüge

Februar 2024

Pers.-Nr. 1	**Abteilung**	**Kst.-St.**		**SV-Nummer**	52220669B008	**Steuer ID Nr.**	98765432114
Eintritt 01.01.2015	**Austritt**	**Geb.datum**	22.06.1969	**Kasse**	AOK Hessen	**St.Kl. (Faktor) / Kinder**	3 / 2,0
		Personengruppe	101	**KV / AN-Beitrag KV**	14,60% / 8,10%	**Konfession**	ev
				PV (Beitrag/AN/Zu.)	3,15%/1,45%/-	**Freibetrag mtl. / jährl.**	800 / 9.600
				Übergangsbereich nein	**MFB** nein	**Hinzurech. mtl. / jährl.**	

	SV-Tage KV	RV	AV	PV	St.-Tage
monatlich	30	30	30	30	30
kumuliert	60	60	60	60	60
BGR	1	1	1	1	

Urlaub Vorjahr	0,00	**Urlaub - monatlich genommen**	0,00
Urlaubsanspruch	31,00	**Resturlaub**	31,00

Möbelhandel
Karolingerstr. 43, 63303 Dreieich

persönlich / vertraulich
Herrn
Egon Bäcker
Saarstr. 15
63179 Obertshausen

Lohnart	Bezeichnung	bezahlte Menge	Faktor	%-Zuschlag	St*	SV*	GB*	Betrag
2	Gehalt				L	L	J	2.200,00 EUR
30	lfd. Provision				L	L	J	3.065,00 EUR
9021	VWL 1 Zuschuss				L	L	J	20,00 EUR

Gesamtbrutto: 5.285,00 EUR

Steuer / Sozialversicherung

Steuer - Brutto	Lohnsteuer	Kirchensteuer	SolZ	KV - Brutto	PV - Brutto	Steuerrechtl. Abzüge
5.285,00 EUR	309,00 EUR	0,00 EUR	0,00 EUR	5.175,00 EUR	5.175,00 EUR	309,00 EUR
Σ 5.285,00 EUR	Σ 309,00 EUR	Σ 0,00 EUR	Σ 0,00 EUR	Σ 5.175,00 EUR	Σ 5.175,00 EUR	Σ 309,00 EUR
RV - Brutto	**AV - Brutto**	**KV - Beitrag**	**PV - Beitrag**	**RV - Beitrag**	**AV - Beitrag**	**SV - rechtl. Abzüge**
5.285,00 EUR	5.285,00 EUR	419,18 EUR	75,04 EUR	491,51 EUR	68,71 EUR	1.054,44 EUR
Σ 5.285,00 EUR	Σ 5.285,00 EUR	Σ 419,18 EUR	Σ 75,04 EUR	Σ 491,51 EUR	Σ 68,71 EUR	Σ 1.054,44 EUR

Σ Gesamtsumme

Nettoentgelt: 3.921,56 EUR

Aufgelaufene Jahreswerte	
Gesamtbrutto	Steuer - Brutto
10.460,00 EUR	10.460,00 EUR
Lohnsteuer	Kirchensteuer
593,00 EUR	0,00 EUR
SolZ	KV - Brutto
0,00 EUR	10.350,00 EUR
PV - Brutto	RV - Brutto
10.350,00 EUR	10.460,00 EUR
AV - Brutto	KV - Beitrag
10.460,00 EUR	838,36 EUR
PV - Beitrag	RV - Beitrag
150,08 EUR	972,79 EUR
AV - Beitrag	VWL - Gesamt
135,99 EUR	80,00 EUR
Betriebl. Altersversorgung	Auszahlungsbetrag
0,00 EUR	7.689,78 EUR

Nr.	Netto - Bezüge / Netto - Abzüge	
9024	VWL 1 Überweisung	-40,00 EUR

Summe Netto Be-/Abzüge: -40,00 EUR

IBAN:
BIC:
Bank:

Auszahlungsbetrag: 3.881,56 EUR

1 Teilmonatsentgelt: Es wird die Tageslohnsteuertabelle angewandt und/oder die automatische Lohnartenkürzung durchgeführt.

* A=Abfindung, B=SV-Beiträge werden vom Arbeitgeber entrichtet, E=Einmalbezug, F=Frei, L=Laufender Bezug, M=Mehrjährige Versteuerung, P=Pauschale Versteuerung, S=Sonstiger Bezug, V=Vorjahr, GB=Gesamtbrutto, J=Mit Auswirkung auf das Gesamtbrutto, N=Ohne Auswirkung auf das Gesamtbrutto

Entgeltbescheinigung nach § 108 Absatz 3 Satz 1 der Gewerbeordnung

Lexware lohn + gehalt 28.02 1/1 08.02.2024

Abrechnung der Brutto-Netto-Bezüge — Februar 2024

Pers.-Nr.	2	Abteilung		Kst.-St.		SV-Nummer	52240577D328	Steuer ID Nr.	36925814758
Eintritt	01.07.2017	Austritt		Geb.datum	24.05.1977	Kasse	AOK Hessen	St.Kl. (Faktor) / Kinder	1 / 0,0
				Personengruppe	101	KV / AN-Beitrag KV	14,60% / 8,10%	Konfession	--
						PV (Beitrag/AN/Zu.)	3,40%/1,70%/0,60%	Freibetrag mtl. / jährl.	
						Übergangsbereich nein	MFB nein	Hinzurech. mtl. / jährl.	

Möbelhandel
Karolingerstr. 43, 63303 Dreieich

persönlich / vertraulich
Herrn
Otto Peters
Harrasweg 7
63165 Mühlheim

	SV-Tage KV	RV	AV	PV	St.-Tage
monatlich	30	30	30	30	30
kumuliert	60	60	60	60	60
BGR	1	1	1	1	

Urlaub Vorjahr	0,00	Urlaub - monatlich genommen	0,00
Urlaubsanspruch	26,00	Resturlaub	21,00

Lohnart	Bezeichnung	bezahlte Menge	Faktor	%-Zuschlag	St*	SV*	GB*	Betrag
1	Lohn	168,00	13,1000		L	L	J	2.200,80 EUR
920	Altersvorsorge Zusatzleistung				F	F	N	100,00 EUR

Gesamtbrutto: 2.200,80 EUR

Steuer / Sozialversicherung

Steuer - Brutto	Lohnsteuer	Kirchensteuer	SolZ	KV - Brutto	PV - Brutto	Steuerrechtl. Abzüge
2.200,80 EUR	147,00 EUR	0,00 EUR	0,00 EUR	2.200,80 EUR	2.200,80 EUR	147,00 EUR
Σ 2.200,80 EUR	Σ 147,00 EUR	Σ 0,00 EUR	Σ 0,00 EUR	Σ 2.200,80 EUR	Σ 2.200,80 EUR	Σ 147,00 EUR
RV - Brutto	**AV - Brutto**	**KV - Beitrag**	**PV - Beitrag**	**RV - Beitrag**	**AV - Beitrag**	**SV - rechtl. Abzüge**
2.200,80 EUR	2.200,80 EUR	178,27 EUR	50,61 EUR	204,67 EUR	28,61 EUR	462,16 EUR
Σ 2.200,80 EUR	Σ 2.200,80 EUR	Σ 178,27 EUR	Σ 50,61 EUR	Σ 204,67 EUR	Σ 28,61 EUR	Σ 462,16 EUR

Σ Gesamtsumme

Nettoentgelt: 1.591,64 EUR

Aufgelaufene Jahreswerte	
Gesamtbrutto	Steuer - Brutto
4.611,20 EUR	4.611,20 EUR
Lohnsteuer	Kirchensteuer
336,91 EUR	0,00 EUR
SolZ	KV - Brutto
0,00 EUR	4.611,20 EUR
PV - Brutto	RV - Brutto
4.611,20 EUR	4.611,20 EUR
AV - Brutto	KV - Beitrag
4.611,20 EUR	373,51 EUR
PV - Beitrag	RV - Beitrag
106,05 EUR	428,84 EUR
AV - Beitrag	VWL - Gesamt
59,95 EUR	0,00 EUR
Betriebl. Altersversorgung	Auszahlungsbetrag
200,00 EUR	3.305,94 EUR

Nr.	Netto - Bezüge / Netto - Abzüge	
9081	Korrektur aus Januar	30,04 EUR

Summe Netto Be-/Abzüge: 30,04 EUR

IBAN:
BIC:
Bank:

Auszahlungsbetrag: 1.621,68 EUR

1 Teilmonatsentgelt: Es wird die Tageslohnsteuertabelle angewandt und/oder die automatische Lohnartenkürzung durchgeführt.

* A=Abfindung, B=SV-Beiträge werden vom Arbeitgeber entrichtet, E=Einmalbezug, F=Frei, L=Laufender Bezug, M=Mehrjährige Versteuerung, P=Pauschale Versteuerung, S=Sonstiger Bezug, V=Vorjahr, GB=Gesamtbrutto, J=Mit Auswirkung auf das Gesamtbrutto, N=Ohne Auswirkung auf das Gesamtbrutto

Entgeltbescheinigung nach § 108 Absatz 3 Satz 1 der Gewerbeordnung

Lexware lohn + gehalt 28.02 — 1/1 — 08.02.2024

Abrechnung der Brutto-Netto-Bezüge

Korrekturausdruck, Januar 2024

Pers.-Nr. 2	Abteilung	Kst.-St.	SV-Nummer 52240577D328	Steuer ID Nr. 36925814758	
Eintritt 01.07.2017	Austritt	Geb.datum 24.05.1977	Kasse AOK Hessen	St.Kl. (Faktor) / Kinder 1 / 0,0	
		Personengruppe 101	KV / AN-Beitrag KV 14,60% / 8,10%	Konfession --	
			PV (Beitrag/AN/Zu.) 3,40%/1,70%/0,60%	Freibetrag mtl. / jährl.	
			Übergangsbereich nein MFB nein	Hinzurech. mtl. / jährl.	

	SV-Tage				St.-Tage
	KV	RV	AV	PV	
monatlich	30	30	30	30	30
kumuliert	30	30	30	30	30
BGR	1	1	1	1	

Urlaub Vorjahr	0,00	Urlaub - monatlich genommen	5,00
Urlaubsanspruch	26,00	Resturlaub	21,00

Möbelhandel
Karolingerstr. 43, 63303 Dreieich

persönlich / vertraulich

Herrn
Otto Peters
Harrasweg 7
63165 Mühlheim

Lohnart	Bezeichnung	bezahlte Menge	Faktor	%-Zuschlag	St*	SV*	GB*	Betrag
1	Lohn	136,00	13,1000		L	L	J	1.781,60 EUR
14	Urlaubsstunden	40,00	13,1000	100,00	L	L	J	524,00 EUR
15	Feiertagsstunden	8,00	13,1000		L	L	J	104,80 EUR
920	Altersvorsorge Zusatzleistung				F	F	N	100,00 EUR

Gesamtbrutto
2.410,40 EUR

Steuer / Sozialversicherung

Steuer - Brutto	Lohnsteuer	Kirchensteuer	SolZ	KV - Brutto	PV - Brutto	Steuerrechtl. Abzüge
2.410,40 EUR	189,91 EUR	0,00 EUR	0,00 EUR	2.410,40 EUR	2.410,40 EUR	189,91 EUR
Σ 2.410,40 EUR	Σ 189,91 EUR	Σ 0,00 EUR	Σ 0,00 EUR	Σ 2.410,40 EUR	Σ 2.410,40 EUR	Σ 189,91 EUR
RV - Brutto	**AV - Brutto**	**KV - Beitrag**	**PV - Beitrag**	**RV - Beitrag**	**AV - Beitrag**	**SV - rechtl. Abzüge**
2.410,40 EUR	2.410,40 EUR	195,24 EUR	55,44 EUR	224,17 EUR	31,34 EUR	506,19 EUR
Σ 2.410,40 EUR	Σ 2.410,40 EUR	Σ 195,24 EUR	Σ 55,44 EUR	Σ 224,17 EUR	Σ 31,34 EUR	Σ 506,19 EUR

Σ Gesamtsumme

Nettoentgelt
1.714,30 EUR

Aufgelaufene Jahreswerte	
Gesamtbrutto	Steuer - Brutto
2.410,40 EUR	2.410,40 EUR
Lohnsteuer	Kirchensteuer
189,91 EUR	0,00 EUR
SolZ	KV - Brutto
0,00 EUR	2.410,40 EUR
PV - Brutto	RV - Brutto
2.410,40 EUR	2.410,40 EUR
AV - Brutto	KV - Beitrag
2.410,40 EUR	195,24 EUR
PV - Beitrag	RV - Beitrag
55,44 EUR	224,17 EUR
AV - Beitrag	VWL - Gesamt
31,34 EUR	0,00 EUR
Betriebl. Altersversorgung	Auszahlungsbetrag
100,00 EUR	1.714,30 EUR

Nr.	Netto - Bezüge / Netto - Abzüge

Summe Netto Be-/Abzüge
0,00 EUR

IBAN:
BIC:
Bank:

Auszahlungsbetrag
1.714,30 EUR

1 Teilmonatsentgelt: Es wird die Tageslohnsteuertabelle angewandt und/oder die automatische Lohnartenkürzung durchgeführt.

* A=Abfindung, B=SV-Beiträge werden vom Arbeitgeber entrichtet, E=Einmalbezug, F=Frei, L=Laufender Bezug, M=Mehrjährige Versteuerung, P=Pauschale Versteuerung, S=Sonstiger Bezug, V=Vorjahr, GB=Gesamtbrutto, J=Mit Auswirkung auf das Gesamtbrutto, N=Ohne Auswirkung auf das Gesamtbrutto

Entgeltbescheinigung nach § 108 Absatz 3 Satz 1 der Gewerbeordnung

Lexware lohn + gehalt 28.02 1/1 08.02.2024

Abrechnung der Brutto-Netto-Bezüge — Februar 2024

Pers.-Nr.	3	Abteilung		Kst.-St.		SV-Nummer	65160107B979	Steuer ID Nr.	14725836994
Eintritt	01.01.2024	Austritt	31.08.2027	Geb.datum	16.01.2007	Kasse	AOK Hessen	St.Kl. (Faktor) / Kinder	1 / 0,0
				Personengruppe	102	KV / AN-Beitrag KV	14,60% / 8,10%	Konfession	rk
						PV (Beitrag/AN/Zu.)	3,40%/1,70%/-	Freibetrag mtl. / jährl.	
						Übergangsbereich	nein MFB nein	Hinzurech. mtl. / jährl.	

	SV-Tage KV	RV	AV	PV	St.-Tage
monatlich	30	30	30	30	30
kumuliert	60	60	60	60	60
BGR	1	1	1	1	

Urlaub Vorjahr	0,00	Urlaub - monatlich genommen	0,00
Urlaubsanspruch	26,00	Resturlaub	26,00

Möbelhandel
Karolingerstr. 43, 63303 Dreieich

persönlich / vertraulich
Frau
Sandra Bader
Roseggerstraße 13
63073 Offenbach

Lohnart	Bezeichnung	bezahlte Menge	Faktor	%-Zuschlag	St*	SV*	GB*	Betrag
3	Auszubildendenvergütung				L	L	J	649,00 EUR
21	Fahrgeld steuerfrei				F	F	J	48,60 EUR
2906	Sonstiger Sachbezug st.-frei - 50,00 EUR Freigrenze				F	F	J	45,00 EUR

Steuer / Sozialversicherung

Gesamtbrutto: 742,60 EUR

Steuer - Brutto	Lohnsteuer	Kirchensteuer	SolZ	KV - Brutto	PV - Brutto	Steuerrechtl. Abzüge
649,00 EUR	0,00 EUR	0,00 EUR	0,00 EUR	649,00 EUR	649,00 EUR	0,00 EUR
Σ 649,00 EUR	Σ 0,00 EUR	Σ 0,00 EUR	Σ 0,00 EUR	Σ 649,00 EUR	Σ 649,00 EUR	Σ 0,00 EUR
RV - Brutto	**AV - Brutto**	**KV - Beitrag**	**PV - Beitrag**	**RV - Beitrag**	**AV - Beitrag**	**SV - rechtl. Abzüge**
649,00 EUR	649,00 EUR	52,57 EUR	11,03 EUR	60,36 EUR	8,44 EUR	132,40 EUR
Σ 649,00 EUR	Σ 649,00 EUR	Σ 52,57 EUR	Σ 11,03 EUR	Σ 60,36 EUR	Σ 8,44 EUR	Σ 132,40 EUR

Σ Gesamtsumme

Nettoentgelt: 610,20 EUR

Aufgelaufene Jahreswerte	
Gesamtbrutto	Steuer - Brutto
1.440,20 EUR	1.298,00 EUR
Lohnsteuer	Kirchensteuer
0,00 EUR	0,00 EUR
SolZ	KV - Brutto
0,00 EUR	1.298,00 EUR
PV - Brutto	RV - Brutto
1.298,00 EUR	1.298,00 EUR
AV - Brutto	KV - Beitrag
1.298,00 EUR	105,14 EUR
PV - Beitrag	RV - Beitrag
22,06 EUR	120,72 EUR
AV - Beitrag	VWL - Gesamt
16,88 EUR	0,00 EUR
Betriebl. Altersversorgung	Auszahlungsbetrag
0,00 EUR	1.130,40 EUR

Nr.	Netto - Bezüge / Netto - Abzüge	
2906	Sonstiger Sachbezug st.-frei - 50,00 EUR Freigrenze	-45,00 EUR

Summe Netto Be-/Abzüge: -45,00 EUR

IBAN:
BIC:
Bank:

Auszahlungsbetrag: 565,20 EUR

1 Teilmonatsentgelt: Es wird die Tageslohnsteuertabelle angewandt und/oder die automatische Lohnartenkürzung durchgeführt.
* A=Abfindung, B=SV-Beiträge werden vom Arbeitgeber entrichtet, E=Einmalbezug, F=Frei, L=Laufender Bezug, M=Mehrjährige Versteuerung, P=Pauschale Versteuerung, S=Sonstiger Bezug, V=Vorjahr, GB=Gesamtbrutto, J=Mit Auswirkung auf das Gesamtbrutto, N=Ohne Auswirkung auf das Gesamtbrutto
Entgeltbescheinigung nach § 108 Absatz 3 Satz 1 der Gewerbeordnung

Lexware lohn + gehalt 28.02 — 1/1 — 08.02.2024

Abrechnung der Brutto-Netto-Bezüge

Februar 2024

Pers.-Nr.	4	**Abteilung**	**Kst.-St.**		**SV-Nummer**	52100991H514	**Steuer ID Nr.**	11234567890
Eintritt	01.01.2024	**Austritt**	**Geb.datum**	10.09.1991	**Kasse**	KKH Kaufmännische	**St.Kl. (Faktor) / Kinder**	5 / 0,0
			Personengruppe	101	**KV / AN-Beitrag KV**	14,60% / 8,29%	**Konfession**	rk
					PV (Beitrag/AN/Zu.)	3,40%/1,70%/0,60%	**Freibetrag mtl. / jährl.**	
					Übergangsbereich	ja **MFB** nein	**Hinzurech. mtl. / jährl.**	

Möbelhandel
Karolingerstr. 43, 63303 Dreieich

persönlich / vertraulich
Frau
Anna Doll
Karlsbader Str. 4
63110 Rodgau

	SV-Tage KV	SV-Tage RV	SV-Tage AV	SV-Tage PV	St.-Tage
monatlich	30	30	30	30	30
kumuliert	60	60	60	60	60
BGR	1	1	1	1	

Urlaub Vorjahr	0,00	**Urlaub - monatlich genommen**	0,00
Urlaubsanspruch	16,00	**Resturlaub**	16,00

Lohnart	Bezeichnung	bezahlte Menge	Faktor	%-Zuschlag	St*	SV*	GB*	Betrag
2	Gehalt				L	L	J	860,00 EUR
989	Internetzuschuss pauschal				P	F	J	40,00 EUR

Steuer / Sozialversicherung

Gesamtbrutto: 900,00 EUR

Steuer - Brutto	Lohnsteuer	Kirchensteuer	SolZ	KV - Brutto	PV - Brutto	Steuerrechtl. Abzüge
860,00 EUR	79,91 EUR	7,19 EUR	0,00 EUR	727,69 EUR	727,69 EUR	87,10 EUR
Σ 860,00 EUR	Σ 79,91 EUR	Σ 7,19 EUR	Σ 0,00 EUR	Σ 727,69 EUR	Σ 727,69 EUR	Σ 87,10 EUR
RV - Brutto	**AV - Brutto**	**KV - Beitrag**	**PV - Beitrag**	**RV - Beitrag**	**AV - Beitrag**	**SV - rechtl. Abzüge**
727,69 EUR	727,69 EUR	36,52 EUR	11,86 EUR	40,97 EUR	5,73 EUR	95,08 EUR
Σ 727,69 EUR	Σ 727,69 EUR	Σ 36,52 EUR	Σ 11,86 EUR	Σ 40,97 EUR	Σ 5,73 EUR	Σ 95,08 EUR

Σ Gesamtsumme

Nettoentgelt: 717,82 EUR

Aufgelaufene Jahreswerte	
Gesamtbrutto	Steuer - Brutto
1.760,00 EUR	1.720,00 EUR
Lohnsteuer	Kirchensteuer
159,82 EUR	14,38 EUR
SolZ	KV - Brutto
0,00 EUR	1.455,38 EUR
PV - Brutto	RV - Brutto
1.455,38 EUR	1.455,38 EUR
AV - Brutto	KV - Beitrag
1.455,38 EUR	73,04 EUR
PV - Beitrag	RV - Beitrag
23,72 EUR	81,94 EUR
AV - Beitrag	VWL - Gesamt
11,46 EUR	0,00 EUR
Betriebl. Altersversorgung	Auszahlungsbetrag
0,00 EUR	1.395,64 EUR

Nr.	Netto - Bezüge / Netto - Abzüge	

Summe Netto Be-/Abzüge: 0,00 EUR

IBAN:
BIC:
Bank:

Auszahlungsbetrag: 717,82 EUR

1 Teilmonatsentgelt: Es wird die Tageslohnsteuertabelle angewandt und/oder die automatische Lohnartenkürzung durchgeführt.

* A=Abfindung, B=SV-Beiträge werden vom Arbeitgeber entrichtet, E=Einmalbezug, F=Frei, L=Laufender Bezug, M=Mehrjährige Versteuerung, P=Pauschale Versteuerung, S=Sonstiger Bezug, V=Vorjahr, GB=Gesamtbrutto, J=Mit Auswirkung auf das Gesamtbrutto, N=Ohne Auswirkung auf das Gesamtbrutto

Entgeltbescheinigung nach § 108 Absatz 3 Satz 1 der Gewerbeordnung

Lexware lohn + gehalt 28.02 1/2 08.02.2024

Abrechnung der Brutto-Netto-Bezüge

Februar 2024

Pers.-Nr.	5	**Abteilung**		**Kst.-St.**		**SV-Nummer**	52301162W522	**Steuer ID Nr.**	76543219815
Eintritt	01.01.2024	**Austritt**		**Geb.datum**	30.11.1962	**Kasse**	AOK Hessen	**St.Kl. (Faktor) / Kinder**	P /
				Personengruppe	101	**KV / AN-Beitrag KV**	14,60% / 8,10%	**Konfession**	
						PV (Beitrag/AN/Zu.)	3,40%/1,70%/-	**Freibetrag mtl. / jährl.**	
						Übergangsbereich	ja **MFB** ja	**Hinzurech. mtl. / jährl.**	

Möbelhandel
Karolingerstr. 43, 63303 Dreieich

persönlich / vertraulich
Frau
Elsbeth Behrends
Offenbacher Str. 51
63128 Dietzenbach

	SV-Tage KV	RV	AV	PV	St.-Tage
monatlich	30	30	30	30	30
kumuliert	60	60	30	30	60
BGR	1	1	1	1	

Urlaub Vorjahr	0,00	**Urlaub - monatlich genommen**	0,00
Urlaubsanspruch	10,00	**Resturlaub**	10,00

Lohnart	Bezeichnung	bezahlte Menge	Faktor	%-Zuschlag	St*	SV*	GB*	Betrag
2	Gehalt				L	L	J	538,00 EUR

Gesamtbrutto: 538,00 EUR

Steuer / Sozialversicherung

Steuer - Brutto	Lohnsteuer	Kirchensteuer	SolZ	KV - Brutto	PV - Brutto	Steuerrechtl. Abzüge
0,00 EUR	0,00 EUR	0,00 EUR	0,00 EUR	425,29 EUR	425,29 EUR	0,00 EUR
Σ 0,00 EUR	Σ 0,00 EUR	Σ 0,00 EUR	Σ 0,00 EUR	Σ 425,29 EUR	Σ 425,29 EUR	Σ 0,00 EUR
RV - Brutto	**AV - Brutto**	**KV - Beitrag**	**PV - Beitrag**	**RV - Beitrag**	**AV - Beitrag**	**SV - rechtl. Abzüge**
425,29 EUR	425,29 EUR	14,64 EUR	3,07 EUR	16,80 EUR	2,35 EUR	36,86 EUR
Σ 425,29 EUR	Σ 425,29 EUR	Σ 14,64 EUR	Σ 3,07 EUR	Σ 16,80 EUR	Σ 2,35 EUR	Σ 36,86 EUR

Σ Gesamtsumme

Nettoentgelt: 501,14 EUR

Aufgelaufene Jahreswerte	
Gesamtbrutto	Steuer - Brutto
1.065,24 EUR	0,00 EUR
Lohnsteuer	Kirchensteuer
0,00 EUR	0,00 EUR
SolZ	KV - Brutto
0,00 EUR	963,29 EUR
PV - Brutto	RV - Brutto
425,29 EUR	963,29 EUR
AV - Brutto	KV - Beitrag
425,29 EUR	14,64 EUR
PV - Beitrag	RV - Beitrag
3,07 EUR	16,80 EUR
AV - Beitrag	VWL - Gesamt
2,35 EUR	0,00 EUR
Betriebl. Altersversorgung	Auszahlungsbetrag
0,00 EUR	1.028,38 EUR

Nr.	Netto - Bezüge / Netto - Abzüge	

Summe Netto Be-/Abzüge: 0,00 EUR

IBAN:
BIC:
Bank:

Auszahlungsbetrag: 501,14 EUR

1 Teilmonatsentgelt: Es wird die Tageslohnsteuertabelle angewandt und/oder die automatische Lohnartenkürzung durchgeführt.

* A=Abfindung, B=SV-Beiträge werden vom Arbeitgeber entrichtet, E=Einmalbezug, F=Frei, L=Laufender Bezug, M=Mehrjährige Versteuerung, P=Pauschale Versteuerung, S=Sonstiger Bezug, V=Vorjahr, GB=Gesamtbrutto, J=Mit Auswirkung auf das Gesamtbrutto, N=Ohne Auswirkung auf das Gesamtbrutto

Entgeltbescheinigung nach § 108 Absatz 3 Satz 1 der Gewerbeordnung

Lexware lohn + gehalt 28.02 1/1 08.02.2024

Möbelhandel | **Lohnjournal** | **Februar 2024**

Pers-	Name	KK	KV	RV	AV	PV	Gesamt-Brutto	Lohn-	Kirchen-	SolZ		KV	RV	AV	PV	Netto-	pausch.St. AN	VWL
Nr.	Zeitraum	Übergangsbereich					Steuer-Brutto	steuer	steuer							gehalt	Kammerbeitrag	Altersvors.
	St.Kl.(Faktor)/Kinder/Konf.	BFD	GV	MFB	ST	SV	SV-Brutto										Vorschüsse	BAV-Förd.
																		sonst.
																		Auszahlg.
1	**Bäcker, Egon**	AOK H	1	1	1	1	5.285,00	309,00	0,00	0,00	AN	419,18	491,51	68,71	75,04	3.921,56	-0,00	-40,00
	01.-29.02.2024		nein				5.285,00				AG	419,18	491,51	68,71	87,98		-0,00	-0,00
	St.Kl.: 3 / 2,0 / ev		0	0	30	30	5.285,00				AG Zuschuss						0,00	-0,00
	Freibetrag mtl./jährl.:	800,00/9.600,00									AG Überw.							0,00
	Pauschalen:										U1	153,27						
	Pauschalen nach § 37b:										U2	24,84						
											InsG.Umlage	3,17						
																		3.881,56
2	**Peters, Otto**	AOK H	1	1	1	1	2.200,80	147,00	0,00	0,00	AN	178,27	204,67	28,61	50,61	1.591,64	-0,00	-0,00
	01.-29.02.2024		nein				2.200,80				AG	178,27	204,67	28,61	37,41		-0,00	-0,00
	St.Kl.: 1 / 0,0 / --		0	0	30	30	2.200,80				AG Zuschuss						0,00	-0,00
	Pauschalen:										AG Überw.							30,04
	Pauschalen nach § 37b:										U1	63,82						
											U2	10,34						
											InsG.Umlage	1,32						
																		1.621,68
3	**Bader, Sandra**	AOK H	1	1	1	1	742,60	0,00	0,00	0,00	AN	52,57	60,36	8,44	11,03	610,20	-0,00	-0,00
	01.-29.02.2024		nein				649,00				AG	52,57	60,36	8,44	11,03		-0,00	-0,00
	St.Kl.: 1 / 0,0 / rk		0	0	30	30	649,00				AG Zuschuss						0,00	-0,00
	Pauschalen:										AG Überw.							-45,00
	Pauschalen nach § 37b:										U1	18,82						
											U2	3,05						
											InsG.Umlage	0,39						
																		565,20
4	**Doll, Anna**	KKH K	1	1	1	1	900,00	79,91	7,19	0,00	AN	36,52	40,97	5,73	11,86	717,82	-0,00	-0,00
	01.-29.02.2024		ja				860,00				AG	84,12	94,39	13,19	17,25		-0,00	-0,00
	St.Kl.: 5 / 0,0 / rk		0	0	30	30	727,69				AG Zuschuss						0,00	-0,00
	Pauschalen:						40,00	10,00	0,90	0,55	AG Überw.							0,00
	Pauschalen nach § 37b:										U1	21,10						
											U2	2,47						
											InsG.Umlage	0,44						
																		717,82

Lexware lohn + gehalt 28.02 | - 1 - | 08.02.2024

Möbelhandel | **Lohnjournal** | **Februar 2024**

Pers-Nr.	Name Zeitraum St.Kl.(Faktor)/Kinder/Konf.	KK KV RV AV PV Übergangsbereich BFD GV MFB ST SV	Gesamt-Brutto Steuer-Brutto SV-Brutto	Lohn-steuer	Kirchen-steuer	SolZ		KV	RV	AV	PV	Netto-gehalt	pausch.St. AN Kammerbeitrag Vorschüsse	VWL Altersvors. BAV-Förd. sonst. Auszahlg.
5	**Behrends, Elsbeth**	AOK ⊦ 1 1 1 1	538,00	0,00	0,00	0,00	AN	14,64	16,80	2,35	3,07	501,14	-0,00	-0,00
	01.-29.02.2024	ja	0,00				AG	54,26	62,30	8,71	11,39		-0,00	-0,00
	Pauschal	0 1 30 30	425,29				AG Zuschuss						0,00	-0,00
	Pauschalen:		538,00	107,60	0,00	5,91	AG Überw.							0,00
	Pauschalen nach § 37b:						U1	12,33						
							U2	2,00						
							InsG.Umlage	0,26						501,14

Lexware lohn + gehalt 28.02 - 2 - 08.02.2024

Möbelhandel | **Lohnjournal** | **Februar 2024**

SV-Summen			**KV**	**RV**	**AV**	**PV**	**InsG.Umlage**	**Summe**
	SV-Brutto	AN	701,18	814,31	113,84	151,61		1.780,94
	9.287,78	AG	788,40	913,23	127,66	165,06	5,58	1.999,93
		AG Zuschuss	0,00	0,00		0,00		
		AG Überw.	0,00	0,00		0,00		0,00
		U1	269,34					
		U2	42,70				U1 + U2	312,04
SV Gesamt								**4.092,91**

Einheitliche Pauschalsteuer (Minijob-Zentrale) Steuerbrutto 0,00 Lohnsteuer 0,00

Steuer-Summen	**Gesamt-brutto**	**Steuer-brutto**	**Lohn-steuer**	**Kirchen-steuer**	**Solidaritäts-zuschlag**	**Kammerbeitrag**	**Summe**
Summe	9.666,40	8.994,80	535,91	7,19	0,00	0,00	543,10
Pauschalen		578,00	117,60	0,90	6,46		124,96
Pauschalen nach § 37b		0,00	0,00	0,00	0,00		0,00
Verbleiben			653,51	8,09	6,46		668,06
BAV-Förderbetrag			- 0,00				- 0,00
Steuer Gesamt			**653,51**	**8,09**	**6,46**	**0,00**	**668,06**

Gesamt-übersicht	Auszahlung	SV - Gesamt	Steuer - Gesamt	einheitliche Pauschalst.	VWL - Überweisung	Altersvorsorge Entgeltumwandlung	Summe
	7.287,40	4.092,91	668,06	0,00	40,00	0,00	12.088,37

Lexware lohn + gehalt 28.02 - 3 - 08.02.2024

A

Anhang

Inhalt

- Daten der Firma Musterlohn GmbH (Basis-Daten zum Kapitel 1.4)
- Grundsätze zur ordnungsmäßigen Führung und Aufbewahrung von Büchern, Aufzeichnungen und Unterlagen in elektronischer Form sowie zum Datenzugriff (GoBD)
- Abkürzungen
- Abbildungsverzeichnis
- Sachwortregister

Firma Musterlohn - Grunddaten

Die Firma Musterlohn GmbH bietet kaufmännische Dienstleistungen an. Sie rechnet die Entgelte ihrer Mitarbeiter seit Februar 2024 mit Lexware ab.

Firmenstammdaten:

Firma/Anschrift:	Musterlohn GmbH Mittelstr. 5, 12165 Berlin (SV-Rechtsgebiet „West“) E-Mail: info@musterlohn.de
Bankverbindung:	Postbank Berlin IBAN DE20 1001 0010 0010 2030 40 BIC PBNKDEFFXXX
Finanzamt:	Berlin-Steglitz; Nr. 1120; Steuernummer 2023661158 ■ Die Lohnsteueranmeldung erfolgt monatlich. ■ Dem Finanzamt wurde Erlaubnis zum Lastschrifteinzug gewährt.
Betriebsnummer:	11111110
Ansprechpartner:	Gerhard Gehalt Tel.: 030/36371021; Fax: 030/36371022; E-Mail: gehalt@musterlohn.de
Berufsgenossenschaft:	VBG Mitgliedsnummer: 8888888888; PIN 12345; Gefahrentarifstelle für alle Mitarbeiter: 100 Unternehmensnummer: 1234 5678 9016 001
Krankenkassen:	KKH ■ Die Zahlung an die KKH erfolgt per Lastschrift. ■ Das Unternehmen ist umlagepflichtig. ■ Es wird der allgemeine U1-Satz benutzt. ■ Nachweis im Krankheitsfall ist nach 3 Kalendertagen erforderlich.
Allgemeine Angaben:	■ Die betriebliche Arbeitszeit beträgt wöchentlich 40 Stunden (Mo - Fr jeweils 8.00 - 16.45 Uhr; 12.00 - 12.45 Uhr Pause). ■ Der betriebliche Urlaub beträgt 24 Arbeitstage jährlich; bei Teilzeitarbeit oder unterjähriger Einstellung ist er entsprechend umzurechnen. ■ Die Auszahlung der Löhne und Gehälter ist zum Monatsletzten fällig. ■ Der Betrieb ist nicht tarifgebunden; eine Betriebsvereinbarung besteht nicht. ■ Die Zahlungen an die Mitarbeiter erfolgen per Überweisung, ■ Bei pauschalversteuerten Lohnarten wird die Kirchensteuer im Nachweisverfahren ermittelt.
Zusätzliche Angaben zur Buchführung[1]:	■ Die Musterlohn GmbH erstellt ihre Buchführung mit dem DATEV-Kontenrahmen SKR 04; es besteht Bilanzierungspflicht. ■ Das Wirtschaftsjahr ist das Kalenderjahr. ■ Das USt-Finanzamt entspricht dem LSt-Finanzamt. ■ Die GmbH ist umsatzsteuerpflichtig mit Sollversteuerung. ■ Es werden unterschiedliche Belegnummernkreise benutzt, aber keine Kostenstellen oder Budgetverwaltung. ■ Als Belegdatum für die Buchungsliste wird der letzte Tag des laufenden Monats gewählt.

1 nur erforderlich, wenn die Übertragung der Buchungsliste in das Modul „Lexware Buchhaltung“ durchgeführt werden soll (Vgl. hierzu Kap. 1.19).

Mitarbeiterstammdaten:

Personalnummer:	1	
Name/Anschrift:	**Gerhard Gehalt**; Flatowallee 10; 14055 Berlin	
Geboren:	24.04.1970	
Staatsangehörigkeit:	Deutschland	
Beschäftigt als:	Geschäftsführer im Angestelltenverhältnis seit 01.02.2014 (kein Gesellschafter der GmbH)	
SV-Nummer:	11 240470 G 118	
Elterneigenschaft:	nicht nachgewiesen	
Ausbildung:	Abitur, Diplom-Betriebswirt	
Bankverbindung:	LBB - Berliner Sparkasse IBAN DE82 1005 0000 2030 4050 03 BIC BELADEBEXXX	
Krankenkasse:	KKH	
Lohnsteuerabzugs-merkmale:	I/0/ev Identifikationsnummer 11234567890	
Wochenarbeitszeit:	betriebsüblich	
Aufgelaufene Werte der Gehaltsabrechnung aus dem Januar:		
	SV-Tage[1] / Steuertage	jeweils 30 Tage
	Gesamt-/ Steuerbrutto	4.500,00 €
	Lohnsteuer	683,25 €
	Solidaritätszuschlag	0,00 €
	Kirchensteuer	61,49 €
	SV-Entgelt / BG-Entgelt	4.500,00 €
	KV / PV-Entgelt	4.500,00 €
	Beiträge AN:	
	KV[2]	373,05 €
	RV[3]	418,50 €
	AV	58,50 €
	PV	103,50 €
	Auszahlung	2.801,71 €
Urlaub:	Aus dem Vorjahr besteht noch ein Resturlaubsanspruch von 3 Tagen.	
Sonstiges:	Das SV-pflichtige Jahresarbeitsentgelt (360 SV-Tage) des Vorjahres betrug insgesamt 57.850,00 €	

1 Wenn nichts Anderes angegeben ist, gelten die SV-Tage bzw. das SV-Brutto auch für die Insolvenzgeldumlage sowie die Unfallversicherung.

2 Der KV-Beitrag versteht sich bei den Vortragsdaten aller Mitarbeiter inklusive Zusatzbeitrag.

3 Entspricht auch - sofern nichts Anderes angegeben wird - in allen Aufgaben jeweils dem Arbeitgeberanteil zur Rentenversicherung.

Personalnummer:	2
Name/Anschrift:	**Eva Mutter**; Alt-Mariendorf 40; 12107 Berlin
Geboren:	10.10.1990
Staatsangehörigkeit:	Schweden
Beschäftigt als:	Sekretärin seit 01.04.2021
SV-Nummer:	65 101090 M 671
Elterneigenschaft:	nicht nachgewiesen
Ausbildung:	Mittlere Reife, abgeschlossene Ausbildung als Bürokauffrau
Bankverbindung:	Postbank Berlin IBAN DE44 1001 0010 0678 6781 08 BIC PBNKDEFFXXX
Krankenkasse:	KKH
Lohnsteuerabzugs-merkmale:	IV/0/-- Identifikationsnummer 56678901232
Wochenarbeitszeit:	Mo - Do jeweils 8 Stunden

Aufgelaufene Werte der Gehaltsabrechnung aus dem Januar:

SV-Tage / Steuertage	jeweils 30 Tage	
Gesamt-/ Steuerbrutto	1.800,00 €	
Lohnsteuer	68,00 €	
Solidaritätszuschlag	0,00 €	
SV-Entgelt / BG-Entgelt	1.776,79 €	
Beiträge AN:		
KV	143,12 €	
RV	160,56 €	RV (AG) 169,92 €
AV	22,44 €	
PV	40,01 €	
Auszahlung	1.365,87 €	

Personalnummer:	3		
Name/Anschrift:	**Lisa Lohn**; Silbersteinstr. 3; 12051 Berlin		
Geboren:	07.08.1970		
Staatsangehörigkeit:	Deutschland		
Beschäftigt als:	Bürohilfskraft seit 01.01.2024		
SV-Nummer:	65 070870 M 776		
Elterneigenschaft:	nachgewiesen, 2 Kinder unter 25 Jahren		
Ausbildung:	Abitur, abgeschlossene Ausbildung als Erzieherin		
Bankverbindung:	Berliner Commerzbank IBAN DE63 1004 0000 3456 3409 00 BIC COBADEFFXXX		
Krankenkasse:	KKH		
Lohnsteuerabzugs-merkmale:	II/1,0/rk Identifikationsnummer 74185296314		
Wochenarbeitszeit:	täglich 8 - 13 Uhr		
Aufgelaufene Werte der Entgeltabrechnung aus dem Januar:			
	SV-Tage / Steuertage	jeweils 30 Tage	
	Gesamt-/ Steuerbrutto	1.398,60 €	
	Lohnsteuer	0,00 €	
	Solidaritätszuschlag	0,00 €	
	Kirchensteuer	0,00 €	
	SV-Entgelt / BG-Entgelt	1.300,67 €	
	Beiträge AN		
	KV	94,74 €	
	RV	106,28 €	RV (AG) 135,64 €
	AV	14,86 €	
	PV	12,65 €	
	Auszahlung	1.166,15€	

Personalnummer:	4
Name/Anschrift:	**Chris Scott**; Dickensweg 2; 14055 Berlin
Geboren:	14.04.1975
Staatsangehörigkeit:	Belgien
Beschäftigt als:	Lohnbuchhalter seit 05.02.2024
SV-Nummer:	52 140475 S 057
Elterneigenschaft:	nachgewiesen, 1 Kind unter 25 Jahren
Ausbildung:	Mittlere Reife und kaufmännische Ausbildung
Bankverbindung:	LBB - Berliner Sparkasse IBAN DE66 1005 0000 2023 7764 08 BIC BELADEBEXXX
Krankenkasse:	KKH
Lohnsteuerabzugs-merkmale:	I/0,5/- Identifikationsnummer 65498732210
Wochenarbeitszeit:	Di, Mi, Do, Fr je 8 Stunden
Sonstiges:	Herr Scott hat die Lohnsteuerbescheinigung des Vor-Arbeitgebers vorgelegt. Darin wird für den Monat Januar 2024 ein Steuerbrutto von 900,00 € bescheinigt (30 St-Tage).

Angaben zu den Bezügen der einzelnen Arbeitnehmer für Februar 2024:

Personal-Nr., Name:	1, **Gerhard Gehalt**	
Bezüge:	Gehalt:	4.500,00 €
	Herr Gehalt spart ab dem 01.02.2024 monatlich 40,00 € vermögenswirksam bei der Bausparkasse Wüstenrot, Vertragsnummer 12 345 6789. Der Betrieb gibt einen Zuschuss von 20,00 € dazu. Der Sparbetrag wird per Lastschrift eingezogen. Außerdem steht Herrn Gehalt ab 01.02.2024 ein Dienstwagen zur Verfügung, den er uneingeschränkt für private Zwecke nutzen darf. Der Inlandsbruttolistenneuwagenpreis (kein Elektrofahrzeug) beträgt 21.645,19 €, die Entfernung zwischen Wohnung und ersten Tätigkeitsstätte beträgt 12 km. Es wird eine Pauschalierung zu Lasten des Arbeitgebers durchgeführt. Ab dem 01.02.2024 hat der Betrieb für Herrn Gehalt eine Altersvorsorge in Form einer Pensionskasse (Vertrag Nr. 10203040) abgeschlossen: monatlich werden 115,00 € per Lastschrift von der Allianz-Versicherung eingezogen. Der Betrag setzt sich zusammen aus 100,00 € Entgeltumwandlung sowie 15,00 € Arbeitgeberzuschuss. Mit der Februar-Abrechnung erhält Herr Gehalt zum 10-jährigen Dienstjubiläum vom Betrieb eine Jubiläumszahlung in Höhe von 4.000,00 €.	

Personal-Nr., Name:	2, **Eva Mutter**	
Bezüge:	Gehalt:	1.800,00 €
	Frau Mutter ist schwanger, voraussichtlicher Entbindungstermin ist der 01.04.2024. Bis zum 18.02.2024 arbeitet sie im Betrieb; am 19.02.2024 beginnt die Mutterschutzfrist.	
Sonstiges:	Das Nettoentgelt von Frau Mutter betrug 1.365,87 € im Januar 2024 sowie 1.359,40 € jeweils im Dezember und November 2023.	

Personal-Nr., Name:	3, **Lisa Lohn**	
Bezüge:	Stundenlohn:	12,60 €
	Normalstunden:	75 Std.
	Am ersten Sonntag im Februar, hat Frau Lohn wegen eines dringenden Auftrags 4 Stunden (9 - 13 Uhr) zusätzlich gearbeitet, für die sie neben dem Stundenlohn den höchstmöglichen steuerfreien Zuschlag nach § 3b EStG erhält. Diese Stunden sind in den o. g. Normalstunden nicht enthalten. Am 26. bis 28. Februar hat Frau Lohn Urlaub; vom 13. - 15. Februar ist sie krank.	

Personal-Nr., Name:	4,**Chris Scott**	
Bezüge:	Gehalt:	2.100,00 €

Angaben zu den Bezügen der einzelnen Arbeitnehmer für März 2024:

Personal-Nr., Name:	1, **Gerhard Gehalt**
Bezüge:	Unverändert
Sonstiges:	Im Februar wurde Herr Gehalt mit Steuerklasse I abgerechnet. Tatsächlich hat er aber seit Februar Steuerklasse IV mit Faktor 0,755. Korrigieren Sie die Februar-Abrechnung.

Personal-Nr., Name:	2, **Eva Mutter**
Bezüge:	Frau Mutter befindet sich weiterhin in der Mutterschutzfrist.

Personal-Nr., Name:	3, **Lisa Lohn**	
Bezüge:	Stundenlohn:	12,60 €
	Normalstunden:	95 Std.
	Im März hat Frau Lohn zusätzlich 2 Überstunden geleistet, für die sie neben dem Stundenlohn einen Überstundenzuschlag von 30 % erhält. Legen Sie hierfür die entsprechende Lohnart an.	
Sonstiges:	Im Februar wurden für Frau Lohn irrtümlicherweise 4 Sonntagsstunden inkl. Zuschlag abgerechnet. Tatsächlich hat sie aber 6 Stunden am Sonntag gearbeitet. Außerdem sind für die Feiertage am 03. März und 29. März Entgeltfortzahlungen zu leisten.	

Personal-Nr., Name:	4, **Chris Scott**
Bezüge:	unverändert
Sonstiges:	Der AG überlässt Herrn Scott ab 01. März 2024 ein geleastes Pedelec (max. 25 km/h) für Privatfahrten und Fahrten zwischen Wohnung und erster Tätigkeitsstätte. Der Bruttolistenpreis des Pedelec beträgt 2.598,00 €. Die Leasingrate in Höhe von 76,61 € wird von Herrn Scott durch Gehaltsumwandlung finanziert.

Grundsätze zur ordnungsmäßigen Führung und Aufbewahrung von Büchern, Aufzeichnungen und Unterlagen in elektronischer Form sowie zum Datenzugriff (GoBD)

.]Bundesministerium für Finanzen
GZ: IV A 4 - S 0316/19/10003 :001

DOK: 2019/0962810

Seit November 2014 galt die GoBD, im Juli 2019 kam eine erste neue Fassung der GoBD durch das Bundesministerium der Finanzen heraus. Diese wurde zwar zurückgenommen, um dann am 28. November 2019 – ohne nennenswerte Änderungen – veröffentlicht zu werden.[1]

Sie gilt seit dem 1. Januar 2020 und ersetzt somit das GoBD Schreiben aus 2014.
Im Zentrum der GoBD steht der Umgang mit digitalen Dokumenten, die steuerpflichtige Unternehmen im Zuge der (digitalen) Buchführung zu erfüllen haben.

Die wichtigsten Neuerungen im Überblick:

Das Fotografieren von Belegen durch mobile Endgeräte (Mobiles Scannen) wird dem stationären Scanvorgang gleichgestellt (RZ 130)

Werden Handels- oder Geschäftsbriefe und Buchungsbelege in Papierform empfangen und danach elektronisch bildlich erfasst (z. B. gescannt oder fotografiert), ist das hierdurch entstandene elektronische Dokument so aufzubewahren, dass die Wiedergabe mit dem Original bildlich übereinstimmt, wenn es lesbar gemacht wird (§ 147 Absatz 2 AO). Eine bildliche Erfassung kann hierbei mit den verschiedensten Arten von Geräten (z. B. Smartphones, Multifunktionsgeräten oder Scan-Straßen) erfolgen, wenn die Anforderungen dieses Schreibens erfüllt sind. Werden bildlich erfasste Dokumente per Optical-Character-Recognition-Verfahren (OCR-Verfahren) um Volltextinformationen angereichert (z. B. volltextrecherchierbare PDF's), so ist dieser Volltext nach Verifikation und Korrektur über die Dauer der Aufbewahrungsfrist aufzubewahren und auch für Prüfzwecke verfügbar zu machen. § 146 Absatz 2 AO steht einer bildlichen Erfassung durch mobile Geräte (z. B. Smartphones) im Ausland nicht entgegen, wenn die Belege im Ausland entstanden sind bzw. empfangen wurden und dort direkt erfasst werden (z. B. bei Belegen über eine Dienstreise im Ausland).

Zulässigkeit der bildlichen Erfassung durch mobile Endgeräte im Ausland (RZ 130)

§ 146 Absatz 2 AO steht einer bildlichen Erfassung durch mobile Geräte (z. B. Smartphones) im Ausland nicht entgegen, wenn die Belege im Ausland entstanden sind bzw. empfangen wurden und dort direkt erfasst werden (z. B. bei Belegen über eine Dienstreise im Ausland).

Das Verbringen von Papierbelegen ins Ausland mit anschließender Digitalisierung ist zulässig (RZ 136)

Aus Vereinfachungsgründen (z. B. bei Belegen über eine Dienstreise im Ausland) steht § 146 Absatz 2 AO einer bildlichen Erfassung durch mobile Geräte (z. B. Smartphones) im Ausland nicht entgegen, wenn die Belege im Ausland entstanden sind bzw. empfangen wurden und dort direkt erfasst werden.
Erfolgt im Zusammenhang mit einer, nach § 146 Absatz 2a AO genehmigten, Verlagerung der elektronischen Buchführung ins Ausland eine ersetzende bildliche Erfassung, wird es nicht beanstandet, wenn die papierenen Ursprungsbelege zu diesem Zweck an den Ort der elektronischen Buchführung verbracht werden. Die bildliche Erfassung hat zeitnah zur Verbringung der Papierbelege ins Ausland zu erfolgen.

1 https://www.bundesfinanzministerium.de/Content/DE/Downloads/BMF_Schreiben/Weitere_Steuerthemen/Abgabenordnung/2019-11-28-GoBD.pdf?__blob=publicationFile&v=4

Unter bestimmten Voraussetzungen ist die Aufbewahrung einer Konvertierung ausreichend und es bedarf nicht weiter der Aufbewahrung der Ursprungsversion (RZ 135)

Die Aufbewahrung beider Versionen ist bei Beachtung folgender Anforderungen nicht erforderlich, sondern es ist die Aufbewahrung der konvertierten Fassung ausreichend:

- Es wird keine bildliche oder inhaltliche Veränderung vorgenommen.
- Bei der Konvertierung gehen keine sonstigen aufbewahrungspflichtigen Informationen verloren.
- Die ordnungsgemäße und verlustfreie Konvertierung wird dokumentiert (Verfahrensdokumentation).
- Die maschinelle Auswertbarkeit und der Datenzugriff durch die Finanzbehörde werden nicht eingeschränkt; dabei ist es zulässig, wenn bei der Konvertierung Zwischenaggregationsstufen nicht gespeichert, aber in der Verfahrensdokumentation so dargestellt werden, dass die retrograde und progressive Prüfbarkeit sichergestellt ist.

Cloud-Systeme werden explizit in den Anwendungsbereich der GoBD einbezogen (RZ 20)

Unter DV-System wird die im Unternehmen oder für Unternehmenszwecke zur elektronischen Datenverarbeitung eingesetzte Hard- und Software verstanden, mit denen Daten und Dokumente im Sinne der Rzn. 3 bis 5 erfasst, erzeugt, empfangen, übernommen, verarbeitet, gespeichert oder übermittelt werden. Dazu gehören das Hauptsystem sowie Vor- und Nebensysteme (z. B. Finanzbuchführungssystem, Anlagenbuchhaltung, Lohnbuchhaltungssystem, Kassensystem, Warenwirtschaftssystem, Zahlungsverkehrssystem, Taxameter, Geldspielgeräte, elektronische Waagen, Materialwirtschaft, Fakturierung, Zeiterfassung, Archivsystem, Dokumenten-Management-System) einschließlich der Schnittstellen zwischen den Systemen. Auf die Bezeichnung des DV-Systems oder auf dessen Größe (z. B. Einsatz von Einzelgeräten oder von Netzwerken) kommt es dabei nicht an. Ebenfalls kommt es nicht darauf an, ob die betreffenden DV-Systeme vom Steuerpflichtigen als eigene Hardware bzw. Software erworben und genutzt oder in einer Cloud bzw. als eine Kombination dieser Systeme betrieben werden.

Änderungen an einer Verfahrensdokumentation müssen historisch nachvollziehbar sein (RZ 151, RZ 154)

Da sich die Ordnungsmäßigkeit neben den elektronischen Büchern und sonst erforderlichen Aufzeichnungen auch auf die damit in Zusammenhang stehenden Verfahren und Bereiche des DV-Systems bezieht (*siehe unter 3.*), muss für jedes DV-System eine übersichtlich gegliederte Verfahrensdokumentation vorhanden sein, aus der Inhalt, Aufbau, Ablauf und Ergebnisse des DV-Verfahrens vollständig und schlüssig ersichtlich sind. Der Umfang der im Einzelfall erforderlichen Dokumentation wird dadurch bestimmt, was zum Verständnis des DV-Verfahrens, der Bücher und Aufzeichnungen sowie der aufbewahrten Unterlagen notwendig ist. Die Verfahrensdokumentation muss verständlich und damit für einen sachverständigen Dritten in angemessener Zeit nachprüfbar sein. Die konkrete Ausgestaltung der Verfahrensdokumentation ist abhängig von der Komplexität und Diversifikation der Geschäftstätigkeit und der Organisationsstruktur sowie des eingesetzten DV-Systems.
Für den Zeitraum der Aufbewahrungsfrist muss gewährleistet und nachgewiesen sein, dass das in der Dokumentation beschriebene Verfahren dem in der Praxis eingesetzten Verfahren voll entspricht. Dies gilt insbesondere für die eingesetzten Versionen der Programme (Programmidentität). Änderungen einer Verfahrensdokumentation müssen historisch nachvollziehbar sein. Dem wird genügt, wenn die Änderungen versioniert sind und eine nachvollziehbare Änderungshistorie vorgehalten wird. Aus der Verfahrensdokumentation muss sich ergeben, wie die Ordnungsvorschriften (z. B. §§ 145 ff. AO, §§ 238 ff. HGB) und damit die in diesem Schreiben enthaltenen Anforderungen beachtet werden. Die Aufbewahrungsfrist für die Verfahrensdokumentation läuft nicht ab, soweit und solange die Aufbewahrungsfrist für die Unterlagen noch nicht abgelaufen ist, zu deren Verständnis sie erforderlich ist.

Abkürzungen

AAG	Ausgleichsaufwendungsgesetz
DEÜV	Datenerfassungs- und -übermittlungsverordnung
DRV	Deutsche Rentenversicherung Bund
DTA	Datenträgeraustausch
EFZG	Entgeltfortzahlungsgesetz
SV	Sozialversicherung

Abbildungsverzeichnis

Seite
8 bis 88
Alle Abbildungen sind Bildschirmfotos der Original-Software von Lexware.
95 Shutterstock
139 Shutterstock
159 Shutterstock
170 Shutterstock
184 Shutterstock
198 Shutterstock

Sachwortverzeichnis

Xpert Business

Titel	Preis*	ISBN/Bestellnr.
Finanzbuchführung 1	24,95 €	978-3-86718-500-4
Finanzbuchführung 1 - Übungen und Musterklausuren	27,95 €	978-3-86718-550-9
Finanzbuchführung 2	24,95 €	978-3-86718-501-1
Finanzbuchführung 2 - Übungen und Musterklausuren	27,95 €	978-3-86718-551-6
Finanzbuchführung mit Lexware	25,95 €	978-3-86718-502-8
Finanzbuchführung mit DATEV	25,95 €	978-3-86718-592-9
DATEV für Mittelstand	25,95 €	978-3-86718-599-8
Intensivkurs Finanzbuchführung - Betriebliche Übungsfallstudie	19,95 €	978-3-86718-594-3
Up-To-Date 2024 - Finanzbuchführung	12,95 €	978-3-86718-033-7
Einnahmen-Überschussrechnung	24,95 €	978-3-86718-598-1
Intensivkurs Lohn und Gehalt - Betriebliche Übungsfallstudie	19,95 €	978-3-86718-597-4
Lohn und Gehalt 1	25,95 €	978-3-86718-503-5
Lohn und Gehalt 1 - Übungen und Musterklausuren	27,95 €	978-3-86718-553-0
Lohn und Gehalt 2	25,95 €	978-3-86718-504-2
Lohn und Gehalt 2 - Übungen und Musterklausuren	27,95 €	978-3-86718-554-7
Lohn und Gehalt mit Lexware	25,95 €	978-3-86718-505-9
Lohn und Gehalt mit DATEV	25,95 €	978-3-86718-595-0
Up-To-Date 2024 - Lohn und Gehalt	12,95 €	978-3-86718-034-4
Personalwirtschaft	25,95 €	978-3-86718-512-7
Personalwirtschaft - Übungen und Musterklausuren	25,95 €	978-3-86718-562-2
Kosten- und Leistungsrechnung	25,95 €	978-3-86718-511-0
Kosten- und Leistungsrechnung - Übungen und Musterklausuren	19,95 €	978-3-86718-561-5
Controlling	27,95 €	978-3-86718-508-0
Controlling - Übungen und Musterklausuren	25,95 €	978-3-86718-558-5
Bilanzierung	27,95 €	978-3-86718-507-3
Bilanzierung - Übungen und Musterklausuren	25,95 €	978-3-86718-557-8
Betriebliche Steuerpraxis	29,95 €	978-3-86718-515-8
Finanzwirtschaft	25,95 €	978-3-86718-510-3
Finanzwirtschaft - Übungen und Musterklausuren	25,95 €	978-3-86718-560-8

Xpert Business
WirtschaftsWissen

Titel	Preis*	ISBN/Bestellnr.
Systeme und Funktionen der Wirtschaft	17,95 €	978-3-86718-600-1
Wirtschafts- und Vertragsrecht	17,95 €	978-3-86718-601-8
Unternehmensorganisation und -führung	17,95 €	978-3-86718-602-5
Produktion, Materialwirtschaft und Qualitätsmanagement	17,95 €	978-3-86718-603-2
Finanzen und Steuern	17,95 €	978-3-86718-604-9
Marketing und Vertrieb	17,95 €	978-3-86718-605-6
Personal- und Arbeitsrecht	17,95 €	978-3-86718-606-3
Rechnungswesen und Kostenrechnung	17,95 €	978-3-86718-607-0
Betriebswirtschaft kompakt	29,95 €	978-3-86718-613-1
WirtschaftsWissen plus	29,95 €	978-3-86718-614-8

*** Preise inkl. MWSt., Änderungen vorbehalten. Aktuelle Preise finden Sie auf https://edumedia.de/shop**

Xpert personal business skills

Titel	Preis*	ISBN/Bestellnr.
Wirksam vortragen - Rhetorik 1	17,95 €	978-3-86718-080-1
Erfolgreich verhandeln - Rhetorik 2	17,95 €	978-3-86718-081-8
Zeit optimal nutzen - Zeitmanagment	17,95 €	978-3-86718-082-5
Erfolgreich verkaufen - Verkaufstraining	17,95 €	978-3-86718-083-2
Projekte realisieren - Projektmanagement	17,95 €	978-3-86718-084-9
Konflikte lösen - Konfliktmanagement	17,95 €	978-3-86718-085-6
Erfolgreich moderien - Moderationstraining	17,95 €	978-3-86718-086-3
Probleme lösen und Ideen entwickeln	17,95 €	978-3-86718-087-0
Kompetent entscheiden und verantwortungsbewusst handeln	17,95 €	978-3-86718-088-7
Teams erfolgreich entwickeln und leiten	17,95 €	978-3-86718-089-4
Präsentationen gekonnt durchführen	17,95 €	978-3-86718-091-7

Xpert culture communication skills

Titel	Preis*	ISBN/Bestellnr.
Interkulturelle Kompetenz	19,95 €	978-3-86718-200-3
Cross-cultural competence (englischsprachige Ausgabe)	19,95 €	978-3-86718-201-0
Interkulturelle Kompetenz in Gesundheit und Pflege	11,95 €	978-3-86718-203-4
Interkulturelle Kompetenz in der Verwaltung	16,95 €	978-3-86718-204-1
Leben und Arbeiten in Deutschland	11,95 €	978-3-86718-202-7

Büroorganisation

Titel	Preis*	ISBN/Bestellnr.
Büroorganisation, Chefassistenz und Arbeitsoptimierung	31,95 €	978-3-86718-404-5
LOTUS NOTES- und IT-Anwendungen	11,95 €	978-3-86718-401-4

*** Preise inkl. MWSt., Änderungen vorbehalten. Aktuelle Preise finden Sie auf https://edumedia.de/shop**

Wissenstrainer
Interaktive Lernsoftware

Programmversion		Preis ab**	ISBN/Bestellnr.
Wissenstrainer Xpert Business Finanzbuchführung 1	560 Wissenskontrollfragen	24,95 €	978-3-86718-970-5
Wissenstrainer Xpert Business Finanzbuchführung 2	558 Wissenskontrollfragen	24,95 €	978-3-86718-971-2

**** Edu-Versionen (für berechtigte Kunden wie Schüler, Studenten, Lehrkräfte, Kursteilnehmer, Bildungseinrichtungen)**

Buchungstrainer
Interaktive Lernsoftware

Programmversion		Preis ab*	ISBN/Bestellnr.
Buchungstrainer Xpert Business Finanzbuchführung 1	mit 250 Belegen mit 500 Belegen mit 750 Belegen (Bundle)	24,95 € 39,95 € 49,95 €	978-3-86718-930-9
Buchungstrainer Xpert Business Finanzbuchführung 2	mit 250 Belegen mit 500 Belegen mit 750 Belegen (Bundle)	24,95 € 39,95 € 49,95 €	978-3-86718-931-6

EduMedia Script Service

Titel	Preis*	ISBN/Bestellnr.
Buchführung Nachschlagewerk	19,90 €	978-386718-152-5
Buchführung - Aufgaben Version für Dozierende	22,40 €	978-386718-154-9
Buchführung - Aufgaben Version für Teilnehmende	16,60 €	978-386718-155-6
Einstieg in Finanzbuchhaltung mit DATEV Nachschlagewerk	13,40 €	978-386718-153-2
Einstieg in Finanzbuchhaltung mit DATEV - Fallstudien Version für Dozierende	17,90 €	978-386718-150-1
Einstieg in Finanzbuchhaltung mit DATEV - Fallstudien Version für Teilnehmende	16,40 €	978-386718-151-8
Einstieg in Lohn und Gehalt mit DATEV Nachschlagewerk	13,40 €	978-386718-158-7
Einstieg in Lohn und Gehalt mit DATEV - Fallstudien Version für Dozierende	18,40 €	978-386718-156-3
Einstieg in Lohn und Gehalt mit DATEV - Fallstudien Version für Teilnehmende	16,40 €	978-386718-157-0

*** Preise inkl. MWSt., Änderungen vorbehalten. Aktuelle Preise finden Sie auf https://edumedia.de/shop**